"十四五"职业教育国家规划教材

高职高专机电一体化专业系列教材

# 电气控制与 PLC 应用技术

## （西门子 S7-1200）

周开俊　刘　磊　主　编
石剑锋　徐呈艺　陈　萧　副主编

电子工业出版社

Publishing House of Electronics Industry

北京·BEIJING

## 内 容 简 介

本书是"十二五""十四五"职业教育国家规划教材，根据当前社会对机电类人才技能结构的需求，结合编者多年的教学和工程实践经验编写而成，全面体现了"工学结合""教学做一体"的理念。全书共6个单元，每个单元均由几个具体项目组成。本书以国内目前使用最普遍的异步电动机和 S7-1200 PLC 为主要对象，详细介绍了三相异步电动机拖动电路、普通机床电气控制、PLC 硬件装置、PLC 基本逻辑控制、顺序控制、功能控制、通信连接及一些工业典型应用等内容。

本书适合作为高等职业院校、成人高校、民办高校及本科院校举办的二级职业技术学院的机械制造及自动化、数控技术、数控设备应用与维护、机电一体化技术、工业机器人技术等高职专业，以及机械电子工程技术、机械设计制造及自动化、智能制造技术等高职本科专业的教学用书，也可作为机电、电气等行业从业人员的参考书及培训用书。

未经许可，不得以任何方式复制或抄袭本书之部分或全部内容。
版权所有，侵权必究。

图书在版编目（CIP）数据

电气控制与 PLC 应用技术 ：西门子 S7-1200 / 周开俊，刘磊主编. -- 北京 ：电子工业出版社，2025. 2.
ISBN 978-7-121-38405-9

Ⅰ. TM571.2；TM571.61

中国国家版本馆 CIP 数据核字第 2025UL7701 号

责任编辑：康　静
印　　刷：三河市鑫金马印装有限公司
装　　订：三河市鑫金马印装有限公司
出版发行：电子工业出版社
　　　　　北京市海淀区万寿路 173 信箱　　邮编：100036
开　　本：787×1092　1/16　印张：21.75　字数：557 千字
版　　次：2025 年 2 月第 1 版
印　　次：2025 年 2 月第 1 次印刷
定　　价：59.80 元

凡所购买电子工业出版社图书有缺损问题，请向购买书店调换。若书店售缺，请与本社发行部联系，联系及邮购电话：（010）88254888，88258888。
质量投诉请发邮件至 zlts@phei.com.cn，盗版侵权举报请发邮件至 dbqq@phei.com.cn。
本书咨询联系方式：（010）88254609，hzh@phei.com.cn。

# 前　言

本书对接国家战略性新兴产业——智能装备产业，肩负为行业培养创新型、复合型、高素质技术技能型人才重任，根据智能装备行业最新发展现状，优选西门子 S7-1200 PLC 作为载体，紧扣行业技能证书要求和中小企业对生产设备保养维修工作岗位的要求，联合企业资深工程师，精选企业真实产品控制系统，将电机拖动、机床电气控制、PLC 基本逻辑控制、顺序控制、功能控制、通信连接及 SCL 编程等内容有机地结合起来，按照学生职业成长规律设计了 6 个单元。在每个单元中由简单到复杂、由局部到整体、由单一技能到综合技能安排了几个项目（见图 Q-1），使学生熟悉传统继电器-接触器控制电路，培养利用 PLC 进行一般控制系统设计和改造的能力，最终胜任智能装备产业企业生产设备电气控制系统设计、改造、维修和保养等岗位。

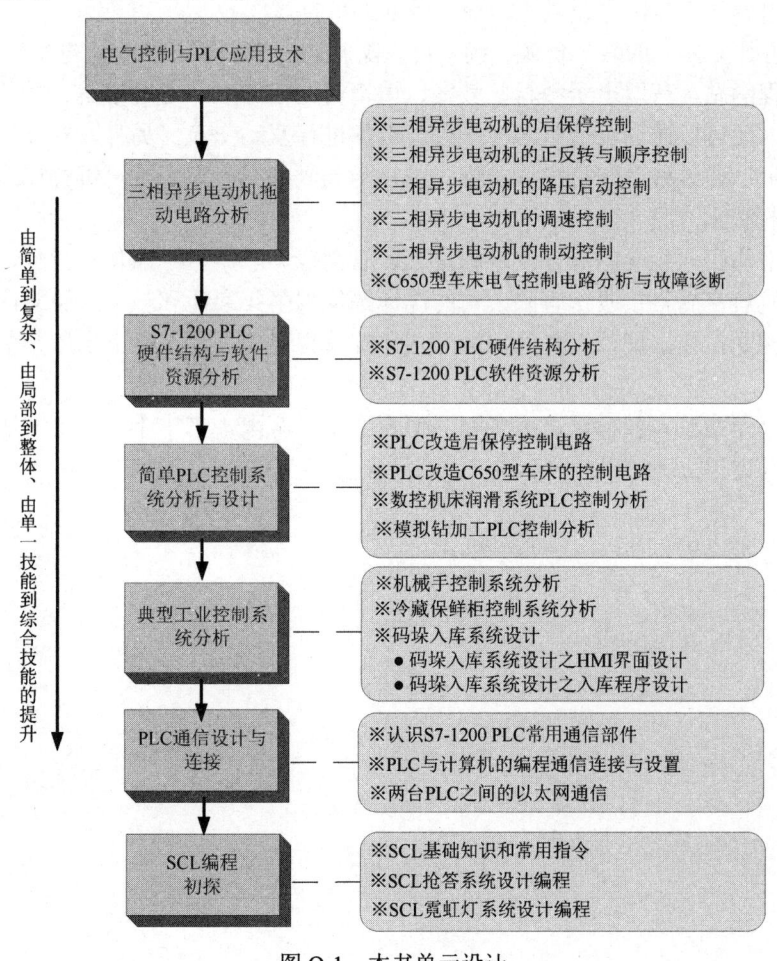

图 Q-1　本书单元设计

本书执行党的教育方针，全面贯彻党的二十大精神，落实立德树人根本任务，推进"德技并修""教学做一体"教学改革，主要特色和创新如下。

（1）校企合作开发课程项目，以典型机械产品的控制系统为载体规划教学内容。学校与行业企业专家共同确定培养本课程核心能力的工作过程和载体产品，使学生在完成具体产品的控制系统的过程中学会相关理论知识，发展职业能力，完成相应的工作任务。让学生在"做中学，学中做"，充分发挥高职类学生形象思维较强的优势。

（2）根据学生职业成长规律，设计"工学结合、能力递进"的教学情境。学生在适宜的学习情境中，经历一系列的（递进的）学习性工作任务，主动构建自己的理解，同化—顺应—同化—顺应……循环往复，平衡—不平衡—平衡—不平衡……相互交替，最终形成自己的经验和知识体系，达到职业能力的递进成长。

（3）教学内容的设计紧密衔接职业资格标准，实现课证融通。教学内容有机融合了维修电工（中级）、数控机床装调维修工（中级）及可编程序控制系统设计师（四级）的职业资格对知识、技能和态度的要求，有效保证对学生岗位核心技能的培养。

（4）教学过程融入课程思政和职业素养目标，实施"德技并修"人才培养。每个项目均让学生体会到祖国的快速发展和不断强大，让每个学生认识到精益求精地提升产品质量的重要性，培养学生爱国、爱党、乐业、敬业的精神。

（5）全方位立体化的教学资源。读者可以随时访问南通职业大学"电气控制与PLC应用技术"课程网站，获取电子教材、教案、情境实施指导书、习题答案、相关仿真软件和编程说明书，还可以通过雨课堂学习平台与教师进行互动交流。另外，本书中也设置了二维码，读者可以通过移动终端扫描二维码进行全天候在线学习，也可进行在线测试，检验自己对知识的掌握情况。

本书由南通职业大学的周开俊、徐呈艺、石剑锋、陈萧、陈淑侠、肖轶，淮阴工学院的刘磊，中航航空高科技股份有限公司的沈锋等依据多年科研和教学经验共同编写而成，由周开俊和刘磊担任主编，石剑锋、徐呈艺和陈萧担任副主编，全书由周开俊负责策划和定稿工作。

虽然本书作为校本教材已试用多年，但由于水平有限，书中不当之处在所难免，恳请读者和同行批评指正。

编　者<br>2024年6月

# 目 录

## 单元 1 三相异步电动机拖动电路分析 .................................................................. 1
【学习要点】 ........................................................................................................ 1
### 项目 1.1 三相异步电动机的启保停控制 .................................................... 1
【项目目标】 ................................................................................................ 1
【项目分析】 ................................................................................................ 1
【相关知识】 ................................................................................................ 2
【实施步骤】 .............................................................................................. 18
【知识扩展】 .............................................................................................. 19
### 项目 1.2 三相异步电动机的正反转与顺序控制 ...................................... 21
【项目目标】 .............................................................................................. 21
【项目分析】 .............................................................................................. 21
【相关知识】 .............................................................................................. 22
【实施步骤】 .............................................................................................. 24
【知识扩展】 .............................................................................................. 27
### 项目 1.3 三相异步电动机的降压启动控制 .............................................. 32
【项目目标】 .............................................................................................. 32
【项目分析】 .............................................................................................. 32
【相关知识】 .............................................................................................. 32
【实施步骤】 .............................................................................................. 34
【知识扩展】 .............................................................................................. 36
### 项目 1.4 三相异步电动机的调速控制 ...................................................... 38
【项目目标】 .............................................................................................. 38
【项目分析】 .............................................................................................. 38
【相关知识】 .............................................................................................. 39
【实施步骤】 .............................................................................................. 42
【知识扩展】 .............................................................................................. 43
### 项目 1.5 三相异步电动机的制动控制 ...................................................... 51
【项目目标】 .............................................................................................. 51
【项目分析】 .............................................................................................. 51
【相关知识】 .............................................................................................. 52

【实施步骤】................................................................................................................56
　　【知识扩展】................................................................................................................59
项目 1.6　C650 型车床电气控制电路分析与故障诊断................................................61
　　【项目目标】................................................................................................................61
　　【项目分析】................................................................................................................61
　　【相关知识】................................................................................................................62
　　【实施步骤】................................................................................................................68
　　【思考题与习题】........................................................................................................74

# 单元 2　S7-1200 PLC 硬件结构与软件资源分析................................................77

【学习要点】........................................................................................................................77
项目 2.1　S7-1200 PLC 硬件结构分析..............................................................................78
　　【项目目标】................................................................................................................78
　　【项目分析】................................................................................................................78
　　【相关知识】................................................................................................................79
　　【实施步骤】................................................................................................................91
　　【知识扩展】................................................................................................................93
项目 2.2　S7-1200 PLC 软件资源分析..............................................................................93
　　【项目目标】................................................................................................................93
　　【项目分析】................................................................................................................94
　　【相关知识】................................................................................................................94
　　【实施步骤】..............................................................................................................107
　　【思考题与习题】......................................................................................................108

# 单元 3　简单 PLC 控制系统分析与设计........................................................................109

【学习要点】......................................................................................................................109
项目 3.1　PLC 改造启保停控制电路..............................................................................109
　　【项目目标】..............................................................................................................109
　　【项目分析】..............................................................................................................109
　　【相关知识】..............................................................................................................110
　　【实施步骤】..............................................................................................................126
　　【知识扩展】..............................................................................................................129
项目 3.2　PLC 改造 C650 型车床的控制电路..............................................................131
　　【项目目标】..............................................................................................................131
　　【项目分析】..............................................................................................................132
　　【相关知识】..............................................................................................................132
　　【实施步骤】..............................................................................................................139

【知识扩展】..................................................................................................144

项目3.3　数控机床润滑系统PLC控制分析....................................................146
　　【项目目标】..................................................................................................146
　　【项目分析】..................................................................................................146
　　【相关知识】..................................................................................................147
　　【实施步骤】..................................................................................................154
　　【知识扩展】..................................................................................................157

项目3.4　模拟钻加工PLC控制分析................................................................158
　　【项目目标】..................................................................................................158
　　【项目分析】..................................................................................................158
　　【相关知识】..................................................................................................159
　　【实施步骤】..................................................................................................165
　　【思考题与习题】..........................................................................................169

# 单元4　典型工业控制系统分析..................................................................173

　【学习要点】......................................................................................................173

项目4.1　机械手控制系统分析..........................................................................173
　　【项目目标】..................................................................................................173
　　【项目分析】..................................................................................................174
　　【相关知识】..................................................................................................174
　　【实施步骤】..................................................................................................181
　　【知识扩展】..................................................................................................186

项目4.2　冷藏保鲜柜控制系统分析..................................................................189
　　【项目目标】..................................................................................................189
　　【项目分析】..................................................................................................190
　　【相关知识】..................................................................................................190
　　【实施步骤】..................................................................................................199
　　【知识扩展】..................................................................................................204

项目4.3　码垛入库系统设计..............................................................................209
　　【总体分析】..................................................................................................209
　　子项目4.3.1　码垛入库系统设计之HMI界面设计................................209
　　　　【子项目目标】......................................................................................209
　　　　【子项目分析】......................................................................................210
　　　　【相关知识】..........................................................................................211
　　　　【实施步骤】..........................................................................................218
　　子项目4.3.2　码垛入库系统设计之入库程序设计................................230
　　　　【子项目目标】......................................................................................230

    【子项目分析】 ........................................................ 230
    【相关知识】 ........................................................... 230
    【实施步骤】 ........................................................... 235
    【知识扩展】 ........................................................... 248
    【思考题与习题】 ..................................................... 262

## 单元 5  PLC 通信设计与连接 ................................................ 264

  【学习要点】 ............................................................... 264
  项目 5.1  认识 S7-1200 PLC 常用通信部件 ............................ 264
    【项目目标】 ........................................................... 264
    【项目分析】 ........................................................... 264
    【相关知识】 ........................................................... 265
    【实施步骤】 ........................................................... 270
  项目 5.2  PLC 与计算机的编程通信连接与设置 ........................ 274
    【项目目标】 ........................................................... 274
    【项目分析】 ........................................................... 274
    【相关知识】 ........................................................... 274
    【实施步骤】 ........................................................... 279
  项目 5.3  两台 PLC 之间的以太网通信 ................................. 281
    【项目目标】 ........................................................... 281
    【项目分析】 ........................................................... 281
    【相关知识】 ........................................................... 282
    【实施步骤】 ........................................................... 284
    【思考题与习题】 ..................................................... 288

## 单元 6  SCL 编程初探 ...................................................... 289

  【学习要点】 ............................................................... 289
  项目 6.1  SCL 基础知识和常用指令 ..................................... 289
    【项目目标】 ........................................................... 289
    【项目分析】 ........................................................... 289
    【相关知识】 ........................................................... 290
    【实施步骤】 ........................................................... 294
  项目 6.2  SCL 抢答系统设计编程 ........................................ 299
    【项目目标】 ........................................................... 299
    【项目分析】 ........................................................... 299
    【相关知识】 ........................................................... 300
    【实施步骤】 ........................................................... 303

项目 6.3  SCL 霓虹灯系统设计编程 ............................................................. 307
　　【项目目标】 ............................................................................................. 307
　　【项目分析】 ............................................................................................. 307
　　【相关知识】 ............................................................................................. 308
　　【实施步骤】 ............................................................................................. 311
　　【思考题与习题】 ..................................................................................... 323

附录 A　常用电气图形符号和文字符号新旧对照表 ........................................... 324

附录 B　斯沃数控机床仿真软件电气项目仿真方法 ........................................... 328

附录 C　S7-1200 PLC 的 CPU 主要技术指标 .................................................... 332

附录 D　S7-1200 PLC 常用扩展模块的技术规格 ............................................... 334

参考文献 ..................................................................................................................... 336

# 单元 1　三相异步电动机拖动电路分析

## 【学习要点】

（1）掌握低压电器的概念，以及接触器、继电器、开关、主令电器、熔断器、低压断路器等低压电器的工作原理、图文符号。
（2）掌握常见低压电器的技术参数，能正确选取电器。
（3）掌握常用继电器-接触器典型控制环节的工作过程，以及相关原理图的绘制，如单向点动/单向连续运、正反转控制、顺序启动/停止控制、降压启动、双速电动机调速控制、反接制动控制、能耗制动控制。
（4）能够灵活运用继电器-接触器典型控制环节的相关控制原理解决工程实际的控制问题。
（5）掌握识读电气控制原理图的方法，了解常见机床的电气控制电路。

交流电动机按照转子转速与旋转磁场速度（同步速度）的异同，可分为同步电动机与异步电动机。同步电动机转子的转速与旋转磁场的速度相同，所以称为同步电动机，一般应用于恒速负载与发电场合；异步电动机转子的转速与旋转磁场的速度不同，所以称为异步电动机，异步电动机主要用作动力源，来拖动各种生产机械。和其他电动机比较，异步电动机具有结构简单、制造容易、价格低廉、运行可靠、维护方便、效率较高等一系列优点。异步电动机的缺点是不能经济地在较大范围内平滑调速，以及必须从电网吸收滞后的无功功率，导致电网功率因数降低。

本单元主要介绍如何应用继电器-接触器来控制普通三相异步电动机的启动、保持运行、停止、正反转、降压启动、调速、制动等。

## 项目 1.1　三相异步电动机的启保停控制

### 【项目目标】

（1）掌握常用低压电器的分类、作用、符号、规格和选用方法等。
（2）掌握三相异步电动机的启保停控制电路。
（3）能熟练进行三相异步电动机的启动、保持运行、停止控制电路的接线、调试及故障排除。

### 【项目分析】

异步电动机应用极为广泛，例如，在工业方面，如中小型轧钢设备、各种金属切削机床、轻工机械、矿山机械、通风机、压缩机等；在农业方面，如水泵、脱粒机、粉碎机及其他农副产品加工机械等，都是用异步电动机来拖动的。此外，与人们日常生活密切相关的电扇、洗衣机等设备中都用到了异步电动机。在应用中首先遇到的是异步电动机的启动、保持运行和停止控制的问题。本项目的目标是学会三相异步电动机的启保停控制，异步电动机的部分应用如图1-1所示。

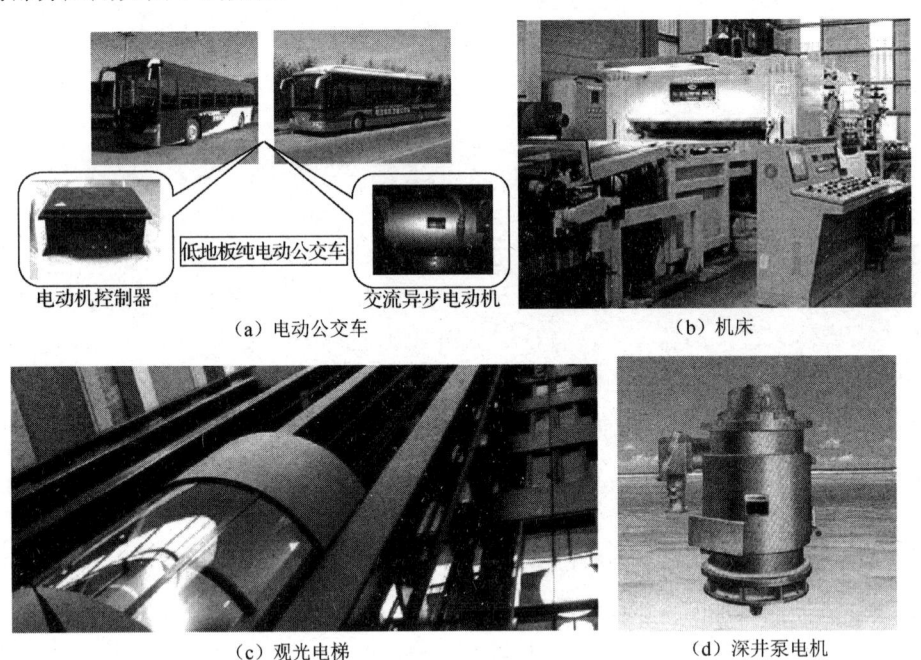

图1-1 异步电动机的部分应用

## 【相关知识】

### 一、常用低压电器的定义与分类

电器是一种能根据外界的信号（机械力、电动力或其他物理量），自动或人工手动接通和断开电路，实现对电路或非电对象的切换、控制、保护、检测和调节的电气元件或设备。低压电器就是指工作在交流额定电压1200V、直流额定电压1500V及以下的电路中起通断、保护、控制或调节作用的电器产品。电器的用途广泛、功能多样、种类繁多、结构各异，工作原理也不尽相同，因而有不同的分类方法。常见低压电器的分类方法如图1-2所示。

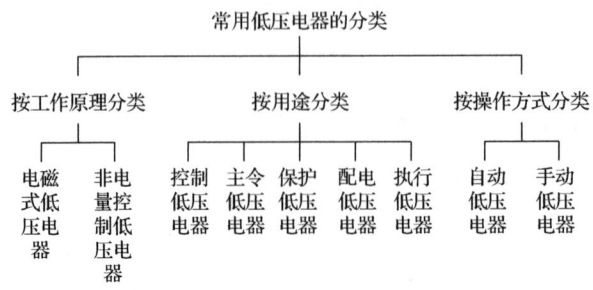

图1-2 常用低压电器的分类方法

#### 1．按工作原理分类

（1）电磁式低压电器：根据电磁感应原理工作的电器，如交/直流接触器、各式电磁式继电器等。

（2）非电量控制低压电器：电器的工作依靠外力或某种非电物理量的变化来实现，如刀开关、按钮、热继电器、速度继电器等。

#### 2．按用途分类

（1）控制低压电器：用于控制电路和控制系统的电器，如接触器、各种控制继电器等。

（2）主令低压电器：用于自动控制系统中发送控制指令的电器，如控制按钮、热继电器、行程开关等。

（3）保护低压电器：用于保护电路及用电设备的电器，如熔断器、热继电器、各种保护继电器、避雷针等。

（4）配电低压电器：用于电能的输送和分配的电器，如低压断路器、隔离开关、刀开关等。

（5）执行低压电器：用于完成某种动作或传动功能的电器，如电磁铁、电磁离合器等。

#### 3．按操作方式分类

（1）自动低压电器：通过电磁（或压缩空气）操作来完成接通、分断、启动、反向、停止等动作的电器，如接触器、继电器等。

（2）手动低压电器：通过人力做功直接操作来完成接通、分断、启动、反向、停止等动作的电器，如刀开关、转换开关、按钮等。

从以上可知，按照不同的分类方法，同一电器可属于多种类别。目前，低压电器并没有一个严格的分类标准。

### 二、电磁式低压电器的结构

电磁式低压电器在电气控制电路中使用量大、类型多，各类电磁式低压电器在工作原理和构造上基本相同，一般都具有两个基本组成结构，即检测部分（电磁机构）和执行部分（触点系统）。

#### 1．电磁机构

电磁机构由线圈、铁芯和衔铁组成，其原理是通过电磁感应原理将电能转换成机械能，带动触点产生动作，完成接通和分断电路的功能。其结构形式按衔铁运动方式可分为直动式和拍合式，图1-3（a）和图1-3（b）所示为拍合式电磁机构，图1-3（c）所示为直动式电磁机构。

直流电磁机构的线圈通入的是直流电，其铁芯不发热，只有线圈发热，因此线圈与铁芯接触以利于散热，线圈被做成无骨架、高而薄的瘦高型，以改善线圈的自身发热。铁芯和衔铁由软钢和工程纯铁制成。

交流电磁机构的线圈通入的是交流电，铁芯中存在着磁滞损耗和涡流损耗，线圈和铁芯都发热，因此线圈中设有骨架，使铁芯与线圈隔离。交流电磁机构的线圈被制成短而厚的矮胖型，有利于线圈和铁芯散热。铁芯由硅钢片叠加而成，以减小涡流损耗。

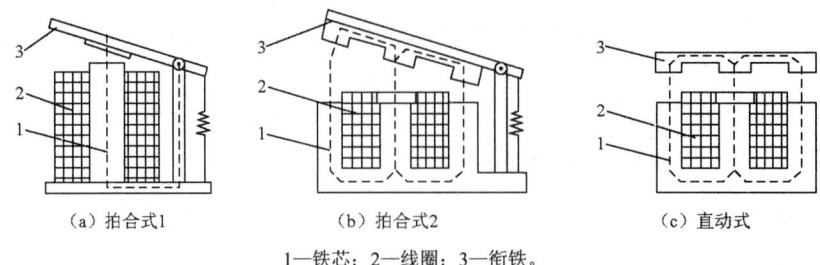

1—铁芯；2—线圈；3—衔铁。

图1-3 电磁机构的结构形式

电磁机构的本质是当线圈通电时产生电磁吸力，使衔铁吸合；当线圈断电时，在复位弹簧反力的作用下恢复原位。因此，衔铁吸合时要求电磁吸力大于反力，衔铁复位时要求反力大于电磁吸力（此时是由剩磁产生的电磁吸力）。

交流电磁机构在电源电压变化的一个周期中吸合两次、释放两次，电磁机构产生剧烈的振动和噪声，会使电器结构松散，触点接触不良，容易被电弧火花熔焊与蚀损，因此必须采取有效措施，使线圈在交流电压变小和过零时仍有一定的电磁吸力以消除衔铁的振动。为此，在铁芯端面开一小槽，在槽内嵌入铜质短路环，如图1-4所示。加上短路环后，磁通被分为大小接近、相位相差约90°的两相磁通，因两相磁通不会同时为零，故由两相磁通产生的合成电磁吸力变化较为平坦，使电磁机构通电期间的电磁吸力始终大于反力，铁芯牢牢吸合，这样就消除了振动和噪声。一般短路环包围2/3的铁芯端面。

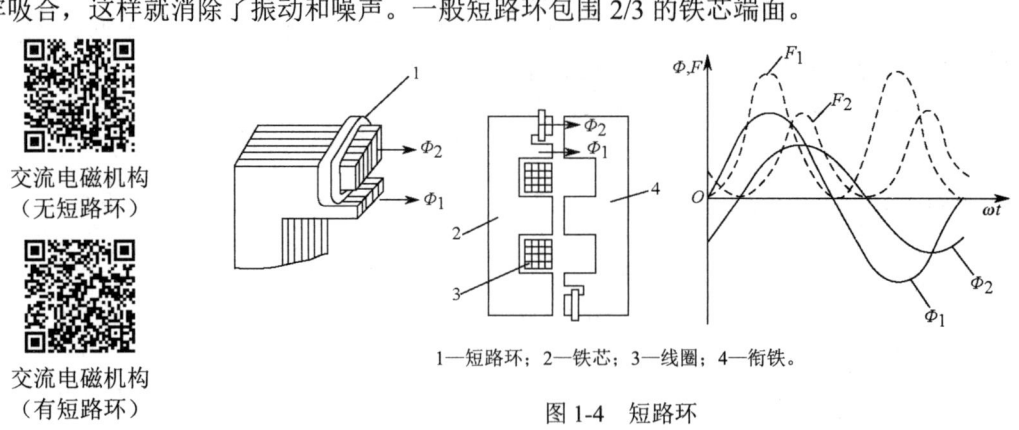

1—短路环；2—铁芯；3—线圈；4—衔铁。

图1-4 短路环

### 2. 触点系统

触点是电器的执行部分，用来接通和分断电路。在闭合状态下动、静触点完全接触，有工作电流通过时称为电接触。触点的接触形式如图1-5所示，点接触式适用于小电流，面接触式适用于大电流，线接触式（又称指形接触）适用于通断次数多、大电流的场合。

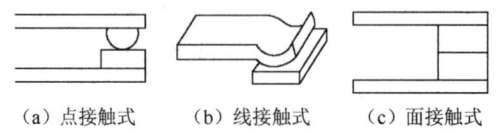

（a）点接触式　（b）线接触式　（c）面接触式

图1-5 触点的接触形式

触点的结构形式如图 1-6 所示，主要分为桥式触点和指形触点，固定不动的称为静触点，由连杆带着移动的称为动触点。在电器未通电或没有受到外力作用时处于闭合位置的电器触点称为动断（又称常闭）触点，常态时相互分开的动、静触点称为动合（又称常开）触点。

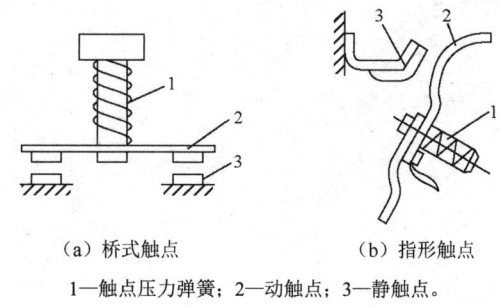

（a）桥式触点　　（b）指形触点

1—触点压力弹簧；2—动触点；3—静触点。

图 1-6　触点的结构形式

### 3．常用灭弧方法

电器触点在闭合或断开的瞬间，都会在触点间隙中由电子流产生弧状的火花，也称电弧。电弧会灼伤触点，缩短触点的使用寿命，又使电路切断时间延长，甚至造成弧光短路或引起火灾事故，故应采取适当的措施熄灭电弧。

在控制低压电器中，常用的灭弧方法和装置有以下几种。

（1）电动力灭弧。图 1-7 所示为电动力灭弧示意图，其中有一双断点桥式触点。当触点打开时，在断点处产生电弧。两个电弧相当于平行载流导体，产生互相排斥的电动力，使电弧向外运动，电弧被拉长并接触冷却介质使电弧冷却而熄灭。这种灭弧方法不需要专门的灭弧装置，但当通过的电流较小时，电动力也小，多用在小容量的交流接触器中。当交流电流过零时，电弧更容易被熄灭。

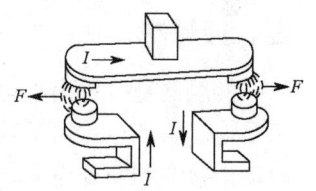

图 1-7　电动力灭弧示意图

（2）磁吹灭弧。磁吹灭弧示意图如图 1-8 所示，在触点电路中串接一电流线圈，电路电流及其产生的磁通方向如图 1-8 中所示。当触点分断产生电弧时，根据左手定则，电弧受到向外拉的电磁力，使电弧拉长迅速冷却而熄灭。这种串联磁吹灭弧方法，电流越大，灭弧力越强。当线圈绕制方向定好后，磁吹力与电流方向无关。也可用并联磁吹线圈，这时应注意线圈的极性。交/直流电器均可采用磁吹灭弧方法，直流接触器较多使用此方法，因为直流电弧较难被熄灭。

（3）栅片灭弧。图 1-9 所示为栅片灭弧示意图，在耐热绝缘罩内卡放一组镀锌钢片，称为灭弧栅片。触点分开时产生的电弧，由于电动力作用被推向灭弧栅片，电弧与金属片接触易于冷却，并且电弧被分割成许多段。每一个栅片相当于一个电极，每两片栅片之间都有 150～250V 的绝缘强度，使整个灭弧栅片绝缘强度大大加强，以致外加电压无法维持，电弧迅速被熄灭；栅片还可吸收电弧热量，使其迅速冷却。栅片灭弧方法用于交流比用于直流时效果好得多，因此交流电器多采用栅片灭弧方法。

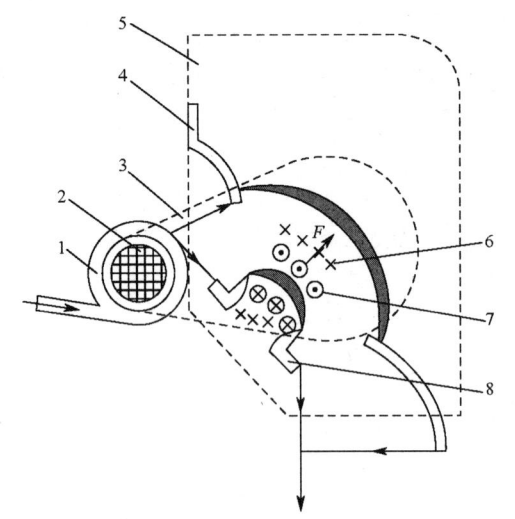
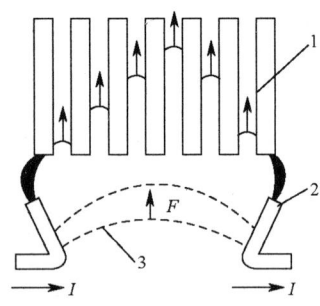

1—磁吹线圈；2—铁芯；3—导磁夹板；4—引弧角；5—灭弧罩；
6—磁吹线圈磁场；7—电弧电流磁场；8—动触点。

图1-8 磁吹灭弧示意图

1—灭弧栅片；2—触点；3—电弧。

图1-9 栅片灭弧示意图

（4）灭弧罩灭弧。比采用灭弧栅片更为简单的是采用一个陶土和石棉水泥做成的耐高温灭弧罩。电弧进入灭弧罩后，可以降低弧温和隔弧。在直流接触器的触点上广泛采用这种灭弧方法。

## 三、接触器

接触器是一种用来自动地接通或断开大电流电路的电器。在大多数情况下，其控制对象是电动机，也可用于其他电力负载，如电热器、电焊机、电炉变压器等。接触器不仅能自动地接通和断开电路，还具有控制容量大、低电压释放保护、寿命长、能远距离控制等优点。

接触器按其主触点通过的电流种类不同，可分为直流接触器和交流接触器。它们的线圈电流种类既有与各自主触点电流相同的，也有不同的，如对于重要场合使用的交流接触器，为了工作可靠，其线圈可采用直流励磁方式，即采用直流电磁机构。按接触器主触点的极数（即主触点的个数）不同，直流接触器可分为单极和双极两种；交流接触器可分为三极、四极和五极三种，其中用于单相双回路控制可采用四极，用于多速电动机的控制或自耦降压启动控制可采用五极。

### 1. 交流接触器

图1-10所示为交流接触器的结构示意图，其主要由以下几个部分组成。

（1）电磁机构。交流接触器的电磁机构一般采用双E形衔铁直动式结构。

（2）触点系统。触点分为主触点和辅助触点。主触点用在通断电流较大的主电路中，其根据容量大小有桥式触点和指形触点之分；辅助触点有常开触点和常闭触点之分，在结构上它们均为桥式双断点，辅助触点的容量较小，接触器安装辅助触点的目的是使其在控制电路中起联动作用。辅助触点不设灭弧装置，所以它不能用来分合主电路。

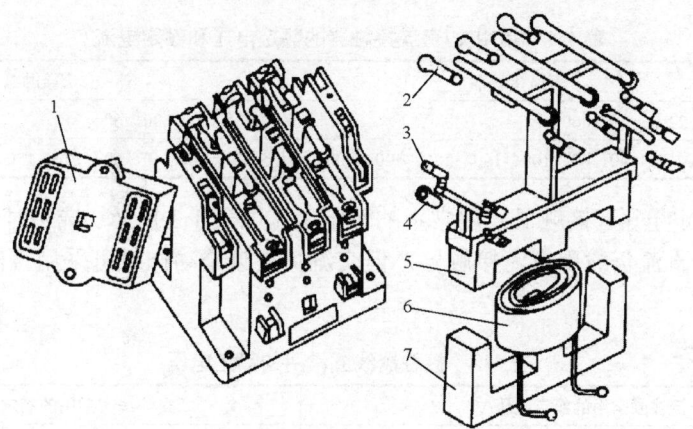

1—灭弧罩；2—常开主触点；3—常闭辅助触点；
4—常开辅助触点；5—衔铁；6—吸引线圈；7—铁芯。

图1-10 交流接触器的结构示意图

（3）灭弧装置。容量在10A以上的接触器都有灭弧装置，灭弧装置大都采用灭弧罩及栅片灭弧结构。

（4）其他部分。其他部分包括反力装置、传动机构、接线柱、外壳等。

当交流接触器的线圈通电后，在铁芯中会产生磁通，由此在衔铁气隙外产生吸力，使衔铁产生闭合动作，主触点在衔铁的带动下也闭合，于是接通了主电路。同时，衔铁还带动辅助触点动作，使原来打开的辅助触点闭合，使原来闭合的辅助触点打开。当线圈断电或电压显著降低时，吸力消失或减弱，衔铁在复位弹簧的作用下打开，主触点、辅助触点又恢复到原来的状态。

**2. 直流接触器**

直流接触器和交流接触器一样，也由电磁机构、触点系统、灭弧装置等部分组成。图1-11所示为直流接触器的结构示意图。

（1）电磁机构。直流接触器的电磁机构一般采用绕轴转动的拍合式结构。

（2）触点系统。直流接触器也设有主触点和辅助触点。主触点一般做成单极或双极，由于主触点接通或分断的电流较大，故采用滚动的指形触点；辅助触点的电流较小，常采用点接触的双断点桥式触点。

（3）灭弧装置。直流接触器一般采用磁吹灭弧装置。

**3. 接触器的主要技术参数、型号、图文符号**

1）主要技术参数

（1）额定电压和额定电流。额定电压和额定电流指主触点的额定工作电压和额定工作电流。常用交/直流接触器的额定电压和额定电流如表1-1所示。

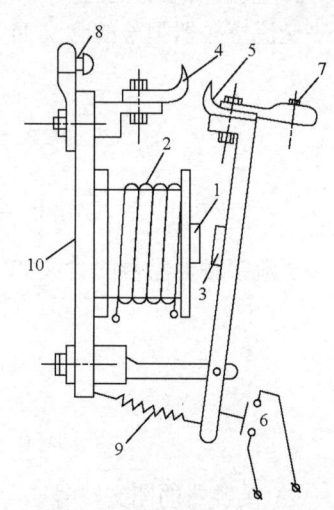

1—铁芯；2—线圈；3—衔铁；4—静触点；
5—动触点；6—辅助触点；7、8—接线柱；
9—反作用弹簧；10—底板。

图1-11 直流接触器的结构示意图

表 1-1 常用交/直流接触器的额定电压和额定电流

| 参数 | 直流接触器 | 交流接触器 |
|---|---|---|
| 额定电压/V | 110、220、440、660 | 220、380、500、600 |
| 额定电流/A | 5、10、20、40、60、100、150、250、400、600 | 5、10、20、40、60、100、150、250、400、600 |

(2) 线圈额定电压。接触器线圈常用的额定电压如表 1-2 所示。选用时，一般交流负载用交流接触器，直流负载用直流接触器，但交流负载频繁动作时可采用直流线圈的交流接触器。

表 1-2 接触器线圈常用的额定电压

| 直流线圈常用的额定电压/V | 交流线圈常用的额定电压/V |
|---|---|
| 24、48、110、220、440 | 36、110、220、380 |

(3) 接通和分断能力。接触器在规定条件下，能在给定电压下接通或分断预期电流，并且不发生熔焊、飞弧、过分磨损等现象。在低压电器标准中，接触器的用途分类规定了它的接通和分断能力，可查阅相关手册。

(4) 机械寿命和电寿命。机械寿命指需要维修或更换零件、部件前（允许正常维护，包括更换触点）所承受的无载操作循环次数；电寿命指在规定的正常工作条件下，不需要修理或更换零部件的有载操作循环次数。

(5) 操作频率。操作频率指每小时操作次数。交流接触器的操作频率最高为 600 次/h，直流接触器的操作频率最高为 1200 次/h。操作频率直接影响接触器的电寿命和灭弧罩的工作条件，对于交流接触器还影响到其线圈的温升。

2) 接触器型号的含义

交流接触器型号的含义如下：

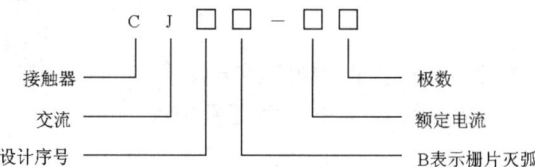

直流接触器型号的含义如下：

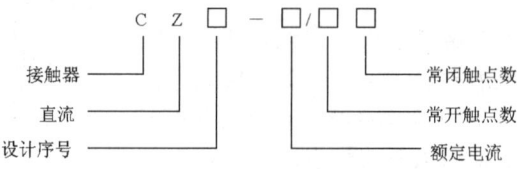

3) 接触器的图文符号

接触器的图文符号如图 1-12 所示，其文字符号为 QA。

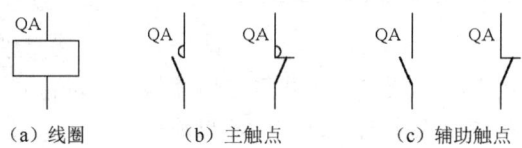

图 1-12 接触器的图文符号

## 4．接触器的选择、使用与维护

1）接触器的选择

（1）接触器类型的选择。根据接触器所控制负载的轻重和负载电流的类型，选择直流接触器或交流接触器。

（2）额定电压的选择。接触器的额定电压应大于或等于负载电路的电压。

（3）额定电流的选择。接触器的额定电流应大于或等于被控电路的额定电流。对于电动机负载可按经验公式（1-1）计算：

$$I_\text{C} = \frac{P_\text{N} \times 10^3}{KU_\text{N}} \qquad (1\text{-}1)$$

式中，$I_\text{C}$ 为流过接触器主触点的电流（A）；$P_\text{N}$ 为电动机的额定功率（kW）；$U_\text{N}$ 为电动机的额定电压（V）；$K$ 为经验系数，一般取 1~1.4。

选择的接触器的额定电流应大于或等于 $I_\text{C}$，也可查相关手册根据其技术条件确定。接触器若使用在电动机频繁启动、制动或正反转的场合中，则一般将其额定电流降一个等级来选用。

（4）电磁线圈额定电压的选择。电磁线圈的额定电压应与所控制电路的电压一致。简单控制电路可直接选用交流 380V、220V 电压，线路复杂、使用电器较多的电路，应选用 110V 或更低的控制电压。

（5）接触器触点数量、种类的选择。接触器的触点数量和种类应根据主电路和控制电路的要求选择。如果辅助触点的数量不能满足要求，那么可通过增加中间继电器的方法解决。

2）接触器的使用与维护

（1）接触器安装前应先检查线圈额定电压等技术参数是否与实际相符，并且要将铁芯极面上的防锈油脂或黏结在极面上的锈垢用汽油擦净，以免多次使用后被油垢黏住，造成接触器断电时不能释放。然后检查各活动部分（应无卡阻、歪曲现象）和各触点是否接触良好。

（2）安装时，接触器一般垂直安装，其倾斜角度不得超过 50°，注意不要把螺钉等零件掉在接触器内。

## 四、开关

低压开关电器主要用于电源的隔离、线路的保护与控制。常用的低压开关电器有以下几种。

### 1．刀开关

刀开关是低压开关电器中结构较简单、应用较广泛的手动电器之一，主要在低压成套配电装置中用于不频繁地手动接通和分断交/直流电路或作为隔离开关，也可用于不频繁地接通与分断小容量的负载（如小型电动机等）。

刀开关按极数可分为单极、双极和三极，按操作方式可分为直接手柄操作式、杠杆操作机构式和电动操作机构式，按转换方向可分为单投、双投等。

1）开启式负载开关

开启式负载开关又称胶盖刀开关，简称闸刀开关，是一种结构较简单、应用较广泛的手动电器，适合在交流 50Hz、额定电压单相 220V/三相 380V、额定电流小于 100A 的电路中用作电路的电流开关和小容量电动机非频繁启动的操作开关。开启式负载开关由手柄、触刀、熔丝、触刀座和底座等组成，如图 1-13 所示。胶盖使电弧不能飞出灼伤操作人员，防止极间电弧造成电源短路；熔丝起短路保护作用。

开启式负载开关

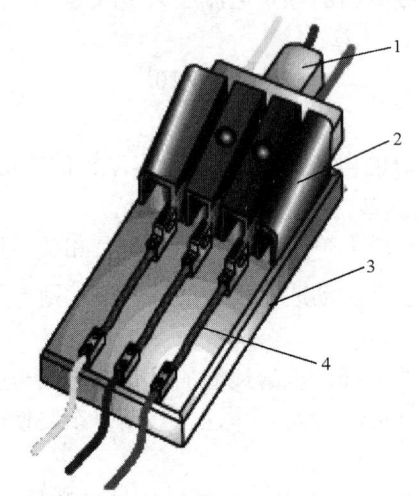

1—手柄与触刀；2—胶盖；3—触刀座和底座；4—熔丝。

图 1-13 开启式负载开关的结构

开启式负载开关安装时，手柄要向上，不得倒装或平装，倒装时手柄有可能在重力作用下自动下滑而引起误合闸，造成人身安全事故。接线时，应将电源线接在熔丝上端，负载线接在熔丝下端，这样拉闸后刀开关与电源隔离，便于更换熔丝。

开启式负载开关的图形、文字符号如图 1-14 所示。

2）封闭式负载开关

封闭式负载开关也称铁壳开关，图 1-15 所示为它的外形与结构图。它由安装在铸铁或钢板制成的外壳内的刀式触点、灭弧系统、熔断器及操作机构等组成。

图 1-14 开启式负载开关的图形、文字符号

（a）单极　（b）双极　（c）三极

与开启式负载开关相比，它有以下特点。

（1）触点设有灭弧室（罩），电弧不会喷出，不必顾虑会发生相间短路事故。

（2）熔断器的分断能力高，一般为 5kA，高者可达 50kA 以上。

（3）操作机构为储能合闸式，且有机械联锁装置。前者可使开关的合闸和分闸速度与操作速度无关，从而改善开关的动作性能和灭弧性能；后者则保证了在合闸状态下打不开箱盖及箱盖未关好之前合不上闸，提高了安全性。

（4）有坚固的封闭外壳，可保护操作人员免受电弧灼伤。

封闭式负载开关有 HH3、HH4、HH10、HH11 等系列，其额定电流有 10～400A 可供选择，其中 60A 及以下的可用作异步电动机的全压启动控制开关。

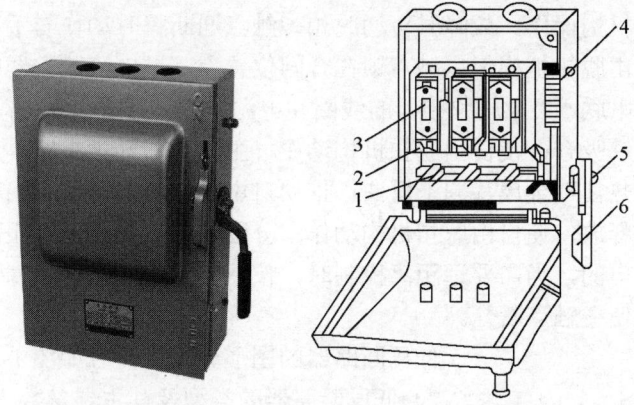

1—刀式触点；2—夹座；3—熔断器；4—速断弹簧；5—转轴；6—手柄。

图 1-15　封闭式负载开关的外形与结构图

封闭式负载开关用于控制电加热和照明电路时，可按电路的额定电流选择；用于控制异步电动机时，由于开关可通断的电流为电动机额定电流的 4 倍，而电动机全压启动电流为额定电流的 4～7 倍，故开关的额定电流应选为电动机额定电流的 1.5 倍以上。

封闭式负载开关在电路图中的符号与开启式负载开关的相同，如图 1-14 所示。

**2．低压断路器**

低压断路器又称自动开关或空气开关，可用于分配电能、不频繁地启动异步电动机、对电源线路及电动机等实行保护；当发生严重的过载、短路或欠电压等故障时能自动分断电路，而且在分断故障电路后一般不需要更换零部件，因而获得了广泛的应用。

1）低压断路器的结构及工作原理

低压断路器主要由触点系统、操作机构和保护元件三部分组成。低压断路器的工作原理如图 1-16 所示（实际情况要比该图复杂得多）。

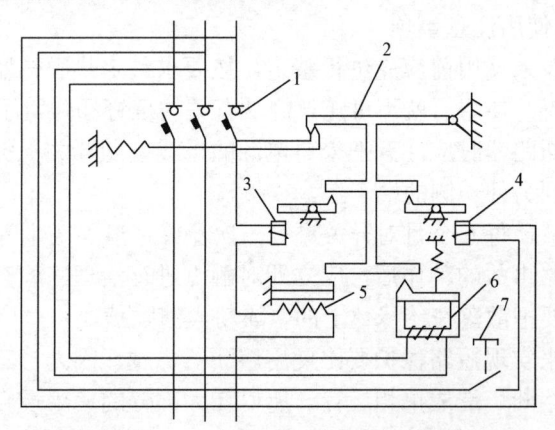

低压断路器原理图

1—主触点；2—自由脱扣机构；3—过电流脱扣器；
4—分励脱扣器；5—热脱扣器；6—欠电压脱扣器；7—停止按钮。

图 1-16　低压断路器的工作原理

主触点由耐弧合金制成，采用灭弧栅片灭弧。操作机构较复杂，其通断可用操作手柄操作,也可用电磁机构操作,故障时自动脱扣,触点通断瞬时动作与手柄操作速度无关。主触点闭合后,自由脱扣机构将主触点锁在合闸位置上。过电流脱扣器的线圈和热脱扣器的热元件与主电路串联,欠电压脱扣器的线圈和电源并联。当电路发生短路或严重过载时,过电流脱扣器的衔铁吸合,使自由脱扣机构动作,主触点断开主电路;当电路过载时,热脱扣器的热元件发热使双金属片向上弯曲,推动自由脱扣机构动作;当电路欠电压时,欠电压脱扣器的衔铁释放,使自由脱扣机构动作;分励脱扣器则用于远距离控制,在正常工作时,其线圈是断电的,当需要远距离控制时,按下启动按钮,使线圈通电,衔铁带动自由脱扣机构动作,使主触点断开。

低压断路器的图形、文字符号如图 1-17 所示。

2)低压断路器的类型及其主要参数

(1)按极数分:有单极、双极和三极。

(2)按保护形式分:有电磁脱扣式、热脱扣式、复合脱扣式(常用)和无脱扣式。

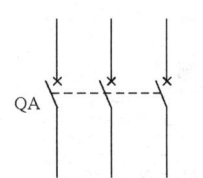

图 1-17 低压断路器的图形、文字符号

(3)按分断时间分:有一般式和快速式(最快动作时间可在 0.02s 以内,用于半导体整流元件和整流装置的保护)。

(4)按结构形式分:有塑壳式(常用)、框架式和模块式。

低压断路器的主要参数有额定电压、额定电流、极数、脱扣器类型、电磁脱扣器整定范围、主触点的分断能力等。

3)低压断路器的选择

(1)低压断路器的额定电压和额定电流应大于或等于线路、设备的正常工作电压和工作电流。

(2)低压断路器的极限通断能力应大于或等于电路的最大短路电流。

(3)欠电压脱扣器的额定电压应等于电路的额定电压。

(4)过电流脱扣器的额定电流应大于或等于电路的最大负载电流。

4)低压断路器的使用注意事项

(1)低压断路器投入使用前应先进行整定,按要求整定热脱扣器、过电流脱扣器和欠电压脱扣器的动作电流,使用后就不可随意旋动有关的螺钉和弹簧了。

(2)在安装低压断路器时应注意把来自电源的母线接到开关灭弧罩一侧的端子上,来自电气设备的母线接到另外一侧的端子上。

(3)在正常情况下,每 6 个月对开关进行一次检修、清除灰尘等工作。

(4)发生开断短路事故的动作后,应立即对触点进行清理,检查有无熔坏并清除金属熔粒、粉尘等,特别要把散落在绝缘体上的金属粉尘清除掉。

使用低压断路器来实现短路保护要比使用熔断器优越,因为当三相电路短路时,很可能只有一相的熔断器熔断,造成单相运行。所以在大部分的使用场合中,低压断路器取代了过去常用的闸刀开关和熔断器的组合。

## 五、熔断器

熔断器是一种应用广泛的简单有效的保护电器之一,其具有结构简单、体积小、质量小、使用和维护方便、价格低廉、可靠性高等优点。

## 1. 熔断器的结构与分类

熔断器在结构上主要由熔断管（或盖、座）、熔体及导电部件等组成，其中熔体是主要部分，它既是感测元件又是执行元件。熔断管一般由硬质纤维或瓷质绝缘材料制成半封闭式或封闭式管状外壳，而熔体则装于其内。熔断管的作用是便于安装熔体和有利于熔体熔断时熄灭电弧。熔体（又称熔件）由不同金属材料（铅锡合金、锌、铜或银）制成丝状、带状、片状或笼状，串接于被保护电路中，其作用是当电路发生短路或过载故障时，通过其上的电流使其发热，当达到熔化温度时自行熔断，从而分断故障电路。

熔断器的种类很多，按结构分为半封闭插入式熔断器、螺旋式熔断器、有填料密封管式熔断器、无填料密封管式熔断器、快速熔断器、自恢复式熔断器等，它们的外形如图 1-18 所示；按用途分为一般工业用熔断器、半导体器件保护用快速熔断器和特殊熔断器（如具有两段保护特性的快慢动作熔断器、自恢复式熔断器）。

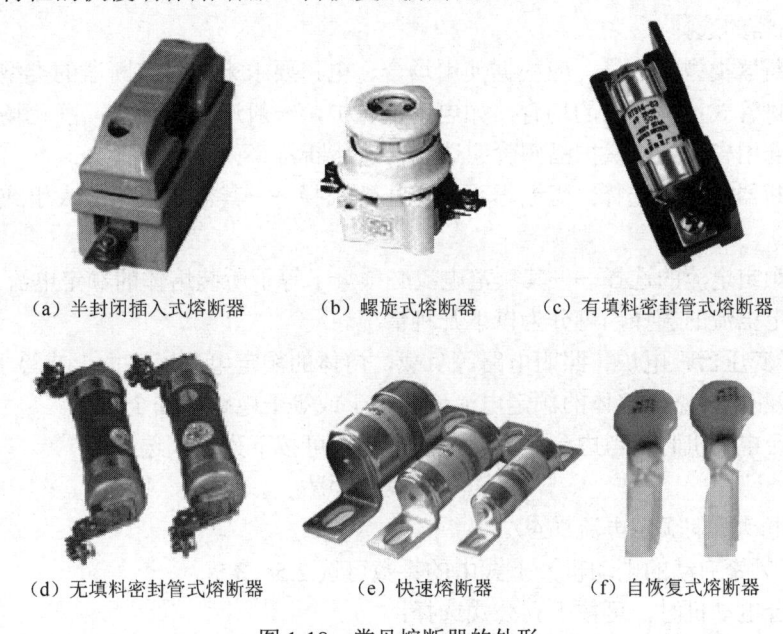

(a) 半封闭插入式熔断器　　(b) 螺旋式熔断器　　(c) 有填料密封管式熔断器

(d) 无填料密封管式熔断器　　(e) 快速熔断器　　(f) 自恢复式熔断器

图 1-18　常见熔断器的外形

在电气控制原理图中，熔断器的图形和文字符号如图 1-19 所示。

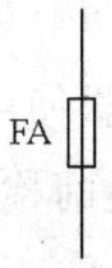

## 2. 工作原理

熔断器使用时利用金属导体作为熔体串联在保护电路中，当电路发生过载或短路故障，通过熔断器的电流超过某一规定值时，以其自身产生的热量使熔体熔断，从而自动分断电路，起到保护作用。

图 1-19　熔断器的图形和文字符号

熔断器对过载反应不是很灵敏，当电气设备发生轻度过载时，熔断器将持续很长时间才熔断，有时甚至不能熔断。因此，除了在照明电路中，熔断器一般不宜用于过载保护，主要用于短路保护。

**3．熔断器的主要技术参数与选择**

1）主要技术参数

（1）额定电压。熔断器的额定电压是指熔断器长期工作时和分断后能够承受的电压，其值一般等于或大于电气设备的额定电压。

（2）额定电流。熔断器的额定电流是指熔断器长期工作时，各部分温升不超过规定值时所能承受的电流。熔断器的额定电流等级比较少，而熔体的额定电流等级比较多，即在一个额定电流等级的熔断管内可以分装不同额定电流等级的熔体，但熔体的额定电流最大不能超过熔断器的额定电流。

（3）极限分断能力。极限分断能力是指熔断器在规定的额定电压和功率因数（或时间常数）条件下，能分断的最大电流值。在电路中出现的最大电流值一般是指短路电流值，所以极限分断能力也反映了熔断器分断短路电流的能力。

2）熔断器的选择

（1）熔断器类型的选择。应根据使用场合、电路要求来选择熔断器的类型。电网配电一般选用密封管式；有振动的场合，如电动机保护，一般选择螺旋式；静止场合，如照明电路，一般选用瓷插式；保护晶闸管应选用快速熔断器。

（2）熔断器规格的选择。熔断器额定电压的选择——其额定电压应大于或等于电路的工作电压。

熔断器额定电流的选择——其额定电流必须大于等于所装熔体的额定电流。

熔体额定电流的选择，可分为以下几种情况。

① 对于变压器、电炉、照明电路等负载，熔体的额定电流应略大于或等于负载电流。

② 对于配电线路，熔体的额定电流应略小于或等于电路的安全电流。

保护一台电动机时，考虑到启动电流的影响，可按下列公式选择：

$$I_{FA} \geqslant (1.5 \sim 2.5) I_N$$

式中，$I_N$ 为电动机的额定电流（A）。

③ 对于频繁启动的电动机，上式中的系数可选 2.5～3.5。

保护多台电动机时，可按下列公式选择：

$$I_{FA} \geqslant (1.5 \sim 2.5) I_{N.max} + \sum I_N$$

式中，$I_{N.max}$ 为容量最大的电动机的额定电流；$\sum I_N$ 为其余电动机额定电流的总和。

3）熔断器使用维护注意事项

（1）安装前检查熔断器的型号、额定电压、额定电流、额定分断能力等参数是否符合规定要求。

（2）安装时熔断器与底座触刀应接触良好，以避免因接触不良造成温升过高，引起熔断器误动作和高峰期电气元件损坏。

（3）熔断器熔断后，应更换同一型号规格的熔断器。

（4）工业用熔断器的更换由专职人员负责，更换时应切断电源。

（5）使用时应经常清除熔断器表面的尘埃，在定期检修设备时，若发现熔断器有损坏，则应及时更换。

## 六、热继电器

在电力拖动控制系统中,当三相交流电动机出现长期带负载欠电压运行、长期过载运行及长期单相运行等不正常情况时,会导致电动机绕组严重过热乃至烧坏。为了充分发挥电动机的过载能力,保证电动机的正常启动和运转,电动机一旦长时间过载应能自动切断电路,由此出现了能随过载程度而改变动作时间的电器,这就是热继电器。

热继电器是一种具有延时过载保护特性的过电流继电器,广泛用于电动机的过载保护,也可用于其他电气设备的过载保护。按相数分,热继电器有单相式、两相式和三相式三种类型,每种类型按发热元件的额定电流又有不同的规格和型号,三相式热继电器常用于三相交流电动机的过载保护。

### 1. 热继电器的结构与工作原理

热继电器有各种各样的结构形式,最常用的是双金属片结构,图1-20所示为热继电器的结构原理图。双金属片2是用两种不同线膨胀系数的金属片,通过机械碾压在一起制成的,一端固定,另一端为自由端。当双金属片的温度升高时,由于两种金属的线膨胀系数不同,它将产生弯曲。热元件3串接在电动机定子绕组中,电动机绕组电流即流过热元件的电流。当电动机正常运行时,热元件产生的热量虽能使双金属片2弯曲,但还不足以使继电器动作。当电动机过载时,热元件产生的热量增大,使双金属片弯曲位移增大,经过一定时间后,双金属片弯曲到推动导板4,并通过补偿双金属片5与推杆14将常闭触点9和6分开。常闭触点9和6为热继电器串接于接触器线圈电路的常闭触点,断开后使接触器线圈断电。接触器的主触点断开电动机的电源以保护电动机。

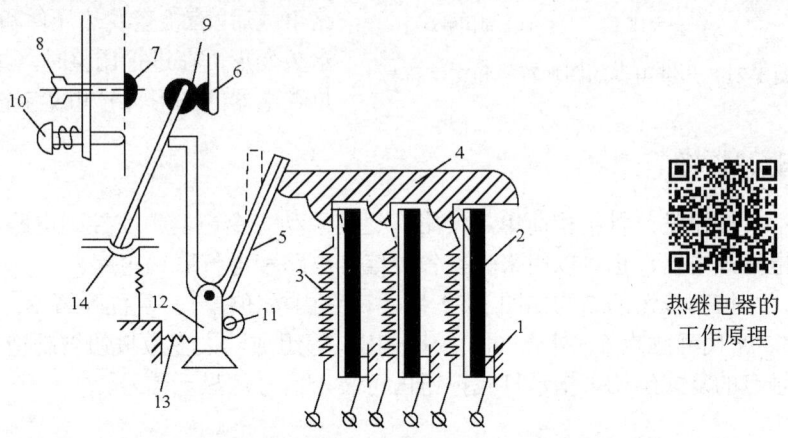

1—接线端子;2、5—双金属片;3—热元件;4—导板;6、9—常闭触点;7—常开动触点;
8—复位螺钉;10—按钮;11—调节旋钮;12—支撑杆;13—压簧;14—推杆。

图1-20 热继电器的结构原理图

调节旋钮11是一个偏心轮,它与支撑杆12构成一个杠杆,转动偏心轮,即可改变补偿双金属片5与导板4的接触距离,从而达到调节整定动作电流值的目的。此外,调节复位螺钉8改变常开动触点7的位置,使热继电器能工作在手动复位和自动复位两种工作状态下。调试手动复位时,在故障排除后须按下按钮10,这样才能使常闭触点9恢复与常闭触点6相接触的位置。

## 2. 热继电器的选用

热继电器的选用是否得当，将直接影响对电动机进行过载保护的可靠性，通常选用时，应在电动机形式、工作环境、启动情况及负载情况等方面综合考虑。

（1）热继电器的额定电流原则上应按电动机的额定电流选择。但对于过载能力较差的电动机，其配用的热继电器（主要是发热元件）的额定电流要适当小一些。通常，热继电器的额定电流选为电动机额定电流的 60%～80%。

（2）在不频繁启动的场合，要保证热继电器在电动机的启动过程中不产生误动作。通常，当电动机启动电流为其额定电流的 6 倍以及启动时间不超过 6s 时，若很少连续启动，则可按电动机的额定电流选取热继电器。

（3）当电动机为重复短时工作时，首先注意确定热继电器的允许操作频率，因为热继电器的操作频率是很有限的，如果用它保护操作频率较高的电动机，则效果很不理想，有时甚至不能使用。

（4）热继电器的复位有手动复位和自动复位两种方式。对于重要设备，宜采用手动复位方式；如果热继电器和接触器的安装地点远离操作地点，且从工艺上又易于看清过载情况，那么宜采用自动复位方式。

另外，热继电器必须按照产品说明书规定的方式安装。当热继电器与其他电器安装在一起时，应将热继电器安装在其他电器的下方，以免其动作受其他电器发热的影响。使用中应定期除去尘埃和污垢，若双金属片出现锈斑，则可用棉布蘸上汽油轻轻擦拭，切忌用砂纸打磨。另外，当主电路发生短路事故后，应检查发热元件和双金属片是否已经发生永久变形，在进行调整时，绝不允许弯拆双金属片。热继电器的图形符号和文字符号如图 1-21 所示。

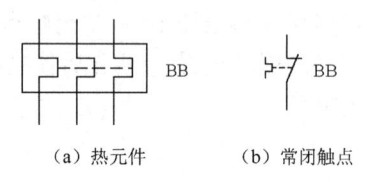

图 1-21 热继电器的图形符号和文字符号

## 七、按钮

按钮是一种结构简单、使用广泛的手动主令电器，在控制电路中用作远距离手动控制电磁式电器，也可以用来转换各种信号电路和电气联锁电路。

控制按钮的结构如图 1-22 所示，它由按钮帽 1、复位弹簧 2、动触点 3、常开静触点 4、常闭静触点 5、外壳（图中未画出）等组成，大多数按钮被制造成具有常开触点和常闭触点的复式结构。指示灯式按钮内可装入信号灯显示信号。

按钮开关结构

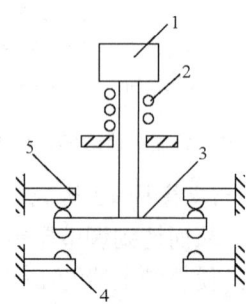

1—按钮帽；2—复位弹簧；3—动触点；4—常开静触点；5—常闭静触点。

图 1-22 控制按钮的结构

控制按钮在结构上有按钮式、紧急式、钥匙式、旋钮式和保护式 5 种，可根据使用场合和具体时间、用途来选用。为了标明各个按钮的作用，避免误操作，通常将按钮帽做成不同的颜色以示区别，其颜色有红、绿、黑、黄、蓝、白等。一般以红色表示停止按钮，以绿色表示启动按钮，以红色蘑菇头表示急停按钮，其他颜色的含义可查阅相关手册。

图 1-23 所示为控制按钮的图形符号及文字符号。控制按钮的选用主要根据的是需要的触点对数、动作要求、是否需带指示灯、使用场合及颜色等。

(a) 常开触点　(b) 常闭触点　(c) 复合触点

图 1-23　控制按钮的图形符号及文字符号

## 八、电气控制原理图的绘制

为了便于电气元件的安装、调整、使用与维护，必须将控制线路表示出来，常用的是电气控制原理图，它可以反映电气控制系统中各种电气元件的连接关系，但不能反映各种电气元件的实际位置、大小和实际接线情况。电气控制原理图有统一的绘图标准，图中的各种电气元件均采用国家标准规定的统一图形符号。绘制电气控制原理图的基本规则如下。

（1）电气控制原理图一般分为主电路、控制电路和辅助电路。主电路包括从电源到电动机的电路，是大电流通过的部分，画在图的左面或上面。控制电路和辅助电路通过的电流相对较小，控制电路一般为继电器、接触器的线圈电路，包括各种主令电器、继电器、接触器的触点；辅助电路一般指照明、信号指示、检测等电路。各电路均应尽可能按动作顺序由上至下、由左至右画出。

（2）电气控制原理图中所有电气元件的图形符号和文字符号必须采用国家规定的统一标准（常用电气元件的图形符号和文字符号参见附录 A）。在图中，电气元件采用分离画法，即同一电器的各个部件可以不画在一起，但必须用同一文字符号标注。对于多个同类电器，应在文字符号后加数字序号以示区别。

（3）在电气控制原理图中，所有电器的可动部分均按原始状态画出，即对于继电器、接触器的触点，应按其线圈不通电时的状态画出；对于控制器，应按其手柄处于零位时的状态画出；对于按钮、行程开关等主令电器，应按其未受外力作用时的状态画出。

（4）动力电路的电源线应水平画出，主电路应垂直于电源线画出，控制电路和辅助电路一般应垂直于两条或几条水平电源线。画线时，要尽量减少线条数量和避免线条交叉；各导线之间有电导通时，应在导线交叉处画实心圆点。根据图面布置需要，可以将图形符号旋转绘制，一般按逆时针方向旋转 90°，但其文字符号不可倒置。

（5）在电气控制原理图上应标出各个电源电路的电压值、极性或频率及相数，对某些元件还应标注其特性（如电阻、电容的数值等），不常用的电器（如位置传感器、手动开关等）还要标注其操作方式和功能等。

（6）为了方便读图，在电气控制原理图中可将图分成若干个图区，并标明各图区电路的用途或作用。

## 【实施步骤】

### 一、所需工具器材

三相异步电动机的启保停控制电路所需的设备、工具和材料如表 1-3 所示。

表 1-3 三相异步电动机的启保停控制电路所需的设备、工具和材料

| 序号 | 名称及说明 | 数量 |
|---|---|---|
| 1 | 三相异步电动机（380V，Y 连接） | 1 |
| 2 | 熔断器（3A） | 2 |
| 3 | 按钮（红、绿） | 2 |
| 4 | 交流接触器 | 1 |
| 5 | 热继电器 | 1 |
| 6 | 低压断路器 | 1 |
| 7 | 导线 | 若干 |

### 二、控制方案的确定

启保停控制电路

三相异步电动机的启保停控制就是能启动电动机，启动后电动机能保持运转，并能使电动机停转，根据这一要求设计控制电路，如图 1-24 所示。

图 1-25 所示为采用斯沃数控机床仿真软件绘制的三相异步电动机的启保停控制电路实物接线图（有关斯沃数控机床仿真软件的使用可参见附录 B）。

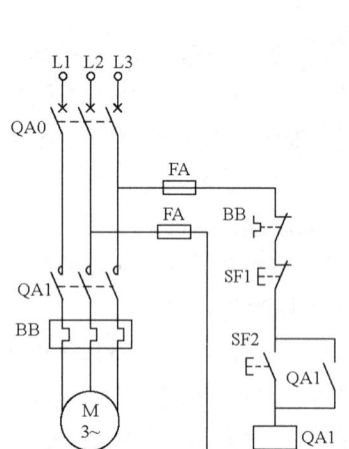

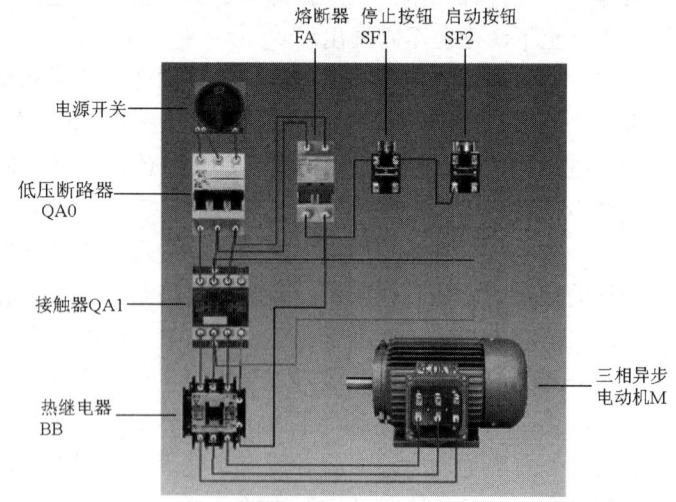

图 1-24 三相异步电动机的启保停控制电路

图 1-25 采用斯沃数控机床仿真软件绘制的三相异步电动机的启保停控制电路实物接线图

### 三、工作过程分析

图 1-24 中的三相电源 L1、L2、L3 经低压断路器 QA0、接触器 QA1 的主触点、热继电器 BB 的热元件连接到电动机 M，这就构成了主电路部分，它流过的电流较大。由熔断器 FA、热继电器 BB 的动断触点、停止按钮 SF1、启动按钮 SF2 和接触器 QA1 的线圈构

成了控制电路部分，它流过的电流较小。具体工作过程如下：

合上低压断路器 QA0。

启动过程如下：

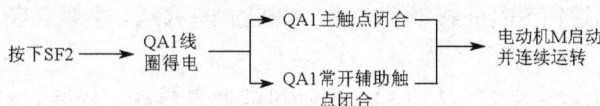

停止过程如下：

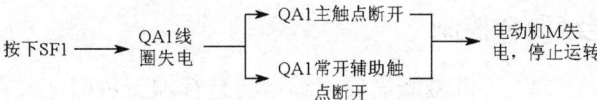

该电路只要按下启动按钮 SF2，电动机 M 能一直通电运转，直到按下停止按钮 SF1 才停止，原因是电路中设计了自锁环节。所谓自锁，即依靠接触器自身辅助触点而使其线圈保持通电的现象，起自锁作用的辅助触点即自锁触点，如图 1-24 所示的 QA1 常开辅助触点。此外自锁电路还具有欠压和失压保护功能。

欠压保护：当电路电压下降到一定值时，接触器电磁系统产生的电磁力减小，当电磁力减小到小于复位机构的反力时，衔铁就会释放，主触点和自锁触点同时分断，切断主电路和控制电路，使电动机断电停机，起到欠压保护的作用。

欠压的危害：当电动机的工作电压小于额定电压（即欠压）时，由于电动机的负载一定，所以需要维持一定的输出功率。由 $P=UI$ 可知，当 $U$ 减小，$P$ 维持不变时，$I$ 必然增大。随着 $I$ 增大，电动机的发热量增大，当发热量增大到一定程度时，可使电动机绝缘电阻降低，从而使电动机轻则不能正常工作，严重时可被烧毁。

失压保护：在电动机正常工作过程中，由于某种原因突然停电，能自动切断电动机的电源，当重新供电时，电动机不能自行启动的一种保护。

此外，电路中熔断器 FA 起到短路保护的作用，热继电器 BB 起到过载保护的作用。

## 四、注意事项

（1）电动机采用 Y 连接，电源电压应该为 380V。

（2）为了设备的安全，主电路应接入低压断路器，控制电路接入熔断器。

（3）交流接触器线圈的额定电压为 380V，因此控制电路的电压也应是 380V。

（4）接线完毕后，注意导线不要碰到联轴器，以防止电动机旋转而拉断导线。

## 【知识扩展】

### 一、点动控制

三相异步电动机单向点动控制，一般可用于机床调整、设备调试过程等场合。单向点动控制电路图如图 1-26 所示。

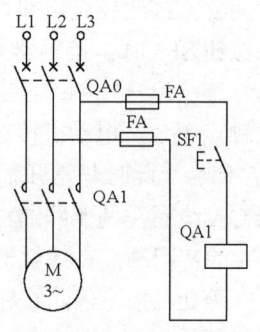

图 1-26 单向点动控制电路图

该电路工作过程如下。

启动：合上低压断路器 QA0→引入电源，然后按下点动按钮 SF1→接触器 QA1 线圈通电→QA1 主触点闭合→电动机 M 启动运行。

停止：松开点动按钮 SF1→接触器 QA1 线圈断电→QA1 主触点断开→电动机 M 断电停转。

该电路的特点为，按下点动按钮 SF1 电动机就通电启动，松开点动按钮 SF1 电动机就停止。由于属于短时工作，所以电路中一般不设热继电器。

## 二、单向点动、连续混合控制

在生产实际中，有的生产机械既需要连续运转进行加工生产，又需要在进行调整工作时采用点动控制，这就产生了单向点动、连续混合控制电路。

能实现单向点动、连续混合控制的电路比较多，其关键是在单向点动时使自锁电路不能正常工作。常用手段有采用复合按钮、转换开关等，单向点动、连续混合控制电路原理图如图 1-27 所示。

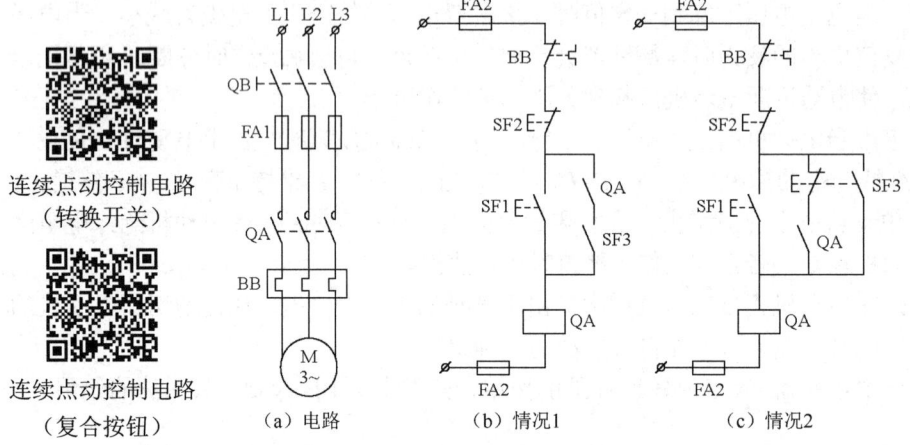

图 1-27　单向点动、连续混合控制电路原理图

下面以图 1-27（c）所示的电路为例，进行工作过程分析。

点动控制：合上开关 QB，按下点动按钮 SF3，其常闭触点先断开自锁电路，常开触点后闭合，接通控制电路，接触器 QA 线圈通电，主触点闭合，电动机启动旋转。当松开点动按钮 SF3 时，接触器 QA 线圈断电，主触点断开，电动机停止转动。

连续运转控制：合上开关 QB，按下启动按钮 SF1，交流接触器 QA 线圈通电，接触器主触点闭合，电动机接通电源直接启动运转。同时，与启动按钮 SF1 并联的常开辅助触点 QA 闭合（此时与常开辅助触点 QA 串联的是 SF3 的常闭触点，其处于闭合状态），使接触器 QA 线圈经两条路通电。这样，当手松开，SF1 自动复位时，接触器 QA 的线圈仍可通过 SF3 的常闭触点、接触器 QA 的常开辅助触点继续通电，从而保持电动机的连续运转。

停止：按下停止按钮 SF2，接触器 QA 线圈断电，其主触点断开，辅助触点也断开，电动机断电，停止工作。

请自行分析图 1-27（b）所示的电路。提示：该电路功能切换是通过手动选择开关 SF3

实现的,当需要点动时必须打开手动选择开关 SF3。

### 三、多地与多条件控制

多地控制电路设置了多套启、停按钮,分别安装在设备的多个操作位置,故称多地控制。启动按钮的常开触点并联,停止按钮的常闭触点串联,无论操作哪个启动按钮都可以实现电动机的启动;操作任意一个停止按钮都可以断开自锁电路,使电动机停止运行。多地控制电路示意图如图 1-28 所示。

多条件启动控制电路和多条件停止控制电路,适用于电路的多条件保护,按钮或开关的常开触点串联,常闭触点并联,多个条件都满足(动作)后,才可以启动或停止。多条件控制电路示意图如图 1-29 所示。

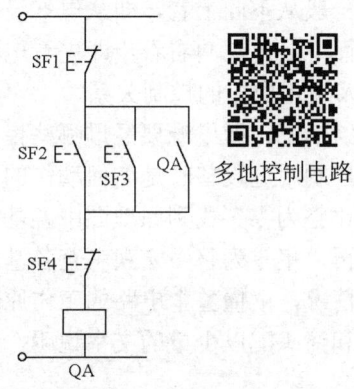
图 1-28 多地控制电路示意图

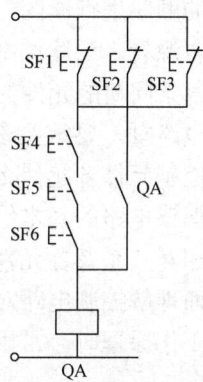
图 1-29 多条件控制电路示意图

## 项目 1.2　三相异步电动机的正反转与顺序控制

【项目目标】

(1)掌握三相异步电动机正反转与顺序控制电路的工作原理。
(2)掌握接触器联锁的实现办法。
(3)掌握时间继电器的原理、结构和用途。
(4)掌握电气控制电路的读图方法。

【项目分析】

生产机械的运动部件做正、反两个方向的运动(如车床主轴的正向、反向运转,龙门刨床工作台的前进、后退,电梯的升降等),均要通过控制电动机的正转、反转来实现。我们知道,对于三相交流电动机,改变电动机电源的相序,其旋转方向就会跟着改变。为此,采用两个接触器分别给电动机接入正序和负序的电源,即对换两根电源线的位置,电动机就能够分别正转和反转。

许多生产机械对多台电动机的启动和停止有一定的要求,必须按预先设计好的次序先后启停。比如，由多台电动机拖动的机床，在操作时为保证设备的安全运行和工艺过程的顺利进行，电动机的启动、停止必须按一定顺序来进行，这被称为电动机的联锁控制或顺序控制。这种情况在机床电路控制中经常遇到。例如，油泵电动机要先于主轴电动机启动，主轴电动机要先于切削液泵电动机启动等。

本项目主要介绍如何对三相异步电动机进行正反转和顺序控制。

## 【相关知识】

### 一、如何识读电气控制电路图

识读电气控制电路图时，首先要分清主电路和控制电路，然后按照先识读主电路，再识读控制电路的顺序进行读图。识读主电路时一般从下向上看，即从电气设备开始，经控制元件顺次往电源看。识读控制电路一般自上而下、从左向右看，即先看电源再顺次看各条回路，分析各条回路的元件的工作情况，以及对主电路的控制关系。

在识读主电路时，要掌握该项目的电源供给情况，即电源要经过哪些控制元件到达用电设备，这些控制元件各起什么作用，它们在控制用电设备时是如何动作的。在识读控制电路时，应掌握该电路的基本组成，先通过"化整为零"找到原理图中各基本控制环节、各元件之间的相互关系及各元件的动作情况，再"集零为整"宏观考查各基本控制环节之间的关系，从而理解控制电路对主电路的控制情况，读懂整个电路的工作原理。在分析各种控制电路的工作原理时，常用电气图形符号和箭头配以少量的文字说明，来表达电路的工作原理。

### 二、联锁概念

将两个接触器的常闭触点互串在对方线圈电路中，使控制正转、反转的接触器不能同时通电，形成相互制约的控制，这种相互制约的关系称为联锁控制。联锁也称为互锁，由接触器或继电器常闭触点构成的联锁称为电气联锁，起联锁作用的触点称为联锁触点。常见的联锁方法还有机械联锁，是指通过复合按钮实现正转、反转，两条控制回路不能同时通电。

### 三、时间继电器

时间继电器是一种利用电磁原理或机械动作原理，实现触点延时接通或断开的自动控制电器，它广泛用于需要按时间顺序进行控制的电气控制电路中。常用的时间继电器有电磁式、电动式、空气阻尼式、电子式等，延时方式有通电延时和断电延时两种。

目前电气控制系统中应用较多的是空气阻尼式时间继电器和电子式时间继电器。

#### 1. 空气阻尼式时间继电器

空气阻尼式时间继电器又称气囊式时间继电器，它利用空气通过小孔时产生阻尼的原理获得延时。它主要由电磁机构、延时机构和触点系统三部分组成。电磁机构为双 E 直动型；触点系统借用 LX5 型微动开关，可分为延时触点和瞬时触点；延时机构采用气囊式阻尼器。

空气阻尼式时间继电器的电磁机构可以是直流的，也可以是交流的；它既可以做成通电延时型,也可以做成断电延时型。JS7-A 系列时间继电器如图 1-30 所示。

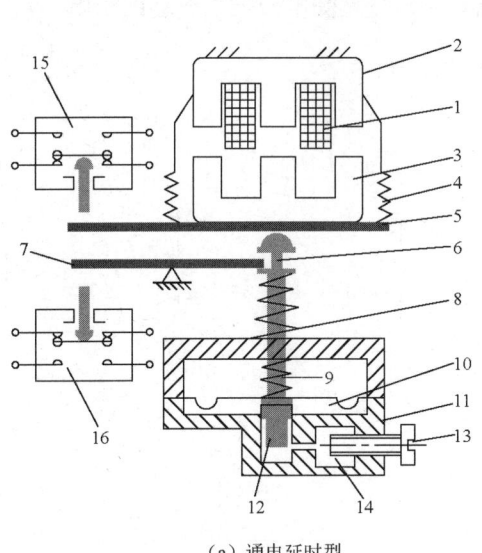

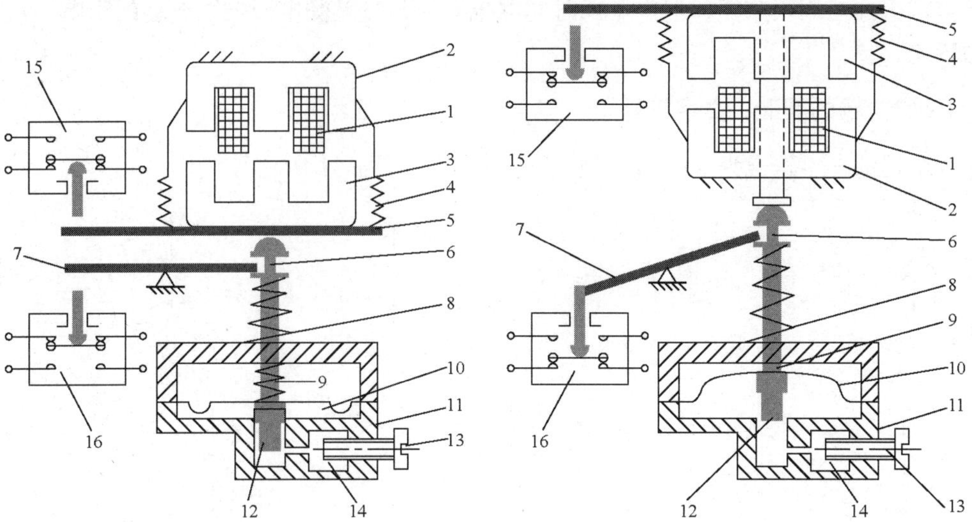

通电延时型
时间继电器

断电延时型
时间继电器

（a）通电延时型　　　　　　　　（b）断电延时型

1—线圈；2—铁芯；3—衔铁；4—反力弹簧；5—推板；6—活塞杆；7—杠杆；8—塔形弹簧；9—弱弹簧；
10—橡皮膜；11—空气室壁；12—活塞；13—调节螺杆；14—进气孔；15、16—微动开关。

图 1-30　JS7-A 系列时间继电器

以图 1-30（a）所示的通电延时型时间继电器为例介绍其工作原理，当线圈通电后衔铁（动铁芯）吸合，活塞杆在塔形弹簧作用下带动活塞及橡皮膜向上移动，橡皮膜下方空气室中的空气变得稀薄形成负压，活塞杆只能缓慢移动，其移动速度由进气孔气隙大小决定。经过一段延时后，活塞杆通过杠杆压动微动开关使其触点动作，起到通电延时作用。当线圈断电时衔铁释放，橡皮膜下方空气室中的空气通过活塞肩部所形成的单向阀迅速排出，使活塞杆、杠杆、微动开关等迅速复位。由线圈通电到触点动作的一段时间即时间继电器的延时时间，其大小可以通过调节螺杆调节进气孔气隙大小来改变。

断电延时型时间继电器的结构、工作原理与通电延时型时间继电器的相似，只是电磁铁安装方向不同，如图 1-30（b）所示，即当衔铁吸合时推动活塞复位，排出空气。当衔铁释放时活塞杆向上移动，实现断电延时。

空气阻尼式时间继电器结构简单、价格低廉，延时范围为 0.4~180s，但是延时误差较大，难以精确地整定延时时间，常用于延时精度要求不高的交流控制电路。

### 2．电子式时间继电器

电子式时间继电器又称半导体式时间继电器，它是利用 RC 电路的电容器充电时，电容电压不能突变，只能按照指数规律逐渐变化的原理来获得延时的。因此，只要改变 RC 充电电路的时间常数（改变电阻值），即可改变延时时间。电子式时间继电器的输出形式分为有触点输出和无触点输出，有触点输出利用晶体管驱动小型电磁式继电器，而无触点输出采用晶体管或晶闸管输出。

常见的电子式时间继电器产品有 JSJ、JS13、JS14、JS15、JS20、JS14A、JS14P 等系列，它们的参数可查阅相关资料。

电子式时间继电器具有延时范围广、精度高、体积小、耐冲击和振动、调节方便、寿命长等特点,因此应用很广泛,但电子式时间继电器的延时易受电源电压波动的影响,抗干扰能力较差。

### 3. 时间继电器的图形、文字符号

时间继电器的文字符号为KF,其图形、文字符号如图1-31所示。

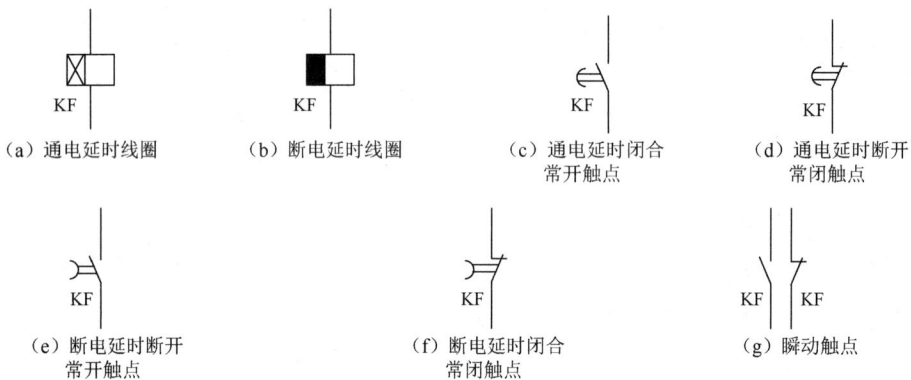

图1-31 时间继电器的图形、文字符号

## 【实施步骤】

### 一、所需工具器材

三相异步电动机正反转控电线路所需的设备、工具和材料如表1-4所示。
三相异步电动机顺序控制电路所需的设备、工具和材料如表1-5所示。

表1-4 三相异步电动机正反转控制电路所需的设备、工具和材料

| 序号 | 名称及说明 | 数量 |
|---|---|---|
| 1 | 三相异步电动机(380V,Y连接) | 1 |
| 2 | 熔断器(3A) | 2 |
| 3 | 按钮 | 3 |
| 4 | 交流接触器 | 2 |
| 5 | 热继电器 | 1 |
| 6 | 低压断路器 | 1 |
| 7 | 导线 | 若干 |

表1-5 三相异步电动机顺序控制电路所需的设备、工具和材料

| 序号 | 名称及说明 | 数量 |
|---|---|---|
| 1 | 三相异步电动机(380V,Y连接) | 2 |
| 2 | 熔断器(3A) | 2 |
| 3 | 按钮 | 4 |
| 4 | 交流接触器 | 2 |
| 5 | 热继电器 | 2 |
| 6 | 低压断路器 | 1 |
| 7 | 时间继电器 | 1 |
| 8 | 导线 | 若干 |

### 二、控制方案的确定

实现正反转的方法较多,一般来说有"正—停—反""正—反—停"两种控制模式,三相异步电动机正反转电路原理图如图1-32所示。
采用斯沃数控机床仿真软件绘制图1-32(c)所示正—反—停控制电路的实物接线图,如图1-33所示。

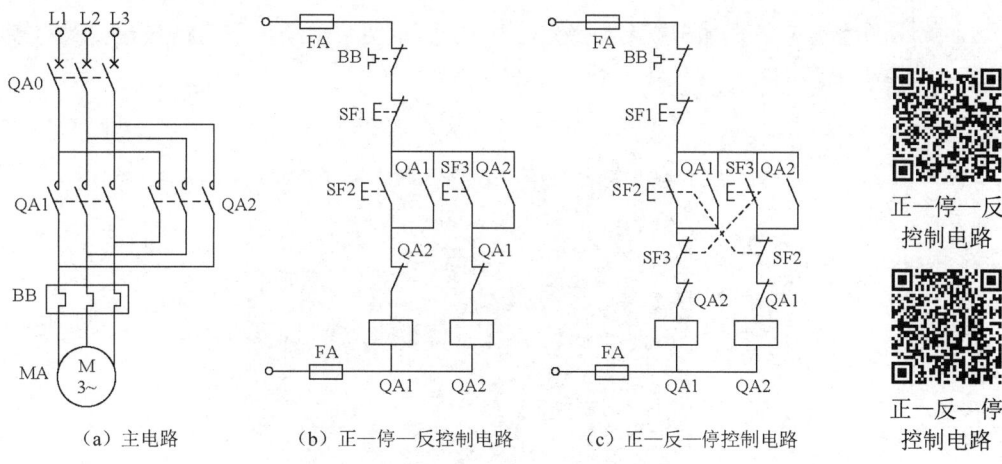

图 1-32　三相异步电动机正反转电路原理图

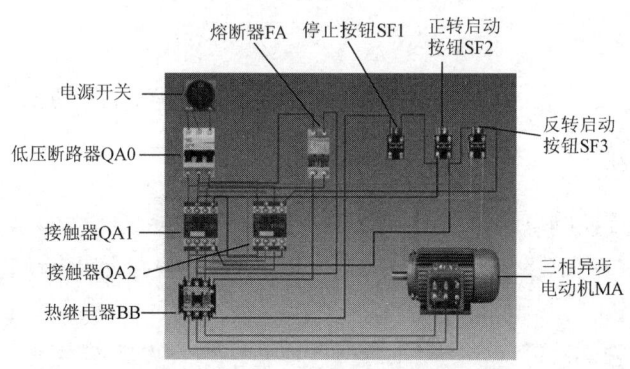

图 1-33　图 1-32（c）所示正—反—停控制电路的实物接线图

电动机的顺序控制可采用控制开关、接触器来直接操作，也可采用按钮、接触器的控制电路来实现，若需要自动控制，则需用到时间继电器。图 1-34（a）所示为两台电动机顺序启动主电路，图 1-34（b）所示为两台电动机采用接触器实现的按动作顺序启动控制电路，图 1-34（c）所示为两台电动机采用时间继电器实现的按时间顺序启动控制电路。顺序停止的控制电路以此类推。

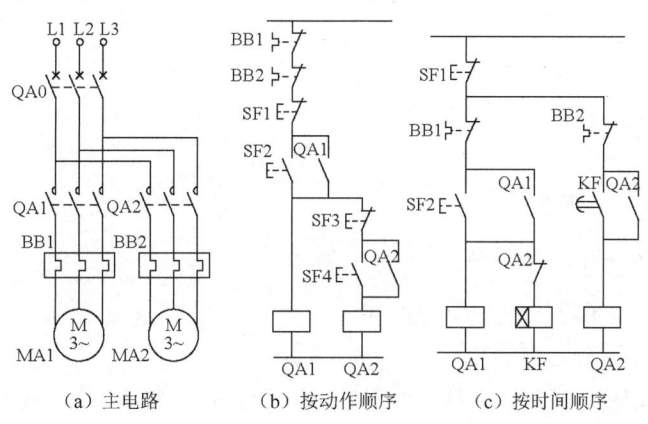

图 1-34　两台电动机顺序启动控制电路

采用斯沃数控机床仿真软件绘制图 1-34（b）所示两台电动机采用接触器实现的按动作顺序启动控制电路的实物接线图，如图 1-35 所示。

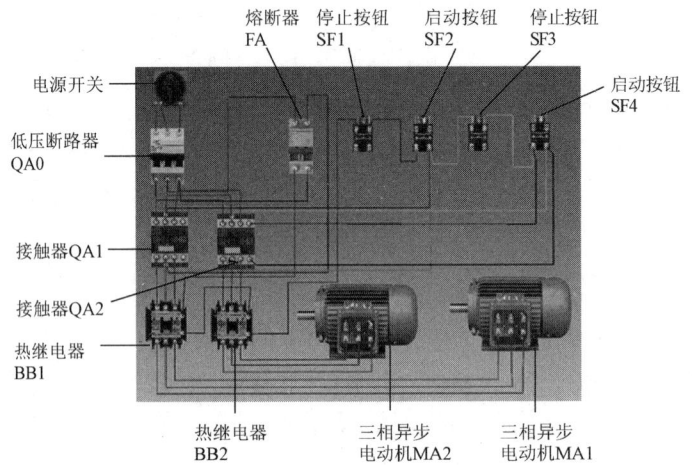

图 1-35　图 1-34（b）所示按动作顺序启动控制电路的实物接线图

### 三、工作过程分析

（1）正—停—反控制电路［见图 1-32（b）］。

在正—停—反控制电路中，两个接触器 QA1、QA2 触点所接电动机电源的相序不同，从而改变了电动机转向。从电路可看出，接触器 QA1 和 QA2 触点不可同时闭合，以免发生相间短路故障，为此就需要在各自的控制电路中串接对方的动断触点，构成互锁。电动机正转时，按下正转启动按钮 SF2，QA1 线圈通电并自锁，QA1 动断触点断开，这时，即使按下反转启动按钮 SF3，QA2 线圈也无法通电。当需要反转时，先按下停止按钮 SF1，令接触器 QA1 线圈断电释放，QA1 动断触点闭合，电动机停转；再按下反转启动按钮 SF3，接触器 QA2 线圈才通电，电动机反转。由于电动机由正转切换成反转时，须先停下来再反向启动，故称该电路为正—停—反控制电路。

具体工作过程如下。

合上低压断路器 QA0：

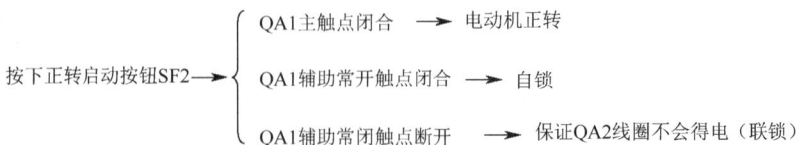

按下反转启动按钮 SF3，工作过程与正转类似。

（2）正—反—停控制电路［见图 1-32（c）］。

在正—反—停控制电路中，使电动机从正转到反转，须先按下停止按钮 SF1，这显然在操作上不便。为了解决这个问题，可利用复合按钮进行控制，如图 1-32（c）所示。

假定电动机在正转,此时,接触器 QA1 线圈通电,主触点 QA1 闭合。欲切换电动机的转向,只要按下反转启动按钮 SF3 即可。按下按钮 SF3 后,其常闭触点先断开接触器 QA1 的线圈电路,接触器电磁机构衔铁释放,主触点断开正转电源。按钮 SF3 的常开触点闭合,接通接触器 QA2 的线圈电路,接触器 QA2 线圈通电且自锁,接触器 QA2 的主触点闭合,反转电源送入电动机绕组,电动机做反转启动并运转。

(3) 采用接触器实现的按动作顺序启动控制电路 [见图 1-34(b)]。

工作过程:合上低压断路器 QA0,按下启动按钮 SF2,接触器 QA1 线圈通电,QA1 主触点闭合,电动机 MA1 启动运转,同时 QA1 常开辅助触点闭合,完成自锁过程,保证电动机 MA1 一直运转;然后,按下启动按钮 SF4,接触器 QA2 线圈通电,QA2 主触点闭合,电动机 MA2 启动运转,同时 QA2 常开辅助触点闭合,完成自锁过程。

按下停止按钮 SF3,电动机 MA2 单独停止,若按下停止按钮 SF1,则电动机 MA1、MA2 同时停止。也就是说,若电动机 MA2 工作,则电动机 MA1 是不能单独停止的,从而实现了电动机 MA2 工作时电动机 MA1 必定工作,以及电动机 MA1 停止时电动机 MA2 必定停止的顺序关系。

实现顺序控制的关键是,必须将前一控制电路接触器的常开辅助触点串联到需要控制的电路中,这样才能实现前级电路正常工作后,后级电路才可能工作的要求,如图 1-34 所示的 QA1 常开辅助触点。

(4) 采用时间继电器实现的按时间顺序启动控制电路 [见图 1-34(c)]。

若设时间继电器的工作时间为 5s,则图 1-34(c)所示电路可以实现:电动机 MA1 先启动,5s 后电动机 MA2 自动启动,且电动机 MA1 与 MA2 能同时停止。工作工程如下:

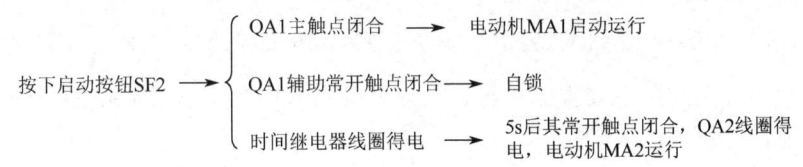

按下启动按钮SF2 {
  QA1主触点闭合 → 电动机MA1启动运行
  QA1辅助常开触点闭合 → 自锁
  时间继电器线圈得电 → 5s后其常开触点闭合,QA2线圈得电,电动机MA2运行
}

## 四、注意事项

(1) 电动机采用 Y 连接,电源电压应该为 380V。

(2) 为了设备的安全,主电路和控制电路都应接入熔断器。

(3) 接线完毕后,注意导线不要碰到联轴器,以防止电动机旋转而拉断导线。

(4) 控制电器的线圈应接在电源的同一端,防止电源短路,同时便于检修和安装接线。

(5) 交流电器的线圈不能串联使用,这是因为交流电器线圈的感抗与它的衔铁吸合间隙有关。由于吸合时间不完全同步,所以只要有一个电器吸合动作,其线圈上的压降就增大,从而使另一个电器达不到所需要的动作电压。

## 【知识扩展】

### 一、主令电器

常见的主令电器除了控制按钮,还有以下几种。

### 1. 行程开关

依照生产机械的行程发出命令以控制其运行方向或行程长短的主令电器称为行程开关。若将行程开关安装于生产机械行程终点处以限制其行程，则称为限位开关或终点开关。行程开关广泛用于各类机床和起重机械的控制，以限制这些机械的行程。当生产机械运动到某一预定位置时，行程开关可以通过机械可动部分的动作，将机械信号转换为电信号以实现对生产机械的电气控制，限制它们的动作或位置，借此对生产机械进行必要的保护。

从结构上看，行程开关可分为三个部分：操作头、触点系统和外壳。行程开关的种类很多，其主要变化是传动操作方式和传动头结构的变化。传动操作方式有瞬动型和蠕动型。传动头结构有直动式、滚动式、杠杆式、单轮式、双轮式、滚轮摆可调式以及弹簧杆式等。行程开关的工作原理与控制按钮的类似，只是它用运动部件上的撞块来碰撞行程开关的推杆。触点结构是双断点直动式，为瞬动型触点。

常用的行程开关有 JLXK1、LX19、LX32、XL33 等系列，微动开关有 LXW-11、JLXK1-11、LXK3 等系列。图 1-36 所示为 LX19 系列行程开关的外形、图形符号及文字符号。

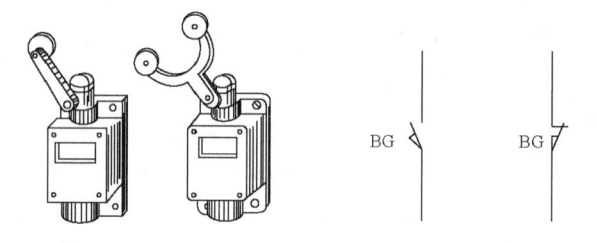

（a）单轮旋转式　（b）双轮旋转式　（c）常开触点　（d）常闭触点

图 1-36　LX19 系列行程开关的外形、图形符号及文字符号

在选用行程开关时，主要根据机械位置对开关形式的要求和控制电路对触点数量的要求，以及电流、电压等级来确定其型号。

### 2. 接近开关

接近开关是一种非接触式物体检测装置，又称无触点行程开关。其功能是当某种物体与之接近到一定距离时就发出动作信号，而不像机械行程开关那样需要施加机械力。接近开关是通过其感辨头与被测物体间介质能量的变化来取得信号的。接近开关的应用已远超出一般行程控制和限位保护的范畴，如用于高速计数、测速、液面控制，以及检测金属体的存在、零件尺寸及无触点按钮等。即使用于一般机械式行程控制，其定位精度、操作频率、使用寿命和对恶劣环境的适应能力也优于一般机械式行程开关。常见接近开关的外形如图 1-37 所示。

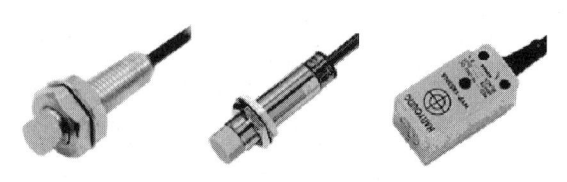

图 1-37　常见接近开关的外形

目前市场上接近开关的产品很多，型号各异，但功能基本相同，外形有 M6～M34 圆柱型、方型、普通型、分离型、槽型等，适于工业生产自动化流水线定位检测、记数等配套使用。接近开关的图形符号及文字符号如图 1-38 所示。

### 3. 光电开关

光电开关又称无接触检测和控制开关，利用物质对光束的遮蔽、吸收或反射等作用，对物体的位置、形状、标志、符号等进行检测。光电开关能非接触、无损伤地检测各种固体、液体、透明体、烟雾等，具有体积小、功能多、寿命长、功耗低、精度高、响应速度快、检测距离远、抗光、电、磁干扰性能好等优点，广泛用于各种生产设备中的检测、液位检测、行程控制、产品计数、速度监测、产品精度检测、尺寸控制、宽度鉴别、色斑与标记识别、防盗警戒等，成为自动控制系统和生产线中不可缺少的重要元件。

光电开关是一种新兴的控制开关。在光电开关中最重要的是光电元件，它是把光照强弱的变化转换为电信号的传感元件。光电元件主要有发光二极管、光敏电阻、光电晶体管、光电耦合器等，它们构成了光电开关的传感系统。

常用光电开关的外形、图形符号和文字符号如图 1-39 所示。

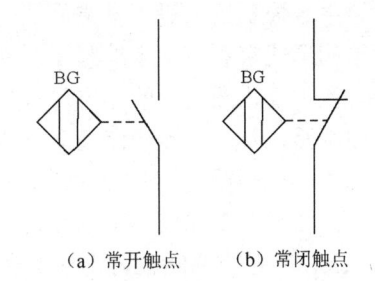

（a）常开触点　　（b）常闭触点

图 1-38　接近开关的图形符号及文字符号

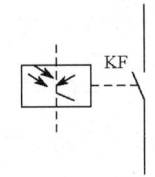

图 1-39　常用光电开关的外形、图形符号和文字符号

### 4. 主令控制器

主令控制器是用于频繁转换的复杂的多路控制电路的主令电器。它操作简便，允许每小时接电次数较多，触点为双断点桥式结构，适用于按顺序操作的多个控制电路。主令控制器的外形与结构原理如图 1-40 所示。

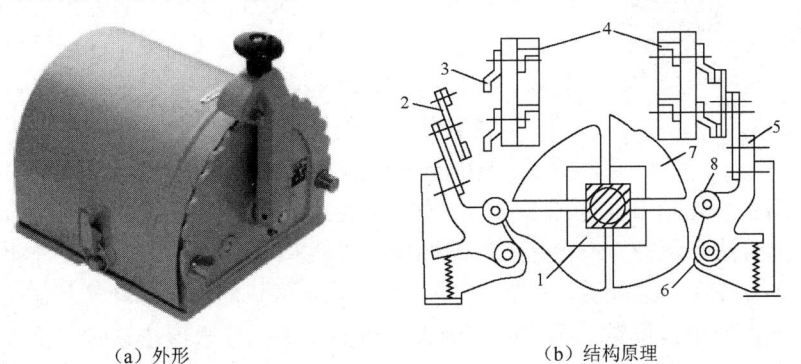

（a）外形　　（b）结构原理

1—凸轮块；2—动触点；3—静触点；4—接线端子；5—支杆；6—转动轴；7—凸轮块；8—小轮。

图 1-40　主令控制器的外形与结构原理

主令控制器一般由触点、凸轮块、定位机构、转动轴、面板及其支承件等部分组成。从结构形式来看，主令控制器有两种类型：一种是凸轮调整式主令控制器，它的凸轮片上开有孔和槽，凸轮片的位置可根据给定的触点通断表进行调整；另一种是凸轮非调整式主令控制器，其凸轮不能调整，只能按接触点通断表做适当的排列组合。

主令控制器的图形符号、文字符号如图1-41（a）所示。图形符号中每一横线代表一路触点；用竖的虚线代表手柄位置。哪一路接通，就在代表该位置的虚线上的触点下用黑点"•"表示。触点通断也可用通断表来表示，如图1-41（b）所示，表中的"×"表示触点闭合，空白表示触点分断。当主令控制器的手柄置于"Ⅰ"位时，触点"1""3"接通，其他触点断开；当手柄置于"Ⅱ"位时，触点"2""4""5""6"接通，其他触点断开。

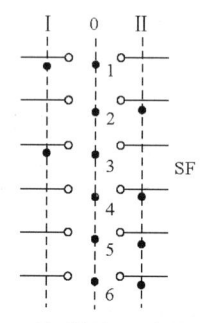

| 触点号 | Ⅰ | 0 | Ⅱ |
|---|---|---|---|
| 1 | × | × | |
| 2 | | × | × |
| 3 | × | × | |
| 4 | | × | × |
| 5 | | × | × |
| 6 | | × | × |

（a）图形符号、文字符号　　　（b）通断表

图1-41　主令控制器的图形符号、文字符号和通断表

### 5．万能转换开关

万能转换开关是由多组相同结构的触点组件叠装而成的多回路控制电器。它由操作机构、定位装置和触点三部分组成，主要用于各种配电装置的远距离控制，也可作为电气测量仪表的转换开关或用于小容量电动机的启动、制动、调速和换向的控制。

万能转换开关的外形如图1-42所示。由于每层凸轮可做成不同的形状，因此当手柄转到不同位置时，通过凸轮的作用可以使各对触点按需要的规律接通和分断。

目前常用的万能转换开关有LW2、LW5、LW6、LW8、LW9、LW12、LW15等系列。其中LW9和LW12系列符合IEC有关标准和国家标准，其产品采用了一系列新工艺、新材料，性能可靠，功能齐全，能替代目前全部同类产品。

图1-42　万能转换开关的外形

万能转换开关的图形符号、文字符号和通断表如图1-43所示。但由于其触点的分合状态是与操作手柄的位置有关的，因此，在电路图中除画出触点图形符号之外，还应有操作手柄位置与触点分合状态的表示方法。其表示方法有两种：一种是在电路图中画虚线和"•"的方法，如图1-43（a）所示，即用虚线表示操作手柄的位置，用有无"•"分别表示触点的闭合和断开状态。比如，在触点图形符号下方的虚线位置上画"•"，则表示当操作手柄处于该位置时，该触点处于闭合状态；若未在虚线位置上画"•"，则表示该触点处于断开状态。另一种是在电路图中既不画虚线也不画"•"，而是先在触点图形符号上标出触点编号，再用通断表表示操作手柄处

于不同位置时的触点分合状态，如图 1-43（b）所示。在通断表中用有无"×"分别表示操作手柄于不同位置时触点的闭合和断开状态。

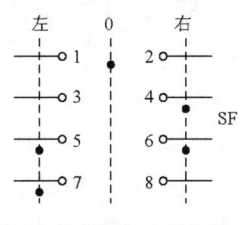

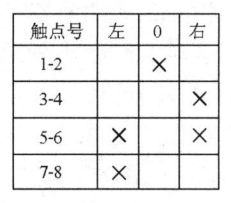

（a）图形符号、文字符号

| 触点号 | 左 | 0 | 右 |
|---|---|---|---|
| 1-2 | | × | |
| 3-4 | | | × |
| 5-6 | × | | × |
| 7-8 | × | | |

（b）通断表

图 1-43　万能转换开关的图形符号、文字符号和通断表

万能转换开关主要用于低压断路操作机构的合闸与分闸控制、各种控制电路的转换、电压表和电流表的换相测量控制、配电装置电路的转换和遥控等。

## 二、往复运动控制

### 1. 电路原理图

往复运动控制也是一种正反转控制，只不过其采用行程开关作为控制元件来控制电动机的正转与反转。往复运动控制电路如图 1-44 所示，在正转接触器 QA1 的线圈电路中，串联接入正向行程开关 BG1 的常闭触点，在反转接触器 QA2 的线圈电路中，串联接入反向行程开关 BG2 的常闭触点；同时，将 BG1 的常开触点并联在 SF3 两端，BG2 的常开触点并联在 SF2 的两端。这种电路能使生产机械在每次启动后自动在规定的行程内往复循环运动，也常用于机械设备的行程极限保护。

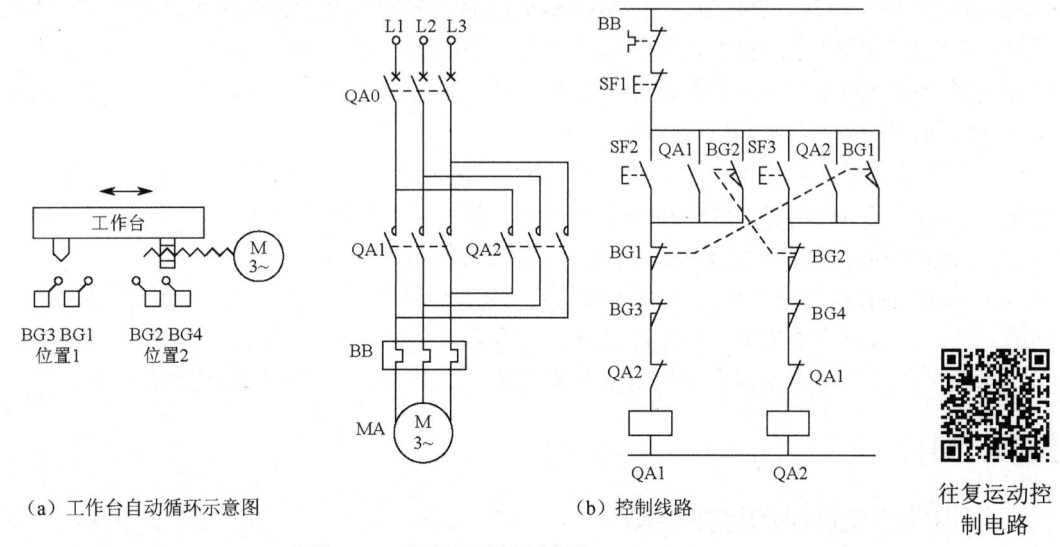

（a）工作台自动循环示意图　　（b）控制线路

图 1-44　往复运动控制电路

往复运动控制电路

### 2. 工作过程

合上低压断路器 QA0，按下正转启动按钮 SF2，接触器 QA1 线圈通电，QA1 主触点和辅助触点动作，工作台开始正向（向左）运动；当工作台运动到行程开关 BG1 位置时，BG1

常开触点闭合、常闭触点断开，接触器 QA1 线圈断电，正转停止，同时接触器 QA2 线圈通电，工作台开始反向运动（向右）；当运动到行程开关 BG2 位置时，BG2 常开触点闭合、常闭触点断开，接触器 QA2 线圈断电，反转停止，同时接触器 QA1 线圈通电，工作台开始正向运动（向左）。这样工作台就在行程开关 BG1、BG2 之间进行往复运动。

在往复运动过程中的任意位置，当需要工作台停止时，只要按下停止按钮 SF1 即可。

图 1-44（a）中的行程开关 BG3、BG4 起到极限保护作用。当行程开关 BG1、BG2 出现不能正常工作情况时，工作台就会运动到 BG3 或 BG4 处，BG3 或 BG4 的常闭触点断开，切断接触器线圈电源，使主电路与电源断开，从而保护设备与相关人员的安全。

这种应用运动部件行程作为控制参量的控制方法称为行程原则。

# 项目 1.3　三相异步电动机的降压启动控制

## 【项目目标】

（1）掌握三相异步电动机降压启动的方法。
（2）掌握三相异步电动机各种降压启动电路的组成和工作原理。
（3）熟练掌握时间继电器的应用。

## 【项目分析】

电动机从接通电源开始，转速由零上升到额定值的过程叫作启动过程。小型电动机的启动过程经历的时间在几秒之内，大型电动机的启动时间为几秒到几十秒，并且大容量笼型异步电动机的启动电流很大，会引起电网电压降低，使电动机转矩减小，甚至启动困难，还影响同一供电网络中其他设备的正常工作，所以大容量笼型异步电动机的启动电流应限制在一定的范围内，不允许直接启动。

在生产过程中，电动机可否直接启动，应根据启动次数、电网容量和电动机的容量来决定。一般规定：启动时，供电母线上的电压压降不得超过额定电压的 10%～15%；启动时，变压器的短时过载不超过最大允许值，即电动机的最大容量不超过变压器容量的 20%～30%。因此，小容量三相异步电动机可以直接启动；但当电动机容量较大时，应采用降压启动的方法，以减小启动电流，待电动机转速上升后，恢复额定电压进入正常运行状态。

本项目主要介绍用多种电气控制电路来完成对三相异步电动机降压启动的控制。

## 【相关知识】

### 一、三相异步电动机的直接启动

直接启动是最简单的启动方法。启动时用刀开关、电磁启动器或接触器将电动机定子绕组直接接到电源上。一般对于小型笼型异步电动机，如果电源容量足够大，那么应尽量采用直接启动方法。对于某一电网，多大容量的电动机才允许直接启动，可按经验公式（1-2）来确定。

## 单元 1　三相异步电动机拖动电路分析

$$K_\mathrm{I} = \frac{\text{直接启动电流（A）}}{\text{额定电流（A）}} \leq \frac{3}{4} + \frac{\text{变压器总容量（kV·A）}}{4 \times \text{电动机额定功率（kW）}} \qquad (1\text{-}2)$$

电动机的启动电流倍数 $K_\mathrm{I}$ 须符合式（1-2）中电网允许的启动电流倍数，才允许直接启动。一般 10kW 以下的电动机都可以直接启动。随电网容量的加大，允许直接启动的电动机容量也变大。需要注意的是，频繁启动的电动机不允许直接启动，应采取降压启动方法。

## 二、三相异步电动机的降压启动

降压启动是指电动机在启动时降低加在定子绕组上的电压，启动结束时再施加额定电压运行的启动方式。降压启动虽然能减小电动机启动电流，但由于电动机的转矩与电压的平方成正比，因此降压启动时电动机的转矩也减小较多，故此法一般适用于电动机空载启动或轻载启动。降压启动的方法有以下几种。

### 1. 定子串接电抗器或电阻的降压启动

方法：启动时，电抗器或电阻接入定子电路；启动后，切除电抗器或电阻，正常运行。电阻降压启动如图 1-45 所示。

三相异步电动机定子串接电抗器或电阻启动时，定子绕组实际所加电压降低，从而减小了启动电流。但定子绕组串接电阻启动时，能耗较大，因此实际应用不多。

### 2. 星形—三角形（Y—△）降压启动

方法：启动时定子绕组接成 Y 形，运行时定子绕组则接成 △ 形，其接线图如图 1-46 所示。运行时定子绕组为 Y 形的笼型异步电动机，则不能用 Y—△ 降压启动方法。

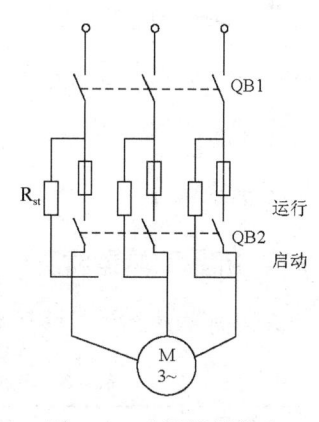

图 1-45　电阻降压启动

Y—△ 降压启动时，定子绕组承受的电压只有 △ 连接时的 $1/\sqrt{3}$，启动电流为直接启动时电流的 1/3，而启动转矩也是直接启动时的 1/3。

Y—△ 降压启动方法简单，价格便宜，因此在轻载启动条件下，可被优先采用。我国采用 Y—△ 降压启动方法的电动机额定电压都是 380V，绕组采用 △ 接法。

### 3. 自耦变压器降压启动

自耦变压器也称启动补偿器。方法：启动时，自耦变压器原边接电源，副边接电动机。启动结束后，电源直接加到电动机上。自耦变压器降压启动的接线图如图 1-47 所示。

设自耦变压器的电压比 $k = N_1/N_2 = \sqrt{3}$，则启动时，电动机所承受的电压为 $U_\mathrm{N}/\sqrt{3}$（$U_\mathrm{N}$ 为变压器原边电压），启动电流为全压启动时的 $1/\sqrt{3}$，启动转矩为全压启动时的 1/3。定子串电阻降压启动时，电动机的启动电流就是电网电流；而自耦变压器降压启动时，电动机的启动电流与电网电流的关系则是自耦变压器一、二次电流的关系。因一次电流 $I_1 = I_2/k$，因此这时电网电流为电动机启动电流的 $1/\sqrt{3}$，只有直接启动时的 1/3。

可见，采用自耦变压器降压启动，启动电流和启动转矩相比于直接启动都减小 $1/k^2$。自耦变压器一般有 2、3 组抽头，其电压可以分别为原边电压 $U_\mathrm{N}$ 的 80%、65%或 80%、60%、40%。

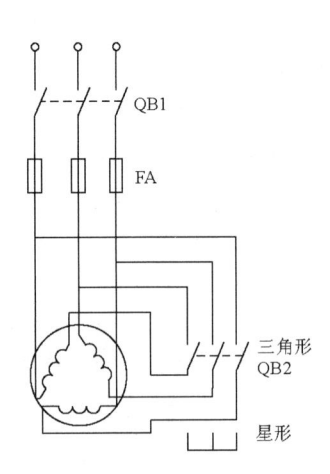

图 1-46  Y—△降压启动的接线图 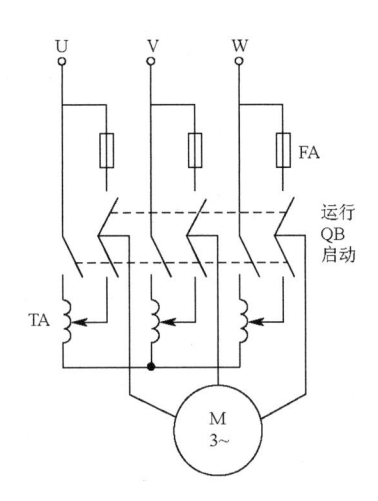      图 1-47  自耦变压器降压启动的接线图

该种降压启动方法对定子绕组采用 Y 形或△形接法的电动机都可以适用，缺点是设备体积大，投资较大。

## 【实施步骤】

### 一、所需工具器材

三相异步电动机降压启动控制电路所需的设备、工具和材料如表 1-6 所示。

表 1-6  三相异步电动机降压启动控制电路所需的设备、工具和材料

| 序号 | 名 称 及 说 明 | 数量 |
| --- | --- | --- |
| 1 | 三相异步电动机（380V，可进行 Y—△变换） | 1 |
| 2 | 熔断器（3A） | 2 |
| 3 | 按钮 | 3 |
| 4 | 交流接触器 | 3 |
| 5 | 热继电器 | 1 |
| 6 | 低压断路器 | 1 |
| 7 | 时间继电器 | 1 |
| 8 | 导线 | 若干 |
| 9 | 串接电阻 | 3 |
| 10 | 自耦变压器 | 1 |

### 二、控制方案的确定

#### 1. 定子串电阻降压启动

定子串电阻降压启动控制电路如图 1-48 所示。

#### 2. 星形—三角形（Y—△）降压启动

星形—三角形（Y—△）降压启动控制电路如图 1-49 所示。

单元 1　三相异步电动机拖动电路分析

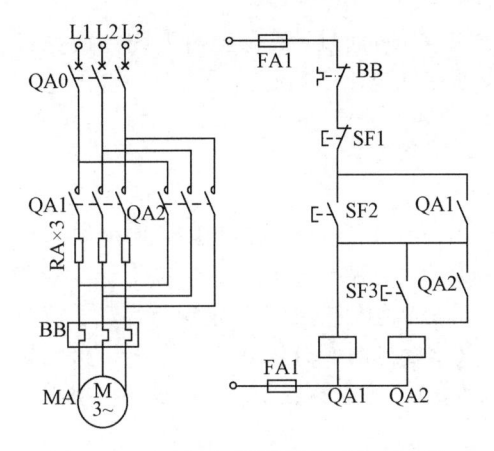

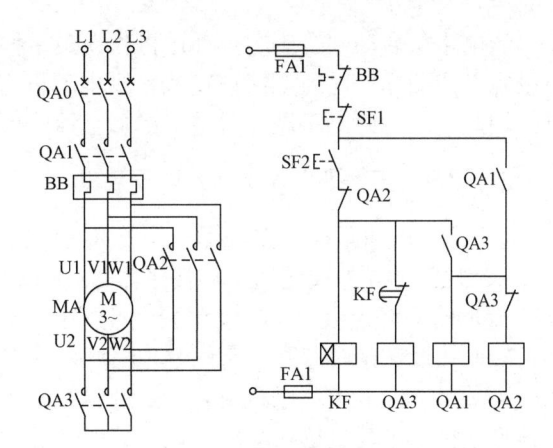

图 1-48　定子串电阻降压启动控制电路　　　图 1-49　星形—三角形（Y—△）降压启动控制电路

定子串电阻降压启动（手动）　　　　　　　　星形—三角形（Y—△）降压启动

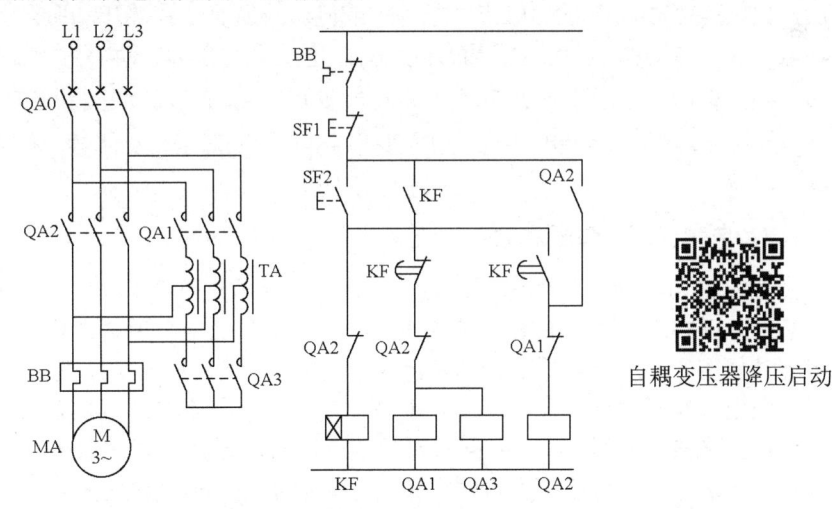

### 3. 自耦变压器降压启动

自耦变压器降压启动控制电路如图 1-50 所示。

自耦变压器降压启动

图 1-50　自耦变压器降压启动控制电路

## 三、工作过程分析

### 1. 定子串电阻降压启动

如图 1-48 所示，工作过程：合上低压断路器 QA0，按下启动按钮 SF2，接触器 QA1 线圈通电，QA1 主触点闭合，引入三相电源，同时 QA1 辅助常开触点闭合，完成自锁过程；接触器 QA1 线圈通电，电动机 MA 降压启动，然后按下按钮 SF3，接触器 QA2 线圈通电，QA2 主触点闭合，电动机 MA 全压运转。

该电路从启动到全压运行都由操作人员掌握，很不方便，而且若由于某种原因导致 QA2 主触点不能动作，电阻不能被短接，则电动机将长期在低电压下运行，严重时将烧毁电动机。因此，应对此电路进行改进，如加互锁或信号电路等。

### 2．星形—三角形（Y—△）降压启动

如图 1-49 所示，工作过程：合上低压断路器 QA0，按下启动按钮 SF2，时间继电器 KF、接触器 QA3 的线圈通电，接触器 QA3 的主触点闭合，将电动机绕组接成星形。随着 QA3 辅助常开触点吸合，QA1 线圈通电并自锁，电动机绕组在星形连接情况下启动。待电动机转速接近额定转速时，时间继电器延时完毕，其常闭延时断开触点 KF 断开，接触器 QA3 线圈断电，其常闭触点复位，接触器 QA2 线圈通电，其主触点闭合，将电动机绕组按三角形连接，电动机进入全电压运行状态。

该控制电路的特点如下。

（1）先接触器 QA3 线圈通电、触点动作，后 QA1 线圈通电、触点动作。这样，QA3 的主触点在无负载的条件下进行接触，可以延长 QA3 主触点的使用寿命。

（2）互锁保护措施。QA3 常闭触点在电动机启动过程中锁住 QA2 线圈通路，只有在电动机转速接近额定值时（即时间继电器 KF 延时断开触点动作），QA3 线圈断电后 QA2 线圈才可能通电吸合；QA2 的常闭触点与启动按钮 SF2 串联，在电动机正常运行时，QA3 辅助常闭触点释放，QA2 辅助常闭触点动作，如果有人误按启动按钮 SF2，QA2 的常闭触点能防止接触器 QA3 线圈通电动作不至于造成电源短路，使电路工作更为可靠。在电动机停转以后，如果接触器 QA2 的主触点由于焊住或机械故障而没有跳开，那么由于设置了 QA2 常闭触点（这时 QA2 常闭触点处于断开状态），电动机不会再启动，防止了电源的短路事故。

（3）电动机绕组由 Y 形向 △ 形自动转换后，随着 QA3 线圈断电，KF 线圈断电、触点复位。这样，节约了电能，延长了电器使用寿命，同时 KF 常闭触点的复位为第二次启动做好了准备。

### 3．自耦变压器降压启动

如图 1-50 所示，工作过程：启动时，合上低压断路器 QA0，按下启动按钮 SF2，接触器 QA1、QA3 的线圈和时间继电器 KF 的线圈同时通电，接触器 QA1、QA3 的主触点闭合将电动机定子绕组经自耦变压器接至电源，开始降压启动。时间继电器经过一定延时后，其常闭延时断开触点断开，使接触器 QA1、QA3 线圈断电。QA1、QA3 主触点断开，从而将自耦变压器从电网上切除；同时时间继电器常开延时闭合触点闭合，使接触器 QA2 线圈通电，于是电动机直接接到电网上运行，完成了整个启动过程。

自耦变压器降压启动方法的优点是启动时对电网的电流冲击小，功率损耗小。缺点是自耦变压器相对结构复杂，价格较高，而且不允许频繁启动。这种降压启动方法主要用于启动较大容量的正常工作接成星形或三角形的电动机，启动转矩可以通过改变自耦变压器抽头的连接位置而得到改变。

## 【知识扩展】

### 一、定子串电阻降压启动电路的改进

图 1-48 所示的定子串电阻降压启动控制电路还存在一些缺陷，先做如下改进。如

图 1-51 所示，图 1-51（a）所示线路 1 中增加了时间继电器 KF，由 KF 控制接触器 QA2 将启动电阻自动切除。它存在的缺点是电动机启动结束后，QA1 线圈和 KF 线圈一直通电，这是不必要的，这样做会缩短元件的使用寿命。

图 1-51（b）所示线路 2 对图 1-51（a）所示线路 1 稍加补充就使得完成工作后的继电器及时退出工作，增加 QA2 常闭触点，切除启动结束后的 QA1 和 KF 的辅助常开触点。增加 QA2 常开触点，实现自锁。该电路的工作原理：接触器 QA2 线圈通电后，用其常闭触点将 QA1 及 KF 的线圈电路切断，使它们退出工作，同时 QA2 线圈自锁。这样在电动机启动后，只有 QA2 线圈保持带电状态，且保证了电路正常运行。

（a）线路1　　（b）线路2

定子串电阻降压启动（改进电路）

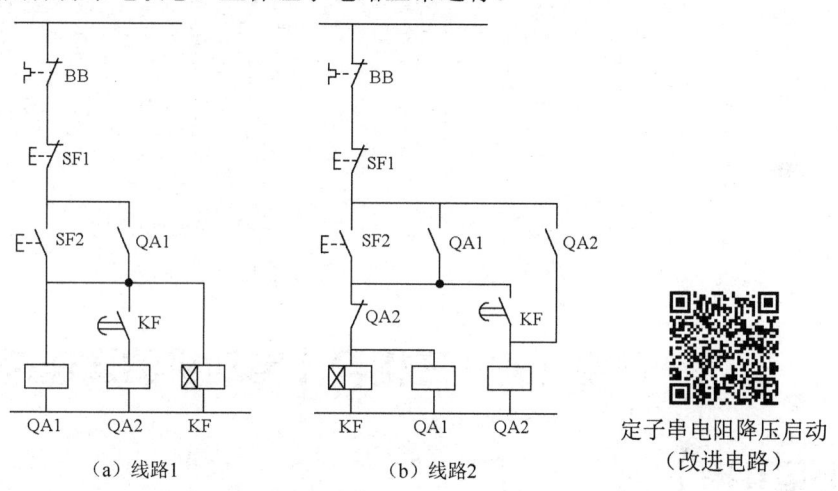

图 1-51　定子串电阻降压启动控制电路的改进

## 二、延边三角形降压启动控制电路

三相异步电动机星形—三角形降压启动时，虽然不用增加启动设备，启动方式相对简单，但其启动转矩却只有额定电压启动时的 1/3，因此一般只适用于空载或轻载启动。而采用延边三角形降压启动时，每相绕组承受的电压比三角形连接时低，又比星形连接时高，介于两者之间，这样既不增加启动专用设备实现降压启动，又可提高启动转矩。但采用该方法启动的电动机制造复杂，造价高。

该启动方法即在电动机启动时将绕组接成延边三角形，启动结束后，将绕组换接成三角形进入全压运行状态。图 1-52 所示为延边三角形接线原理图，其中 QA3 为延边三角形连接接触器，QA1 为线路接触器，QA2 为三角形连接接触器。

图 1-53 所示为延边三角形降压启动控制电路。其启动过程：合上刀开关 QB，按下启动按钮 SF2，接触器 QA1、QA3 和时间继电器 KF 的线圈同时通电，接触器 QA1 的常开触点形成自锁，主电路中接触器 QA1、QA3 的主触点闭合，使电动机连接成延边三角形降压启动。延时一段时间

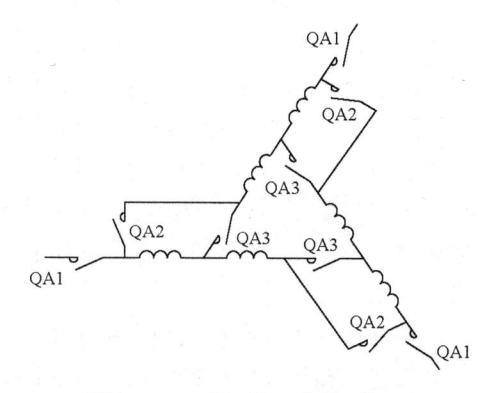

图 1-52　延边三角形接线原理图

后，时间继电器 KF 开始动作，其常闭延时断开触点断开，使 QA3 的线圈断电释放，常开延时闭合触点闭合使 QA2 的线圈通电，并形成自锁，主电路中电动机连接成三角形，正常运转。

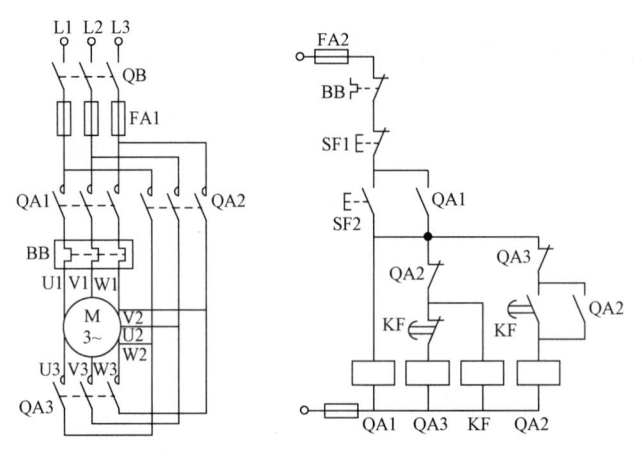

图 1-53 延边三角形降压启动控制电路

## 项目 1.4　三相异步电动机的调速控制

【项目目标】

（1）掌握三相异步电动机的调速方法。
（2）掌握三相异步电动机调速控制电路的组成和工作原理。
（3）了解变频器的结构、工作原理等知识。

【项目分析】

实际生产中的机械设备常有多种速度输出的要求，如立轴圆台磨床工作台的旋转需要高、低速进行磨削加工；在玻璃生产线中，成品玻璃的传输根据玻璃厚度的不同采用不同的速度以提高生产效率。采用异步电动机搭配机械变速系统有时可以满足调速需求，但传动系统结构复杂、体积大，实际中常采用调速电动机进行大范围的调速，或者采用变频调速。调速电动机不能实现平滑调速，但造价低、线路简单，又能在一定程度上满足机械设备加工工艺的要求，故得到了广泛使用。变频调速能平滑调速、调速范围广、效率高，不受直流电动机换向带来的转速与容量的限制，同时随着技术进步，与以前相比，其性价比有了很大提高，故变频器已经在很多领域获得了广泛应用，如轧钢机、工业水泵、鼓风机、起重机、纺织机、球磨机化工设备及家用空调等，但相对于调速电动机而言其系统较复杂、成本较高。

本项目除了要介绍三相异步电动机速度控制方面的一些理论，还要介绍用电气控制电路对双速三相异步电动机进行速度控制。

## 【相关知识】

近年来,随着电力电子技术的发展,异步电动机的调速性能大有改善,交流调速应用日益广泛,在许多领域有取代直流电动机调速系统的趋势。三相异步电动机的转速公式如式(1-3)所示。

$$n = n_1(1-s) = \frac{60f_1}{p}(1-s) \tag{1-3}$$

式中,$n_1$ 为电动机的同步转速(r/min);$f_1$ 为电源的频率(Hz);$s$ 为转差率。

(1)改变定子绕组的磁极对数 $p$,称为变极调速。
(2)改变供电电源的频率 $f_1$,称为变频调速。
(3)改变电动机的转差率 $s$,其方法有改变定子电压调速、转子串电阻调速和串级调速。

## 一、变极调速

### 1. 基本原理

在电源频率不变的条件下,改变电动机的磁极对数,电动机的同步转速就会发生变化,从而改变电动机的转速。若磁极对数减少一半,则同步转速提高一倍,电动机转速也几乎提高一倍。

通常用改变定子绕组的接法来改变磁极对数,这种电动机称为多速电动机。转子均采用笼型转子,转子感应的磁极对数能自动与定子相适应,在制造时从定子绕组中抽出一些线头,以便于使用时调换。下面以一相绕组来说明磁极对数改变的原理,先将其两个半相绕组 $a_1x_1$ 与 $a_2x_2$ 顺向串联,如图 1-54 所示,则产生两对磁极。若将 U 相绕组中的半相绕组 $a_2x_2$ 反向连接,如图 1-55 所示,则产生一对磁极。

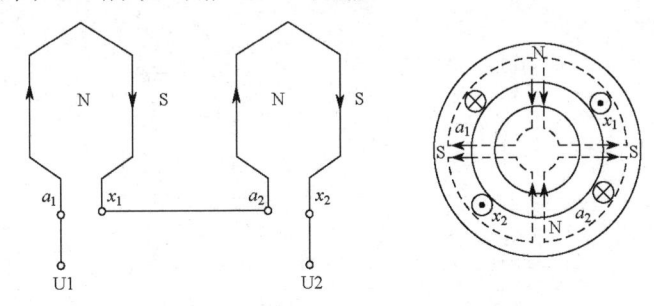

图 1-54 三相四极电动机定子 U 相绕组

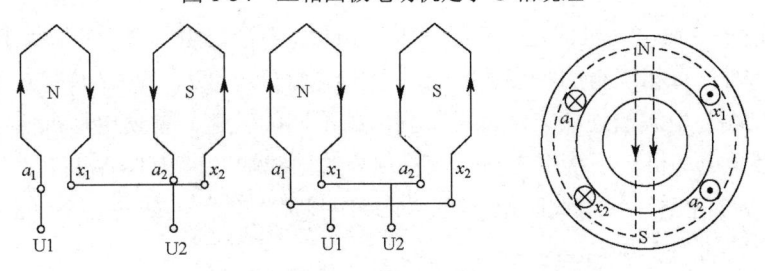

图 1-55 三相两极电动机定子 U 相绕组

目前在我国，多极电动机定子绕组的连接方式最多有 3 种，常用的有两种：一种是从星形改成双星形，写作 Y/YY，如图 1-56 所示；另一种是从三角形改成双星形，写作△/YY，如图 1-57 所示。这两种接法都可使电动机的磁极对数减少一半。在改接绕组时，为了使电动机转向不变，应把绕组的相序改接一下。

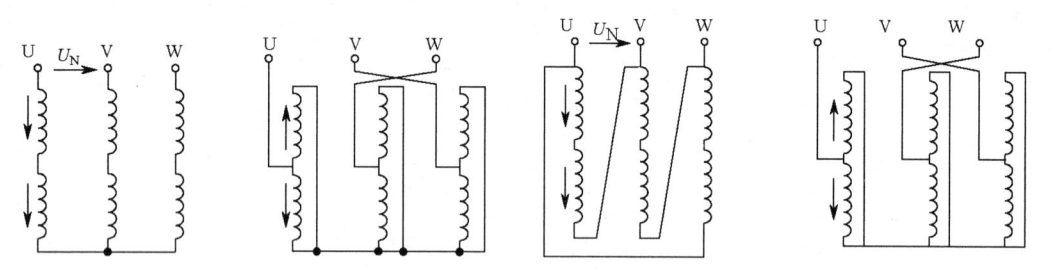

图 1-56　感应电动机 Y/YY 变极调速接线

图 1-57　感应电动机△/YY 变极调速接线

变极调速主要用于各种机床及其他设备，它所需设备简单、体积小、质量小，但电动机绕组引出头较多，调速级数少，级差大，不能实现无级调速。

### 2．双速电动机

双速电动机通过改变磁极对数来改变电动机的转速。双速电动机定子绕组接线图如图 1-58 所示。

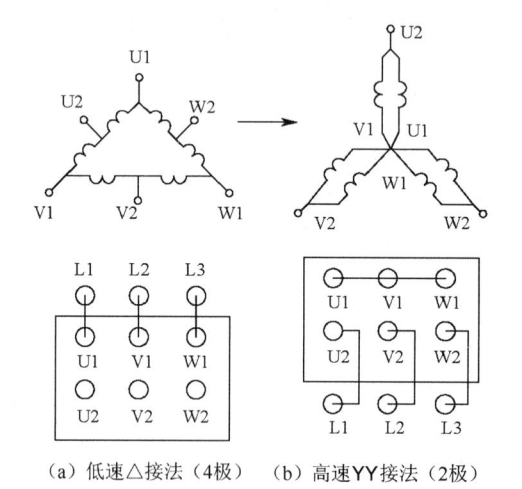

（a）低速△接法（4极）　（b）高速YY接法（2极）

图 1-58　双速电动机定子绕组接线图

图 1-58 所示双速电动机的定子绕组接成三角形，3 个绕组的 3 个连接点接出 3 个出线端 U1、V1、W1，每相绕组的中点各接出一个出线端 U2、V2、W2，共有 6 个出线端。改变这 6 个出线端与电源的连接方法就可得到两种不同的转速。要使电动机低速工作，只要将三相电源接至电动机定子绕组三角形连接顶点的出线端 U1、V1、W1 上，其余 3 个出线端 U2、V2、W2 空着不接，此时电动机定子绕组接成三角形，如图 1-58（a）所示，极数为 4 极，同步转速为 1500r/min。

若要使电动机高速工作，则把电动机定子绕组的 3 个出线端 U1、V1、W1 连接在一起，电源接到 U2、V2、W2 3 个出线端上,这时电动机定子绕组接成 YY 接法,如图 1-58(b)所示。此时极数为 2 极,同步转速为 3000r/min。

## 二、变频调速

三相异步电动机的同步转速为 $n=60f_1/p$,$n$ 与 $f_1$ 成正比。因此,改变三相异步电动机的电源频率,可以改变旋转磁场的同步转速,达到调速的目的。

额定频率称为基频,变频调速时,可以从基频向上调,也可以从基频向下调。

### 1. 从基频向下变频调速

在进行变频调速时,要保证电动机的电磁转矩不变,即要保证电动机内旋转磁场的磁通量不变。三相异步电动机的每相电压 $U_1 \approx E_1 = 4.44 f_1 N_1 \Phi_m K_{w1}$,若电源电压 $U_1$ 不变,则当降低电源频率 $f_1$ 调速时,磁通 $\Phi_m$ 将增加,使铁芯饱和,从而导致励磁电流和铁损耗的大量增加、电动机温升过高等,这是不允许的。因此在变频调速的同时,为保持磁通 $\Phi_m$ 不变,就必须降低电源电压,使 $\dfrac{U_1'}{U_1}=\dfrac{f_1'}{f_1}$=定值。通常把这种变频调速方法称为变压变频(VVVF)调速,是目前常见的变频方法。

### 2. 从基频向上变频调速

升高电源电压($U>U_N$,$U_N$ 为电源额定电压)是不允许的。因此,升高频率向上调速时,只能保持电压为 $U_N$ 不变,频率越高,变频磁通 $\Phi_m$ 越小,这是一种降低磁通升速的方法,类似他励直流电动机弱磁升速的情况,通常把这种变频调速方法称为恒压变频(CVVF)调速。

异步电动机变频调速具有良好的调速性能,可与直流电动机媲美。

## 三、改变转差率调速

改变定子电压调速、转子串电阻调速和串级调速都属于改变转差率调速。这些调速方法的共同特点是在调速过程中都产生大量的转差功率,前两种调速方法把转差功率消耗在转子电路中,很不经济,而串级调速则能将转差功率加以吸收或将大部分反馈给电网,提高了经济性能。

### 1. 改变定子电压调速

对于转子电阻大、机械特性较软的笼型异步电动机而言,若加在定子绕组上的电压发生改变,则负载 $T_L$ 对应于不同的电源电压 $U_1$、$U_2$、$U_3$,可获得不同的工作点 $a_1$、$a_2$、$a_3$,如图 1-59 所示,显然电动机的调速范围很宽。缺点是低压时机械特性太软,转速变化大,可采用带速度负反馈的闭环控制系统来解决该问题。

改变定子电压调速方法主要应用于笼型异步电动机,靠改变转差率 $s$ 调速。过去都采用定子绕

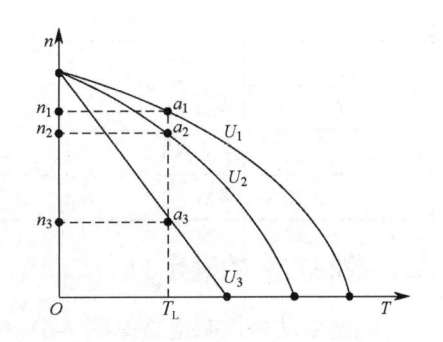

图 1-59 定子串电阻笼型电动机调压调速

组串电抗器来实现，目前已广泛采用晶闸管交流调压电路来实现。

### 2. 转子串电阻调速

转子串电阻调速的机械特性如图 1-60 所示。转子串电阻时最大转矩不变，临界转差率加大。所串电阻越大，运行段特性斜率越大。若带恒转矩负载，则原来运行在固有特性曲线 1 的 $a$ 点上，在转子串电阻 $R_1$ 后，就运行在 $b$ 点上，转速由 $n_a$ 变为 $n_b$，以此类推。

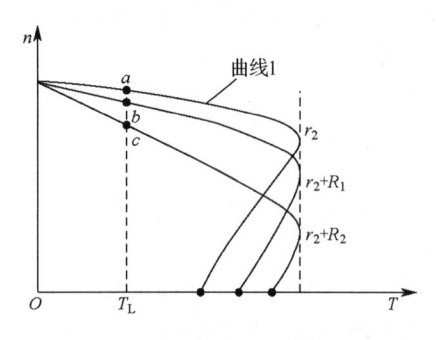

转子串电阻调速的优点是方法简单，主要用于中、小容量的绕线转子异步电动机，如桥式起重机等。

### 3. 串级调速

所谓串级调速，就是在异步电动机的转子电路中串入一个三相对称的附加电动势，其频率与转子电动势的相同，改变附加电动势的大小和相位，就可以调节电动机的转速。它也适用于绕线转子异步电动机，靠改变转差率 $s$ 调速。

图 1-60 转子串电阻调速的机械特性

串级调速性能比较好，过去由于附加电动势的获得比较困难，长期以来没能得到推广。近年来，随着晶闸管技术的发展，串级调速有了广阔的发展前景，现已日益广泛用于水泵和风机的节能调速，以及不可逆轧钢机、压缩机等很多生产机械。

## 【实施步骤】

### 一、所需工具器材

三相异步电动机调速控制电路所需的设备、工具和材料如表 1-7 所示。

表 1-7 三相异步电动机调速控制电路所需的设备、工具和材料

| 序号 | 名称及说明 | 数量 |
| --- | --- | --- |
| 1 | 三相异步电动机（380V，△连接，双速） | 1 |
| 2 | 低压断路器 | 1 |
| 3 | 按钮 | 3 |
| 4 | 交流接触器 | 3 |
| 5 | 热继电器 | 1 |
| 6 | 时间继电器 | 1 |
| 7 | 导线 | 若干 |

### 二、控制方案的确定

双速电动机控制电路如图 1-61 所示。

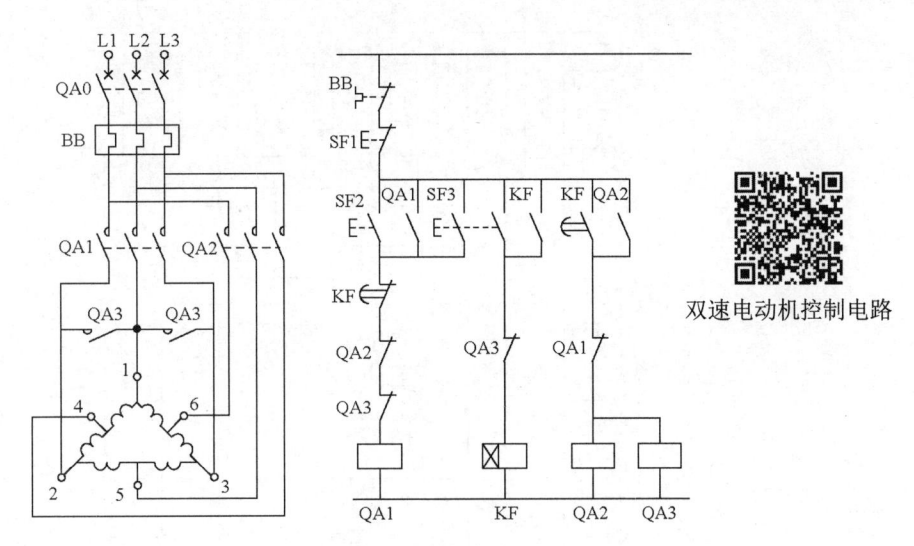

图 1-61　双速电动机控制电路

### 三、工作过程分析

图 1-61 所示接触器 QA1 工作时，电动机为低速运行；接触器 QA2、QA3 工作时，电动机为高速运行。SF2、SF3 分别为低速和高速启动按钮。其工作过程如下。

若按下低速启动按钮 SF2，接触器 QA1 线圈通电，其动合辅助触点闭合形成自锁，动断辅助触点断开形成电气互锁，QA1 主触点闭合，电动机接成△形低速启动运转。

若按下高速启动按钮 SF3，电动机通过时间继电器的延时作用，先低速运行，而后自动进入高速运行。采用时间继电器实现电动机绕组由△形自动切换为 YY 形。

可见，该控制电路对双速电动机的高速启动是两级启动控制，以减少电动机在高速启动时的能量消耗。

## 【知识扩展】

### 一、变频器简介

如何能取得经济、可靠的变频电源，是实现异步电动机变频调速的关键，也是目前电力拖动系统的一个重要发展方向。目前，多采用由晶闸管或自关断功率晶体管元件组成的变频器。

变频器若按相数分类，可以分为单相和三相；若按性能分类，可以分为交—直—交变频器和交—交变频器。变频器的作用是将直流电（可由交流经整流获得）变成频率可调的交流电（交—直—交变频器）或是将交流电直接转换成频率可调的交流电（交—交变频器），以供给交流负载使用。交—交变频器将工频交流电直接变换成所需频率的交流电，不经中间环节，也称直接变频器。

### 二、变频器的结构

所有变频器的结构基本相同，但具体电路各有差异。通用变频器由主电路和控制电路构成，通用变频器的结构示意图如图 1-62 所示。

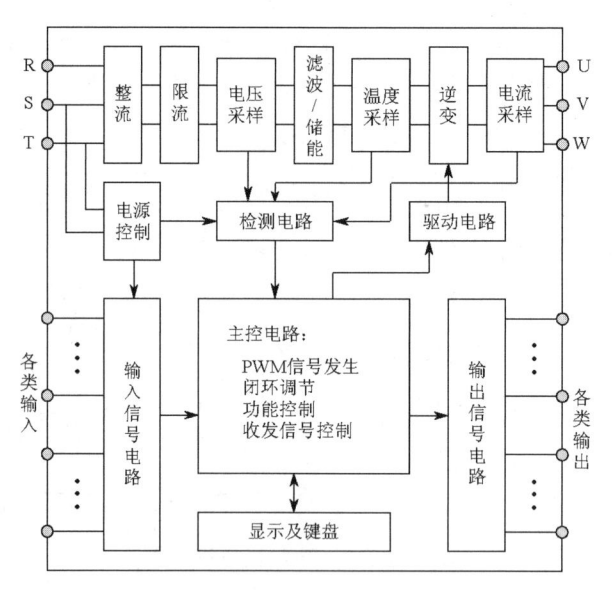

图1-62 通用变频器的结构示意图

### 1. 主电路

变频器的主电路包括整流电路、滤波电路、限流电路、制动电路、逆变电路。

（1）整流电路：将三相交流电变成脉动直流电，主要通过桥式整流。

（2）滤波电路：使脉动直流电成为较平滑的直流电，电压型变频器采用电容器滤波，电流型变频器采用电感器滤波。

（3）限流电路：限制刚接通电源时的充电电流，以保护整流二极管。

（4）制动电路：吸收再生电压和增大电动机制动转矩。

（5）逆变电路：在驱动电路的控制下，将直流电变成交流电。逆变电路由6个绝缘栅双极晶体管（IGBT）V1~V6和6个续流二极管VD1~VD6构成三相逆变桥式电路，如图1-63所示。晶体管工作在开关状态，按一定规律轮流导通，将直流电逆变成三相正弦脉宽调制（SPWM）波，驱动电动机工作。

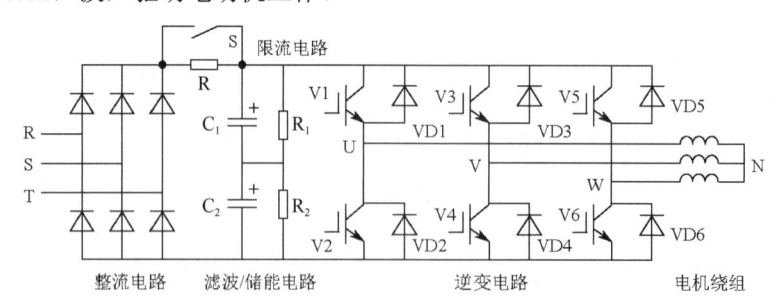

图1-63 变频器主电路的结构

### 2. 控制电路

变频器的控制电路主要以单片机为核心构成，由检测电路、驱动电路、输入/输出信号电路等部分组成，具有设定和显示参数、信号检测、系统保护、计算与控制、驱动逆变等功能。

## 三、变频器的工作原理

### 1. 正弦脉宽调制波

正弦脉宽调制波通过一系列等幅不等宽的脉冲来代替等效的波形，如图 1-64 所示。将正弦波的一个周期分成 $N$ 等份，并把每一等份所包围的面积用一个等幅的矩形脉冲来表示，且矩形脉冲的中点与相应正弦波等份的中点重合，这样就得到了与正弦波等效的脉宽调制波，称为正弦脉宽调制波。

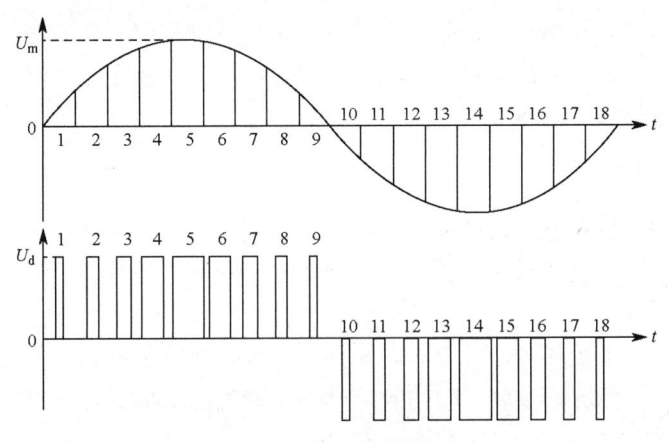

图 1-64 正弦脉宽调制波

从图 1-64 中可知，等份数 $N$ 越大，越接近正弦波。$N$ 在变频器中被称为载波频率，一般载波频率为 0.7～15kHz。正弦波的频率称为调制频率。

### 2. 变频调速的控制方式

1）$U/f$ 控制方式

$U/f$ 控制就是控制变频器输出电压（$U$）和输出频率（$f$）的比值。变频器采用这种控制方式比较简单，在改变频率的同时控制电压，使电动机的磁通保持一致，可以高效率地利用电动机，在较宽的调速范围内得到较满意的转矩特性，此方式多用于通用变频器。

2）转差频率控制方式

在进行 $U/f=C$ 控制的基础上，只要知道异步电动机的实际转速 $n_n$ 对应的电源频率 $f_n$，并根据希望得到对应某一转差频率 $f_s$ 的转矩，按照频率关系调节变频器的输出频率 $f$，就可以使异步电动机具有所需的转差频率 $f_s$，由转矩公式即可得到异步电动机所需输出的转矩，这就是转差频率控制方式的基本原理。

对于异步电动机来说，几个频率之间有如下关系：$f=f_n+f_s$，其中，$f$ 为变频器的输出频率，即异步电动机定子电源频率；$f_n$ 为异步电动机实际转速作为同步转速时的频率；$f_s$ 为转差频率。

异步电动机的转矩为

$$T=\frac{mp}{4\pi}\left(\frac{E}{f}\right)^2\left[\frac{f_s r_2}{r_2^2+(2\pi f_s L_2)^2}\right] \tag{1-4}$$

3）矢量控制方式

将三相异步电动机定子电流分为产生磁场的电流分量（励磁电流）和产生转矩的电流分量（转矩电流），类似直流电动机，对励磁电流和转矩电流进行独立控制，从而可以像直流电动机那样进行快速的转矩和磁场控制，得到与直流电动机相似的稳态和动态性能，这就是矢量控制。矢量控制又可分为基于转差频率控制的矢量控制、有转速传感器矢量控制和无转速传感器矢量控制。

## 四、变频器的选型

正确选择变频器对控制系统正常运行是非常关键的，选择变频器时必须充分了解变频器所驱动的负载特性。人们在实践中常将生产机械分为三种类型：恒转矩负载、恒功率负载，以及风机、泵类负载。

### 1. 恒转矩负载

恒转矩负载的负载转矩 $T$ 与转速 $n$ 无关，在任何转速下 $T$ 总保持恒定或基本恒定，如传送带、搅拌机、挤压机等摩擦类负载，以及吊车、提升机等位能负载，它们都属于恒转矩负载。

变频器拖动恒转矩负载时，低速时转矩要足够大，有足够的过载能力。另外，还应该考虑标准异步电动机低速稳定运行时的散热能力，避免电动机温升过高。

### 2. 恒功率负载

机床主轴和轧机、造纸机、塑料薄膜生产线中的卷取机、开卷机等要求转矩大体与转速成反比，这就是所谓的恒功率负载。负载的恒功率性质是就一定速度变化范围而言的，当速度很低时，受机械强度限制，转矩 $T$ 不可能无限增大，因此低速时会转变为恒转矩性质。负载恒功率区和恒转矩区对传动方案选择有很大影响。电动机恒磁通调速时，最大容许输出转矩不变，属于恒转矩调速；而弱磁调速时，最大容许输出转矩与速度成反比，属于恒功率调速。电动机恒转矩调速和恒功率调速的范围与负载恒转矩和恒功率的调整范围一致时，即所谓"匹配"的情况下，电动机容量和变频器容量均最小。

### 3. 风机、泵类负载

各种风机、水泵、油泵工作时，随叶轮转动的空气或液体在一定速度范围内产生的阻力大致与速度的二次方成正比。随着转速减小，转矩按转速二次方减小。这种负载所需的功率与速度的三次方成正比。当所需风量、流量减小时，利用变频器调速方式来调节风量、流量，可以大幅度节约电能。高速时所需的功率随转速增长过快，与速度的三次方成正比，通常不可使风机、泵类负载超工频运行。

目前，各大公司，如西门子公司，可以提供不同类型的变频器，用户可以根据实际工艺要求和运用场合选择不同类型的变频器。选择变频器时应注意以下几点。

（1）依据负载特性选择变频器，如负载为恒转矩负载，须选择西门子 MMV/MDV 变频器；如负载为风机、泵类负载，应选择西门子 ECO 变频器。

（2）选择变频器时应以实际电动机的电流值作为变频器选择的依据，电动机额定功率只能作为参考。另外，变频器的输出含有高次谐波，会造成电动机功率因数和效率变差。

用变频器给电动机供电与用工频电网供电相比较，电动机电流增加10%则温度升高20%左右。选择电动机和变频器时，应考虑这种情况，适当留有余量，防止温度过高影响电动机的使用寿命。

（3）变频器若要长电缆运行，则应该采取措施抑制长电缆对耦合电容的影响，避免变频器出力不够。变频器应放大一挡选择或在变频器输出端安装输出电抗器。

（4）当变频器用于控制几台并联电动机时，一定要使变频器到电动机的电缆长度总和在变频器容许的范围内，若超过规定值，则要放大一挡或两挡来选择变频器。在此种情况下，变频器的控制方式只能为 $U/f$ 控制方式，变频器无法进行电动机过流和过载保护，每台电动机上须增加熔断器来实现保护。

（5）在一些特殊应用场合，如高环境温度、高开关频率、高海拔地区等，变频器会降容，变频器须放大一挡选择。

（6）使用变频器控制高速电动机时，若高速电动机电抗小，则高次谐波会增大输出电流值。用于高速电动机的变频器，应比普通电动机的变频器容量稍大一些。

（7）变频器用于变极电动机时，应充分注意选择变频器容量，使变极电动机的最大额定电流处于变频器额定输出电流之下。另外，在运行中进行极数转换时，应先停止电动机的工作，否则会造成电动机空转，恶劣时会造成变频器损坏。

（8）驱动防爆电动机时，因为变频器没有防爆构造，所以应将变频器设置在危险场所之外。

（9）使用变频器驱动齿轮减速电动机时，使用范围受到齿轮转动部分润滑方式的制约。使用润滑油润滑时，在低速范围内没有限制；在超过额定转速以上的高速范围内，有可能发生润滑油用光的危险，因此不要超过最高转速容许值。

（10）绕线电动机与普通笼型电动机相比，其绕组阻抗小，容易发生纹波电流而引起过电流跳闸现象，应选择容量稍大的变频器。一般绕线电动机多用于飞轮力矩较大的场合，设定加减速时间时应多加注意。

（11）变频器驱动同步电动机时，与工频电源相比，输出容量降低10%～20%，变频器连续输出电流要大于同步电动机额定电流与同步牵入电流标称值的乘积。

（12）在转矩波动大负载（如压缩机、振动机等）和有峰值负载（如油压泵等）情况下，根据电动机额定电流或功率值选择变频器时，有可能发生因峰值电流过大变频器产生电流保护动作的现象，应了解工频运行情况，选择额定输出电流比其最大电流更大的变频器。潜水泵电动机的额定电流比通常电动机的额定电流大，选择变频器时，其额定电流要大于潜水泵电动机的额定电流。

（13）当变频器控制罗茨风机时，其启动电流很大，选择变频器时一定要注意变频器容量是否足够大。

（14）选择变频器时，一定要注意其防护等级是否与现场情况相匹配，否则现场的灰尘、水汽会影响变频器的长久运行。

（15）单相电动机不适合采用变频器驱动。

## 五、MM420 通用变频器

生产变频器的公司很多，变频器的种类也很多，功能不同、类型不同的变频器在使用上是有一定差别的,但是大部分的使用方法是一样的。下面以西门子公司的 MM420 通用变频器为例,简要说明变频器的使用方法。

MM420 通用变频器属于基本型通用变频器,适用于大多数普通用途电动机的变频调速控制场合,尤其适用于风机、水泵和传动带系统的驱动。它具有完善的控制功能,在设置相关参数后,也可用于较高要求的调速系统。一般情况下,利用默认的工厂设置参数就能满足控制要求。它具有线性 U/f 控制、二次 U/f 控制、可编程多点控制、磁通电流控制等控制模式;具有 3 个数字输入、1 个模拟输入、1 个模拟输出、1 个继电器输出;具有快速电流限制功能,可防止运行中不应有的跳闸;具有 7 个可编程固定频率、4 个可编程跳转频率;配有 RS-485 通信接口,可选配 Profibus-DP/Device-Net 通信模块。其过载能力为 150% 的额定负载电流,持续时间为 60s;具有过电压、欠电压、过流、短路、过热、接地故障、失速等一系列保护功能;采用 PIN 编号实现参数连续。

### 1. MM420 通用变频器的技术性能

MM420 通用变频器的技术性能如表 1-8 所示。

表 1-8 MM420 通用变频器的技术性能

| | |
|---|---|
| 输入电压和功率范围 | 单相 AC 200～240（1±10%）V　0.12～3kW |
| | 三相 AC 200～240（1±10%）V　0.12～5.5kW |
| | 三相 AC 380～480（1±10%）V　0.37～11kW |
| 输入频率 | 47～63Hz |
| 输出频率 | 0～650Hz |
| 功率因数 | ≥0.7 |
| 变频器效率 | 96%～97% |
| 过载能力 | 1.5 倍的额定输出电流,60s（每 300s 一次） |
| 合闸冲击电流 | 小于额定输入电流 |
| 控制方式 | 线性 U/f（风机的特性曲线）控制、二次 U/f 控制、可编程多点控制磁通电流控制 |
| PWM 频率 | 2～16kHz（每级调整 2kHz） |
| 固定频率 | 7 个,可编程 |
| 跳转频率 | 4 个,可编程 |
| 频率设定值的分辨率 | 0.01Hz,数字设定;0.01Hz,串行通信设定;10 位,模拟设定 |
| 数字输入 | 3 个完全可编程的带隔离的数字输入,可切换为 PNP/NPN |
| 模拟输入 | 1 个,用于设定值输入或 PI 输入（0～10V）,可标定;可作为第 4 个数字输入使用 |
| 继电器输出 | 1 个,可组态为 30V 直流 5A（电阻负载）或 250V 交流 2A（感性负载） |
| 模拟输出 | 1 个,可编程（0～20mA） |
| 串行接口 | RS-485 |
| 电磁兼容性 | 可选用 EMC 滤波器,符合 EN55011 A 级或 B 级标准 |
| 制动 | 直流制动、复合制动 |
| 保护等级 | IP20 |
| 工作温度范围 | -10～50℃ |
| 存放温度 | -40～70℃ |
| 湿度 | 相对湿度为 95%,无结露 |
| 海拔 | 在海拔 1000m 以下使用时不降低额定参数 |

单元 1　三相异步电动机拖动电路分析

续表

| 保护功能 | 欠电压、过电压、过流、过负载、接地故障、短路、失速、锁定、过温、PTC、变频器过滤、参数 PIN 编号 |
|---|---|
| 标准 | CL、CUL、CE、C-tick |
| 标记 | 通过 EC 低电压规范 73/23/EEC 和电磁兼容性规范 89/336/EEC 的确认 |

### 2．MM420 通用变频器的电源连接

MM420 通用变频器盖板的拆卸与接线端子如图 1-65 所示。

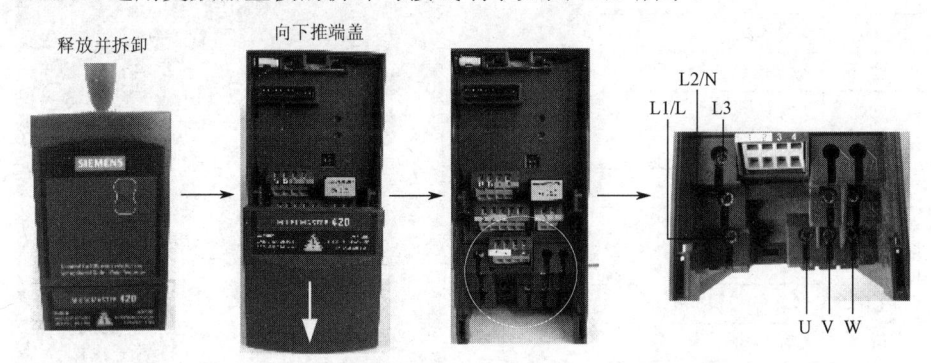

图 1-65　MM420 通用变频器盖板的拆卸与接线端子

卸下盖板以后，用户可以在 MM420 通用变频器的电源接线端子和电动机接线端子上拆卸和连接导线。MM420 通用变频器的电动机与电源接线图如图 1-66 所示。

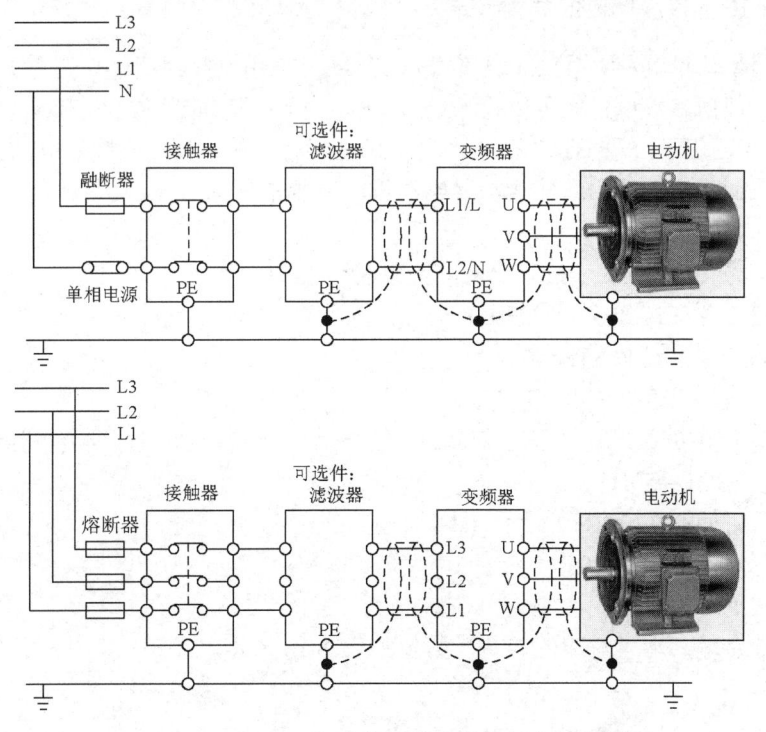

图 1-66　MM420 通用变频器的电动机与电源接线图

### 3．MM420 通用变频器的控制端子

MM420 通用变频器的控制端子如表 1-9 所示。

表 1-9　MM420 通用变频器的控制端子

| 端子号 | 标识 | 功能 |
|---|---|---|
| 1 | — | 输出+10V |
| 2 | — | 输出 0V |
| 3 | AIN+ | 模拟输入（+） |
| 4 | AIN- | 模拟输入（-） |
| 5 | DIN1 | 数字输入 1 |
| 6 | DIN2 | 数字输入 2 |
| 7 | DIN3 | 数字输入 3 |
| 8 | — | 带电位隔离的输出+24V/最大 |
| 9 | — | 带电位隔离的输出+0V/最大 |
| 10 | RL1-B | 数字输出/NO（常开）触点 |
| 11 | RL1-C | 数字输出/切换触点 |
| 12 | DAC+ | 模拟输出（+） |
| 13 | DAC- | 模拟输出（-） |
| 14 | P+ | RS-485 串行接口 |
| 15 | N- | RS-485 串行接口 |

### 4．MM420 通用变频器的参数设定

一般采用默认设置，所谓默认设置就是 MM420 通用变频器在出厂时具有的参数设置，即不需要进行任何参数设置就可以投入运行。出厂时电动机的参数（P0304、P0305、P0307、P0310）是按照西门子公司 1LA7 型 4 极电动机进行设置的，实际连接的电动机额定参数必须与该电动机的额定参数相匹配（参看电动机的铭牌数据）。

出厂时的其他设置如下。

命令信号源　P0700＝2（数字输入，请参看图 1-67）。

设定值信号源　P1000＝2（模拟输入，请参看图 1-67）。

电动机的冷却方式 P0335＝0。

电动机的电流限值 P0640＝150%。

最小频率 P1080=0Hz。

最大频率 P1082=50Hz。

斜坡上升时间 P1120=10s。

斜坡下降时间 P1121=10s。

控制方式 P1300=0。

模拟和数字输入端子对应的参数及数值如表 1-10 所示。

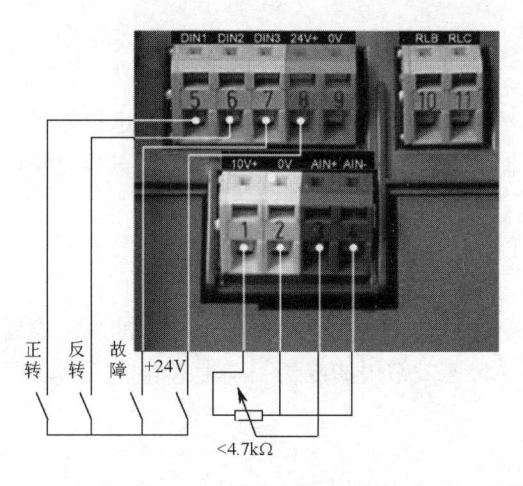

图 1-67　模拟和数字输入

表 1-10　模拟和数字输入端子对应的参数及数值

| 输入/输出 | 端子号 | 参数数值 | 功能 |
| --- | --- | --- | --- |
| 数字输入 1 | 5 | P0701=1 | ON，正向运行 |
| 数字输入 2 | 6 | P0702=12 | 反向运行 |
| 数字输入 3 | 7 | P0703=9 | 故障复位 |
| 数字输出 | 8 | — | +24V 数字控制电源输出 |
| 模拟输入/输出 | 3/4 | P0700=0 | 频率设定值 |
| | 1/2 | — | +10V/0V 模拟控制电源输出 |
| 继电器输出节点 | 10/11 | P0731=52.3 | 变频器故障识别 |
| 模拟输出 | 12/13 | P0771=21 | 输出频率 |

其他详细设置及参数的修改可参照相关产品使用手册。

# 项目 1.5　三相异步电动机的制动控制

【项目目标】

（1）掌握三相异步电动机的制动方法。
（2）掌握三相异步电动机制动控制电路的组成和工作原理。
（3）掌握速度继电器的使用方法。

【项目分析】

电动机自由停转的时间较长，并且随惯性大小而不同，而某些生产机械要求迅速、准确地停转，如镗床、车床的主电动机须快速停转；起重机为使重物停位准确及满足现场安全要求，也必须采用快速、可靠的制动方式。

本项目主要介绍用电气控制电路来完成对三相异步电动机的制动控制。

## 【相关知识】

制动有两个含义：一个是使电动机在切断电源后能迅速停止；另一个是限制电动机的转速。三相异步电动机制动运行状态的定义：当力矩 $M$ 与电动机转速 $n$ 的方向相反时，电动机运行于制动状态。

根据制动力矩 $M$ 的来源，制动可分为机械制动和电气制动。机械制动利用机械装置使电动机在电源切断后能迅速停转，机械制动的结构有好几种形式，应用较普遍的是电磁抱闸制动。电气制动是在电动机转子上加一个与转向相反的制动电磁转矩，使电动机的转速迅速下降，或稳定在另一转速，常用的电气制动形式有能耗制动和反接制动。

## 一、电磁抱闸制动

电磁抱闸制动主要用于起重机械上吊重物时，使重物迅速而又准确地停留在某一位置上。

### 1．电磁抱闸的结构

电磁抱闸的结构主要由两部分组成，即制动电磁铁和闸瓦制动器。制动电磁铁由铁芯、衔铁和线圈三部分组成。闸瓦制动器包括闸轮、闸瓦、弹簧等，闸轮与电动机装在同一根转轴上。

### 2．工作原理

电磁抱闸制动示意图如图 1-68 所示，按下启动按钮 SF1，接触器 QA 线圈通电，接触器 QA 主触点闭合，接触器常开辅助触点对 SF1 形成自锁，电动机接通电源工作，同时电磁抱闸线圈 MB 也通电，衔铁吸合，克服弹簧的拉力使制动器的闸瓦与闸轮分开，电动机正常运转。按下停止按钮 SF2，接触器 QA 线圈断电，其主触点和辅助常开触点恢复原位，电动机断电，同时电磁抱闸线圈 MB 也断电，衔铁在弹簧拉力作用下与铁芯分开，并使制动器的闸瓦紧紧抱住闸轮，电动机被制动而停转。

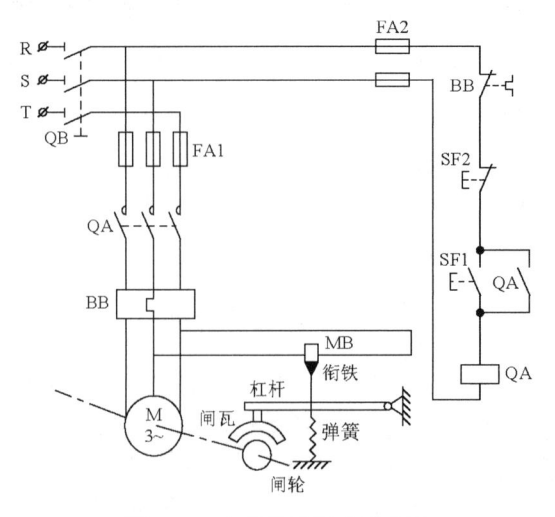

图 1-68 电磁抱闸制动示意图

### 3. 电磁抱闸制动的特点

电磁抱闸制动的制动力强，广泛应用在起重设备上。它安全可靠，不会因突然断电而发生事故。但电磁抱闸体积较大，制动器磨损严重，快速制动时会产生振动。

## 二、能耗制动

方法：将运行着的异步电动机的定子绕组从三相交流电源上断开后，立即接到直流电源上，如图 1-69 所示，用断开 QA、闭合 QB 来实现。

当定子绕组通入直流电时，在电动机中将产生一个恒定磁场。转子因机械惯性继续旋转时，转子导体切割恒定磁场，在转子绕组中产生感应电动势和电流，转子电流和恒定磁场作用产生电磁转矩，根据左手定则可以判定电磁转矩的方向与转子转动的方向相反，为制动转矩。在制动转矩作用下，转子的转速迅速下降，当 $n=0$ 时，$T=0$，制动过程结束。这种方法将转子的动能转变成了电能，消耗在转子电路的电阻上，所以称为能耗制动。能耗制动的机械特性如图 1-70 所示，电动机正向运行时工作在固有机械特性曲线 1 的 $a$ 点上。定子绕组改接直流电后，电磁转矩与转速反向，能耗制动时的机械特性曲线位于第二象限，如曲线 2 所示。电动机运行点也移至 $b$ 点，并从 $b$ 点顺曲线 2 减速到 $O$ 点。

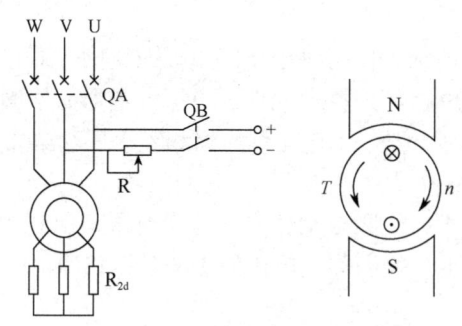

图 1-69　异步电动机的能耗制动原理图 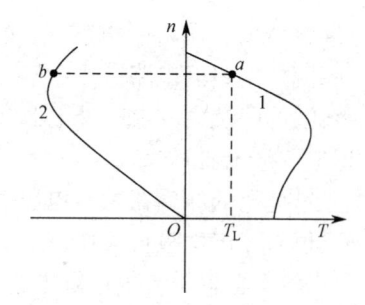　　　图 1-70　能耗制动的机械特性

能耗制动的优点是制动力强，制动较平稳。缺点是需要一套专门的直流电源供制动用。

## 三、反接制动

方法：改变电动机定子绕组与电源的连接相序。反接制动原理图如图 1-71 所示，断开 QA1 主触点，接通 QA2 主触点即可。改变电源的相序，旋转磁场就会立即反转，使转子绕组中的感应电势、电流和电磁转矩都改变方向，因机械惯性存在，转子的转向未变，电磁转矩与转子的转向相反，电动机进行制动，因此称为电源反接制动。反接制动的机械特性如图 1-72 所示。制动前，电动机工作在曲线 1 的 $a$ 点；反接制动时，$n_1<0$，$n>0$，相应的转差率 $s>1$，且电磁转矩 $T<0$，机械特性曲线如曲线 2 所示。因机械惯性存在，转速瞬时不变，工作点由 $a$ 点移至 $b$ 点，并逐渐减速，到达 $c$ 点时 $n=0$，此时切断电源并停转，如果是位能性负载则须使用抱闸，否则电动机会反向启动旋转。一般为了限制制动电流和增大制动转矩，绕线转子异步电动机可在转子电路中串入制动电阻，机械特性曲线如曲线 3 所示，制动过程同上。

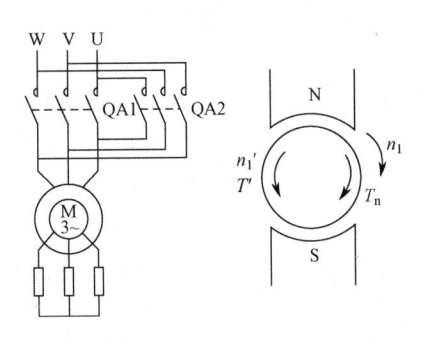

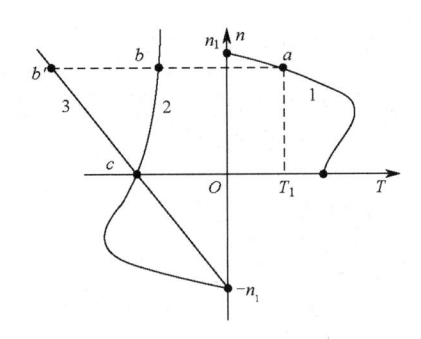

图 1-71 反接制动原理图　　　　图 1-72 反接制动的机械特性

## 四、继电器

继电器是根据某种输入信号来接通或断开小电流控制电路，以实现远距离控制和保护的自动控制电器。其输入量可以是电流、电压等电量，也可以是温度、时间、速度、压力等非电量，而输出量则是触点的动作或者电路参数的变化。除了前面已经介绍的热继电器和时间继电器，常用的继电器还有电压继电器、电流继电器、中间继电器、速度继电器等。

### 1. 电压继电器

电压继电器用于电力拖动系统的电压保护和控制。使用时电压继电器的线圈并联接入主电路，感测主电路的电路电压；触点接入控制电路，为执行元件。电压继电器的线圈匝数多、导线细、阻抗大。电压继电器分为过电压继电器、欠电压继电器和零电压继电器。

1）过电压继电器

过电压继电器的线圈在额定电压值时，衔铁不产生吸合动作，只有当电压高于其额定电压的某一值时才产生吸合动作，此值的整定范围一般为额定电压的 105%～115%。

2）欠电压继电器、零电压继电器

当电路中的电气设备在额定电压下正常工作时，欠电压继电器或零电压继电器的衔铁处于吸合状态。如果电路电压降低，并且低于欠电压继电器或零电压继电器的线圈的释放电压，那么其衔铁分开，触点复位，从而控制接触器及时分开电气设备的电源。

通常，欠电压继电器吸合电压值的整定范围是额定电压值的 30%～50%，释放电压值的整定范围是额定电压值的 10%～35%。

零电压继电器在电路电压降低到额定电压值的 5%～25%时释放，对电路实现零电压保护，用于电路的失压保护。

电压继电器的图形符号如图 1-73 所示，其文字符号用 KF 表示。图中左边的线圈符号为过电压继电器的线圈符号，右边的线圈符号为欠电压继电器的线圈符号。

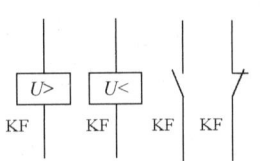

图 1-73 电压继电器的图形符号

### 2. 电流继电器

电流继电器用于电力拖动系统的电流保护和控制。使用时，电流继电器的线圈串联接入主电路，用来感测主电路的电流；触点接入控制电路，为执行元件。电流继电器反映的是电流信号，根据通过继电器线圈自身电流的大小而动作，实现对被控电路的通断控制。电流继电器线圈的匝数少、导线粗、阻抗小。根据用途不同，电流继电器分为过电流继电器和欠电流继电器。

1) 欠电流继电器

欠电流继电器用于电路欠电流保护，吸引电流为线圈额定电流的 30%～65%，释放电流为额定电流的 10%～20%，因此，在电路正常工作时，衔铁是吸合的，只有当电流减小到某一定值时，继电器释放，控制电路断电，从而控制接触器及时分断电路。

2) 过电流继电器

过电流继电器线圈在额定电流值时，衔铁不产生吸合动作，只有当负载电流超过一定值时才产生吸合动作。过电流继电器常在电力拖动控制系统中起保护作用。

通常，交流过电流继电器吸合电流的整定范围为额定电流的 1.1～4 倍，直流过电流继电器吸合电流的整定范围为额定值的 0.7～3.5 倍。

电流继电器的图形符号如图 1-74 所示，其文字符号用 KF 表示。图中左边的线圈符号为过电流继电器的线圈符号，右边的线圈符号为欠电流继电器的线圈符号。

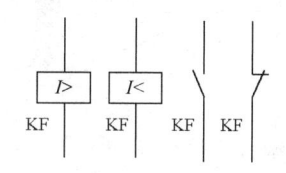

图 1-74 电流继电器的图形符号

### 3. 中间继电器

中间继电器的特点是触点数量较多（一般有 4 对常开触点、4 对常闭触点，共 8 对），触点容量较大（额定电流为 5～10A），动作灵敏。主要用途：当其他接触器、继电器的触点数量或容量不够时，可借助中间继电器来扩大触点数目或触点容量，起到中间转换作用。

中间继电器的文字符号为 KF。中间继电器的外形与图形符号分别如图 1-75 与图 1-76 所示。

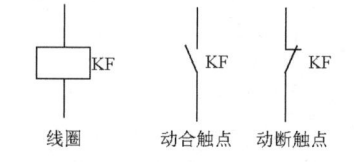

图 1-75 中间继电器的外形　　图 1-76 中间继电器的图形符号

### 4. 速度继电器

速度继电器常用于三相异步电动机按速度原则控制的反接制动电路，故又称反接制动继电器，主要由转子、定子和触点三部分组成。转子是一个圆柱形的永久磁铁；定子是一个笼型空心圆环，由硅钢片叠成，并装有笼型绕组。

速度继电器的工作原理示意图如图 1-77 所示。其转子轴与电动机轴相连接，定子空套在转子上。当电动机转动时，速度继电器的转子（永久磁铁）随之转动，在空间产生旋转磁场，切割定子绕组，从而在其中感应出电流。此电流又在旋转磁场作用下产生转矩，使定子随转子方向旋转一定的角度，与定子装在一起的摆锤推动触点动作，使常闭触点断开，常开触点闭合。当电动机转速低于某一值时，定子产生的转矩减小，动触点复位。

常用的速度继电器有 JY1 型和 JFZ0 型。JY1 型能在 3000r/min 以下可靠地工作；JFZ0-

1 型适用的转速为 300～1000r/min，JFZ0-2 型适用的转速为 1000～3600r/min。一般速度继电器的转速在 120r/min 左右即能动作，在 100r/min 以下触点复位。速度继电器的图形符号及文字符号如图 1-78 所示。

速度继电器

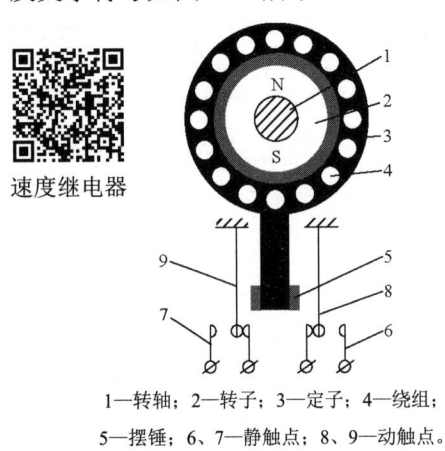

1—转轴；2—转子；3—定子；4—绕组；
5—摆锤；6、7—静触点；8、9—动触点。

图 1-77　速度继电器的工作原理示意图

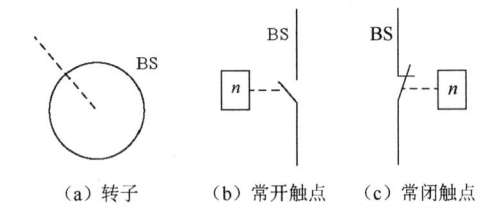

（a）转子　　（b）常开触点　　（c）常闭触点

图 1-78　速度继电器的图形符号及文字符号

## 【实施步骤】

### 一、所需工具器材

三相异步电动机制动控制电路所需的设备、工具和材料如表 1-11 所示。

表 1-11　三相异步电动机制动控制电路所需的设备、工具和材料

| 序号 | 名称及说明 | 数量 |
| --- | --- | --- |
| 1 | 三相异步电动机（380V，△连接） | 1 |
| 2 | 低压断路器 | 1 |
| 3 | 按钮 | 2 |
| 4 | 交流接触器 | 2 |
| 5 | 热继电器 | 1 |
| 6 | 时间继电器 | 1 |
| 7 | 速度继电器 | 1 |
| 8 | 能耗制动直流变压器 | 1 |
| 9 | 导线 | 若干 |

### 二、控制方案的确定

#### 1．能耗制动控制电路

能耗制动控制电路如图 1-79 所示（按时间原则进行），此外还有按速度原则的能耗制动控制，参见后面的知识扩展部分。

#### 2．反接制动控制电路

反接制动控制电路如图 1-80 所示。

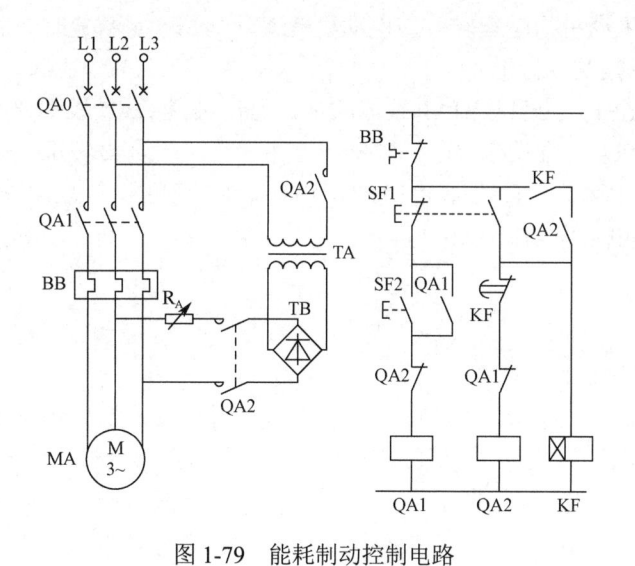

图 1-79 能耗制动控制电路

能耗制动控制电路
（时间原则）

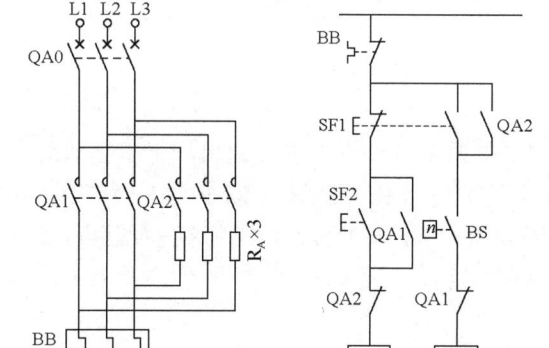

图 1-80 反接制动控制电路

反接制动控制电路

## 三、工作过程分析

### 1. 能耗制动控制电路

如图 1-79 所示，启动控制时，合上低压断路器 QA0，按下启动按钮 SF2，接触器 QA1 线圈通电，QA1 主触点闭合，电动机 MA 启动运转。

进行能耗制动时，按下停止按钮 SF1，接触器 QA1 线圈断电，QA2 线圈和时间继电器 KF 线圈通电，QA2 主触点闭合，电动机 MA 定子绕组通入全波整流脉动直流电进行能耗制动；能耗制动结束后，KF 动断触点延时断开，接触器 QA2 线圈断电，QA2 主触点断开全波整流脉动直流电源。

### 2. 反接制动控制电路

如图 1-80 所示，启动时，合上低压断路器 QA0，按下启动按钮 SF2，接触器 QA1 线圈通电，QA1 主触点闭合，电动机启动运转。当电动机转速升高到一定数值时，速度继电器 BS 的动合触点闭合，为反接制动做准备。

停转时，按下停止按钮 SF1，接触器 QA1 线圈断电，而接触器 QA2 线圈通电，QA2 主触点闭合，串入限流电阻 $R_A$ 进行反接制动，电动机产生一个反向电磁转矩（即制动转矩），迫使电动机的转速迅速下降。当转速降至 100r/min 以下时，速度继电器 BS 的动合触点断开，接触器 QA2 线圈断电，电动机断电，防止反向启动。

## 四、注意事项

### 1. 电气控制电路图要画得合理和正确

如图 1-81（a）所示的接线，虽然原理正确，但不合理。因为按钮是一起安装在操纵盒内的，而接触器是安装在电气柜内的，把停止按钮 SF1 和启动按钮 SF2 分开来接线，会造成接线来回多次重复。图 1-81（b）所示接法的不合理处是，虽然每个接触器（或继电器）的线圈电压为 110V，但仍不能将两个线圈串联在 220V 电路中（因为线圈在通电使触点动作的过程中，线圈阻抗变化很大），这样连接时两个线圈控制的两个电器不可能同时动作。

### 2. 合理使用继电器的触点

在设计控制电路时，应避免许多电器依次动作才能接通另一个电器的现象（有特殊控制要求的除外）。如图 1-82（a）所示的继电器 KF4 在触点 KF1、KF2 和 KF3 相继动作后才能接通电源，也就是说 KF4 的接通要经过 KF1、KF2 和 KF3 这三对触点。而图 1-82（b）所示的 KF4 的接通只需经过触点 KF2 即可，工作较为可靠。

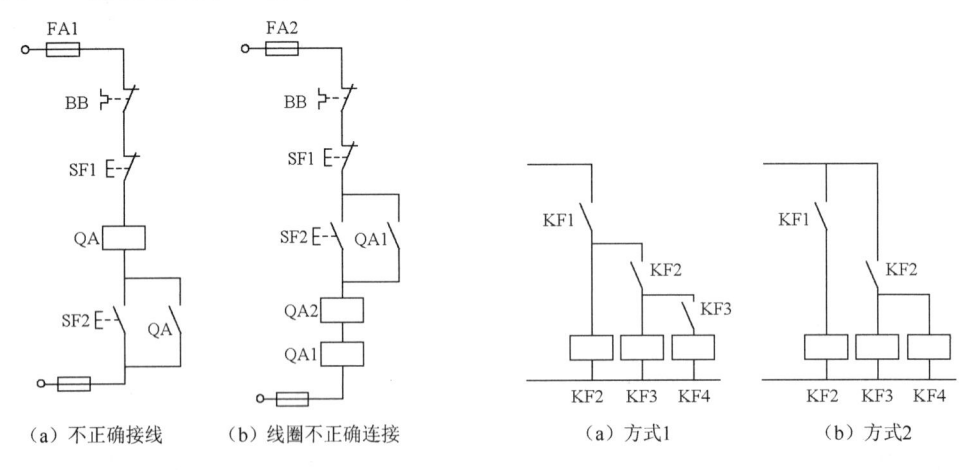

（a）不正确接线　（b）线圈不正确连接

图 1-81　控制电路的不合理接法

（a）方式1　（b）方式2

图 1-82　继电器触点的合理使用

### 3. 适当减少继电器触点的数量

在控制电路中，应尽量减少触点的数量，以提高电路工作的可靠性。在简化、合并触点的过程中，应注意同类性质触点的合并，并注意触点的额定电流是否允许。继电器触点的简化与合并电路图如图 1-83 所示。

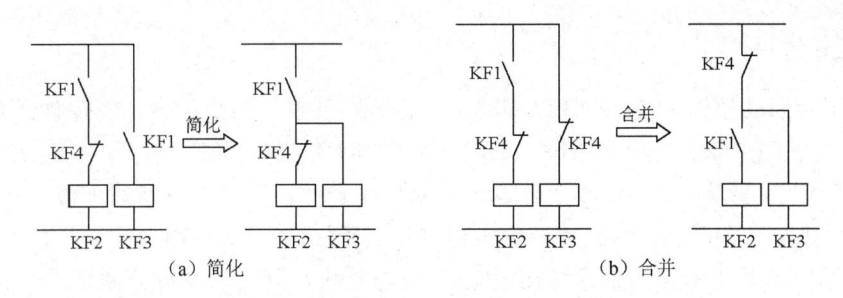

图 1-83 继电器触点的简化与合并电路图

【知识扩展】

## 一、具有反接制动电阻的可逆运行反接制动控制电路分析

### 1. 电路原理图

具有反接制动电阻的可逆运行反接制动控制电路如图 1-84 所示,电阻 $R_A$ 是反接制动电阻,同时具有限制启动电流的作用。BS1 和 BS2 分别为速度继电器 BS 正反两个方向的动合触点;KF1、KF2、KF3、KF4 为中间继电器。

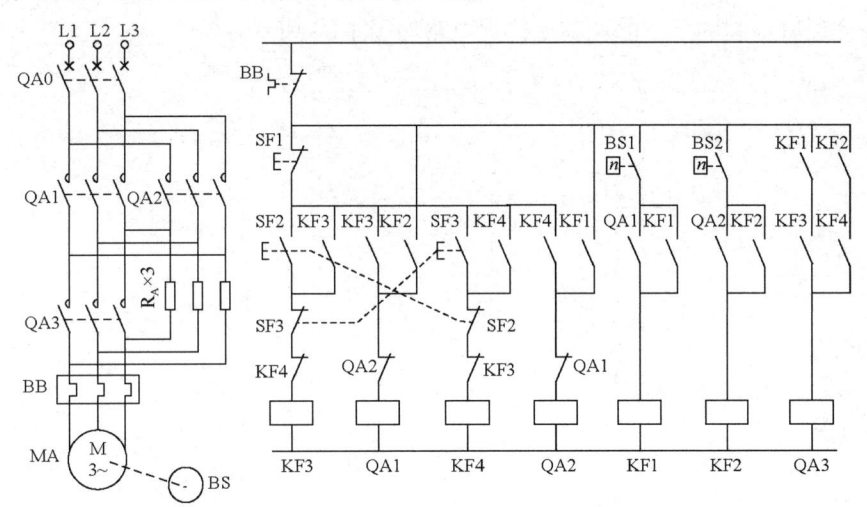

图 1-84 具有反接制动电阻的可逆运行反接制动控制电路

该电路的工作原理:当按下正转启动按钮 SF2 时,电动机正转,速度继电器的动合触点 BS1 闭合,为反接制动做准备;同样,当按下反转启动按钮 SF3 时,电动机反转,速度继电器的另一对动合触点 BS2 闭合,为反接制动做准备。应该注意的是,BS1 和 BS2 两对动合触点接线时不能接错,否则就达不到反接制动的目的了。

在这个控制电路中还使用了中间继电器 KF1~KF4,是为了防止当操作人员因工作需要转动工件或主轴时,电动机带动速度继电器也随之旋转,当转速达到一定值时,速度继电器的动合触点闭合,电动机会获得电源而转动,会造成工伤事故。

## 2. 工作过程

按下正转启动按钮 SF2，KF3 线圈通电并自锁，其常开触点闭合，使接触器 QA1 线圈通电，QA1 主触点闭合，电动机降压启动，同时 KF3 的常闭触点断开，KF4 线圈电路互锁，防止 QA2 线圈通电。当电动机转速上升到一定值时，速度继电器的正转常开触点 BS1 闭合，为反接制动做准备，并使中间继电器 KF1 线圈通电形成自锁，其常开触点闭合使得 QA3 线圈通电，其主触点闭合，短接电阻 $R_A$，电动机从降压启动过渡到正常运行。

若按下停止按钮 SF1，则 KF3、QA1、QA3 三个线圈相继断电。但此时电动机转子的惯性转速仍然很高，使速度继电器的正转常开触点 BS1 尚未复原，中间继电器 KF1 仍处于工作状态，所以在接触器 QA1 常闭触点复位后，接触器 QA2 线圈通电，其主触点闭合，电动机串接电阻反接制动，电动机转速迅速下降。当电动机 MA 转速低于一定值时，速度继电器的动合触点 BS1 断开，中间继电器 KF1 和接触器 QA2 的线圈先后断电，正向反接制动结束。

电动机反向启动和制动停转的过程与正转时的相同，请自行分析。

## 二、以速度原则控制的单向能耗制动控制电路分析

以速度原则控制的单向能耗制动控制电路如图 1-85 所示。

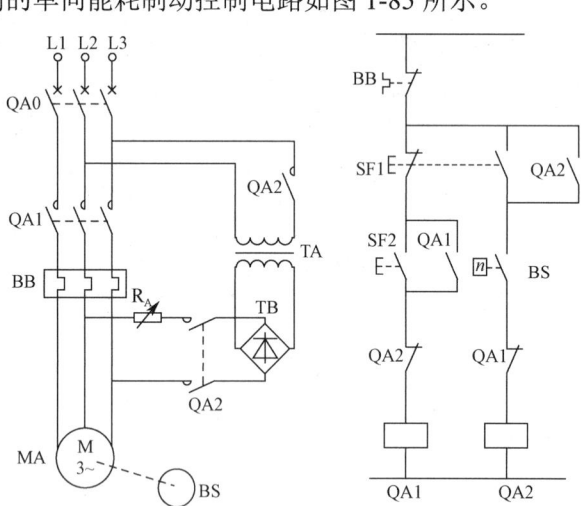

单向能耗制动控制电路（速度原则）

图 1-85 以速度原则控制的单向能耗制动控制电路

在图 1-85 中，电动机轴端安装了速度继电器 BS，用 BS 的常开触点代替了图 1-79 所示电路中时间继电器 KF 的延时断开常闭触点。在电路中，当电动机刚刚脱离三相电源时，由于电动机转子的惯性速度仍然很高，所以速度继电器 BS 的常开触点仍然处于闭合状态，接触器 QA2 线圈能够依靠停止按钮 SF1 的动作而通电并自锁，于是两相定子绕组获得直流电，电动机进入能耗制动状态。当电动机转子的惯性速度低于速度继电器 BS 的动作值时，BS 常开触点复位，接触器 QA2 线圈断电，能耗制动结束。

# 项目 1.6  C650 型车床电气控制电路分析与故障诊断

## 【项目目标】

（1）熟悉车床的主要结构及控制要求，了解其主要运动形式。
（2）能熟练分析 C650 型车床电气控制电路的工作原理。
（3）掌握电气控制电路原理图的分析方法。
（4）掌握机床电气设备故障的排除方法，能熟练分析和排除 C650 型车床电气控制电路的常见故障。

## 【项目分析】

车床是机械加工中用得较广泛的一种机床，约占机床总数的 20%～50%。车床的种类很多，应用较多的是普通车床。

车床利用工件的旋转运动和刀具的直线移动来完成工件的加工，主要用来加工各种带有旋转表面的零件，其主要的车削加工内容有车外圆、车端面、车内孔、车外螺纹、车内螺纹、切断、车外圆锥面、车内圆锥面、车成形面、滚花等。此外，在车床上还可以进行钻孔、扩孔、铰孔、攻螺纹、套螺纹等操作。

图 1-86 所示为普通车床切削加工示意图，根据在切削加工过程中所起的作用不同，普通车床切削加工运动可分为主运动和进给运动。

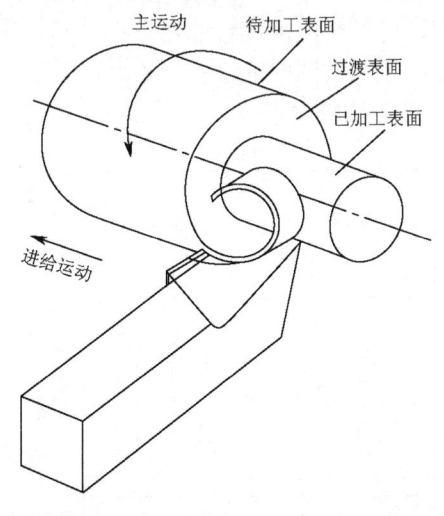

图 1-86  普通车床切削加工示意图

（1）主运动。直接切除工件上的切削层，使之转变为切屑，从而形成工件新表面的运动，称为主运动。主运动的速度较高，消耗的功率较大；主运动只有一个，为车床主轴带动工件的旋转运动。

（2）进给运动。不断地把切削层投入切削，以逐渐切出整个工件表面的运动，称为进给运动。进给运动的速度较低，消耗的功率较少；进给运动可以是连续的或断续的，普通车床的进给运动为车刀纵向及横向的直线运动。

本项目以 C650 型车床为例来介绍普通车床主运动、进给运动和其他辅助功能的电气控制电路的分析方法及常见故障的诊断方法。

## 【相关知识】

### 一、电气图的相关知识

为了表达生产设备电气控制系统的结构、原理等，也为了便于电气元件的安装、调整、使用与维护，将电气控制系统中各电气元件的连接用一定的图形表达出来，即电气控制系统图。在图上用不同的图形符号来表示各种电气元件，用不同的文字符号进一步说明图形符号所代表的电气元件的基本名称、用途、主要特征及编号等。

由于电气控制系统描述的对象复杂、应用领域广泛、表达形式多种多样，因此表示一项电气工程或一种电气装置的电气控制系统图有多种，它们以不同的表达方式反映同一项电气工程问题的不同侧面，其间又有一定的对应关系，有时需要对照起来阅读。电气控制系统图一般包括电气控制原理图、电气元件布置图和电气安装接线图三种。

电气控制原理图的绘制原则已经在项目 1.1 中叙述过，在此不再赘述。下面介绍有关电气元件布置图和电气安装接线图的基本知识。

#### 1. 电气元件布置图

电气元件布置图中绘出了机械设备上所有电气设备和电气元件的实际位置，是生产机械电气控制设备制造、安装和维修必不可少的技术文件。电气元件布置图根据设备的复杂程度可集中绘制在一张图中，电气柜、操作台的电气元件布置图也可以分别绘出。图 1-87 所示为某普通车床电气元件布置图。图中 FA1~FA4 为熔断器、QA 为接触器、BB 为热继电器、TA 为照明变压器、XD 为接线端子板。

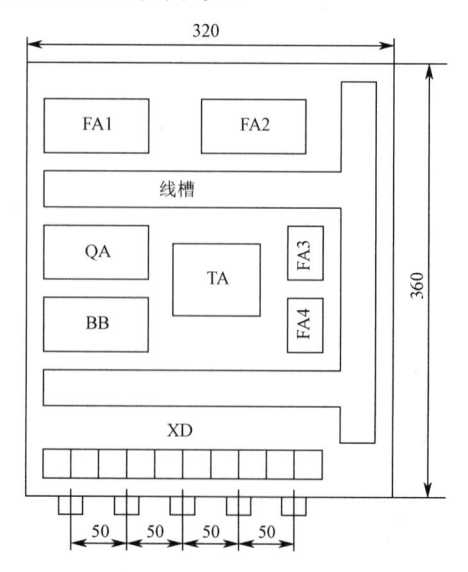

图 1-87 某普通车床电气元件布置图（单位：mm）

## 2. 电气安装接线图

电气安装接线图又称电气互连图,用来表明电气设备各单元之间的连接关系。它清楚地表明了电气设备外部元件的相对位置及它们之间的电气连接,是实际安装接线的依据,在具体施工和检修中能够起到电气控制原理图所起不到的作用,在生产现场中得到了广泛应用。

图 1-88 所示为某普通车床电气安装接线图,图中给出了电气控制系统的电源进线、用电设备和各电气元件之间的接线关系,并分别框出了电气柜、操作台等接线板上的电气元件,绘出了电气柜与操作台之间的连接关系。

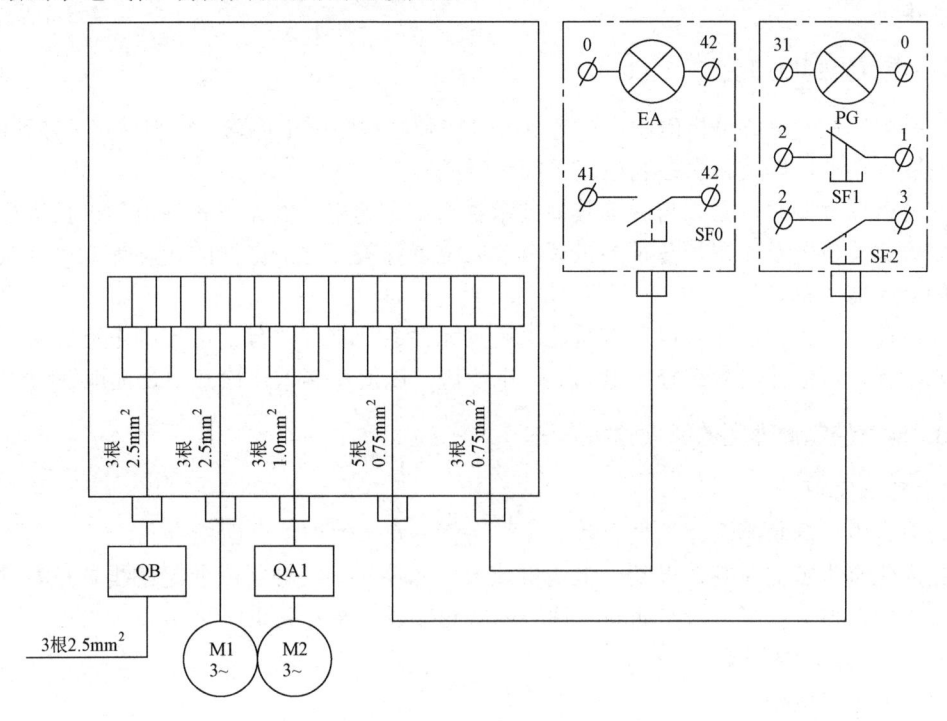

图 1-88 某普通车床电气安装接线图

电气安装接线图一般遵循如下原则。

(1)外部单元同一电器的各部件画在一起,其布置尽可能符合电气实际情况。

(2)各电气元件的图形符号、文字符号和电路标记均以电气控制原理图为准,并保持一致。

(3)不在同一控制箱和同一配电盘上的各电气元件,必须经接线端子板进行连接。电气安装接线图中的电气互连关系用线束表示,连接导线应注明导线规格(数量、截面积),一般不表示实际走线途径。

(4)控制装置的外部连接线应在图上或用接线表表示清楚,并注明电源的引入点。

## 二、电气控制电路分析的内容

### 1. 设备说明书

设备说明书由机械(包括液压部分)与电气两部分组成。在分析时首先要阅读这两部分说明书，了解以下内容。

（1）设备的构造，主要技术指标，机械、液压气动部分的工作原理。

（2）电气传动方式，电机和执行电器的数目、规格型号、安装位置、用途及控制要求。

（3）了解设备的使用方法，各操作手柄、开关、旋钮、指示装置的布置，以及在电气控制电路中的作用。

（4）必须清楚地了解与机械、液压气动部分直接关联的电器（行程开关、电磁阀、电磁离合器、传感器等）的位置、工作状态及其与机械、液压气动部分的关系，以及在控制中的作用等。

**2．电气控制原理图**

这是电气控制电路分析的中心内容，电气控制原理图由主电路、控制电路、辅助电路、保护与联锁环节，以及特殊控制电路等部分组成。

在分析原理图时，必须与阅读其他技术资料结合起来。例如，各种电动机及执行元件的控制方式、位置及作用，各种与机械有关的位置开关、主令电器的状态等，只有通过阅读说明书才能了解。

在原理图分析中，还可以通过所选用电气元件的技术参数分析出控制电路的主要参数和技术指标，可估计出各部分的电流值、电压值，以便在调试或检修中合理地使用仪表。

**3．电气控制原理图的阅读分析方法**

1）基本原则

化整为零、顺藤摸瓜、先主后辅、集零为整、安全保护、全面检查。

采用化整为零的原则，以某一电动机或电气元件（如接触器或继电器线圈）为对象，从电源开始，自上而下，自左而右，逐一分析其接通、断开关系。

2）分析方法与步骤

（1）分析主电路。

无论是电路设计还是电路分析都是先从主电路入手的。主电路的作用是保证机床拖动要求的实现。从主电路的构成可分析出电动机或执行元件的类型、工作方式，启动、转向、调速、制动等控制要求与保护要求等内容。

（2）分析控制电路。

主电路各控制要求是由控制电路来实现的，运用"化整为零""顺藤摸瓜"的原则，将控制电路按功能划分为若干个局部控制电路，从电源和主令信号开始，经过逻辑判断，写出控制流程，以简便明了的方式表达出电路的自动工作过程。

（3）分析辅助电路。

辅助电路包括执行元件的工作状态显示、电源显示、参数测定、照明、故障报警等。这部分电路具有相对独立性，起辅助作用但又不影响主要功能。辅助电路中的很多部分是由控制电路中的元件来控制的。

（4）分析保护与联锁环节。

生产机械对安全性、可靠性有很高的要求，实现这些要求，除了合理地选择拖动、控制方案，在电气控制电路中还设置了一系列电气保护和必要的电气联锁环节。在电气控制原理图的分析过程中,电气保护与联锁环节是一个重要内容,不能遗漏。

(5) 总体检查。

经过"化整为零",逐步分析了每一局部控制电路的工作原理及各部分之间的控制关系之后,还必须用"集零为整"的原则检查整个电气控制电路,看是否有遗漏。特别要从整体角度进一步检查和理解各控制环节之间的联系,以正确理解电气控制原理图中每一个电气元件的作用。

## 三、机床电气设备故障的排除方法

### 1. 机床电气设备故障的诊断步骤

1) 故障调查

问:机床发生故障后,首先应向操作者了解故障发生的前后情况,有利于根据电气设备的工作原理来分析发生故障的原因。一般询问的内容:故障发生在开车前、开车后,还是运行中?是运行中自行停转,还是发现异常情况后由操作者停下来的?发生故障时,机床工作在哪种工作顺序,按动了哪个按钮,扳动了哪个开关?故障发生前后,设备有无异常现象(如响声、气味、冒烟或冒火等)?以前是否发生过类似的故障,是怎样处理的?

看:熔断器内的熔丝是否熔断?其他电气元件有无烧坏、发热、断线现象?导线连接螺钉是否松动?电动机的转速是否正常?

听:电动机、变压器和某些电气元件运行时的声音是否正常?这可以帮助寻找故障的部位。

摸:电动机、变压器和电气元件的线圈在发生故障时,温度显著上升,可切断电源后用手去触摸探查。

2) 电路分析

根据调查结果,参考该电气设备的电气控制原理图进行分析,先初步判断出故障产生的部位,然后逐步缩小故障范围,直至找到故障点并加以消除。

分析故障时应有针对性,如接地故障一般先考虑电气柜外的电气装置,后考虑电气柜内的电气元件;断路和短路故障,应先考虑动作频繁的元件,后考虑其余元件。

3) 断电检查

检查前先断开机床总电源,然后根据故障可能产生的部位,逐步找出故障点。检查时应先检查电源线进线处有无碰伤引起的电源接地、短路等现象,螺旋式熔断器的熔断指示器是否跳出,热继电器是否动作。然后检查电气元件外部有无损坏,连接导线有无断路、松动,绝缘是否过热或烧焦。

4) 通电检查

断电检查仍未找到故障时,可对电气设备做通电检查。

在通电检查时先要尽量使电动机和其所传动的机械部分脱开,将控制器和转换开关置于零位,行程开关还原到正常位置。然后用万用表检查电源电压是否正常,是否缺相或严重不平衡。最后进行通电检查,检查的顺序:先检查控制电路,后检查主电路;先检查辅助系统,后检查主传动系统;先检查交流系统,后检查直流系统;合上开关,观察各电气元件是否按要求动作,有无冒火、冒烟、熔断器熔断的现象,直至探查到发生故障的部位。

## 2. 机床电气设备故障的诊断方法

机床电气设备故障的诊断方法较多，常用的有电压测量法、电阻测量法和短接法等。

1）电压测量法

电压测量法指利用万用表测量机床电气控制电路中某两点间的电压值来判断故障点的范围或故障元件的方法。

（1）分阶测量法。电压的分阶测量法如图1-89所示。

检查时，首先用万用表测量1、7两点间的电压，若电路正常则应为380V。然后按住启动按钮SF2不放，将黑色表笔接到7点上，红色表笔按6、5、4、3、2点依次向前移动连接，分别测量7—6、7—5、7—4、7—3、7—2各阶之间的电压，在电路正常情况下，各阶的电压值均为380V。若测到7—6之间无电压，则说明是断路故障，此时可将红色表笔向前移，当移至某点（如2点）时电压正常，说明该点以后的触点或接线有断路故障。一般是该点后第一个触点（即刚跨过的停止按钮SF1的触点）或连接线断路。

（2）分段测量法。电压的分段测量法如图1-90所示。

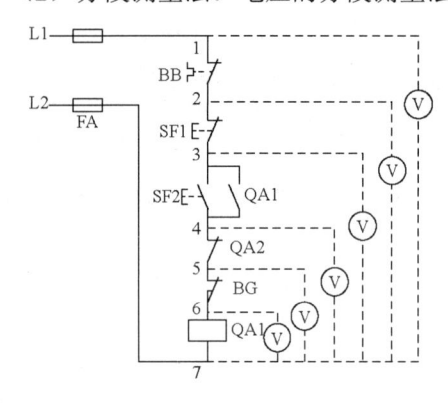

图1-89　电压的分阶测量法　　　　　图1-90　电压的分段测量法

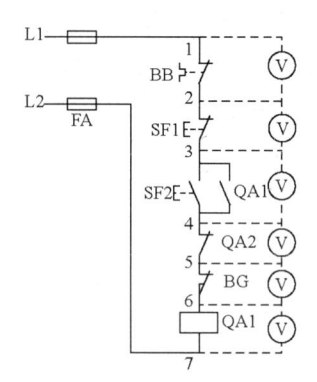

先用万用表测量1、7两点之间的电压值，若电压值为380V，则说明电源电压正常。

电压的分段测量法是用红、黑两根表笔逐段测量相邻两点1—2、2—3、3—4、4—5、5—6、6—7间的电压值。

若电路正常，则按下启动按钮SF2后，除6—7两点间的电压值等于380V之外，其他任何相邻两点间的电压值均为零。

若按下启动按钮SF2后接触器QA1的触点不吸合，则说明发生断路故障，此时可用电压表逐段测量各相邻两点间的电压。当测量到某相邻两点间的电压为380V时，说明这两点间所包含的触点、连接导线接触不良或有断路故障。例如，若4—5两点间的电压为380V，则说明接触器QA2的常闭触点接触不良。

2）电阻测量法

电阻测量法指利用万用表测量机床电气控制电路中某两点间的电阻值来判断故障点的范围或故障元件的方法。

（1）分阶测量法。电阻的分阶测量法如图1-91所示。

按下启动按钮SF2，若接触器QA1的触点不吸合，则说明该电气电路有断路故障。

用万用表的电阻挡检测时,先断开电源,然后按下启动按钮 SF2 不放,测量 1—7 两点间的电阻,若电阻值为无穷大,则说明 1—7 两点间的电路断路。最后分阶测量 1—2、1—3、1—4、1—5、1—6 各两点间的电阻值。若电路正常,则该两点间的电阻值应为 0;当测量到某两点间的电阻值为无穷大时,说明表笔刚跨过的触点或连接导线断路。

(2)分段测量法。电阻的分段测量法如图 1-92 所示。

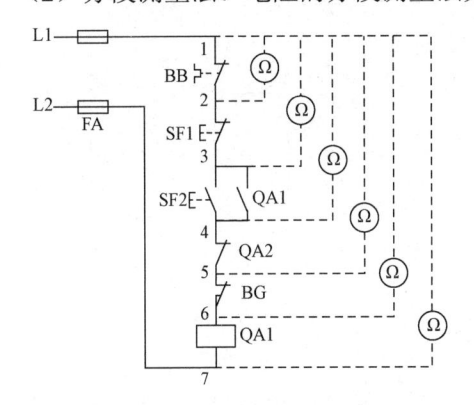

图 1-91 电阻的分阶测量法　　　　图 1-92 电阻的分段测量法

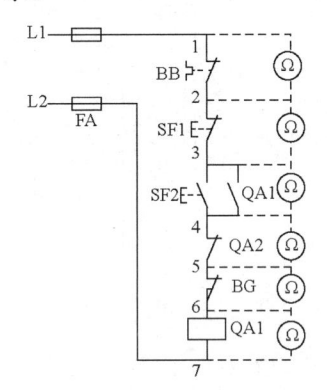

用万用表的电阻挡检测时,先断开电源,然后按下启动按钮 SF2 不放,依次逐段测量相邻两点 1—2、2—3、3—4、4—5、5—6 间的电阻。若测得某两点间的电阻值为无穷大,则说明这两点间的触点或连接导线断路。例如,当测得 2—3 两点间的电阻值为无穷大时,说明停止按钮 SF1 或连接 SF1 的导线断路。

电阻测量法的要点如下。

① 用电阻测量法检测故障时一定要断开电源。

② 当被测电路与其他电路并联时,必须将该电路与其他电路断开,否则所测得的电阻值是不准确的。

③ 测量大电阻值的电气元件时,把万用表的选择开关旋转至合适的电阻挡。

3)短接法

短接法指用导线将机床电路中两等电位点短接,以缩小故障范围,从而确定故障范围或故障点。

(1)局部短接法。局部短接法如图 1-93 所示。

按下启动按钮 SF2 时,若接触器 QA1 的触点不吸合,则说明该电路有故障。检查前先用万用表测量 1—7 两点间的电压值,若电压正常,则可按下启动按钮 SF2 不放,用一根绝缘良好的导线分别短接相邻的两点,如短接 1—2、2—3、3—4、4—5、5—6 点。当短接到某两点时,接触器 QA1 的触点吸合,说明断路故障就在这两点之间。

(2)长短接法。长短接法如图 1-94 所示。

长短接法是指一次短接两个或多个触点来检查故障的方法。

当 BB 的常闭触点和 SF1 的常闭触点同时接触不良时,如用上述局部短接法短接 1—2 点,按下启动按钮 SF2,QA1 的触点仍然不会吸合,可能会造成判断错误。而采用长短接法将 1—6 点短接,若 QA1 的触点吸合,则说明 1—6 两点间的电路中有断路故障;然后短接 1—3 点和 3—6 点，若短接 1—3 点时 QA1 吸合，则说明故障在 1—3 两点间的线路中。最后用局部短接法短接 1—2 点和 2—3 点，能很快地排除电路的断路故障。

图 1-93 局部短接法　　　　图 1-94 长短接法

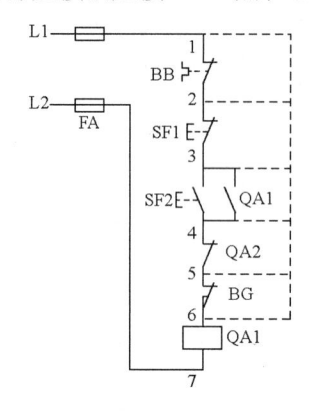

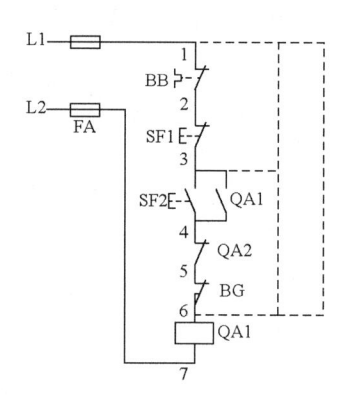

短接法的要点如下。

① 短接法是用手拿绝缘导线带电操作的，所以一定要注意安全，避免触电事故发生。

② 短接法只适用于检查压降极小的导线和触点之类的断路故障。压降较大的电器，如电阻、线圈、绕组等断路故障，不能采用短接法，否则会出现短路故障。

③ 对于机床的某些要害部位，必须在保障电气设备或机械部位不会出现事故的情况下使用短接法。

除上述三种方法之外，还可以利用试电笔进行测试，这也是判断电路通断的一种比较简单和常用的方法。

## 【实施步骤】

## 一、C650 型车床的主要结构

C650 型车床由床身、主轴变速箱、进给箱、溜板箱、刀架、尾座、丝杆、光杆等部分组成，其结构示意图如图 1-95 所示。最大加工工件回转直径为 1020mm，最大工件长度为 3000mm。

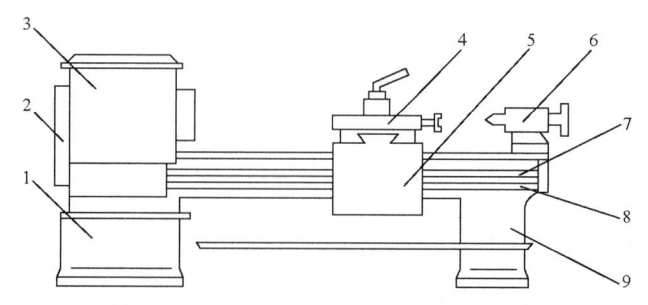

1—进给箱；2—变速齿轮箱；3—主轴变速箱；4—溜板与刀架；
5—溜板箱；6—尾座；7—丝杆；8—光杆；9—床身。

图 1-95　C650 型车床的结构示意图

车床有两种主要运动：一种是主轴上的卡盘或顶尖带着工件的旋转运动，称为主运动；另一种是溜板带着刀架的直线移动，称为进给运动。电动机的动力由三角皮带通过主轴变速箱传给主轴。变换主轴变速箱外的手柄位置，可以改变主轴的转速。主轴一般只被要求单方向旋转，只有在车螺纹时才需要用反转来退刀。

为保证螺纹加工的质量，要求工件的旋转速度与刀具的移动速度之间有严格的比例关系。为此，C650 型车床的溜板箱与主轴变速箱通过齿轮传动来连接，用同一台电动机拖动。

C650 型车床的床身较长，为减少辅助时间，专门设置了一台 2.2kW 的电动机来拖动溜板箱快速移动，并采用点动控制。

车削加工时，刀具的温度往往很高，为此，要配备冷却泵及电动机。

一般车床的调速范围较大，常用齿轮变速结构来调速，调速范围可达 40 倍以上。C650 型车床的主电机采用普通鼠笼异步电动机，功率为 30kW。为提高工作效率，该车床采用了反接制动。

## 二、运动形式与控制要求

（1）主电动机 MA1：车床的主运动及进给运动均由主电动机来拖动。主电动机采用直接启动方式，可实现正反转、点动控制、反接制动等。

（2）冷却泵电动机 MA2：车削加工时，为防止刀具和工件的温升过高，需要用冷却液冷却，因此须安装一台冷却泵，由冷却泵电动机拖动。它只需要单方向运转。

（3）快速移动电动机 MA3：为减少辅助时间，专门设置了一台电动机来拖动溜板箱快速移动，并采用点动控制。

（4）保护及照明电路：主电动机 MA1 和冷却泵电动机 MA2 应具有必要的短路保护和过载保护。为安全起见，照明电路采用 36V 安全电压。

## 三、C650 型车床电气控制电路的特点

（1）主轴与进给运动由主电动机 MA1 控制，主电路具有正、反转控制和点动控制功能，并设置有监视电动机绕组工作电流变化的电流表和电流互感器。

（2）该机床采用反接制动的方法控制主电动机 MA1 的正、反转制动。

（3）能够进行刀架的快速移动。

## 四、电路分析

C650 型车床电气控制原理图如图 1-96 所示。表 1-12 所示为车床中所用电气元件的符号及功能说明。

图 1-96 C650 型车床电气控制原理图

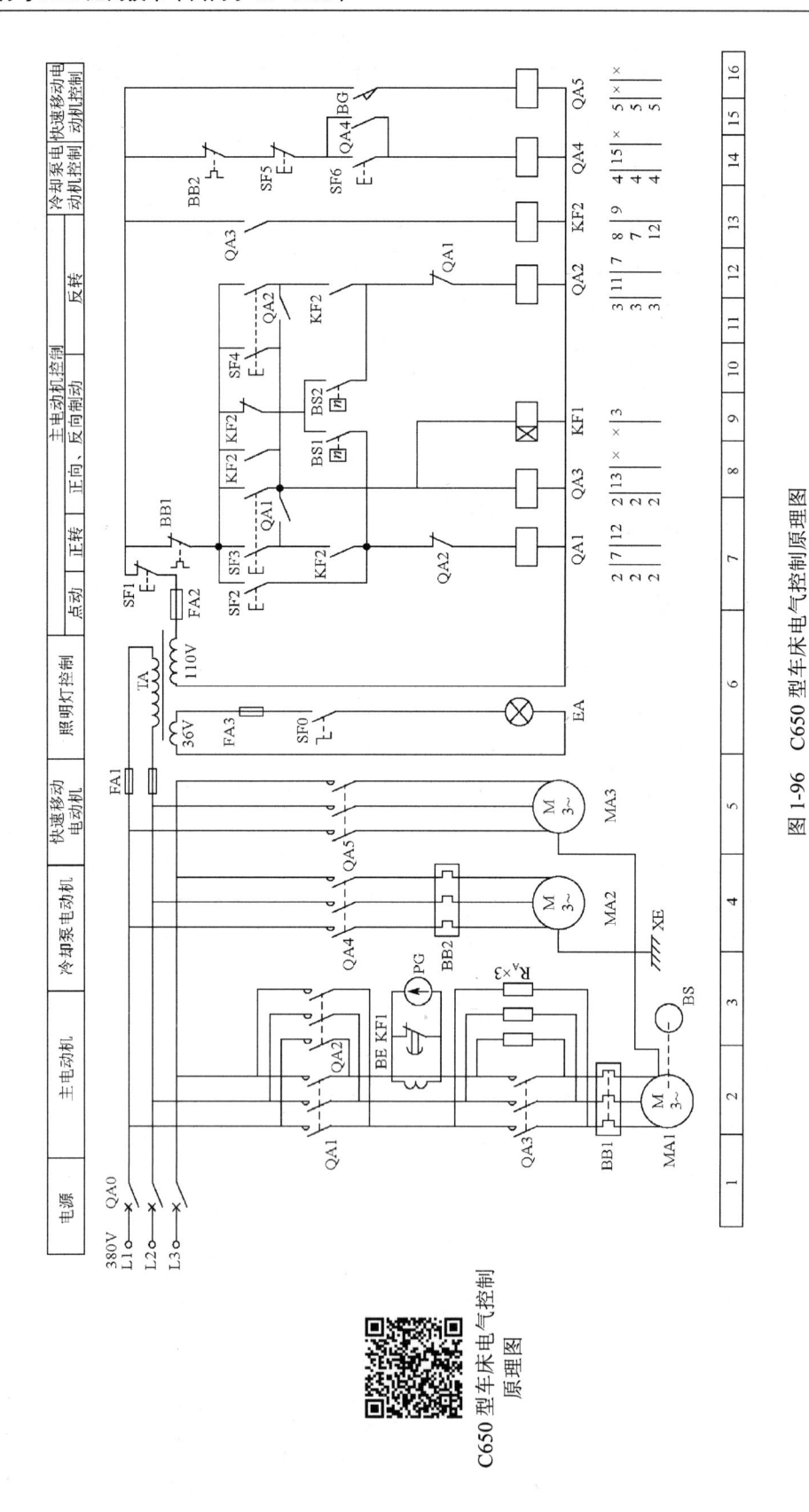

表 1-12　车床中所用电气元件的符号及功能说明

| 符号 | 功能说明 | 符号 | 功能说明 |
| --- | --- | --- | --- |
| MA1 | 主电动机 | SF1 | 总停按钮 |
| MA2 | 冷却泵电动机 | SF2 | 主电动机正向点动按钮 |
| MA3 | 快速移动电动机 | SF3 | 主电动机正向启动按钮 |
| QA1 | 主电动机正转接触器 | SF4 | 主电动机反向启动按钮 |
| QA2 | 主电动机反转接触器 | SF5 | 冷却泵电动机停止按钮 |
| QA3 | 短接限流电阻接触器 | SF6 | 冷却泵电动机启动按钮 |
| QA4 | 冷却泵电动机接触器 | TA | 控制变压器 |
| QA5 | 快速移动电动机接触器 | FA1~FA3 | 熔断器 |
| KF2 | 中间继电器 | BB1 | 主电动机过载保护热继电器 |
| KF1 | 通电延时时间继电器 | BB2 | 冷却泵电动机过载保护热继电器 |
| BG | 快速移动电动机位置开关 | $R_A$ | 限流电阻 |
| SF0 | 照明灯开关 | EA | 照明灯 |
| BS | 速度继电器 | BE | 电流互感器 |
| PG | 电流表 | QA0 | 低压断路器 |

### 1．主电路分析

主电路中的低压断路器 QA0 为电源开关，开关右侧分别为电动机 MA1、MA2、MA3 的主电路。

根据控制要求，主电路用接触器 QA1、QA2 主触点接成主电动机 MA1 的正、反转控制电路；电阻 $R_A$ 在反接制动和点动控制时起限流作用；接触器 QA3 在运行时起短接电阻 $R_A$ 的作用。

电流互感器 BE、电流表 PG 和时间继电器 KF1 用于检测主电动机 MA1 启动结束后的工作电流。在启动过程中，KF1 常闭延时断开触点闭合，电流表 PG 被短路；启动结束，KF1 常闭延时断开触点打开，电流表 PG 投入工作，监视电动机运行时的定子工作电流。

热继电器 BB1 用于过载保护，速度继电器 BS 用于感应主电动机 MA1 的转动速度，以便控制其动合触点的动作。

接触器 QA4 控制冷却泵电动机 MA2 的启动和停止，BB2 用于电动机 MA2 的过载保护。

接触器 QA5 用于控制快速移动电动机 MA3 的工作，由于快速移动为短时操作，故快速移动电动机 MA3 不设过载保护。

控制电路采用变压器 TA 隔离降压的 110V 电源供电，熔断器 FA1 用于控制电路的短路保护。

### 2．主电动机控制分析

主电动机 MA1（30kW）不要求频繁启动，采用直接启动方式，要求供电变压器的容量足够大，主电动机 MA1 能够实现正反转、正向点动、反接制动等电气控制，主电动机控制原理图如图 1-97 所示。

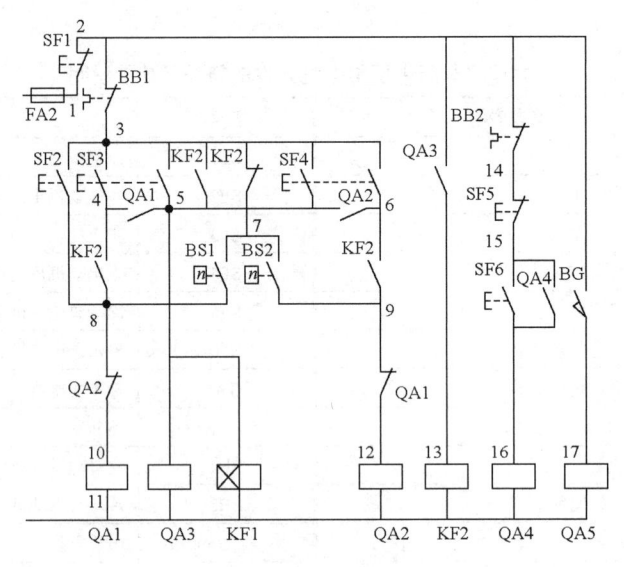

图 1-97 主电动机控制原理图

1)正、反转

按下正向启动按钮 SF3 时,两个常开触点同时闭合,SF3 右侧常开触点(3—5)闭合使接触器 QA3 线圈通电、时间继电器 KF1 线圈通电延时,接触器 QA3 常开辅助触点(1—13)闭合,中间继电器 KF2 线圈通电,SF3 左侧(3—4)常开触点使接触器 QA1 线圈通电并通过 KF2 的两个常开触点(4—8、3—5)自锁,主电路的主电动机 MA1 启动(全压)。时间继电器 KF1 延时时间到,启动过程结束,主电动机 MA1 进入正转工作状态,主电路 KF1 常闭延时断开触点断开,电流表 PG 投入工作,动态指示电动机运行工作的线电流。在电动机正转工作状态,控制电路线圈通电工作的电器有 QA1、QA3、KF1、KF2 等。反向启动的控制过程与正向启动的类似,SF4 为反向启动按钮,在 MA1 反转运行状态,控制电路线圈通电工作的电器有 QA2、QA3、KF1、KF2 等。

2)正向点动

按下点动按钮 SF2(手不松开)时,接触器 QA1 线圈通电(无自锁电路),主电路电源经 QA1 的主触点和限流电阻 $R_A$ 后进入主电动机 MA1,主电动机 MA1 正向点动。松开点动按钮 SF2 后,接触器 QA1 线圈断电,主电动机 MA1 点动停止。

3)反接制动

下面首先讨论正转的反接制动,在主电动机 MA1 正转过程中,控制电路的 QA1、QA3、KF1、KF2 线圈通电,速度继电器 BS 的正转常开触点(7—9)闭合,为反接制动做好准备。按动停止按钮 SF1,依赖自锁环节通电的 QA1、QA3、KF1、KF2 线圈均断电,自锁电路打开,触点复位。松开停止按钮 SF1 后,控制电流经 SF1、KF2、QA1 的常闭触点(1—2、3—7、9—12)和 BS2($n>120r/min$)的常开触点(7—9)使接触器 QA2 线圈通电,主电动机 MA1 定子串接电阻 $R_A$ 接入反相序电源进行反接制动,当电动机转速接近于零时,BS 的常开触点(7—9)断开,QA2 线圈断电,主电动机 MA1 的主电路断电,反接制动过程结束。

### 3．冷却泵控制和刀架快速移动

冷却泵电动机 MA2 为连续运行工作方式，控制按钮 SF5、SF6 和接触器 QA4 构成了冷却泵电动机 MA2 的启停控制电路，热继电器 BB2 起过载保护作用。

转动刀架手柄，压下位置开关 BG，接触器 QA5 线圈通电，快速移动电动机 MA3 启动，经传动机构驱动溜板箱带动刀架快速移动。刀架手柄复位时，BG 复位，QA5 线圈断电，快速移动电动机 MA3 停转，快速移动结束。由于快速移动电动机 MA3 工作在手动操作的短时工作状态，故未设过载保护。

### 4．照明电路等其他控制电路分析

车床照明电路采用 36V 安全供电，开关 SF0 为照明灯 EA 的控制开关。

## 五、C650 型车床电气控制电路常见故障的诊断

### 1．主电动机不能启动

原因分析如下。

（1）熔断器 FA1、FA2 熔断。

（2）热继电器 BB1 已动作过，动断触点未复位。

（3）接触器 QA1 的触点未吸合，按下启动按钮 SF3，接触器 QA1 的触点若不动作，故障必定在控制电路，如按钮 SF3、SF4 的触点接触不良，接触器线圈松动或烧坏、其触点接触不良等均会导致 QA1 线圈不能通电动作。

当按下启动按钮 SF3 后，若接触器吸合，但主电动机不能启动，则故障原因必定在主电路中，可依次检查接触器 QA1 主触点及三相电动机的接线端子等是否接触良好。

（4）各连接导线虚接或断线。

（5）主电动机损坏，应修复或更换。

### 2．主电动机启动运转后不能自锁

原因分析如下。

当按下启动按钮 SF3 时，主电动机能运转，但放开按钮后主电动机立即停转，这是由接触器 QA1 的辅助常开触点接触不良或位置偏移、卡阻引起的故障。这时只要将接触器 QA1 的辅助常开触点进行修整或更换即可排除故障。辅助常开触点的连接导线松脱或断裂也会使主电动机不能自锁。

### 3．快速移动电动机不能启动

原因分析如下。

（1）位置开关 BG 已损坏，应修复或更换。

（2）接触器 QA5 的线圈或触点已损坏，应修复或更换。

（3）快速移动电动机已损坏，应修复或更换。

### 4．主电动机能启动，不能反接制动

启动主电动机后，若要实现反接制动，只要按下停止按钮 SF1 即可。若按下停止按钮

SF1 不能实现反接制动,则其故障现象通常有两种:一种是主电动机能自然停转;另一种是主电动机不能停转,仍然转动不停。

后一种故障多数是由接触器 QA1 的铁芯面上的油污使铁芯不能释放或 QA1 的主触点发生熔焊,或者停止按钮 SF1 的常闭触点短路所造成的。切断电源,清洁铁芯面上的污垢或更换触点,即可排除故障。

前一种故障可能发生在主电路中,也可能发生在控制电路中。

下面利用电压的分阶测量法来诊断车床不能实现反接制动的故障所在。

首先检查主电路中 QA2 的主触点接触是否良好,若排除此故障,则故障必在控制电路中。反接制动控制电路如图 1-98 所示。

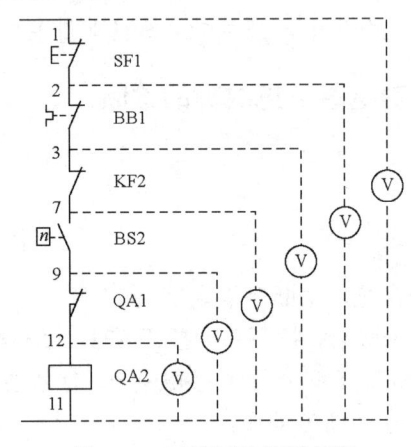

图 1-98 反接制动控制电路

检查时,首先用万用表测量 1、11 两点间的电压,若电路正常则应为 110V。然后将黑色表笔接到点 11 上,红色表笔按 12、9、7、3、2 点依次向前移动连接,分别测量 11—12、11—9、11—7、11—3、11—2 各两点间的电压,在电路正常情况下,各两点间的电压值均为 110V。若测到 11—12 两点间无电压,则说明是断路故障,此时可将红色表笔向前移,当移至某点(如 9 点)时电压正常,说明该点以后的触点或接线有断路故障。一般是该点后第一个触点(即刚跨过的接触器 QA1 的常闭辅助触点 QA1)或连接线断路。

【思考题与习题】

1. 什么是低压电器?常用的低压电器有哪些?
2. 熔断器在电路中的作用是什么?它由哪些主要部件组成?
3. 封闭式负载开关与开启式负载开关在结构和性能上有什么区别?
4. 接触器的主要作用是什么?接触器主要由哪些部分组成?交流接触器和直流接触器的铁芯和线圈的结构各有什么特点?
5. 线圈电压为 220V 的交流接触器,误接到交流 380V 电源上会发生什么问题?为什么?
6. 从接触器的结构上如何区分交流接触器和直流接触器?如何选用接触器?
7. 中间继电器有何用途?试比较中间继电器和交流接触器的相同之处和不同之处。
8. 简述速度继电器的结构、工作原理及用途。

9．既然在电动机的主电路中装有熔断器，为什么还要装热继电器呢？装有热继电器是否就可以不装熔断器？为什么？

10．电动机的启动电流很大，当电动机启动时，热继电器会不会动作？为什么？

11．什么是主令电器？常用的主令电器有哪些？行程开关在机床控制中一般的用途有哪些？与按钮开关有何不同和相同之处？

12．画出下列电气元件的图形符号，并标出其文字符号。

①熔断器；②热继电器的动断触点；③时间继电器的通电延时闭合常开触点；④时间继电器的通电延时断开常闭触点；⑤热继电器的热元件；⑥接触器的线圈；⑦中间继电器的线圈；⑧低压断路器。

13．什么叫"自锁"？如果自锁触点因熔焊而不能断开又会怎么样？

14．什么叫"互锁"？在控制电路中互锁起什么作用？

15．什么是失压、欠压保护？利用哪些电气电路可以实现失压、欠压保护？

16．电动机正、反转直接启动控制电路中，为什么正反向接触器必须互锁？

17．按钮和接触器双重联锁的控制电路中，为什么不要过于频繁地进行正反相直接换接？

18．双速电动机高速运行时通常须先低速启动而后转入高速运行，这是为什么？

19．试分析三个接触器控制的电动机星形—三角形降压启动控制电路的工作原理。

20．按下列要求画出三相异步电动机的控制电路。

（1）既能点动又能连续运转。

（2）能正反转控制。

（3）能在两处启停。

（4）有必要的保护。

21．设计一个控制三台三相异步电动机的控制电路，要求 MA1 启动 20s 后，MA2 自行启动，运行 5s 后，MA1 停转，同时 MA3 启动，再运行 5s 后，三台电动机全部停转。

22．有两台电动机 MA1 和 MA2，要求：

（1）MA1 先启动，MA1 启动 20s 后，MA2 才能启动。

（2）若 MA2 启动，则 MA1 立即停转。试画出其控制电路。

23．设计一台电动机启动的控制电路，要求满足以下功能。

（1）采用手动和自动降压启动。

（2）能实现连续运转和点动控制，且要求点动工作时处于降压运行状态。

（3）具有必要的联锁与保护环节。

24．设计一小车运行的电路图，要求动作过程如下。

（1）小车由原位开始前进，到终端后自动停止。

（2）在终端停留 2min 后，自动返回原位停止。

（3）在前进或后退途中的任意位置都能停止或再启动。

25．现有一台双速笼型感应电动机（具有低速启动→低速运行，低速启动→高速运行两种启动、运行状态），试按下列要求设计电路图。

（1）分别由两个按钮控制电动机的高速启动和低速启动，由同一个按钮控制电动机停止。

（2）电动机高速启动时，先接成低速，经延时后自动换接成高速。

（3）具有必要的保护。

26．试述 C650 型车床主电动机的控制特点及时间继电器 KF1 的作用。

27．试设计一台机床的电气控制电路，该机床共有三台三相异步电动机：主轴电动机 MA1、润滑泵电动机 MA2、冷却泵电动机 MA3，设计要求如下。

（1）MA1 直接启动，单向旋转，不需要电气调速，采用能耗制动，并可点动试车。

（2）MA1 必须在 MA2 工作 3min 之后才能启动。

（3）MA2、MA3 共由一个接触器控制，若不需要 MA3 工作，则可用转换开关 SF0 切断。

（4）具有必要的保护环节。

（5）装有机床工作照明灯一盏，电压为 36V；电网电压及控制电路电压均为 380V。

**本单元设置了自测题，可以扫描下面的二维码进行自测。**

单元 1　自测题

# 单元 2　S7-1200 PLC 硬件结构与软件资源分析

## 【学习要点】

（1）了解 S7-1200 PLC 的硬件结构及基本功能。
（2）掌握 S7-1200 PLC 的接线方法。
（3）掌握 S7-1200 PLC 的工作原理。
（4）理解 S7-1200 PLC 的内存结构及寻址方式。

传统的生产机械自动控制装置，即继电器-接触器控制系统，具有结构简单、价格低廉、容易操作等特点，适用于工作模式固定、控制逻辑简单等的工业应用场合。但是随着工业生产方式向多品种、少批量方向发展，产品的市场周期日趋缩短，传统继电器-接触器控制系统的缺点日益突出，如体积庞大、生产周期长、接线复杂、故障率高、可靠性差，特别是由于它是靠硬连线逻辑构成的系统，当生产工艺或对象需要改变时，原有的接线和控制柜必须更换，通用性和灵活性很差。解决这些问题需要先进的自动控制装置，先进的自动控制装置的形成如图 2-1 所示，它能把计算机的功能完善、通用、灵活等优点和继电器-接触器控制系统的简单易懂、操作方便、价格低廉等优点结合起来，制成一种通用控制装置，将继电器-接触器控制系统的硬连线逻辑转变为计算机的软件逻辑编程思想。

图 2-1　先进的自动控制装置的形成

美国数字设备（DEC）公司根据这一设想，于 1969 年研制开发出了世界上第一台 PLC，并成功应用到了美国通用汽车公司的生产线上。PLC 的英文全称是 Programmable Logic Controller，中文全称为可编程逻辑控制器。它是一种数字运算操作的电子系统，专为在工业环境应用而设计；它采用一类可编程的存储器，用于其内部存储程序，执行逻辑运算、顺序控制、定时、计数与算术操作等面向用户的指令，并通过数字式或模拟式输入/输出控制各种类型的机械或生产过程；而有关的外围设备，都按易于与工业系统连成一个整体、易于扩充其功能的原则设计。目前，世界上有 200 多个厂家生产 300 多种 PLC 产品，比较著名的厂家有日本的三菱公司、欧姆龙公司，德国的西门子公司，法国的施耐德公司，美国的 AB 公司、GE 公司等。其中，德国西门子公司生产的 S7-1200 PLC 是新一代小型 PLC，代表了下一代 PLC 的发展方向，其许多功能达到了大、中型 PLC 的水平，而价格却和小型 PLC 一样，因此一经推出就受了广泛关注。该系列 PLC 主要由 CPU 模块和丰富的扩展模块组成，根据实际设计需要自由配置，可以很好地满足小规模控制系统的要求，深受市场欢迎。

## 项目 2.1　S7-1200 PLC 硬件结构分析

【项目目标】

（1）了解 PLC 的分类方法。
（1）掌握 S7-1200 PLC 的硬件结构及基本功能。
（2）掌握 S7-1200 PLC 的接线方法。
（3）掌握 PLC 循环扫描的工作过程。
（4）理解 PLC 控制系统与其他控制系统的区别。

【项目分析】

PLC 的硬件结构主要由中央处理器（CPU）、存储器、输入接口、输出接口、通信接口、扩展接口、电源等部分组成，其示意图如图 2-2 所示。其中，CPU 是 PLC 的核心，负责完成控制系统的逻辑控制、数字运算等；输入接口与输出接口连接现场输入、输出设备，负责外部信息的输入和驱动外部执行元件；通信接口用于与编程器、上位计算机等外设连接。

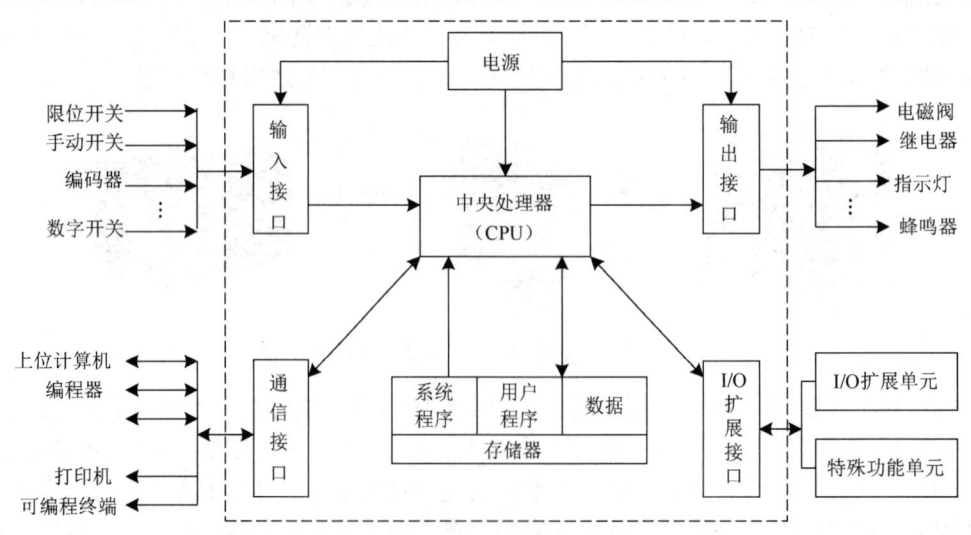

图 2-2　PLC 的硬件结构示意图

PLC 的硬件为软件的运行提供支持环境，是 PLC 控制功能执行的载体。熟悉 PLC 的硬件结构不仅能加深对 PLC 的工业使用特性（为在专业工业环境下应用而设计，具有很强的抗干扰能力，以及广泛的适应能力和应用范围）的理解，同时有助于更好地使用 PLC。

## 【相关知识】

### 一、PLC 的分类

PLC 应用广泛，发展迅速，已经有很多类型，而且功能也不尽相同。目前，PLC 的分类方法主要有两类：一类按 PLC 的硬件结构类型分类；另一类按 PLC 的 I/O 点的容量分类。

#### 1. 按 PLC 的硬件结构类型分类

根据 PLC 硬件结构形式的不同，PLC 主要可分为整体式结构和模块式结构两类。

1）整体式结构

整体式结构的特点是将 PLC 的基本部件，如 CPU 模块、I/O 模块、电源模块等安装在一个标准机壳内，构成一个整体，组成 PLC 的一个基本单元（主机）。基本单元上设有扩展端口，通过扩展电缆与扩展单元相连，以构成不同配置的 PLC。整体式 PLC 还配备了许多专用的特殊功能模块，如模拟量输入/输出模块、通信模块、运动控制模块等，以构成不同的配置，完成特定的控制任务。整体式 PLC 具有体积小、成本低、安装方便等优点，但受制于基本单元的处理能力和扩展能力，相比于模块式 PLC，其控制功能要弱一些、运行速度要低一些。S7-200 及 200 SMART 系列 PLC 采用的是紧凑型整体式结构。图 2-3 所示为小型整体式 PLC。

图 2-3　小型整体式 PLC

2）模块式结构

模块式结构的 PLC 由一些标准模块构成，这些标准模块有 CPU 模块、输入模块、输出模块、电源模块及各种功能模块等。使用时像堆积木一样，将这些模块插在框架或基板上即可。各模块的功能是独立的，外形尺寸是统一的，可根据实际需要灵活配置。目前，大、中型 PLC 多采用这种结构形式（见图 2-4），有的小型 PLC 也采用这种结构，如 S7-1200 PLC 是一种紧凑型、模块化的可编程逻辑控制器。

#### 2. 按 PLC 的 I/O 点的容量分类

按 PLC 的 I/O 点的容量可将 PLC 分为三类，即小型机、中型机和大型机。

（1）小型机。小型机 PLC 的输入、输出总点数一般在 256 点以内，其功能以处理开关量逻辑控制为主。这类 PLC 的特点是价格低廉、体积小，适用于控制单机设备和开发机电一体化产品。

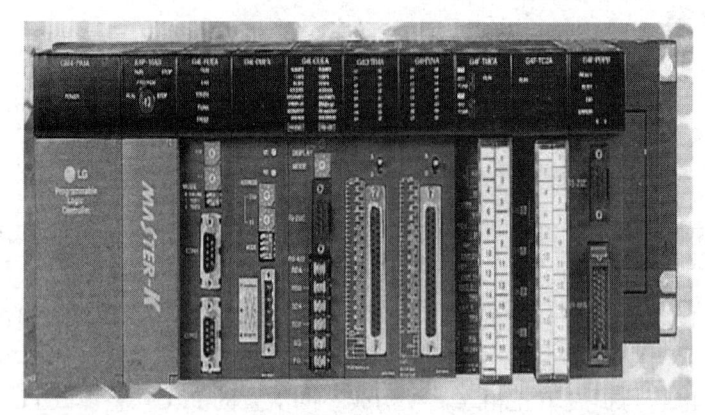

图 2-4　大型模块式 PLC

典型的小型机 PLC 有西门子公司的 S7-1200、S7-200 系列，欧姆龙公司的 CPM2A 系列，三菱公司的 F-40、MODICONPC-085 系列等整体式 PLC 产品。

（2）中型机。中型机 PLC 的 I/O 点数为 256~2048 点，不仅具有极强的开关量和模拟量的控制功能，还具有很强的数字计算处理、通信处理和模拟量处理能力，适用于复杂的逻辑控制系统及连续生产过程控制场合。

典型的中型机 PLC 有西门子公司的 S7-300 系列，欧姆龙公司的 C200H 系列，AB 公司的 SLC500 系列等 PLC 产品。

（3）大型机。大型机 PLC 的输入、输出总点数在 2048 点以上，其性能已经与工业控制计算机的相当，具有计算、控制、调节功能，还具有强大的网络结构和通信联网能力。它的监视系统能够表示过程的动态流程、记录各种曲线、记录 PID 调节参数等。大型机 PLC 适用于设备自动化控制、过程自动化控制和过程监控系统。

典型的大型机 PLC 有西门子公司的 S7-1500、S7-400 系列，欧姆龙公司的 CVM1、CS1 系列等 PLC 产品。

## 二、S7-1200 PLC 的硬件结构

### 1. S7-1200 PLC 的外形

S7-1200 PLC 的外形如图 2-5 所示，上部保护盖下面为 PLC 电源端子和输出端子，存储卡插槽也在上部保护盖下面；下部保护盖下面为 PLC 输入端子，PROFINET 以太网通信端口也在下部保护盖下面。中间矩形框盖为信号模块（SM）扩展端口，信号模块扩展端口的左侧为 PLC 的工作状态指示灯，分别为 RUN（绿）/STOP（黄）、ERROR（红）、MAINT（强制状态）等。

S7-1200 PLC 的存储卡为 SD 卡，其安装示意图如图 2-6 所示，可以存储用户项目文件，主要有如下四种功能：①作为 CPU 的装载存储区，用户项目文件可以仅存储在卡中，CPU 中没有用户项目文件，离开存储卡无法运行；②在有编程器的情况下，作为向多个 S7-1200 PLC 传送用户项目文件的介质；③忘记密码时，清除 CPU 内部的用户项目文件

和密码；④24M 卡可以用于更新 S7-1200 PLC CPU 的固件版本。

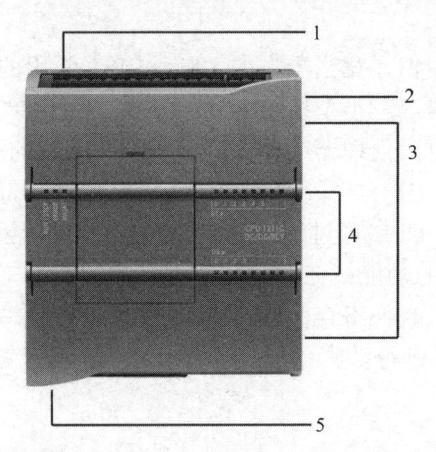

1—电源接口；2—存储卡插槽（上部保护盖下面）；3—可拆卸用户接线连接器（保护盖下面）；
4—板载 I/O 的状态 LED；5—PROFINET 以太网通信端口（CPU 的底部）。

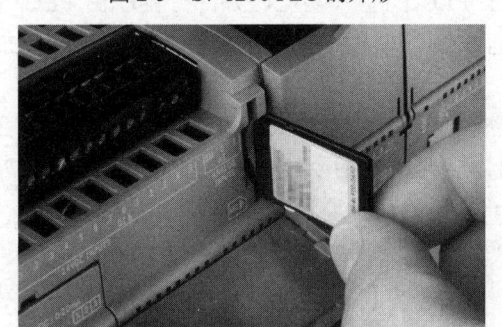

图 2-5　S7-1200 PLC 的外形

图 2-6　S7-1200 PLC 的存储卡安装示意图

## 2．S7-1200 PLC 的基本组成

S7-1200 PLC 将 CPU、电源、数字量 I/O 点、模拟量输入点等集成在一个紧凑的封装中，从而形成了一个功能强大的微型 PLC，S7-1200 PLC 的硬件系统组成示意图如图 2-7 所示。一台 S7-1200 PLC 包含一个单独的 S7-1200 主机，或者带有各种各样的可选扩展单元。

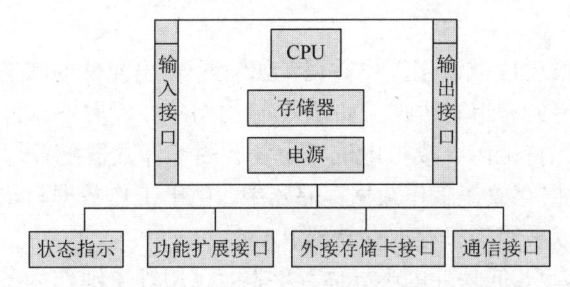

图 2-7　S7-1200 PLC 的硬件系统组成示意图

### 1）电源

向 PLC 的 CPU 及所扩展的各模块、输入/输出接口（I/O）等供电。CPU 121X 的输入

电压为 20.4～28.8V DC / 85～264V AC（47～63Hz）。

2）CPU

CPU 是 PLC 的控制中枢，相当于人的大脑。CPU 常用的微处理器有通用型微处理器、单片机和位片式处理器等。小型机 PLC 的 CPU 多采用单片机或专用 CPU，中型机 PLC 的 CPU 大多采用 16 位微处理器或单片机，大型机 PLC 的 CPU 多采用高速位片式处理器，具有高速处理能力。CPU 一般由控制电路、运算器和寄存器组成，它们通常都被封装在一个集成的芯片上，CPU 通过地址总线、数据总线、控制总线与存储单元、输入/输出接口电路连接。CPU 的功能：在系统监控程序的控制下工作，通过扫描方式，将外部输入信号的状态写入输入映像寄存区域；PLC 进入运行状态后，从存储器逐条读取用户指令，按指令规定的任务进行数据传送、逻辑运算、算术运算等，最后将结果送到输出映像寄存区域。

3）存储器

PLC 内的存储器主要用于存放系统程序、用户程序和数据等。

（1）系统程序存储器。

PLC 系统程序决定了 PLC 的基本功能，该部分程序由 PLC 制造厂家编写并固化在系统程序存储器中，主要有系统管理程序、用户指令解释程序、功能程序与系统程序调用等部分。

系统管理程序主要控制 PLC 的运行，使 PLC 按正确的次序工作；用户指令解释程序将 PLC 的用户指令转换为机器语言指令，传输到 CPU 内执行；功能程序与系统程序调用则负责调用不同的功能子程序及其管理程序。

系统程序属于需长期保存的重要数据，所以其存储器采用 ROM 或 EPROM。ROM 是只读存储器，该存储器只能读出内容，不能写入内容，ROM 具有非易失性，即电源断开后仍能保存已存储的内容。

（2）用户程序存储器。

用户程序存储器用于存放用户载入的 PLC 应用程序，载入初期的用户程序因需修改与调试，被称为用户调试程序，存放在可以随机读写操作的随机存取存储器 RAM 内以方便用户修改与调试。

修改与调试后的程序称为用户执行程序，由于不需要再做修改与调试，所以用户执行程序被固化到 EPROM（可擦可编程）内长期使用。

（3）数据存储器。

PLC 运行过程中需生成或调用工作数据（如输入/输出元件的状态数据，定时器、计数器的预置值和当前值等）和组态数据（如输入/输出组态、设置输入滤波、脉冲捕捉、输出表配置、定义存储区保持范围、模拟电位器设置、高速计数器配置、高速脉冲输出配置、通信组态等），这类数据存放在工作数据存储器中，由于工作数据与组态数据不断变化，且不需要长期保存，所以采用随机存取存储器 RAM。

RAM 是一种高密度、低功耗的半导体存储器，可用锂电池作为备用电源，一旦断电可通过锂电池供电，保持 RAM 中的内容。

4）接口

输入/输出接口是 PLC 与工业现场控制或检测元件和执行元件连接的接口。

(1) 输入接口。

输入接口是连接外部输入设备和 PLC 内部的桥梁，用于接收和采集两种类型的输入信号：一类是按钮、转换开关、行程开关、继电器触点等提供的开关量输入信号；另一类是由电位器、测速发电机和各种变换器等提供的连续变化的模拟量输入信号。

为防止现场的干扰信号进入 PLC，输入接口电路采用光电耦合器进行隔离，由发光二极管和光电三极管组成。图 2-8 所示为直流输入接口电路，当输入端子连接的外部按钮未闭合时，光电耦合器中的两个反向并联二极管不导通，光电三极管截止，内部电路 CPU 在输入端读入的数据是"0"；当外部按钮闭合时，直流 24V 电源正极（或负极）经过外部触点 I0.0、电阻、光电耦合器中的发光二极管，到达公共端 1M，最终回到电源负极（或正极）。若有一个发光二极管导通，光电三极管饱和导通，则外部信息进入内部电路，使内部"输入软继电器"为 1，从而驱动程序中的对应常开或常闭触点。输入接口公共端既可以接电源正极，也可以接负极。

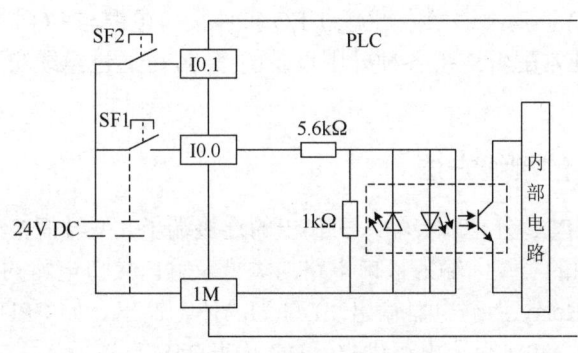

图 2-8 直流输入接口电路

(2) 输出接口。

输出接口电路将 CPU 送出的弱电控制信号转换成现场需要的强电信号输出，向被控对象的各种执行元件输出控制信号。常用执行元件有接触器、电磁阀、调节阀（模拟量）、调速装置（模拟量）、指示灯、数字显示装置和报警装置等。输出接口电路一般由微计算机输出接口电路和功率放大电路组成，与输入接口电路类似，内部电路与输出接口电路之间采用光电耦合器进行抗干扰电隔离。S7-1200 PLC 的输出接口电路主要有晶体管输出电路和继电器输出电路两种。

图 2-9 所示为晶体管输出电路，接 24V 直流负载，当 PLC 内部输出锁存器为 0 时，光电耦合器的光电三极管截止，使晶体管截止，输出电路断开，外部负载不动作。反之，当 PLC 内部输出锁存器为 1 时，光电三极管导通，使晶体管导通，外部负载通电。晶体管输出电路开关速度高，适合于数码显示、输出脉冲控制步进电机等高速控制场合。输出端内部已并联反偏二极管，实行了内部保护。

在继电器输出电路（见图 2-10）中，继电器同时起隔离和功率放大作用，每一端子提供常开触点，可以接交流或直接负载，但受继电器开关速度低的限制，只能满足一般的低速控制需要。为了延长继电器触点的寿命，在外部电路中，应对直流感性负载并联反偏二极管，对交流感性负载并联 RC 高压吸收元件。

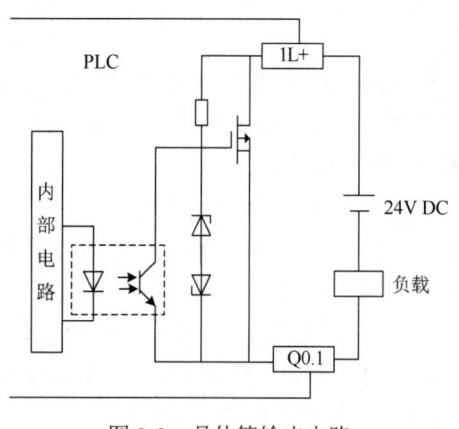

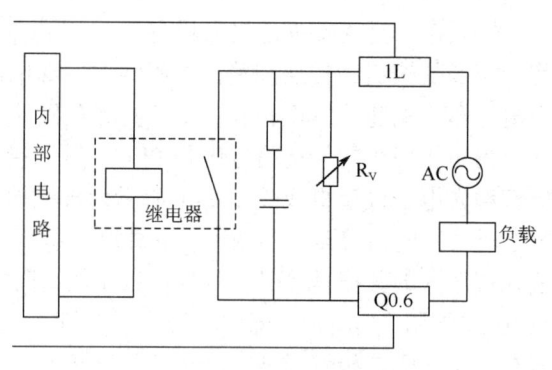

图 2-9　晶体管输出电路　　　　　图 2-10　继电器输出电路

（3）其他接口。

若主机单元的 I/O 数量不够用，可通过 I/O 扩展接口电缆与 I/O 扩展单元（不带 CPU）连接进行扩充。PLC 还常配置连接各种外围设备的接口，可通过电缆实现串行通信、EPROM 写入等功能。

### 三、S7-1200 PLC 的接线方法

PLC 的外端子是 PLC 外电源、输入和输出的连接端子。型号规格中用斜线分割的三部分分别表示 CPU 电源的类型、输入接口电路的类型及输出接口电路的类型。其中，在输出接口电路的类型中，Relay 为继电器输出，DC 为晶体管输出。如 CPU 1211C AC/DC/RLY，其中 AC 代表 CPU 由 220V 交流电源供电，DC 代表 24V 直流输入，RLY 代表负载采用了继电器驱动，所以既可以选用直流电为负载供电，也可以采用交流电为负载供电。

CPU 模块的电源输入端通常位于模块的左上角，标记为 N，L1 为外部 AC 电源输入端，标记为 M，L+为外部 DC 电源输入端。CPU 输入接线有 24V 漏型输入和 24V 源型输入两种。图 2-11 和图 2-12 所示均为采用外部 24V 直流电源的漏型接法，如果采用内部电源则应将标有②的外接 DC 电源去除，将输入电路的 1M 端子与内置 24V 电源的 M 端子连接起来，将内置 24V 电源的 L+端子连接到 PLC 输入端子的公共端；如果采用内部电源进行源型接法，则将输入电路的 1M 端子与内置 24V 电源的 L+端子相连，将 PLC 输入端子的公共端与内置 24V 电源的 M 端子相连。PLC 的输入有多组公共端，不同公共端在 PLC 内部是互不连通的，其目的是适应外接不同性质的输入信号。PLC 的输出也有多组公共端，不同公共端在 PLC 内部同样是互不连通的，其目的也是适应外部不同电压的负载。

以 CPU 1214C DC/DC/DC 和 CPU 1214C AC/DC/RLY 为例，这两种型号的 PLC 的输入、输出点数及物理布置均一致，但输出类型不同。CPU 1214C DC/DC/DC 为晶体管输出电路，PLC 由 24V 直流电源供电，负载采用了 MOSFET 功率驱动器件，所以只能采用直流为负载供电。输出端共用一个电源集中供给端子（3L+，3M），其外部接线示意图如图 2-13 所示。CPU 1214C AC/DC/RLY 为继电器输出电路，数字量输出分为两组，每组的公共端为本组的电源供给端，DQ a 共用 1L，DQ b 共用 2L，各组之间可接入不同电压等级、不同电压性质的负载电源，其外部接线示意图如图 2-14 所示。另外这两种型号的 PLC 输入端也分为两组：一组是数字量输入端，共用 1M 端子；另一组是模拟量输入端，共用 2M 端子。

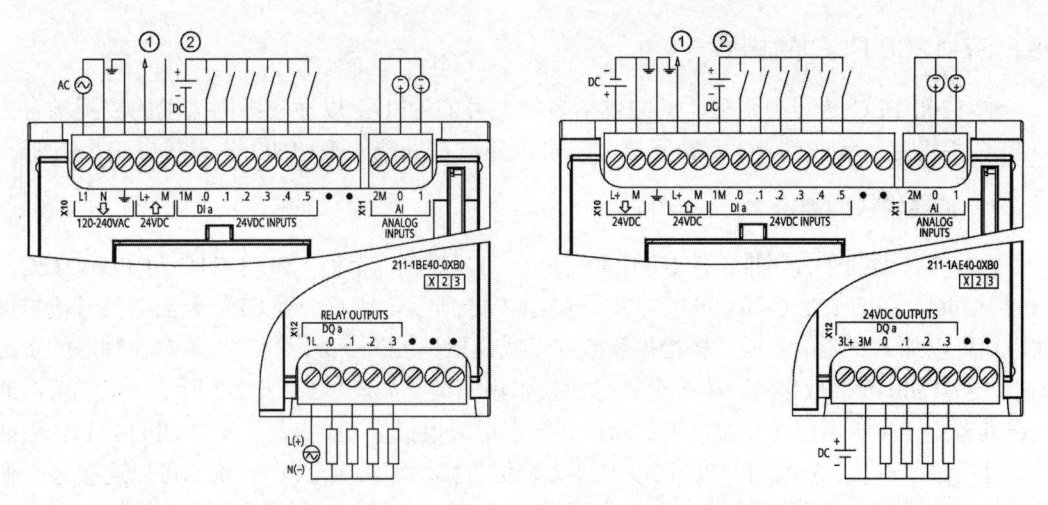

图 2-11　CPU 1211C AC/DC/RLY 外部接线示意图　　图 2-12　CPU 1211C DC/DC/DC 外部接线示意图

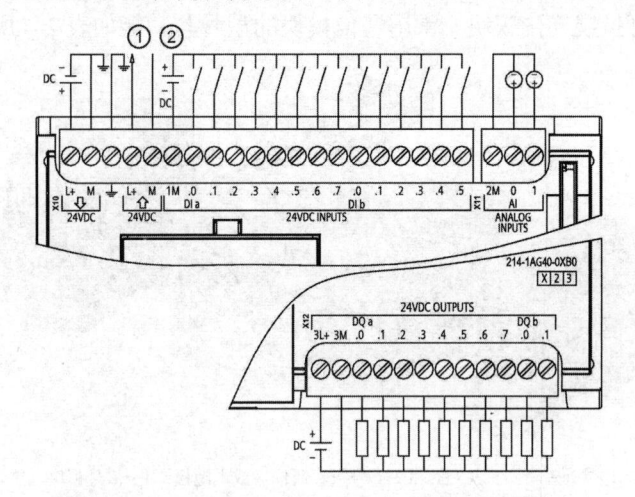

图 2-13　CPU 1214C DC/DC/DC 外部接线示意图

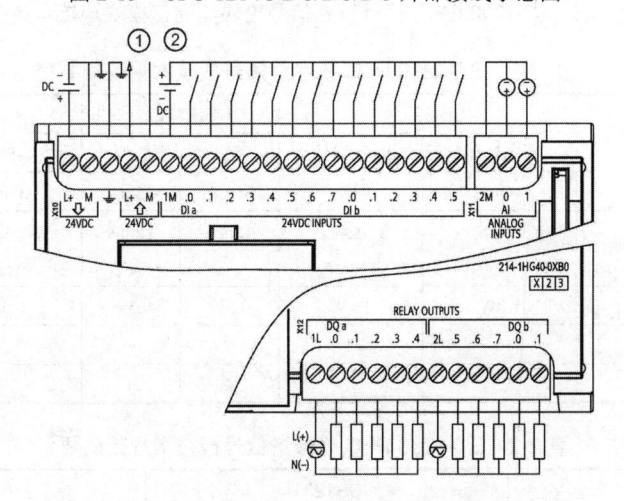

图 2-14　CPU 1214C AC/DC/RLY 外部接线示意图

## 四、S7-1200 PLC 的扩展

S7-1200 PLC 是一个系列，其中包括多种型号的 CPU，以适应不同需求的控制场合。当 PLC 主机上所集成的 I/O 点数不够时，可以通过扩展单元来增加 I/O 点数以满足需要。

### 1. 扩展模块的连接

近几年，西门子公司推出的 S7-1200 CPU 121X 系列产品有 CPU 1211C、CPU 1212C、CPU 1214C、CPU 1215C 和 CPU 1217C。如图 2-15 所示，所有型号 CPU 上面的信号板扩展端口均可以加入一个信号板，轻松扩展数字量或模拟量 I/O 点数，同时不影响控制器的实际大小，S7-1200 PLC 数字量、模拟量信号板技术规范概要如表 2-1、表 2-2 所示。主机可以通过在其右侧连接扩展信号模块，进一步扩展数字量或模拟量 I/O 点数，其中 CPU 1211C 不能扩展连接信号模块，CPU 1212C 可以连接 2 个信号模块，其余 CPU 模块均可以连接 8 个信号模块，信号模块 I/O 点数如表 2-3 所示。主机还可以在其左侧扩展连接通信模块（CM），所有型号 CPU 均可扩展连接 3 块。常用通信模块的型号与功能如表 2-4 所示。

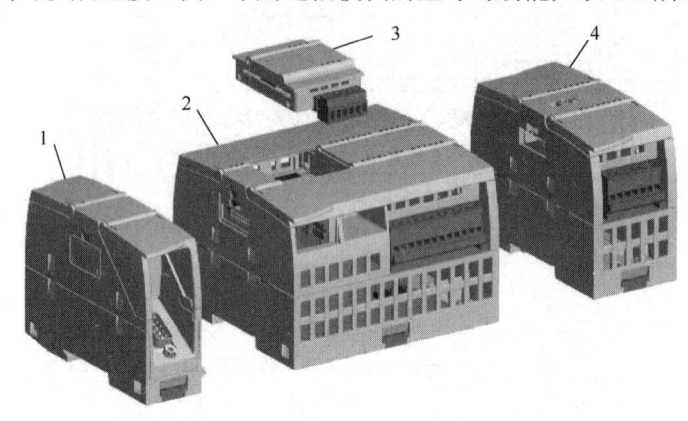

1—通信模块或通信处理器；2—CPU；3—信号板、通信板或电池板；4—信号模块、热电偶、RTD。

图 2-15　S7-1200 CPU 信号板、信号模块、通信模块连接示意图

表 2-1　S7-1200 PLC 数字量信号板技术规范概要

| 型号 | | SB 1221 | | SB 1222 | | SB 1223 | |
| --- | --- | --- | --- | --- | --- | --- | --- |
| 额定电压 | | 5V | 24V | 5V | 24V | 5V | 24V |
| 电流消耗 | SM 总线 | 40mA | 40mA | 35mA | 35mA | 35mA | 35mA |
| | DC 5/24V | 15mA/输入 +15mA | 7mA/输入 +20mA | 15mA | 15mA | 15mA/输入 +15mA | 7mA/输入 +30mA |
| 功耗 | | 1.0W | 1.5W | 0.5W | 0.5W | 0.5W | 1.0W |
| DI 点数 | | 4 | 4 | — | — | 2 | 2 |
| DO 点数 | | — | — | 4 | 4 | 2 | 2 |

表 2-2　S7-1200 PLC 模拟量信号板技术规范概要

| 型号 | SB1231 | | SB1232 | |
| --- | --- | --- | --- | --- |
| 额定电压 | 5V | 24V | 5V | 24V |
| 功耗 | 1.5W | | 1.5W | |

续表

| 型号 | SB1231 | | SB1232 | |
|---|---|---|---|---|
| AI 点数 | 4 | 4 | — | — |
| AO 点数 | — | — | 4 | 4 |

表 2-3  信号模块 I/O 点数

| 型号 | DI | DO | AI | AO |
|---|---|---|---|---|
| SM 1221 8 DI，DC 24V（电流吸收/电流源） | 8 | | | |
| SM 1221 16 DI，DC 24V（电流吸收/电流源） | 16 | | | |
| SM 1222 DQ 8×DC 24V 输出（电流源） | | 8 | | |
| SM 1222 DQ 16×DC 24V 输出（电流源） | | 16 | | |
| SM 1222 DQ 8×继电器输出 | | 8 | | |
| SM 1222 DQ 8×继电器输出（转换触点） | | 8 | | |
| SM 1222 DQ 16×继电器输出 | | 16 | | |
| SM 1223 8×DC 24V（电流吸收/电流源）/8×DC 24V 输出（电流源） | 8 | 8 | | |
| SM 1223 16×DC 24V（电流吸收/电流源）/16×DC 24V 输出（电流源） | 16 | 16 | | |
| SM 1223 8×DC 24V（电流吸收/电流源）/8×继电器输出 | 8 | 8 | | |
| SM 1223 16×DC 24V（电流吸收/电流源）/16×继电器输出 | 16 | 16 | | |
| SM 1223 8×AC 120/230V 输入（电流吸收/电流源）/8×继电器输出 | 8 | 8 | | |
| SM 1231  4×模拟量输入 | | | 4 | |
| SM 1231  8×模拟量输入 | | | 8 | |
| SM 1232  2×模拟量输出 | | | | 2 |
| SM 1232  4×模拟量输出 | | | | 4 |
| SM 1234  4×模拟量输入/2×模拟量输出 | | | 4 | 2 |
| SM 1231  4×16 位模拟量输入 | | | 4 | |
| SM 1231  TC 4×16 位 | | | 4 | |
| SM 1231  TC 8×16 位 | | | 8 | |
| SM 1231  RTD 4×16 位 | | | 4 | |
| SM 1231  RTD 8×16 位 | | | 8 | |
| SM 1232  2×14 位模拟量输出 | | | | 2 |
| SM 1232  4×14 位模拟量输出 | | | | 4 |
| SM 1226 F-DI 16×24V DC（数字量故障安全输入模块） | | | 16 | |

表 2-4  常用通信模块的型号与功能

| 型号 | 功能 |
|---|---|
| CM 1278 | 4×I/O Link MASTER |
| CM 1241 | RS485/RS422/RS232 |
| CM 1243-2 | AS-Interface 主站 |
| CM 1243-5 | PROFIBUS DP 主站模块 |
| CM 1242-5 | PROFIBUS DP 从站模块 |
| CM 1242-7 | GPRS 模块 |
| TS 适配器 IE Basic | 连接到 CPU |

续表

| 型号 | 功能 |
|---|---|
| TS 模块 Modem | 调制解调器 |
| TS 模块 ISDN | ISDN |
| TS 模块 RS232 | RS232 |

S7-1200 PLC 扩展模块具有与主机相同的设计特点，固定方式也相同，有 DIN 导轨安装与面板安装两种方式，如图 2-16 所示。面板安装用合适的螺钉将模块固定在背板上，安装可靠且防震性好。DIN 导轨安装是指扩展模块串装在紧靠 CPU 两侧导轨上，安装方便且拆卸灵活。如果在配置 S7-1200 系统时，扩展模块较多或空间受限，那么可以灵活地使用 I/O 扩展电缆进行分行安装（见图 2-17）。

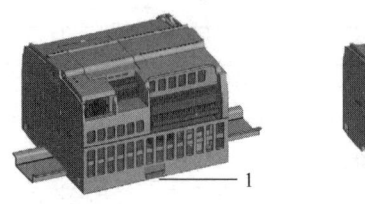

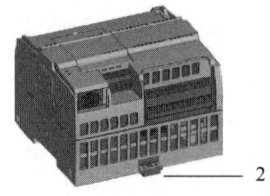

（a）DIN 导轨安装　　　　　（b）面板安装

1—DIN 导轨卡夹处于锁紧位置；2—卡夹处于伸出位置用于面板安装。

图 2-16　S7-1200 PLC 安装方式

图 2-17　使用 I/O 扩展电缆进行分行安装

### 2. 扩展模块编址

S7-1200 PLC 每个主机上集成的 I/O 点，其地址是固定的，扩展模块的地址则由各模块的类型及该模块在 I/O 链中的位置决定，输入模块地址与输出模块地址互不影响，数字量模块地址与模拟量模块地址也不冲突。在大多数情况下，可以通过 SIMATIC STEP 7 软件（博途软件中的编程和组态软件，在单元 3 中介绍）进行自动地址分配，也可以根据使用癖好进行手动调整分配。但不管是自动地址分配还是手动调整分配，具体地址分配规则可以总结如下。

（1）同类型输入点或输出点按顺序进行编址。

（2）对于数字量，输入/输出映像寄存器的单位长度为 8 位，模块高位实际位数未满 8 位的，未用位不能分配给后面的模块，后续地址必须从下个字节开始编排。

（3）模拟量的数据格式为一个字长，所以地址必须从偶数字节开始，如 IW0、IW2、IW4、…，QW0、QW2、QW4、…。输入/输出以两个通道（两个字）递增方式分配空间，本模块中未使用的通道地址不能被后续的同类继续模块使用，后续地址必须从新的两个字开始，即使第一个模块只有一个输出 QW0，第二个模块模拟量输出地址也应从 QW4 开始寻址，以此类推。

## 五、S7-1200 PLC 的工作原理

PLC 的 CPU 采用的是分时操作的原理，每一时刻执行一个操作，随着时间的延伸一个动作接一个动作顺序地进行，这种分时操作进程称为 CPU 对程序的扫描，即在时间上 PLC 执行任务是按串行方式进行的。由于 CPU 的运算处理速度很快，所以从宏观上来看，PLC 外部出现的结果似乎是同时完成的。

### 1．PLC 循环扫描的工作过程

PLC 的一个工作过程一般有内部处理、通信处理、输入采样、程序执行和输出刷新 5 个阶段。PLC 运行时，这 5 个阶段周而复始地不断循环。执行一个循环扫描过程的时间称为一个扫描周期。其中输入采样阶段、程序执行阶段和输出刷新阶段是 PLC 执行用户程序的主要阶段。

1）内部处理阶段

PLC 运行以后，CPU 执行监测主机硬件、用户程序存储器、I/O 模块的状态，以及清除 I/O 映像区的内容等任务，并进行自诊断，对电源、PLC 内部电路、用户程序的语法进行检查，若正常，则继续往下执行。

2）通信处理阶段

CPU 自动监测并处理各种通信端口接收到的任何信息，监测是否有计算机、编程器和上位 PLC 等的通信请求，若有则相应处理，进行通信连接，如 PLC 可以接收计算机发来的程序或命令。

3）输入采样阶段

PLC 首先扫描所有输入端子，按顺序将所有输入端信号状态读入输入映像寄存器（数字 0 或 1，表现为在接线端是否承受外在的电压）。完成输入采样工作后，将转入下一个阶段，即程序执行阶段，程序执行过程如图 2-18 所示。在程序执行阶段，输入端信号状态发生改变，输入映像寄存器的内容并不会改变，而这些改变的输入端信号在下一个扫描周期的输入采样阶段才能被读入。

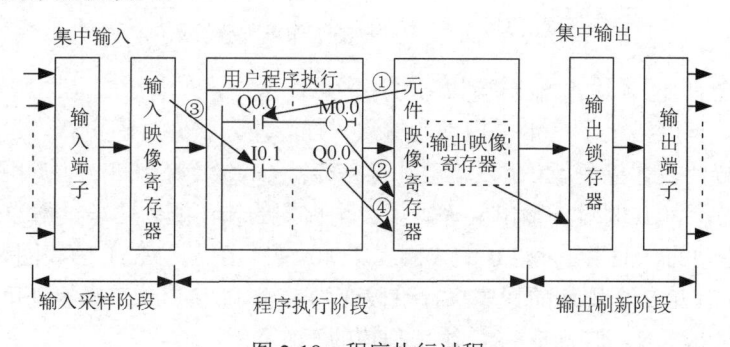

图 2-18 程序执行过程

4）程序执行阶段

本阶段是 PLC 对程序按顺序执行的过程，对梯形图程序来说，按的是从上到下、从左到右的顺序。PLC 的用户程序由若干条指令组成，指令在存储器中按序号顺序排列。CPU 从第一条指令开始，顺序逐条地执行用户程序，并将逻辑运算结果存入对应的寄存器，直到用户程序结束，如图 2-18 所示。当指令中涉及输入端信号状态时，PLC 从输入映像寄存器"读入"其当前信号状态（输入采样阶段存入的端子信号），涉及输出状态时，PLC 从输出映像寄存器"读入"其当前信号状态，涉及其他元件映像寄存器的指令以此类推。在这个过程中，只有输入映像寄存器的内容不会改变，其他元件映像寄存器的内容都有可能随着程序的执行而发生改变。同时，前面程序执行的结果可能会被后面的程序用到，从而影响后面程序执行的结果，但后面程序执行的结果在本次扫描周期内不会改变前面程序执行的结果，只有到了下一个扫描周期，扫描到前面的程序时才有可能发生作用。

5）输出刷新阶段

如图 2-18 所示，所有程序指令执行完毕以后，PLC 将输出映像寄存器所有的信号状态，依次送到输出锁存器中，并驱动外部负载，形成实际输出。

PLC 扫描周期的长短取决于 PLC 执行一条指令所需的时间和指令的多少。如果平均每条指令执行所需的时间为 1μs，程序有 1000 条指令，则这一扫描周期时间为 1ms。

以图 2-19 为例，分析 PLC 循环扫描的工作过程。

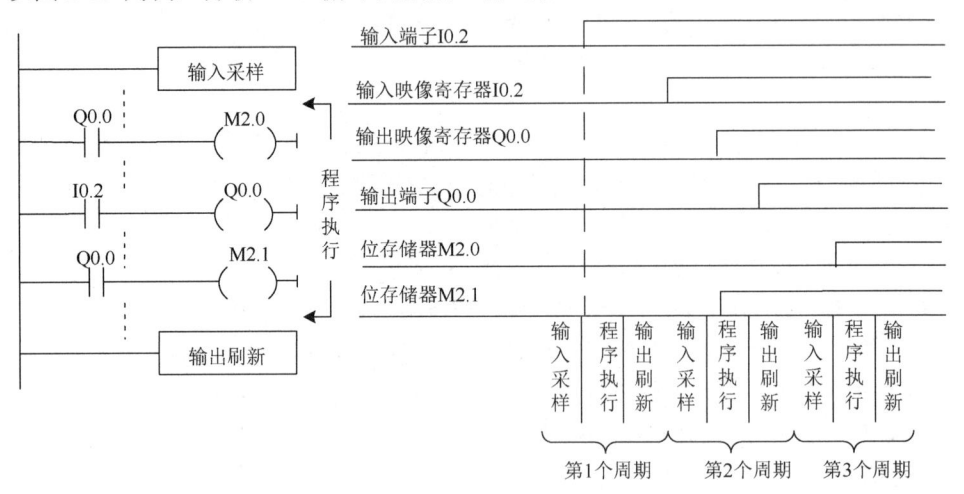

图 2-19　PLC 循环扫描的工作过程分析示例

从图 2-19 给出的各输入/输出端状态时序图可以看出，尽管 I0.2 在第 1 个周期的程序执行阶段导通，但因错过了第 1 个周期的输入采样阶段，状态不能更新，只有等到第 2 个周期的输入采样阶段才能更新，所以输出映像寄存器 Q0.0 要等到第 2 个周期的程序执行阶段才会变为 ON，Q0.0 的对外输出要等到第 2 个周期的输出刷新阶段。M2.0 和 M2.1 都是由 Q0.0 触点驱动的，但由于 M2.0 的线圈在 Q0.0 线圈上面，M2.1 的线圈在 Q0.0 线圈下面，所以 M2.1 在第 2 个周期的程序执行阶段变为 ON，而 M2.0 需要等到第 3 个周期的程序执行阶段才变成 ON。这就是 PLC 循环扫描的工作过程。

## 2. PLC 的工作模式

S7-1200 PLC CPU 模块上没有设置转换运行模式的硬件开关，一般在编程软件中通过 CPU 操作面板来转换，其有两种工作模式（RUN 模式和 STOP 模式），操作面板还提供了用于复位存储器的 MRES 按钮。

S7-1200 PLC CPU 通电后，它在开始执行循环用户程序之前首先启动程序，系统提供了三种启动方式，可在编程软件 CPU 启动属性中设置。

（1）不重新启动（保持为 STOP 模式），CPU 上电后直接进入 STOP 模式。

（2）暖启动——RUN 模式，CPU 上电后直接进入 RUN 模式。

（3）暖启动——断电前的模式，CPU 上电后按照该 CPU 断电前的运行模式启动，即断电前 CPU 处于 RUN 模式，则上电后 CPU 依然进入 RUN 模式；如果断电前 CPU 处于 STOP 模式，则上电后 CPU 依然进入 STOP 模式。

## 【实施步骤】

### 一、熟悉 S7-1200 PLC 的硬件结构

（1）准备西门子 CPU 1215C PLC 主机一台及专用工具。

（2）用专用工具拆开 PLC 的前盖，拆下主板、I/O 板及电源板，注意观察西门子 S7-1200 PLC 的硬件结构类型：整体式小型机 PLC。

（3）结合图 2-20 分清 PLC 主板的各部分结构。图中，1 为系统中央处理器，由西门子公司生产（具体型号为 A5E30235063-1821QV009M）；2 为以太网接口芯片，由 MICREL 半导体公司生产（具体型号为 KSE8873MLLI-1821A2T-M00821JR1-M82100）；3 为镁光科技有限公司生产的存储芯片（具体型号为 Q20JWL8-7VE2-NQ453-A5E44078784）；4 为 DRAM 随机动态存储芯片，由南亚科技股份有限公司生产（具体型号为 NANYA1807-NT6DT32M32BC-T11-64303320EL-T-TW）；5 为以太网接口，共两个；6 为通信模块扩展接口；7 为信号模块扩展接口。

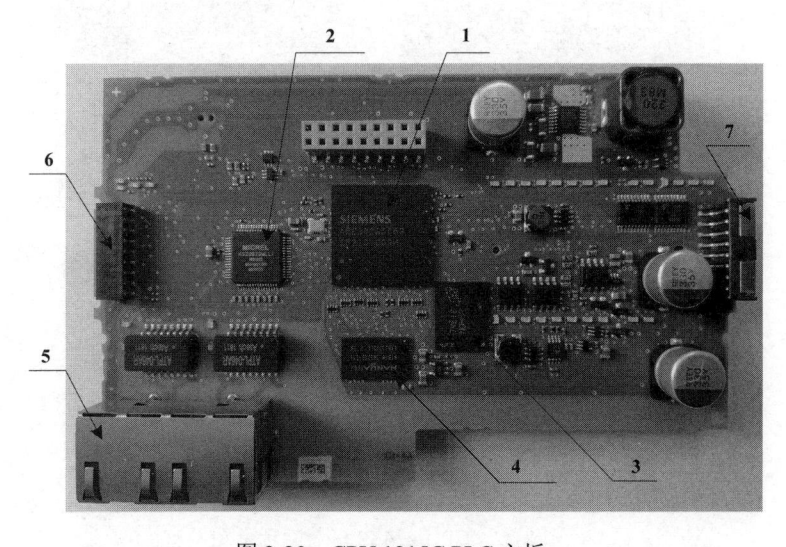

图 2-20　CPU 1215C PLC 主板

（4）结合图 2-21 分清 PLC I/O 板的各部分结构。图中，1 是模拟量输入端子；2 是 SIMATIC 存储卡插槽；3 是数字量输入端子；4 是数字量输出端子，为继电器输出类型。

图 2-21　CPU 1215C PLC I/O 板

（5）掌握 S7-1200 PLC 硬件的装配顺序。CPU 224 PLC 装配示意图如图 2-22 所示，先将电源板装入底座，其次装入 I/O 板，再次装入主板，最后装上前盖，并合上接口盖。

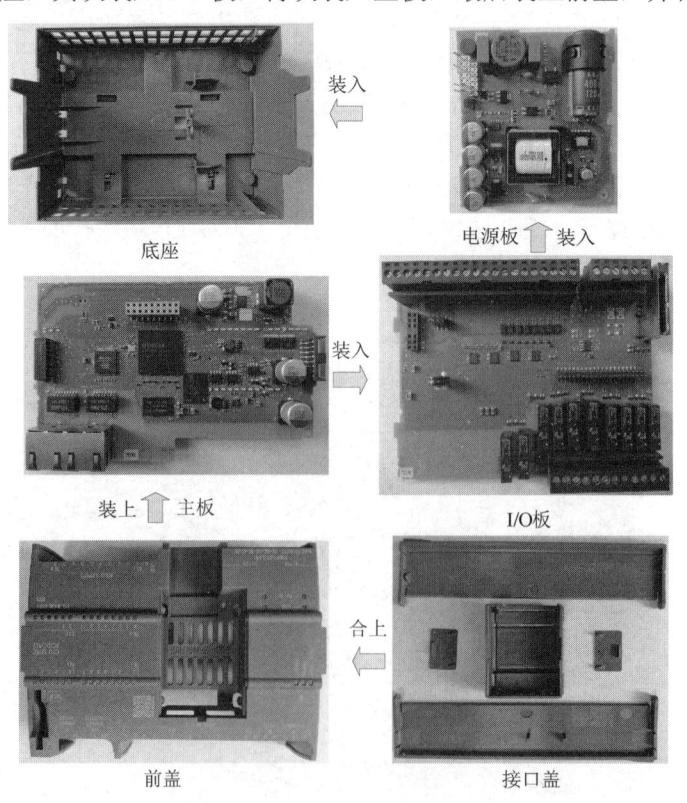

底座　　　　电源板 装入

装入 主板　　　I/O 板

前盖　　　　接口盖

图 2-22　CPU 224 PLC 装配示意图

## 二、思考

S7-1200 PLC 中有多少元器件是我国生产的？有多少元器件是我国能生产的？祖国强大需要我们做什么？

## 【知识扩展】

### 一、PLC 控制系统与继电器-接触器控制系统的区别

传统的继电器-接触器控制系统，是由输入设备、控制线路和输出设备等组成的，是一种物理硬件连接而成的控制系统。尽管 PLC 的梯形图程序与传统继电器-接触器控制电路很相似，但控制元件和工作方式有着明显的不同，主要有以下几点区别。

（1）元件不同。传统的继电器-接触器控制系统由各种硬件低压电器组成；而 PLC 中的输入继电器、输出继电器、定时器、计数器、辅助继电器等软元件是由软件来实现的，不属于物理硬件的低压电器。

（2）元件触点数量不同。硬件接触器、继电器等的触点数量有限，一般为 4~8 对；而在 PLC 梯形图程序中，可以无数次地使用对应常开或常闭触点。

（3）工作方式不同。传统的继电器-接触器控制系统工作时，电路中的硬件继电器都处于受控状态，符合吸合条件的同时处于吸合状态，受约束不应吸合的则同时处于断开状态；而在 PLC 梯形图程序中，各软元件处于周期性循环扫描状态，逻辑结果取决于程序的串行执行顺序。

（4）控制电路的实施方式不同。传统的继电器-接触器控制系统通过低压电器间的接线来完成控制功能，控制功能固定，若要更改控制功能，则必须重新接线；而 PLC 控制系统的完成是通过软件编程实现的，变化及修改非常灵活、方便。

### 二、PLC 控制系统与单片机控制系统的区别

单片机控制系统是基于芯片级的系统，而 PLC 控制系统是基于板级或模块级的系统。从本质上讲，PLC 本身就是一个单片机系统，由单片机、内存和相关接口组成，它是已经开发好的单片机产品。单片机控制系统开发属于底层开发，而 PLC 控制系统设计是在成品的单片机控制系统上进行的二次开发，因此 PLC 控制系统的硬件设计与软件编程相比于单片机控制系统要方便、容易一些。PLC 控制系统适合在单机电气控制系统、工业控制领域中的制造自动化和过程控制中使用；而单片机控制系统则适合在家电产品、智能化的仪器仪表和批量生产的控制产品中使用。

# 项目 2.2　S7-1200 PLC 软件资源分析

## 【项目目标】

（1）理解软元件的概念，熟悉 S7-1200 PLC 的各类软元件。

（2）了解 S7-1200 PLC 的数据类型，掌握其寻址方式。

（3）熟悉 S7-1200 PLC 的编程语言和用户程序结构。

## 【项目分析】

S7-1200 PLC 的软件资源是指完成逻辑运算、顺序控制、定时、计数和算术运算等操作过程所涉及的存储资源。PLC 的软件资源供用户编程使用，在用户控制程序的组织下生成实时控制指令（存储器中的二进制数），硬件系统是 PLC 软件资源的载体，通过附加的电子电路将控制指令转变成实际控制信号（接通电路、断开电路、模拟量电压或电流等），实现最终控制功能。

S7-1200 PLC 的软件资源分布示意图如图 2-23 所示，主要由 CPU 累加器、系统存储器和各类软元件组成，CPU 累加器完成数字或逻辑运算，系统存储器存放系统程序、用户程序及工作数据。系统程序通常放在只读存储器（EPROM）中，不允许用户进行访问和修改，用户程序通常放在随机存储器（RAM）中，可以被多次修改。为防止信息丢失，通常用锂电池作为后备电源。工作数据是 PLC 运行过程中经常变化、经常存取的一些数据，一般将其存放在工作存储器中，以适应随取的要求。在 PLC 的工作数据存储器中，设有输入/输出继电器、通用辅助继电器、定时器、计数器等逻辑元器件，这些元器件的状态由用户程序的初始设置和运行情况确定。如果部分数据在断电时需要用后备电池维持其现有状态，那么可以将数据保存在保持性存储器中。

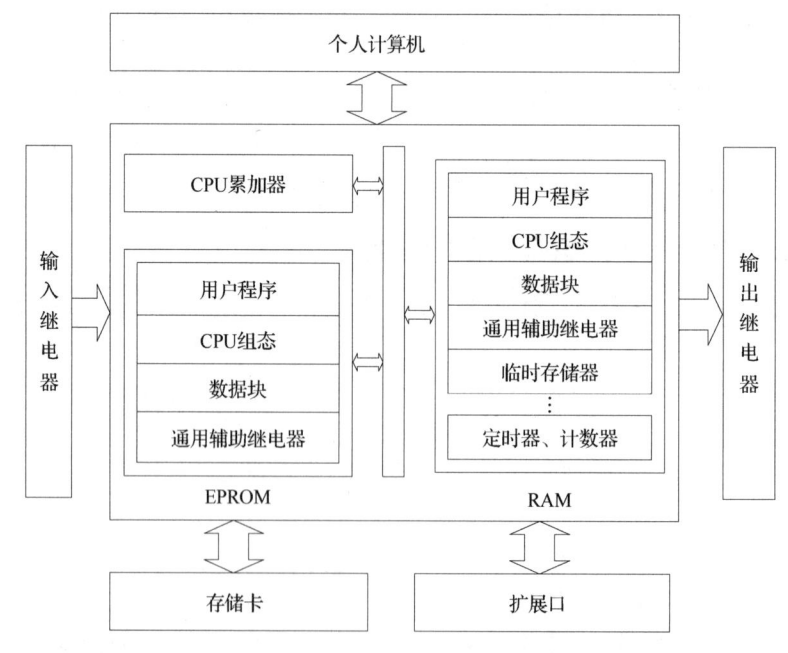

图 2-23　S7-1200 PLC 的软件资源分布示意图

## 【相关知识】

### 一、PLC 的软元件

用户使用的 PLC 中的每一个输入/输出接口、内部存储单元、定时器、计数器等都叫作软元件，也可称为软继电器。软元件有其不同的功能，有固定的地址或编号。软元件实际上是由电子电路、寄存器及存储单元等组成的。例如，输入继电器由输入电路和输入映像寄存器构成；定时器由特定功能程序块和背景数据块构成，等等。它们都具有继电器的特性，但不是物理硬件的，是看不见摸不着的；每个软元件可以提供无限多个常开触点和常闭触点，即可以无限次地使用这些触点；同时体积小、功耗低。

S7-1200 PLC 的软元件较多，它们在功能上是相互独立的。每一个软元件都有一个地址与之对应，编程时只需要记住软元件的地址即可。软元件的地址用字母表示其类型，用字母加数字表示其存储地址。

### 1．输入继电器

输入继电器（过程映像输入）一般与一个 PLC 的输入端子相连，并有一个输入映像寄存器与之对应，用于接收和存储外部的开关信号。当外部的开关信号接通 PLC 的输入端子电路时，其对应的输入继电器的线圈通电，在程序中关联的常开触点闭合、常闭触点断开。输入继电器的等效电路如图 2-24 所示。这些触点可以在编程时任意使用，使用数量（次数）不受限制。

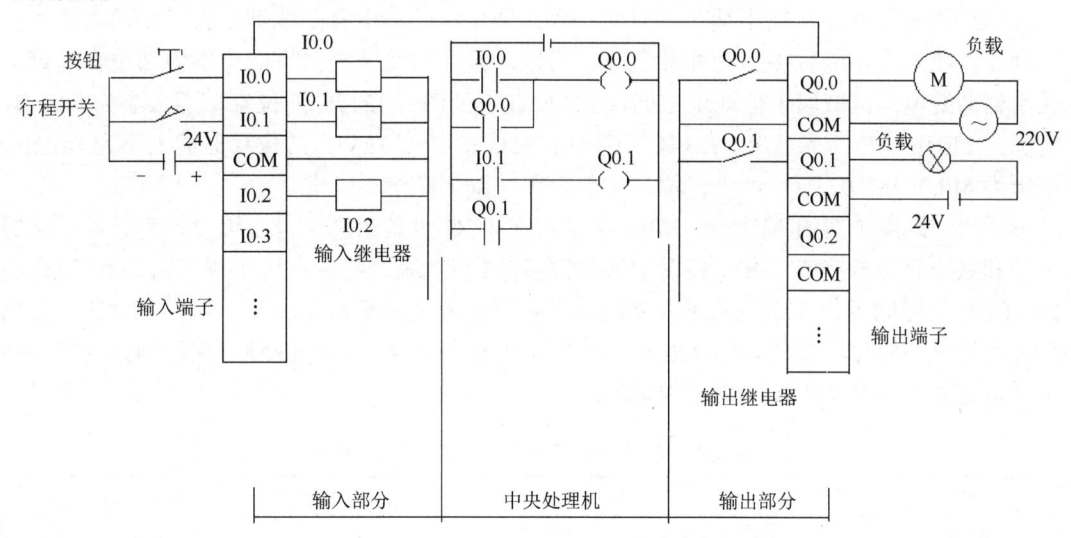

图 2-24　输入继电器的等效电路

所谓输入继电器的线圈通电，事实上并非真的有输入继电器的线圈存在，这只是一个存储器的操作过程。在每个扫描周期的开始时刻，PLC 对各输入点进行采样，并把采样值存入输入映像寄存器。PLC 在接下来的本周期各阶段不再改变输入映像寄存器中的值，直到下一个扫描周期的输入采样阶段。需要特别注意的是，输入继电器的状态唯一由输入端子的状态决定，输入端子接通则对应的输入继电器通电动作，输入端子断开则对应的输入继电器断电复位。在程序中试图改变输入继电器的状态的所有做法都是错误的。

S7-1200 PLC 的输入映像寄存器区域有 IB0～IB127 共 1024 个字节的存储单元。系统对输入映像寄存器是以字节（8 位）为单位进行地址分配的。输入映像寄存器可以按位进行操作，每一位对应一个数字量的输入点。如 CPU 1214 的基本单元输入为 14 点，需占用 2×8=16 位，即占用 IB0 和 IB1 两个字节。而 I1.6、I1.7 因没有实际输入而未使用，在用户程序中不可使用。但如果整个字节未使用，如 IB3～IB127，则可作为内部标志位（M）使用。输入继电器可采用位、字节、字或双字来存取。输入继电器位存取的地址编号范围为 I0.0～I127.7。

### 2．输出继电器

输出继电器（过程映像输出）一般与一个 PLC 的输出端子相连，并有一个输出映像寄存器与之对应。当通过程序使得输出继电器的线圈通电时，其在程序中的常开触点闭合、常闭触点断开，可以作为控制外部负载的开关信号（其等效电路如图 2-24 所示）。这些触点可以在编程时任意使用，使用次数不受限制。

S7-1200 PLC 的输出映像寄存器区域范围为 Q0.0～Q127.7，可进行位、字节、字、双字操作。实际输出点数不能超过这个数量，未用的输出映像区可作为他用，用法与输入继电器的相同。

### 3．通用辅助继电器

通用辅助继电器（位存储器）又称为内部标志位，如同电气控制系统中的中间继电器，在 PLC 中没有输入端/输出端与之对应，因此通用辅助继电器的线圈不直接受输入信号的控制，其触点也不能直接驱动外部负载。所以，通用辅助继电器只能用于内部逻辑运算。通用辅助继电器区域属于位地址空间，CPU 1211C 和 CPU 1212C 的位存储器大小为 4096B，范围为 M0.0～M511.7，CPU 1214C、CPU 1215C 和 CPU 1217C 的位存储器大小为 8192B，范围为 M0.0～M1023.7，可进行位、字节、字、双字操作。

通用辅助继电器的 MB0 和 MB1 字节可在 PLC 设备组态中分别被设定为时钟存储器字节和系统存储器字节，MB0 被设定为时钟存储器字节后，各位在一个周期内为 FALSE 和为 TRUE 的时间各为 50%，时钟存储器字节各位的周期和频率如表 2-5 所示。CPU 在扫描循环开始时初始化这些位。如 M0.5 的时钟周期为 1s，可以用它的触点来控制指示灯，指示灯以亮 0.5s、熄灭 0.5s 的周期闪烁。

表 2-5　时钟存储器字节各位的周期和频率

| 位 | 7 | 6 | 5 | 4 | 3 | 2 | 1 | 0 |
| --- | --- | --- | --- | --- | --- | --- | --- | --- |
| 周期/s | 2 | 1.6 | 1 | 0.8 | 0.5 | 0.4 | 0.2 | 0.1 |
| 频率/Hz | 0.5 | 0.625 | 1 | 1.25 | 2 | 2.5 | 5 | 10 |

将 MB1 被设定为系统存储器字节后，该字节的 M1.0～M1.3 的意义如下。

（1）M1.0（首次循环）：仅在刚进入 RUN 模式的首次扫描时为 TRUE（1 状态），以后为 FALSE（0 状态）。

（2）M1.1（诊断状态已更改）：诊断状态发生变化。

（3）M1.2（始终为 1）：总是为 TRUE，其常开触点总是闭合。

（4）M1.3（始终为 0）：总是为 FALSE，其常闭触点总是闭合。

因为系统存储器和时钟存储器不是保留的存储器，所以用户程序或通信可能改写这些存储单元，破坏其中的数据。指定了系统存储器字节和时钟存储器字节后，这两个字节不能再作为其他用途，否则将会使用户程序运行出错，甚至造成设备损坏或人身伤害。建议始终使用默认的系统存储器字节和时钟存储器字节的地址（MB1和MB0）。

S7-1200 PLC与S7-200 PLC不同，没有设置专门的变量存储器和局部变量存储器，用户可以通过输入继电器、输出继电器、通用辅助继电器的位、字节、字和双字定义变量。全局变量可以使用变量表生成和修改，PLC变量表中的变量可以用于整个PLC中所有的代码块，在所有的代码中具有相同的意义和唯一的名称。局部变量只能在它被定义的块中使用，同一个变量的名称可以在不同的块中分别使用一次。

#### 4．定时器

定时器是PLC中重要的编程元件，是累计时间增量的内部器件。自动控制的大部分领域都需要用定时器进行定时控制，灵活地使用定时器可以编制出动作要求复杂的控制程序。

S7-1200 PLC 使用符合IEC标准的定时器，IEC 定时器属于函数块，调用时需要指定配套的背景数据块，定时器的数据保存在背景数据块中，每个定时器都有一个当前时间值，用于存储定时器累计的时基增量值，数据类型为32位Time，单位为ms，最大定时时间为T#24D_20H_31M-23S-647MS，D、H、M、S、MS 分别为日、小时、分、秒和毫秒。另有一个状态位表示定时器的状态。若当前时间值寄存器累计的时基增量值大于等于设定值，则定时器的状态位被置"1"，该定时器的常开触点闭合。S7-1200 PLC 的定时器没有编号，可以用背景数据块的名称作为定时器的标识符。背景数据块的个数没有限制，但是受存储器容量的限制。

#### 5．计数器

计数器主要用来累计输入脉冲个数。与定时器类似，S7-1200 PLC 使用符合IEC标准的计数器，IEC 计数器属于函数块，调用时需要生成保存计数器数据的背景数据块，每个定时器都设有整型预设值和当前计数值，以及1个状态位，当前计数值用以累计脉冲个数，当前计数值大于或等于预置值时，状态位置1。S7-1200 PLC 的计数器没有编号，可以用背景数据块的名称作为计数器的标识符。背景数据块的个数没有限制，但是受存储器容量的限制。

#### 6．模拟量输入/输出映像寄存器

S7-1200 PLC 的模拟量输入电路将外部输入的模拟量信号转换成1个字长的数字量存入模拟量输入映像寄存器区域，区域标识符为AI。模拟量输出电路将模拟量输出映像寄存器区域的1个字长（16位）数值转换为模拟电流或电压输出，区域标识符为AQ。在PLC内，数字量字长为16位，占用两个字节的存储单元，故其地址均以偶数表示，如AIW0、AIW2、…，AQW0、AQW2、…。S7-1200 PLC 的模拟量模块的系统默认地址为I/QW96～I/QW222。一个模拟量模块最多有8个通道，从96号字节开始，S7-1200 PLC 给每一个模拟量模块分配16个字节的地址；集成的模拟量输入/输出系统默认的地址是I/QW64、I/QW66；信号板上的模拟量输入/输出系统默认的地址是I/QW80。

#### 7．高速计数器

高速计数器的工作原理与普通计数器的基本相同，它用来累计比主机扫描速率更快的

高速脉冲。高速计数器的当前值为双字长（32 位）的双整数 DInt，且为只读值。S7-1200 PLC 最多可以组态 6 个高速计数器，编号为 HSC1～HSC6，默认的地址为 ID1000～ID1020，可以在组态时修改地址。

S7-1200 PLC 的各编程元件的有效编程范围如表 2-6 所示。

表 2-6  S7-1200 PLC 的各编程元件的有效编程范围

| 型号 | | CPU 1211C | CPU 1212C | CPU 1214C | CPU 1215C | CPU 1217C |
|---|---|---|---|---|---|---|
| 用户存储器 | 工作存储器 | 50KB | 75KB | 100KB | 125KB | 150KB |
| | 装载存储器 | 1MB | 1MB | 4MB | 4MB | 4MB |
| | 保持性存储器 | 10KB | 10KB | 10KB | 10KB | 10KB |
| 本机集成 I/O | 输入映像寄存器 | I0.0～I0.5 | I0.0～I0.7 | I0.0～I1.5 | I0.0～I1.5 | I0.0～I1.5 |
| | 输出映像寄存器 | Q0.0～Q0.3 | Q0.0～Q0.5 | Q0.0～Q1.1 | Q0.0～Q1.1 | Q0.0～Q1.1 |
| | 模拟量输入寄存器 | IW64、IW66 | IW64、IW66 | IW64、IW66 | IW64、IW66 | IW64、IW66 |
| | 模拟量输出寄存器 | — | — | — | QW64、QW66 | QW64、QW66 |
| 过程映像大小 | | 1024B 输入（I）和 1024B 输出（Q) | | | | |
| 位存储器 | | 4096B | | 8192B | | |
| 高速计数器 | 单相 | 3 路<br>3 个，100kHz | 5 路<br>3 个，100kHz<br>1 个，30kHz | 6 路<br>3 个，100kHz<br>1 个，30kHz | 6 路<br>3 个，100kHz<br>1 个，30kHz | 6 路<br>4 个，1MHz<br>2 个，100kHz |
| | 正交相位 | 3 个，80kHz | 3 个，80kHz<br>1 个，20kHz | 3 个，80kHz<br>3 个，20kHz | 3 个，80kHz<br>1 个，20kHz | 3 个，1MHz<br>1 个，100kHz |

## 二、PLC 的数据存储

### 1. S7-1200 PLC 的数据类型及范围

S7-1200 PLC 中使用的数据都是以二进制数形式存储的，其最基本的存储单位是位（bit），8 位二进制数组成 1 个字节（Byte），其中的第 0 位为最低位（LSB），第 7 位为最高位（MSB）；两个字节（16 位）组成 1 个字（Word），两个字（32 位）组成 1 个双字（Double Word）。位、字节、字、双字仅仅代表数据存储的长度，并不是数据的类型。S7-1200 PLC 的数据类型主要分为基本数据和其他数据两大类。基本数据主要包含位数据、位字符串、整数、浮点数、时间与日期、字符，其他数据主要包含字符串、数组、结构。基本数据如表 2-7 所示。

表 2-7  基本数据

| 变量类型 | 符号 | 位数 | 取值范围 |
|---|---|---|---|
| 位 | Bool | 1 | 1、0 |
| 字节 | Byte | 8 | 16#00～16#FF |
| 字 | Word | 16 | 16#0000～16#FFFF |
| 双字 | DWord | 32 | 16#00000000～16#FFFFFFFF |
| 短整数 | SInt | 8 | −128～127 |
| 整数 | Int | 16 | −32768～32767 |
| 双整数 | DInt | 32 | −2147483648～2147483647 |

续表

| 变量类型 | 符号 | 位数 | 取值范围 |
|---|---|---|---|
| 无符号短整数 | USInt | 8 | 0～255 |
| 无符号整数 | UInt | 16 | 0～65535 |
| 无符号双整数 | UDInt | 32 | 0～4294967295 |
| 浮点数（实数） | Real | 32 | ±1.175495E-38～±3.402823E+38 |
| 长浮点数 | LReal | 64 | ±2.250738585072020E-308～±1.7976931348623157 E+308 |
| 时间 | Time | 32 | T#-24d20h31m23s648ms～T#+24d20h31m23s647ms |
| 日期 | Date | 16 | D#1990-1-1 到 D#2168-12-31 |
| 实时时间 | Time_of_Day | 32 | TOD#0：0：0 到 TOD#23：59：59.999 |
| 长格式日期和时间 | DTL | 12B | 最大 DTL #2262-04-11：23：47：16.854775807 |
| 字符 | Char | 8 | 16#00～16#FF |
| 16 位宽字符 | WChar | 16 | 16#0000～16#FFFF |
| 字符串 | String | n+2B | n=0～254B |
| 16 位宽字符串 | WString | n+2 字 | n=0～16832 字 |

**2．字符串**

数据类型 String（字符串）是由字符组成的一维数组，每个字节存放 1 个字符，第 1 个字节是字符串的最大字符长度，第 2 个字节是字符串当前有效字符的个数，字符从第 3 个字节开始存放，一个字符串最多有 254 个字符。

数据类型 WString（16 位宽字符串）存储多个数据类型为 WChar 的 Unicode 字符（长度为 16 位的宽字符，包括汉字）。第 1 个字是最大字符个数，默认的长度为 254 个宽字符，最多 16382 个宽字符。第 2 个字是当前的总字符个数。

**3．数组**

数组（Array）是由固定数目的一种数据类型的元素组成的数据结构。允许使用除了 Array 之外的所有数据类型作为数组的元素，数组的维数最多为 6 维。

数组定义：Array[维度 1 下限..维度 1 上限,维度 2 下限..维度 2 上限,…]of<数据类型>。

数组下标的数据类型为整数，下限值必须小于或等于上限值，可以使用局部常量或全局常量定义上下限值，数组的元素个数受数据块剩余空间大小及单个元素大小的限制。

例如，三维数组：3D[0..2,0..3,0..4]of Int 是一个 3×4×5 大小的 Int 数组。

**4．结构**

结构（Struct）是由固定数目的多种数据类型的元素组成的数据类型。可以用数组和结构作为结构的元素，结构可以嵌套 8 层。用户可以把过程控制中有关的数据统一组织在一个结构中，作为一个数据单元来使用，而不是使用大量的单个的元素，为统一处理不同类型的数据或参数提供了方便。例如，电动机的额定数据可以定义如下。

```
Motor: STRUCT
    Speed: INT
    Current: REAL
    Voltage: REAL
END_STRUCT
```

其中，STRUCT 为结构的关键词；Motor 为结构类型名（用户自定义）；Speed、Current 和 Voltage 为结构的三个元素，INT 和 REAL 是元素的数据类型关键词；END_STRUCT 是结构的结束关键词。

## 三、PLC 的寻址方式

S7-1200 PLC 提供了全局存储器和临时存储器等，用于在执行用户程序期间存储数据。全局存储器是指各种专用存储区，如输入映像区 I 区、输出映像区 Q 区和位存储区 M 区，所有块可以无限制地访问全局存储器。S7-1200 PLC 数据存储区如图 2-25 所示

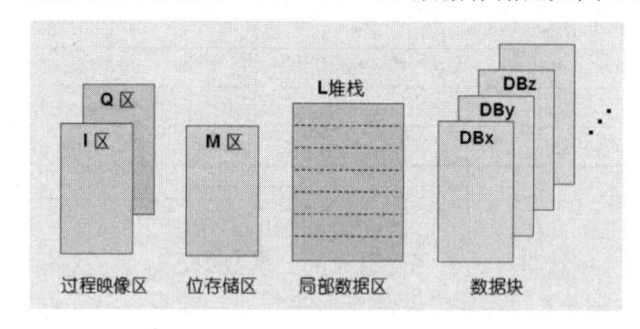

图 2-25　S7-1200 PLC 数据存储区

对数据存储区进行读写访问的方式，称为寻址方式。S7-1200 PLC 的寻址方式有三大类，分别为立即寻址、直接寻址和间接寻址，立即寻址的数据在指令中以常数形式出现。直接寻址和间接寻址有位、字节、字和双字四种格式。

### 1．直接寻址方式

S7-1200 PLC 的存储单元按字节进行编址，无论所寻址的是何种数据类型，通常应指出它所在存储区内的字节地址，即直接使用存储器的元件名称和地址编号来查找数据的寻址方式称为直接寻址方式。

位寻址时的格式为：Ax.y，使用时必须指定元件名称、字节地址和位号，存储器中的位寻址示意图如图 2-26 所示。可以进行位寻址的软元件有输入继电器、输出继电器、通用辅助继电器等。

直接访问字节、字、双字数据时，需指明元件名称、数据长度和首地址。当数据长度为字或双字时，注意最高有效字节地址为首地址。图 2-27 所示为字节、字、双字寻址方式，可以用此方式进行编址的软元件有输入继电器、输出继电器、通用辅助继电器等。

数据块存储器用于存储各种类型的数据，其中包括操作的中间结果或函数块的其他控制信息参数，以及许多指令，如定时器和计数器所需的数据结构，可以根据需要指定数据块为读或写访问，以及只读访问，可以按位、字节、字或双字访问数据块存储器。图 2-28

所示为数据块存储器按位、字节、字或双字寻址方式。

图 2-26 存储器中的位寻址示意图

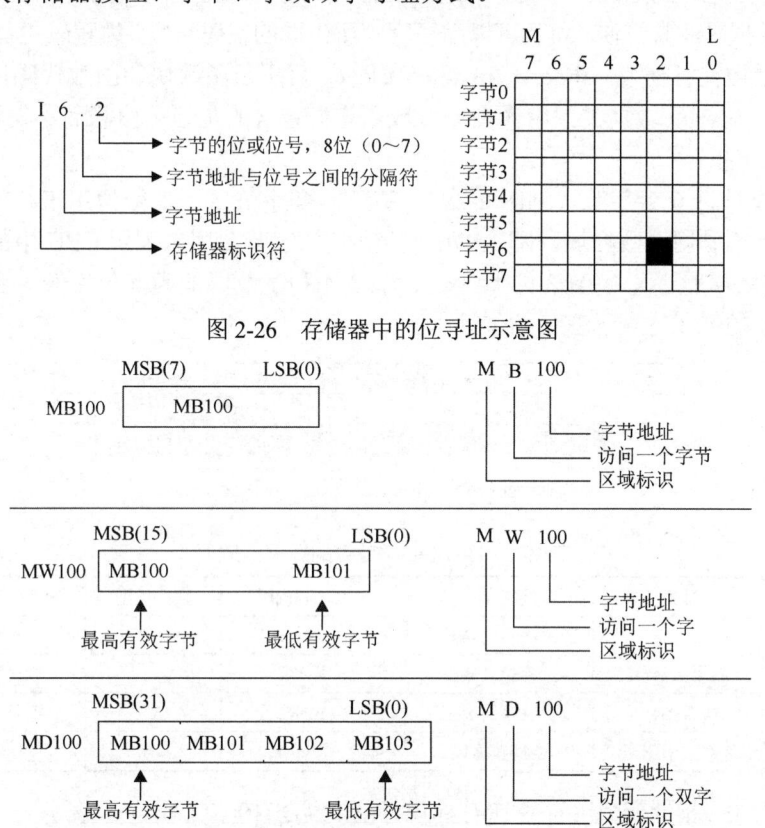

图 2-27 字节、字、双字寻址方式

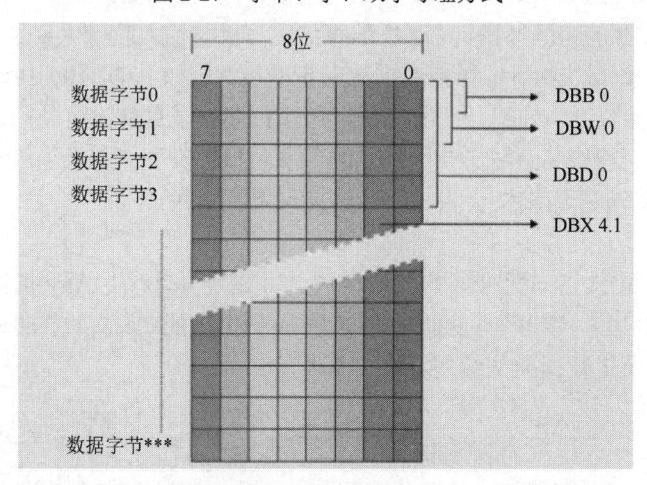

图 2-28 数据块存储器按位、字节、字或双字寻址方式

## 2．间接寻址方式

直接寻址方式直接使用存储器或寄存器的元件名称和地址编号，根据这个地址可以立即找到相应数据；而间接寻址方式是指将数据存放在存储器或寄存器中，在指令中只出现数据

所在单元的内存地址的地址。存储单元地址的地址又称为地址指针。间接寻址在处理内存连续地址中的数据时非常方便，而且可以缩短程序所生成的代码长度，编程时更加灵活、方便。

指针数据类型可分为 Pointer、Any 和 Variant，可用于函数块和函数代码块的块接口参数，还可以将 Variant 数据类型用作指令参数。它们包含的是地址信息而不是实际的数值。

1）Pointer 指针

Pointer 指针占 6 个字节（见图 2-29），字节 0 和字节 1 中的数值用来存放数据块的编号。如果指针不是用于数据块，那么 DB 编号为 0。字节 2 用来表示 CPU 中的存储区，存储区编码如表 2-8 所示。字节 3 的低 3 位、字节 4 和字节 5 的高 5 位用来表示变量的字节地址。字节 5 的低 3 位表示变量的位地址。

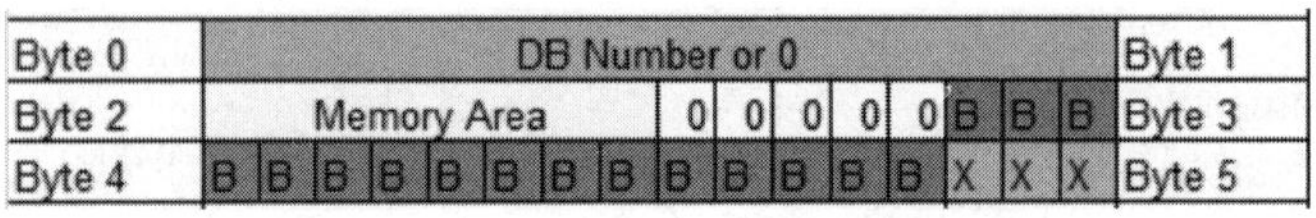

| Byte 0 | DB Number or 0 | Byte 1 |
|---|---|---|
| Byte 2 | Memory Area　0 0 0 0 B B B | Byte 3 |
| Byte 4 | B B B B B B B B B B B B B X X X | Byte 5 |

图 2-29　Pointer 指针的结构

表 2-8　Pointer 指针中的存储区编码

| 十六进制代码 | 数据类型 | 说　明 | 十六进制代码 | 数据类型 | 说　明 |
|---|---|---|---|---|---|
| b#16#81 | I | 过程映像输入 | b#16#85 | DIX | 背景数据块 |
| b#16#82 | Q | 过程映像输出 | b#16#86 | L | 局部数据 |
| b#16#83 | M | 位存储区 | b#16#87 | V | 主调块的局部数据 |
| b#16#84 | DBX | 全局数据块 | | | |

在 STEP7 中，指针变量用符号"P#"标识，比如 P#DB100.0.DBX1.0，表示一个指向 DB100 数据块的第 1 个字节的第 0 位的指针变量。STEP7 支持 4 种类型的指针变量：存储区内指针，同一个存储区内的指针，如 P#20.0；存储区间指针，指向存储区变量的指针，如 P#M20.0，是包含位存储区 M 区的跨区域指针，这里的存储区可以是输入映像区 I 区、输出映像区 Q 区或位存储区 M 区；数据块指针，指向数据块变量的指针，如 P#DB10.DBX20.0，是指向数据块的 DB 指针，存储数据块的编号；零指针，用来指向一个目前没有使用、将来可能使用到的变量。如果某个功能块（函数块或函数）的形参是指针类型，那么当给形参赋值时，符号"P#"可以省略，编译时 STEP7 会将它自动转换为指针形式。

2）Any 指针

指针数据类型 Any 指向数据区的起始位置，并指定其长度。Any 指针使用存储器中的 10 个字节（见图 2-30），字节 4~9 的意义与 Pointer 指针的 0~5 字节的相同。存储区编码如表 2-8 所示，字节 1 数据类型编码如表 2-9 所示。

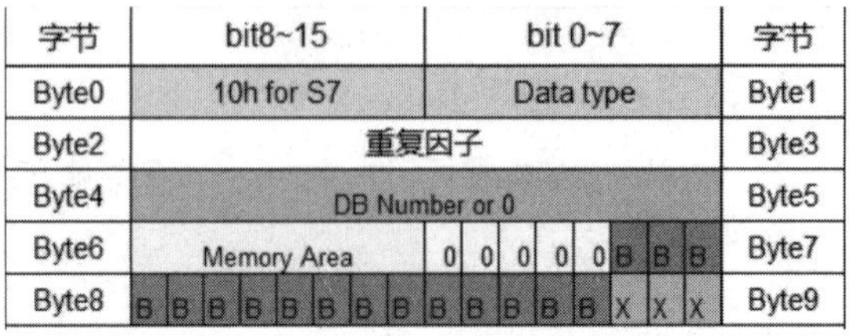

| 字节 | bit8~15 | bit 0~7 | 字节 |
|---|---|---|---|
| Byte0 | 10h for S7 | Data type | Byte1 |
| Byte2 | 重复因子 | | Byte3 |
| Byte4 | DB Number or 0 | | Byte5 |
| Byte6 | Memory Area　0 0 0 0 B B B | | Byte7 |
| Byte8 | B B B B B B B B B B B B B X X X | | Byte9 |

图 2-30　Any 指针的结构

表 2-9  字节 1 数据类型编码

| 16 进制编号 | 数据类型 | 描述 |
|---|---|---|
| B#16#00 | Null | 空值 |
| B#16#02 | Byte | 字节型 |
| B#16#03 | Char | 字符型 |
| B#16#04 | Word | 字，16 位，无符号 |
| B#16#05 | Int | 整型，16 位，有符号 |
| B#16#06 | DWord | 双字，32 位，无符号 |
| B#16#07 | DInt | 双整型，32 位，无符号 |
| B#16#08 | Real | 实型，32 位，有符号 |
| B#16#09 | Date | 日期 |
| B#16#0A | Time_of_Day(TOD) | 时间日期，32 位，用于定时 |
| B#16#0B | Time | 时间 |
| B#16#0C | S5Time | S5 时间格式 |
| B#16#0E | Date_and_Time(DT) | 日期时间 |
| B#16#13 | String | 字符串 |

Any 指针可以用来表示一片连续的数据区，例如，P#DB2.DBX10.0BYTE8 表示 DB2 中的 DBB10~DBB17 共 8 个字节。其中 DB 的编号为 2，重复因子（数据长度）为 8，数据类型的编码为 B#16#02（Byte）。Any 指针也可以用地址作为实参，但只能指向一个地址。

3）Variant 指针

Variant 指针可以指向各种数据类型或参数类型的变量。Variant 指针可以指向结构和单独的结构元素。Variant 指针不会占用任何存储器的空间，其属性如表 2-10 所示。

表 2-10  Variant 指针的属性

| 长度/字节 | 表示方式 | 格式 | 示例输入 |
|---|---|---|---|
| 0 | 符号 | 操作数 | MyTag |
| | | DB_name.Struct_name.element_name | MyDB.Struct1.pressure1 |
| | 绝对 | 操作数 | %MW10 |
| | | DB_number.Operand Type Length | P#DB10.DBX10.0INT12 |

## 四、S7-1200 PLC 的编程语言

PLC 程序是设计人员根据控制系统的实际控制要求，通过 PLC 编程语言进行编制的。根据国际电工委员会制定的工业控制编程语言标准（IEC1131-3），PLC 的编程语言有以下 5 种，分别为梯形图（Ladder Diagram，LAD）、指令表（Instruction List，IL）、顺序功能图（Sequential Function Chart，SFC）、功能块图（Function Block Diagram，FBD）及结构化控制语言（Structured Control Language，SCL）。不同型号的 PLC 编程软件对以上 5 种编程语言的支持种类是不同的，STEP7 为 S7-1200 PLC 提供以下标准编程语言。

### 1. 梯形图

梯形图是最常使用的一种 PLC 编程语言，它继承了继电器控制系统中的基本原理和电

气逻辑关系的表示方法，梯形图与电气控制原理图相对应，具有直观性和对应性。与原有的继电器逻辑控制技术的不同点是，梯形图中的"能流"不是实际意义的电流，内部的继电器也不是实际存在的继电器。

梯形图中的关键概念是能流（Power Flow），示例梯形图如图 2-31 所示，左边垂直的线称为母线，与母线相连的 Start、On 表示触点，最右边的 On 为线圈。如果把左边的母线假想为电源火线，则当中间的触点接通时，能流从左向右流动，最右边的线圈会被接通。

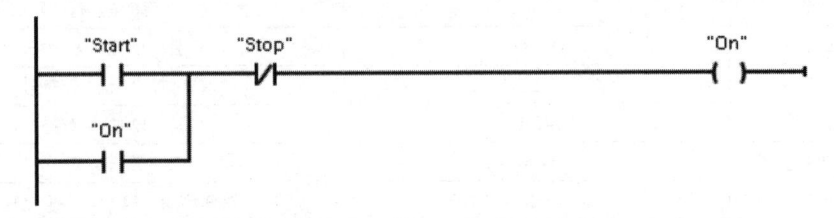

图 2-31　示例梯形图

特别要强调的是，引入能流的概念仅仅是为了和继电器控制系统相比较，对梯形图有一个比较深的认识，其实能流在梯形图中是不存在的。梯形图语言简单明了，易于理解，是所有编程语言的首选。

**2．功能块图**

功能块图程序设计语言是采用逻辑门电路的编程语言，有数字电路基础的人很容易掌握。功能块图指令由输入段、输出段及逻辑关系函数组成。用 STEP7 编程软件将图 2-31 所示的梯形图转换为功能块图程序，如图 2-32 所示。方框的左侧为逻辑运算的输入变量，右侧为输出变量，输入端/输出端的小圆圈表示非运算，信号自左向右流动。

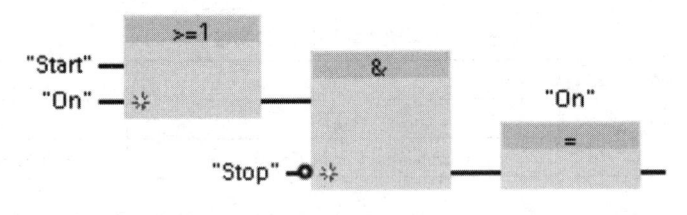

图 2-32　功能块图

**3．结构化控制语言**

结构化控制语言是一种基于 PASCAL 的高级编程语言，不仅可以完成 PLC 典型应用（如输入、输出、定时、计数等），还具有循环、选择、数组、高级函数等高级语言的特性。结构化控制语言非常适用于复杂的运算功能、数学函数、数据处理和管理、过程优化等，是今后主要的编程语言。

结构化控制语言指令使用标准编程运算符，例如，用:=表示赋值，+ 表示相加，- 表示相减，* 表示相乘，/ 表示相除。结构化控制语言也使用标准的 PASCAL 程序控制操作，如 IF-THEN-ELSE、CASE、REPEAT-UNTIL、GOTO 和 RETURN。结构化控制语言中的语法元素还可以使用所有的 PASCAL 参考。许多结构化控制语言的其他指令（如定时器和计数器）与梯形图和功能块图的指令匹配。图 2-33 所示为结构化控制语言编程示例。

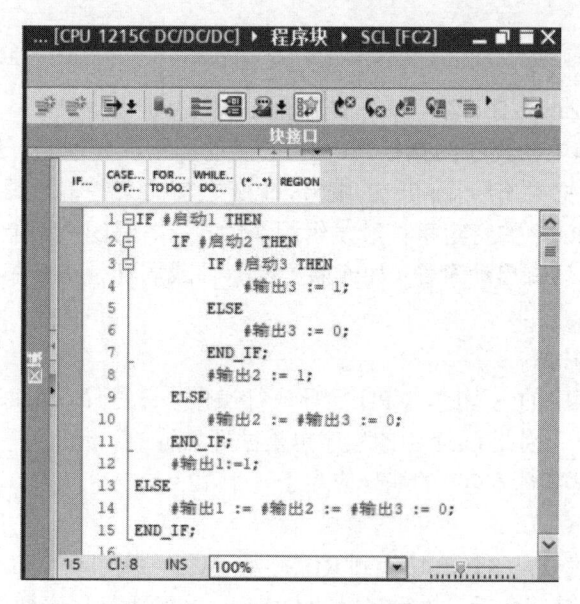

图 2-33　结构化控制语言编程示例

## 五、S7-1200 PLC 的用户程序结构

S7-1200 PLC 采用模块化方式编程，将复杂的自动化任务划分为对应于生产过程的技术功能的较小子任务，每个子任务对应一个称为块的子程序，可以通过块与块之间的相互调用来组织程序，这样的程序便于修改、查错和调试。S7-1200 PLC 的用户程序由代码块和数据块组成，代码块包括组织块、函数和函数块，数据块包括全局数据块和背景数据块。用户程序结构如图 2-34 所示。

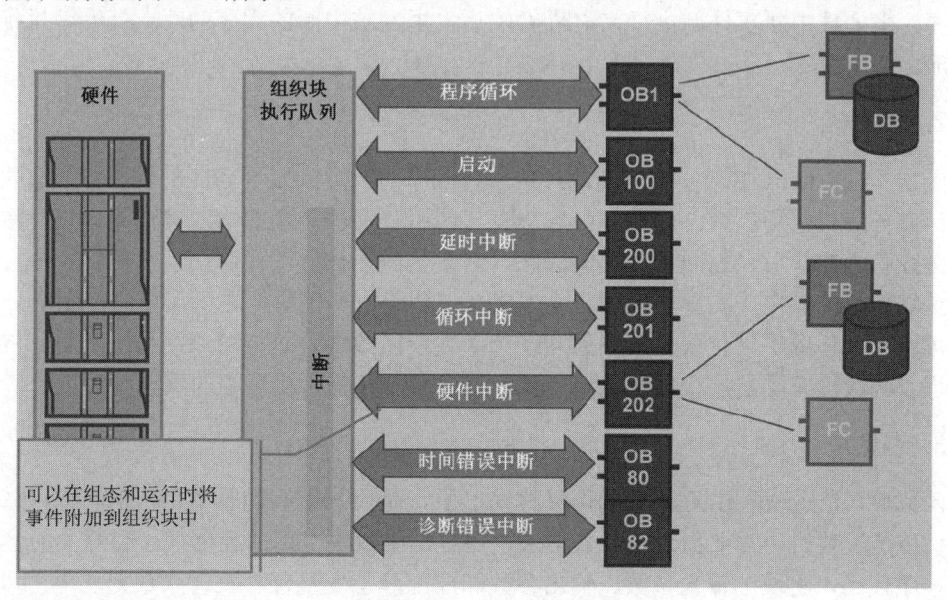

图 2-34　用户程序结构

### 1. 组织块

组织块（Organization Block，OB）是操作系统与用户程序的接口，由操作系统调用，用于控制扫描循环和中断程序的执行、PLC 的启动和错误处理等。组织块的程序是用户编写的。每个组织块必须有一个唯一的编号，123 之前的某些编号是保留的，其他的编号应大于等于 123。CPU 中的特定事件触发组织块的执行，组织块不能相互调用，也不能被函数和函数块调用。只有启动事件（如诊断中断事件或周期性中断事件）可以启动组织块的执行。

1）程序循环组织块

OB1 是用户程序中的主程序，CPU 循环执行操作系统程序，在每一次循环中，操作系统程序调用一次 OB1。因此 OB1 中的程序也是循环执行的。允许有多个程序循环 OB，默认的是 OB1，其他程序循环 OB 的编号应大于等于 123。

2）启动组织块

当 CPU 的工作模式从 STOP 切换到 RUN 时，执行一次启动（STARTUP）OB，来初始化程序循环 OB 中的某些变量。执行完启动 OB 后，开始执行程序循环 OB。可以有多个启动 OB，默认的为 OB100，其他启动 OB 的编号应大于等于 123。

3）中断组织块

中断处理用来实现对特殊内部事件或外部事件的快速响应。如果没有中断事件出现，那么 CPU 循环执行 OB1 和它调用的块。如果出现中断事件，那么将执行中断 OB，中断 OB 包括延时中断 OB、循环中断 OB、硬件中断 OB、诊断错误中断 OB 和时间错误中断 OB。因为 OB1 的中断优先级最低，操作系统在执行完当前程序的当前指令（即断点处）后，立即响应中断。CPU 暂停正在执行的程序块，自动调用一个分配给该事件的 OB（即中断程序）来处理中断事件。执行完中断 OB 后，返回被中断的程序的断点处继续执行原来的程序。

### 2. 函数

函数（Function，FC），又称功能，是用户编写的没有固定存储区的程序块，它包含完成特定任务的代码和参数。函数和函数块有与调用它的块共享的输入参数和输出参数。执行完函数和函数块后，返回调用它的代码。函数是快速执行的代码块，可用于完成标准的和可重复使用的操作，如算术运算，或完成技术功能，如使用位逻辑运算的控制。

可以在程序的不同位置多次调用同一个函数或函数块，这样可以简化重复执行的任务的编程。函数没有固定的存储区，函数执行结束后，其临时变量中的数据就丢失了。

### 3. 函数块

函数块（Function Block，FB），又称功能块，是用户编写的带有自己的存储区的程序块。调用函数块时，需要指定背景数据块，后者是函数块专用的存储区。CPU 执行函数块中的程序代码，将块的输入参数、输出参数和局部静态变量保存在背景数据块中，以便在后面的扫描周期访问它们。函数块的典型应用是执行不能在一个扫描周期完成的操作。在调用函数块时，自动打开对应的背景数据块，后者的变量可以供其他代码块使用。调用同一个函数块时使用不同的背景数据块，可以控制不同的对象。

**4. 数据块**

数据块（Data Block，DB）是用于存放执行代码块时所需数据的数据区，与代码块不同，数据块没有指令，STEP7 按变量生成的顺序自动地为数据块中的变量分配地址。有两种类型的数据块，如下所述。

（1）全局数据块存储供所有的代码块使用的数据，所有的组织块、函数块和函数都可以访问它们。

（2）背景数据块存储的数据供特定的函数块使用。背景数据块中保存的是对应的函数块的输入参数、输出参数和局部静态变量。函数块的临时数据（Temp）不是用背景数据块保存的。

【实施步骤】

## 一、指出图 2-35 所示示例程序中使用的软元件

（1）图 2-35 所示的控制程序由三部分组成，左边为循环组织块，右边为启动组织块和函数。

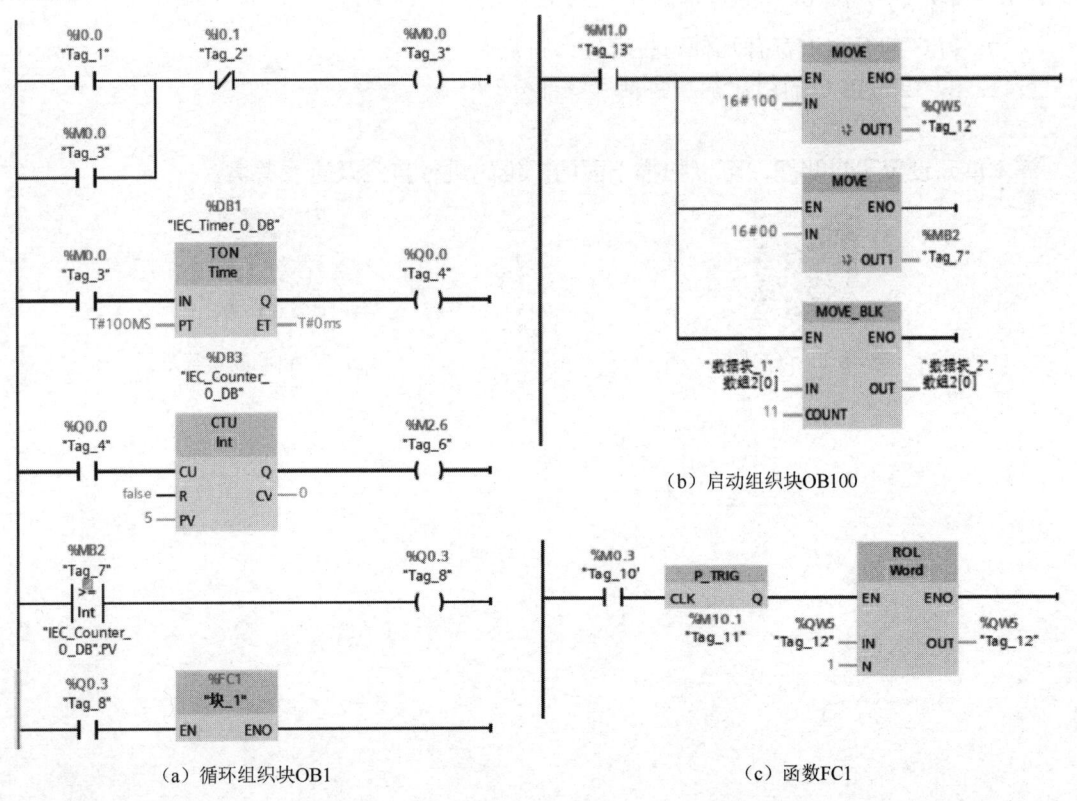

图 2-35 示例程序

（2）在示例程序中，先后使用了输入继电器、通用辅助继电器、定时器、计数器、输出继电器等软元件。

## 二、指出图 2-35 所示示例程序中使用的寻址方式

图 2-35 所示示例程序使用了直接寻址和间接寻址两种方式。循环组织块 OB1 和函数 FC1 中主要使用的是直接寻址中的位寻址方式；启动组织块 OB100 中使用了直接寻址和间接寻址两种方式，其中块移指令使用的是间接寻址方式。

## 【思考题与习题】

1. PLC 是怎样分类的？每一类的特点是什么？
2. 简述 S7-1200 PLC 的基本组成，以及各部分的功能。
3. 简述 S7-1200 PLC 常见扩展模块编址的规则。
4. 简述 PLC 循环扫描的工作过程与 PLC 的工作模式。
5. 简述 PLC 控制系统与继电器-接触器控制系统的区别。
6. 什么是软元件？软元件与继电器有什么区别？
7. 简述 S7-1200 PLC 内部的编程资源（即软元件）。
8. S7-1200 PLC 支持哪些数据格式？
9. 简述 S7-1200 PLC 的寻址方式。
10. PLC 的编程语言有几种？各有什么特点？
11. S7-1200 PLC 的用户程序包括哪些部分？

本单元设置了自测题，可以扫描下面的二维码进行自测及查看答案。

单元 2　自测题　　　　　　　　　　　　单元 2　自测题及答案

# 单元 3　简单 PLC 控制系统分析与设计

【学习要点】

（1）掌握 S7-1200 PLC 基本指令的使用方法。
（2）初步学会 S7-1200 PLC 编程软件及仿真软件的使用方法。
（3）掌握简单 PLC 控制系统的分析与设计方法。

S7-1200 PLC 设计紧凑、成本低廉，具有功能强大的指令集、极高的性价比和较强的功能，它既可以单独完成某个控制任务，也可以与其他 PLC 联网完成各种控制任务，它的使用范围可以覆盖从传统的简单继电器-接触器控制系统到复杂的自动控制系统。它的应用领域包括各种机床、纺织机械、印刷机械、食品化工工业、环保、电梯、中央空调、实验室设备、传送带系统和压缩机控制等。

本单元将介绍 S7-1200 PLC 编程中最常用和最基本的指令，它们是基本逻辑指令（包含基本位操作指令、置位/复位指令、块操作指令、堆栈指令、边沿触发指令、定时器指令、计数器指令和比较指令等）和程序控制指令（包括系统控制类指令、跳转指令、循环指令、子程序调用指令和顺序控制指令等）。使用这些指令可以完成简单的控制系统程序设计，同时是完成复杂的控制系统程序设计的基础，因此显得尤为重要。

## 项目 3.1　PLC 改造启保停控制电路

【项目目标】

（1）掌握基本位操作指令及置位/复位指令的功能及使用。
（2）初步学会博途软件的使用。
（3）掌握 S7-1200 PLC 仿真软件的简单操作。

【项目分析】

在单元 1 中已经介绍了三相异步电动机的启保停控制电路（见图 1-24），该电路的工作过程如下。

合上低压断路器 QA0，按下启动按钮 SF2，接触器 QA1 线圈通电，主触点闭合，电动机开始运转，同时接触器 QA1 的辅助常开触点闭合，形成自锁，保证电动机连续运转。

按下停止按钮 SF1，接触器 QA1 线圈断电，主触点断开，电动机停止运转，同时接触器 QA1 的辅助常开触点断开，自锁解除。

现要求将传统的继电器-接触器控制电路改造为 S7-1200 PLC 控制电路,应用基本位操作指令或置位/复位指令编程实现相同控制功能,并要求设计两种控制程序。电动机的启保停控制电路改造如图 3-1 所示。

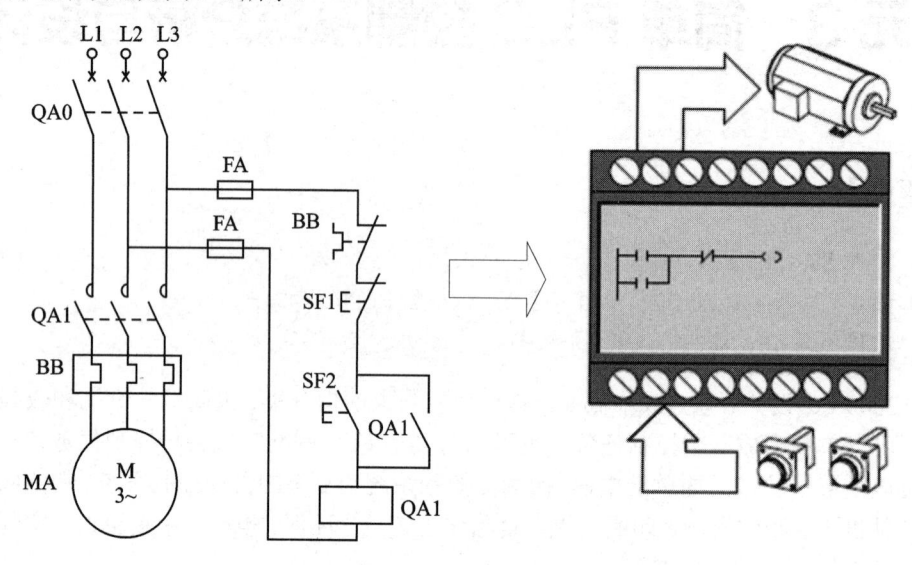

图 3-1 电动机的启保停控制电路改造

## 【相关知识】

### 一、基本位操作指令

基本位操作指令是 PLC 中基本的指令,可分为触点和线圈两大类,其中触点又分为常开和常闭两种形式,具体如下。

#### 1. 常开触点与常闭触点

表 3-1 所示为常开触点和常闭触点的格式及说明。

表 3-1 常开触点和常闭触点的格式及说明

| LAD | 说明 |
| --- | --- |
| "IN" ─┤├─ <br> "IN" ─┤/├─ | (1)可将触点相互连接并创建用户自己的组合逻辑。<br>(2)如果用户指定的输入位使用存储器标识符 I(输入)或 Q(输出),则从过程映像寄存器中读取位值。<br>(3)控制过程中的物理触点信号会连接到 PLC 上的 I 端子。CPU 扫描已连接的输入信号并持续更新过程映像输入寄存器中的相应状态值 |

在赋的位值为 1(TRUE)时,常开触点将闭合(ON)。在赋的位值为 0(FALSE)时,常闭触点将闭合(ON)。

#### 2. 取反 RLO 触点

表 3-2 所示为取反 RLO 触点的格式及说明。

表 3-2 取反 RLO 触点的格式及说明

| LAD | 说明 |
|---|---|
| ─┤NOT├─ | NOT 触点取反能流输入的逻辑状态：如果没有能流流入 NOT 触点，则会有能流流出；如果有能流流入 NOT 触点，则没有能流流出 |

RLO 是逻辑运算结果的简称，中间有"NOT"的触点为取反 RLO 触点，它用来转换能流输入的逻辑状态。

**3．赋值与赋值取反指令**

表 3-3 所示为赋值与赋值取反指令的格式及说明。

表 3-3 赋值与赋值取反指令的格式及说明

| LAD | FBD | SCL | 说明 |
|---|---|---|---|
| "OUT" ─( )─ | "OUT" = | out := <布尔表达式>; | 在 FBD 编程中，LAD 线圈变为分配（= 和/=）功能框，可在其中为功能框输出指定位地址。功能框的输入和输出可连接其他功能框逻辑，用户也可以输入位地址 |
| "OUT" ─(/)─ | "OUT" /= ; "OUT" = | out := NOT<布尔表达式>; | |

梯形图中的线圈对应于赋值指令，该指令将线圈输入端的逻辑运算结果（RLO）的信号状态写入指定的操作数地址，线圈通电（RLO 的状态为"1"）时写入 1，线圈断电时写入 0。

例 3-1：基本位操作指令示例梯形图如图 3-2 所示。

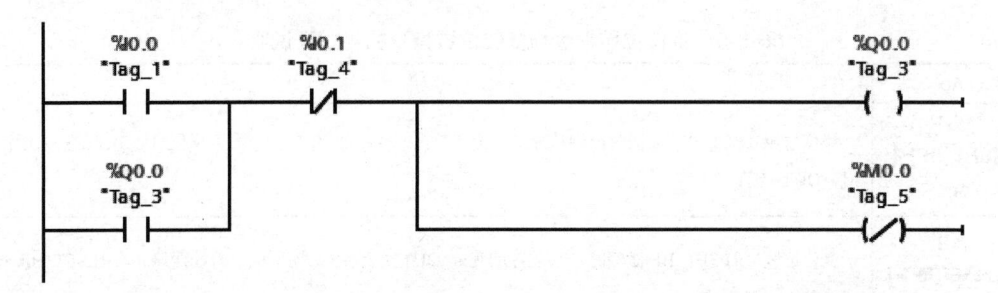

```
%I0.0        %I0.1                              %Q0.0
"Tag_1"     "Tag_4"                            "Tag_3"
──┤├────────┤/├──────────────────────────────────( )──

%Q0.0                                            %M0.0
"Tag_3"                                         "Tag_5"
──┤├─────────────────────────────────────────────(/)──
```

图 3-2 基本位操作指令示例梯形图

**注意**：在使用绝对寻址方式时，绝对地址前的"%"符号是编程软件自动添加的，无须用户输入。

## 二、置位、复位指令

**1．置位、复位输出指令**

表 3-4 所示为置位、复位输出指令的格式及说明。

表 3-4 置位、复位输出指令的格式及说明

| LAD | 说明 |
| --- | --- |
| "OUT" —(S)— | 置位输出：S（置位）激活时，OUT 地址处的数据值设置为 1。S 未激活时，OUT 不变 |
| "OUT" —(R)— | 复位输出：R（复位）激活时，OUT 地址处的数据值设置为 0。R 未激活时，OUT 不变 |

S 指令将指定的位操作数置位（变为 1 状态并保持）。R 指令将指定的位操作数复位（变为 0 状态并保持）。如果同一操作数的 S 线圈和 R 线圈同时断电（线圈输入端的 RLO 为 0），则指定位操作数的信号状态保持不变。置位输出指令与复位输出指令的最主要特点是有记忆功能。

**例 3-2**：置位、复位输出指令应用举例如图 3-3 所示。

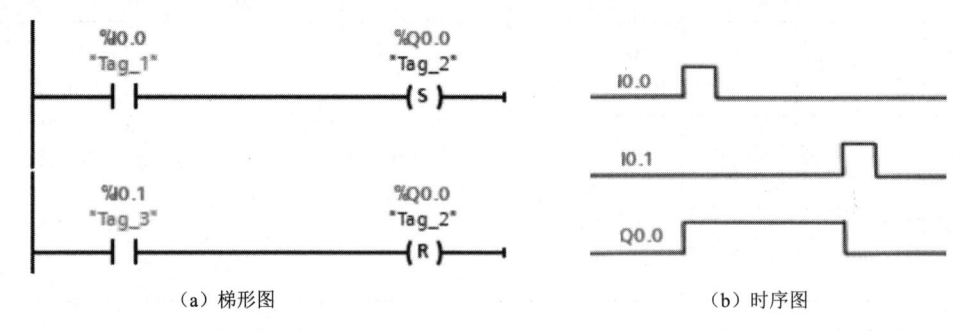

(a) 梯形图　　　　　　　　　　　　(b) 时序图

图 3-3　置位、复位输出指令应用举例

### 2．置位位域指令与复位位域指令

表 3-5 所示为置位位域指令与复位位域指令的格式及说明。

表 3-5　置位位域指令与复位位域指令的格式及说明

| LAD | 说明 |
| --- | --- |
| "OUT" —(SET_BF)— "n" | 置位位域：SET_BF 激活时，为从寻址变量 OUT 处开始的"n"位分配数据值 1。SET_BF 未激活时，OUT 不变 |
| "OUT" —(RESET_BF)— "n" | 复位位域：RESET_BF 激活时，为从寻址变量 OUT 处开始的"n"位写入数据值 0。RESET_BF 未激活时，OUT 不变 |

置位位域指令 SET_BF 将从指定地址开始的连续的若干个位地址置位（变为 1 状态并保持）。复位位域指令 RESET_BF 将从指定地址开始的连续的若干个位地址复位（变为 0 状态并保持）。

**例 3-3**：置位位域指令、复位位域指令应用举例如图 3-4 所示。

### 3．置位/复位触发器与复位/置位触发器

表 3-6 所示为置位/复位触发器与复位/置位触发器指令的格式及说明。

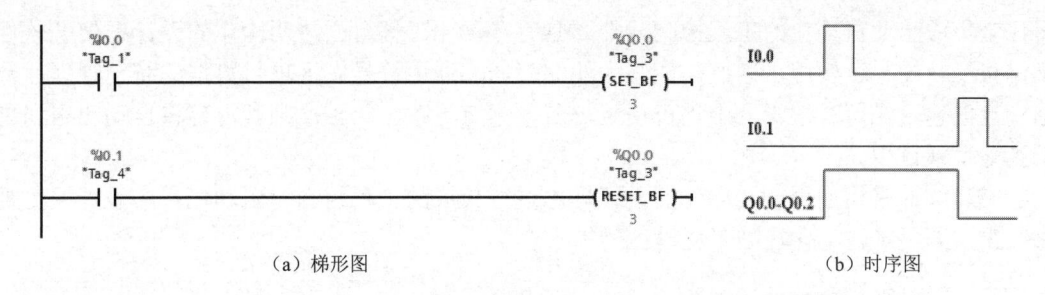

```
   %I0.0                            %Q0.0
   "Tag_1"                          "Tag_3"
   ──| |──                         ──(SET_BF)──
                                        3
   %I0.1                            %Q0.0
   "Tag_4"                          "Tag_3"
   ──| |──                         ──(RESET_BF)──
                                        3
```

(a) 梯形图 　　　　　　　　　　　　　　(b) 时序图

图 3-4　置位位域指令、复位位域指令应用举例

表 3-6　置位/复位触发器与复位/置位触发器指令的格式及说明

| LAD | 说明 |
|---|---|
| "INOUT"<br>SR<br>─S   Q─<br>─R1 | 置位/复位触发器：SR 是复位优先锁存，其中复位优先。如果置位（S）和复位（R1）信号都为真，则地址 INOUT 的值将为 0 |
| "INOUT"<br>RS<br>─R   Q─<br>─S1 | 复位/置位触发器：RS 是置位优先锁存，其中置位优先。如果置位（S1）和复位（R）信号都为真，则地址 INOUT 的值将为 1 |

SR 方框是置位/复位（复位优先）触发器，在置位（S）和复位（R1）信号同时为 1 时，SR 方框上面的输出位被复位为 0；RS 方框是复位/置位（置位优先）触发器，在置位（S1）和复位（R）信号同时为 1 时，RS 方框上面的输出位被置位为 1。

**例 3-4**：置位/复位触发器应用举例如图 3-5 所示。

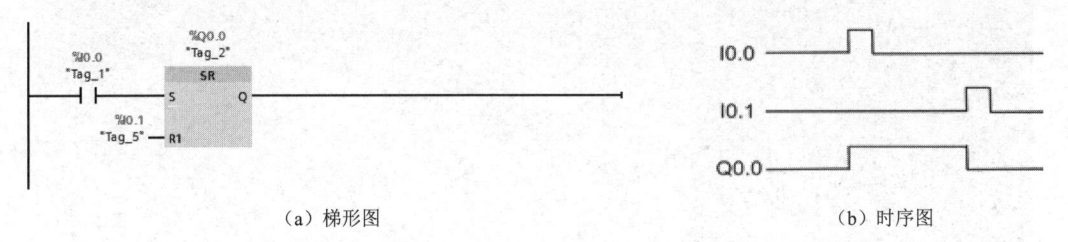

(a) 梯形图 　　　　　　　　　　　　　　(b) 时序图

图 3-5　置位/复位触发器应用举例

置位/复位触发器与复位/置位触发器的功能如表 3-7 所示。

表 3-7　置位/复位触发器与复位/置位触发器的功能

| 置位/复位触发器 | | | 复位/置位触发器 | | |
|---|---|---|---|---|---|
| S | R1 | 输出位 | S1 | R | 输出位 |
| 0 | 0 | 保持前一状态 | 0 | 0 | 保持前一状态 |
| 0 | 1 | 0 | 0 | 1 | 0 |
| 1 | 0 | 1 | 1 | 0 | 1 |
| 1 | 1 | 0 | 1 | 1 | 1 |

## 三、博途软件使用

S7-1200 PLC 控制系统的设计采用 TIA Portal 软件（博途软件）。博途软件是西门子新

一代全集成工业自动化的工程控制软件，具有一体化工程全面透明操作的设计框架。软件操作直观、简单、实用，通过功能强大的编辑器、通用符号实现项目数据的统一管理，数据一旦创建，在所有编辑器中均可使用，若数据有更改、纠正，则其内容将自动应用和更新到整个项目中。

博途软件采用通用、一体化的设计理念进行集成的工程组态、自动化程序设计及可视化编辑，满足了自动化控制工程设计的需求。

**1. 博途软件简介**

博途软件的视图有 Portal 视图和项目视图，其中 Portal 视图结构清晰地显示了自动化任务设计所有必需的步骤。Portal 视图提供了"启动""设备与网络""PLC 编程""运动控制&技术""可视化""在线与诊断"6 个任务设计选项，用户可以基于工作任务的方式构建自动化控制设计的解决方案，依据任务选项可以快速确定要执行的操作并启动所需的相关工具。图 3-6 所示为 Portal 视图界面。

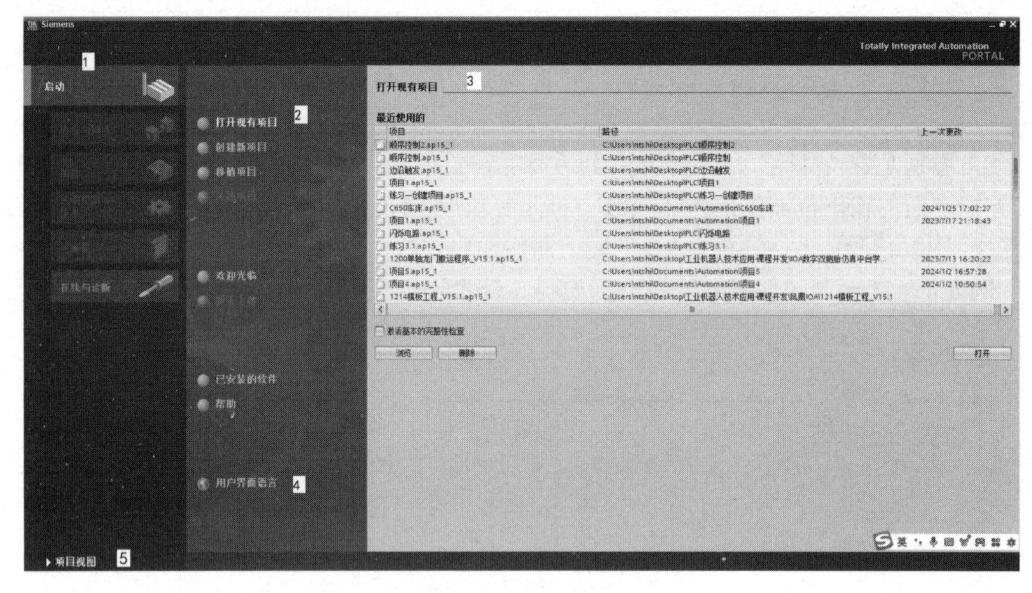

图 3-6 Portal 视图界面

在图 3-6 所示的 Portal 视图界面中，标号区域的功能：1——选择 Portal 的基本任务；2——选择 Portal 任务所对应的操作；3——选择操作所对应的选择窗口；4——选择用户界面语言；5——切换到项目视图。

单击界面中的"项目视图"按钮，可切换到项目视图界面。项目视图界面如图 3-7 所示。项目视图是项目中所有组件的分层结构化视图，允许用户快速且直观地访问项目中的所有对象、相关工作区和编辑器。使用编辑器可以创建和编辑项目中需要的所有对象。

在图 3-7 所示的项目视图界面中，标号区域的名称和功能如下。菜单栏（1）：项目工作所需的命令；"项目树"选区（2）：显示项目的所有组件，访问项目数据；工具栏（3）：提供常用的命令按钮；工作区（4）：当前编辑的工作对象显示区域；任务卡选项（5）：对应编辑工作任务的任务卡，辅助编辑，可折叠或打开；巡视窗口选区（6）：显示所选对象的相关信息，可在其"属性"选项卡中进行参数设置；"Portal 视图"按钮（7）：切换到 Portal

视图;"详细视图"选区(8):显示所选对象的特定内容。

图 3-7 项目视图界面

在"项目树"选区中选择"设备和网络"选项,可以进行硬件组态,设置设备各个模块的参数。视图分为拓扑视图、网络视图和设备视图,用户可以切换。图 3-8 所示为"设备视图"窗口。

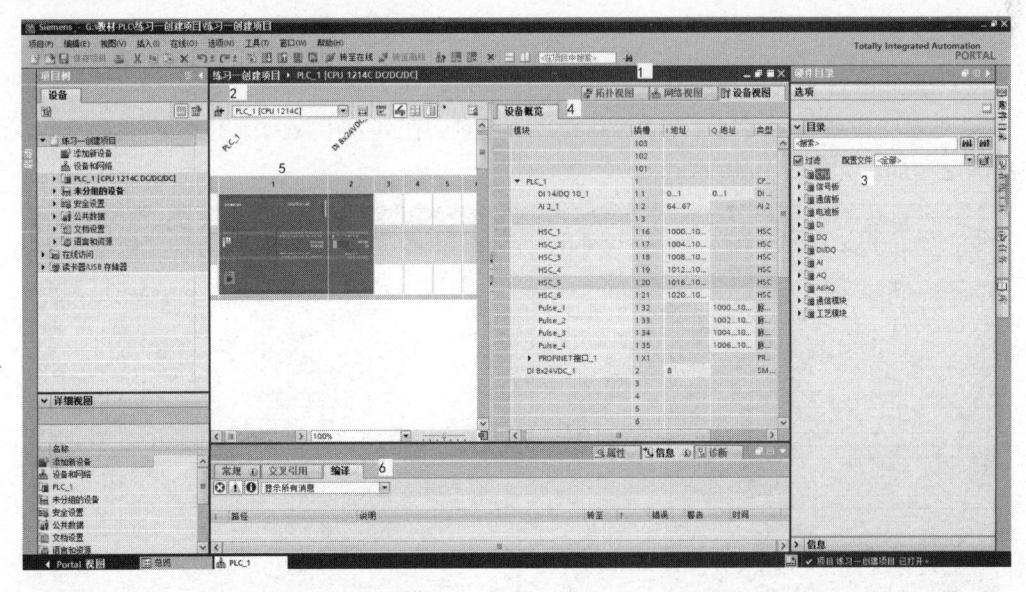

图 3-8 "设备视图"窗口

图 3-8 中各标号区域的名称和功能如下。视图切换区(1):在拓扑视图、网络视图和设备视图之间切换;设备视图工具(2):切换不同组态设备;"硬件目录"选区(3):便捷地访问各个硬件的组态;"设备概览"选项卡(4):总览所用模块、重要组态及技术参数;设备视图的图形区(5):显示硬件组件,可拖曳所选设备到机架上;巡视窗口选区(6):显

示所选对象的相关信息,可在其"属性"选项卡中进行参数设置。

**2. 博途软件的基本操作**

下面举例说明在博途软件编辑环境下建立一个新项目、硬件组态及 OB/FC 程序设计的基本操作步骤。

(1) 打开博途软件并创建新项目,如图 3-9 所示,并为新项目命名。

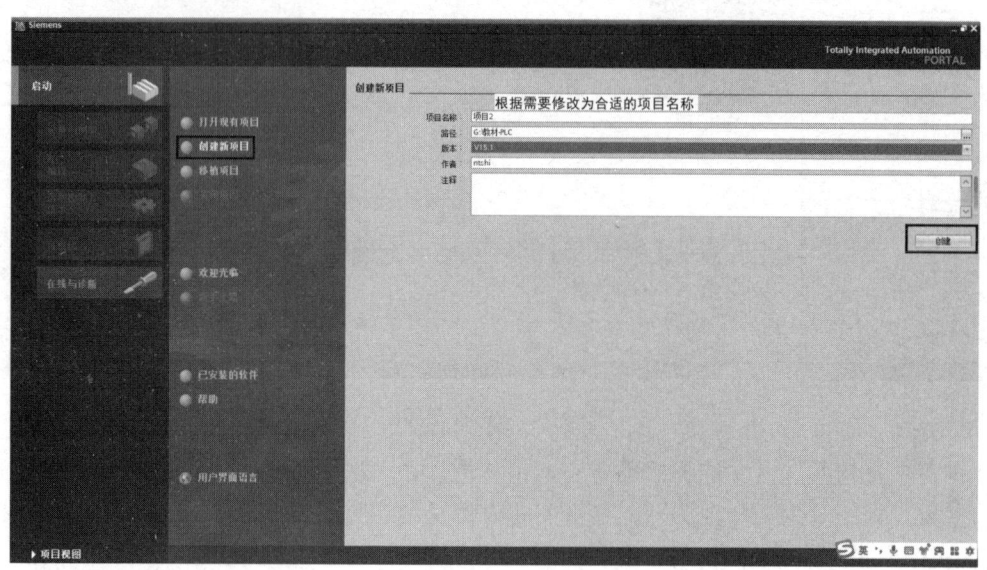

图 3-9 创建新项目

(2) 添加 PLC 及其扩展模块。

① 选择"设备与网络"→"添加新设备"选项,在列表中找到所用 PLC 的订货号,选中并确定添加,如图 3-10 所示。

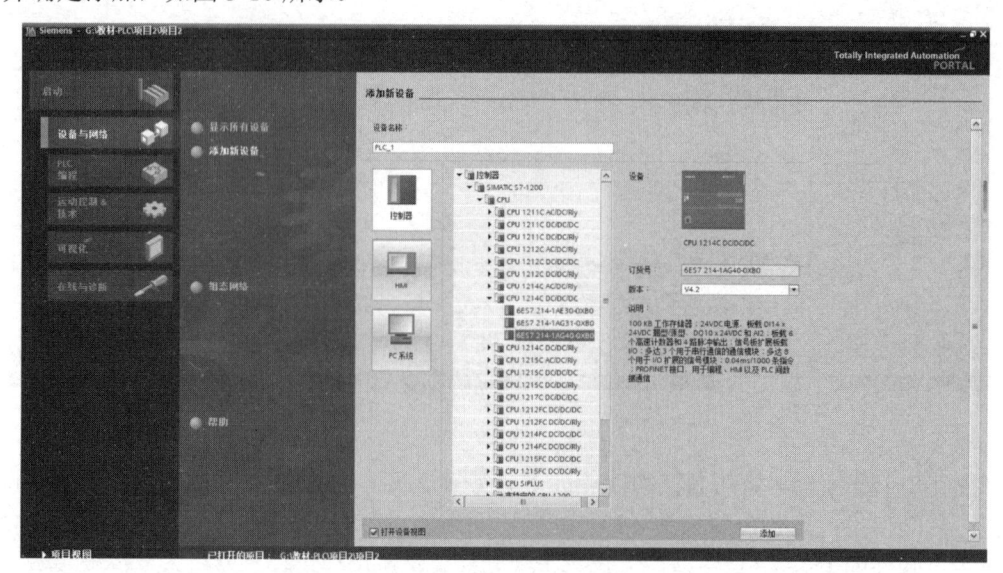

图 3-10 添加 PLC

② 添加扩展模块，在设备视图的"硬件目录"选区中搜索所需要硬件设备的订货号，选择并添加，如图 3-11 所示。

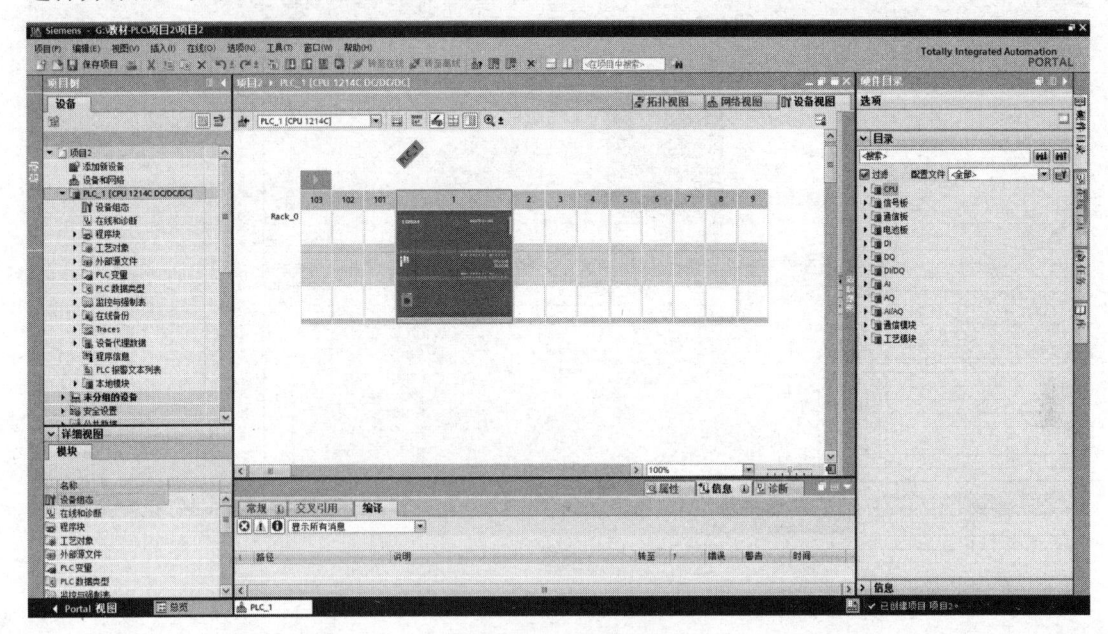

图 3-11  添加扩展模块

（3）PLC 属性设置。

① 双击所添加的 PLC_1 主机模块，打开 PLC_1 组态窗口，添加新子网，并设置以太网 IP 地址，如图 3-12 所示。

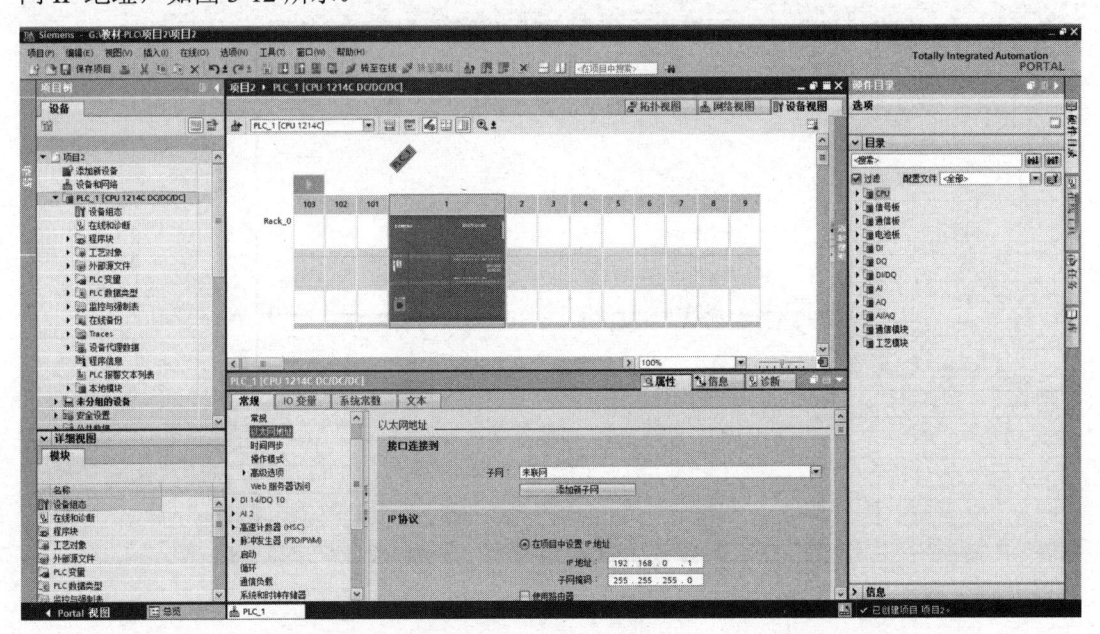

图 3-12  添加新子网

② 打开系统和时钟存储器，方便编程设计使用，如图 3-13 所示。

图 3-13 打开系统和时钟存储器

（4）添加变量表。

在"项目树"选区中选择"PLC-1[CPU 1214C DC/DC/DC]"→"PLC 变量"→"添加新变量表"选项，在变量表中添加项目所需的变量，并声明变量的数据类型、分配变量地址，如图 3-14 所示。

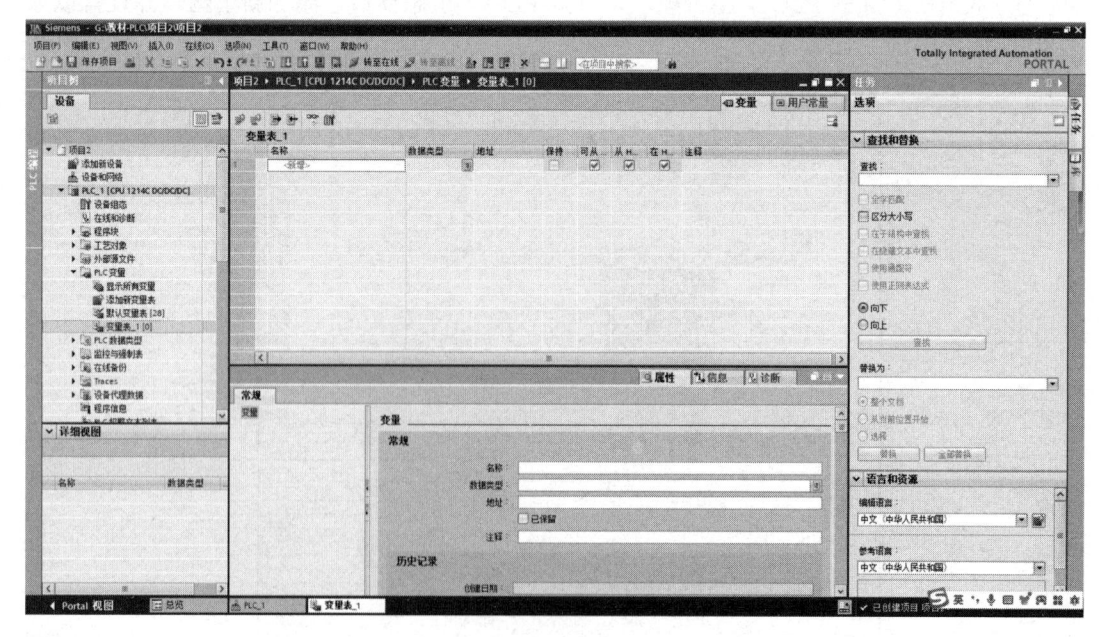

图 3-14 添加变量表

（5）编写程序。

① 在"项目树"选区中选择"PLC_1[CPU 1214C DC/DC/DC]"→"程序块"→"添加

新块"选项,选择 FC 程序块并对其命名,如图 3-15 所示。

图 3-15  添加 FC 程序块

② 在添加的 FC 程序块中编写程序,如图 3-16 所示。

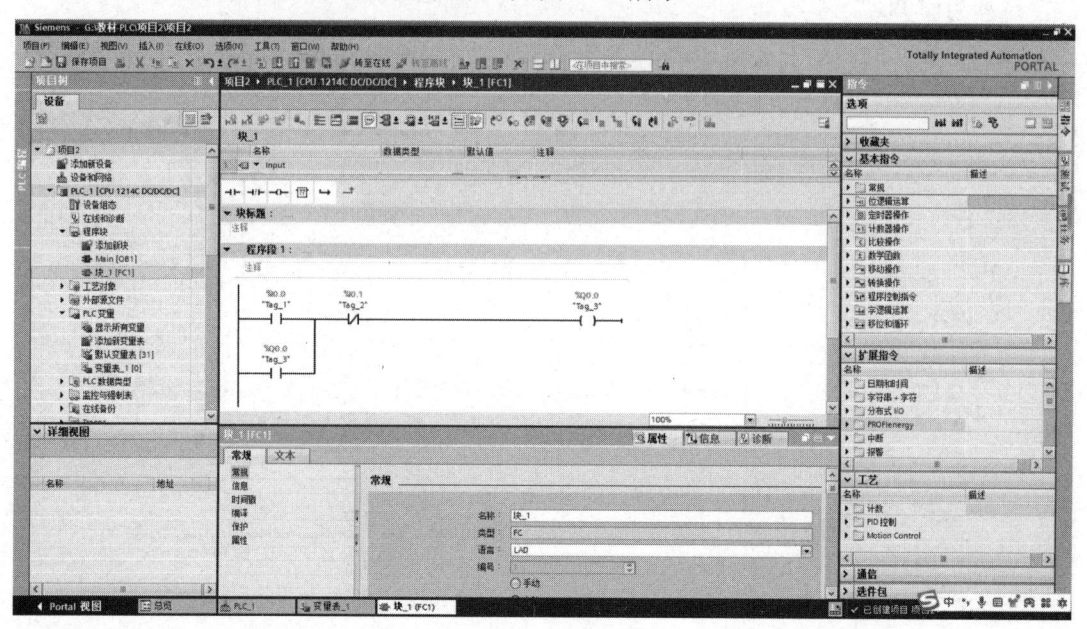

图 3-16  编写程序

③ 新建 "Main" 循环组织块,如图 3-17 所示,双击 "Main[OB1]" 循环组织块并打开,用鼠标将 FC 程序块拖曳到其中。

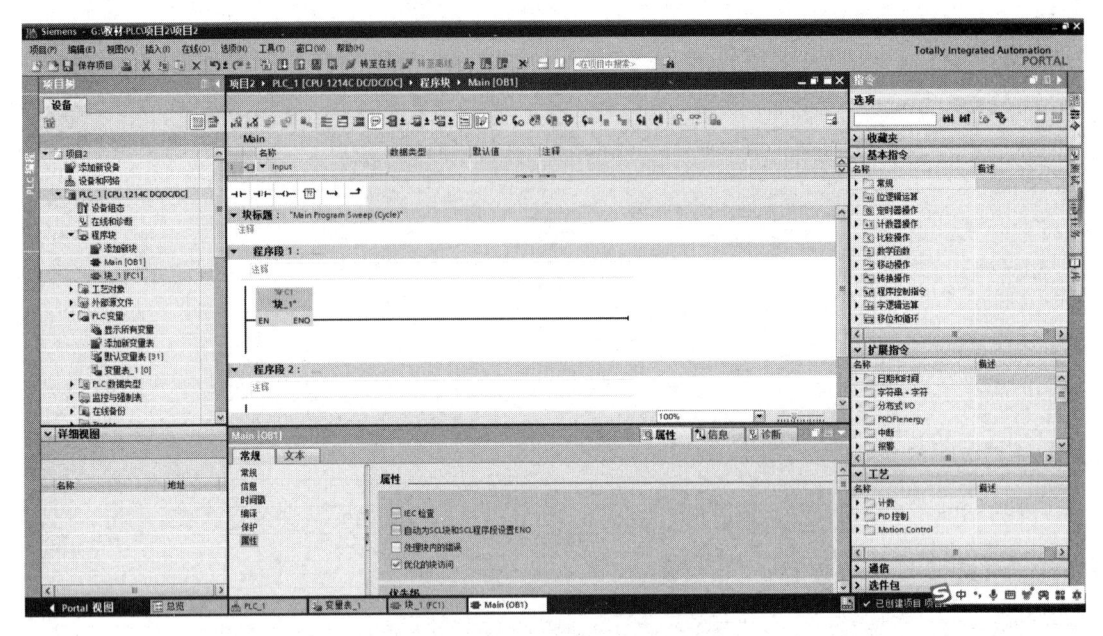

图 3-17 新建"Main"循环组织块

(6) 编译。

选择当前 PLC，单击上方的"编译"按钮进行编译，如图 3-18 所示。

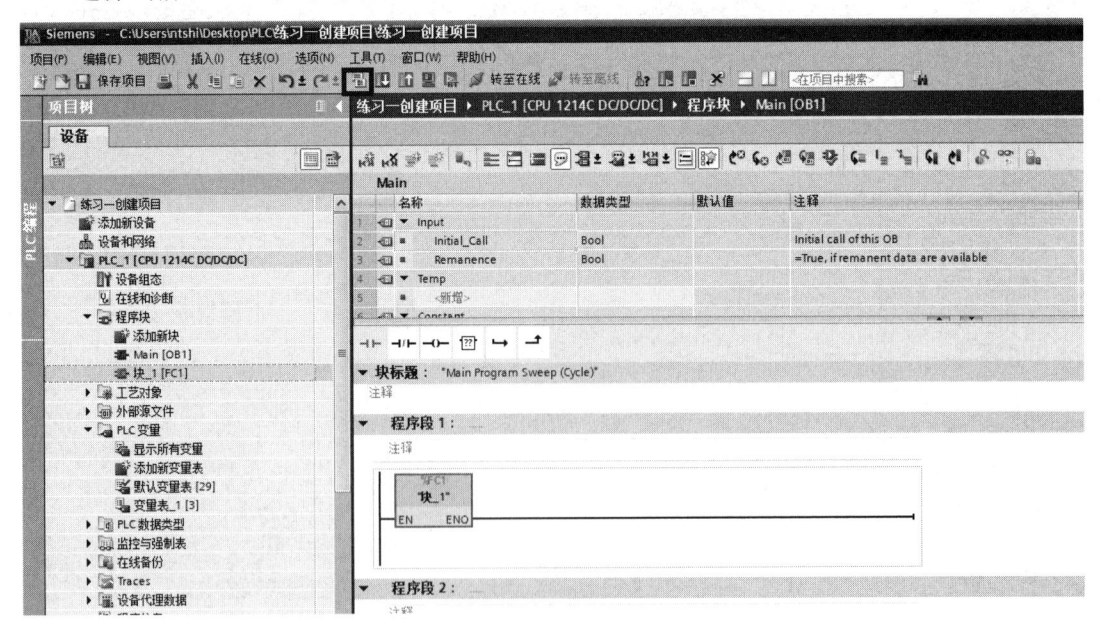

图 3-18 编译

(7) 下载硬件及软件。

① 首次下载时，选择硬件和软件一起下载，如图 3-19 所示。

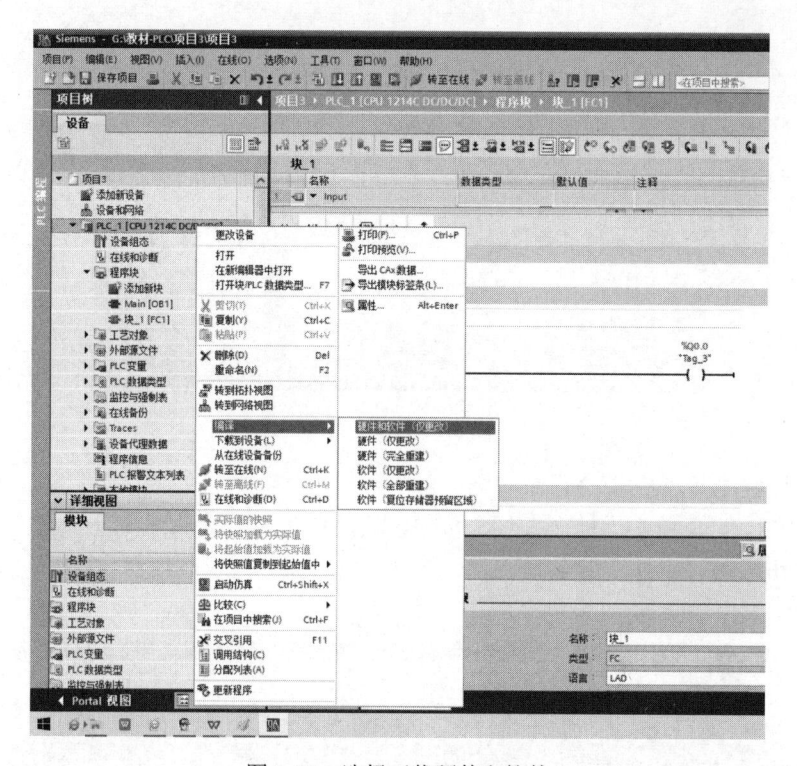

单元 3　简单 PLC 控制系统分析与设计

图 3-19　选择下载硬件和软件

② 项目下载到 PLC_1 中，如图 3-20 所示。下载结果如图 3-21 所示。

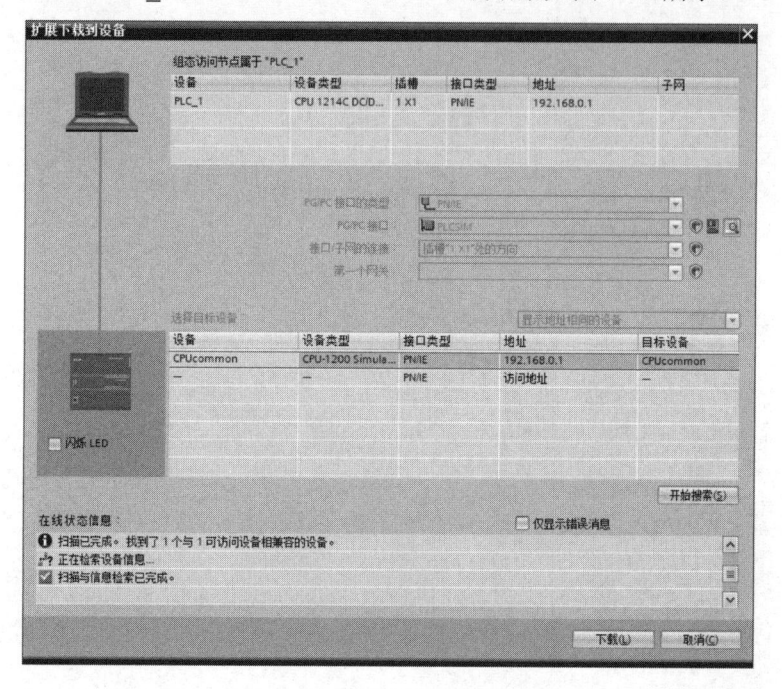

图 3-20　项目下载到 PLC_1 中

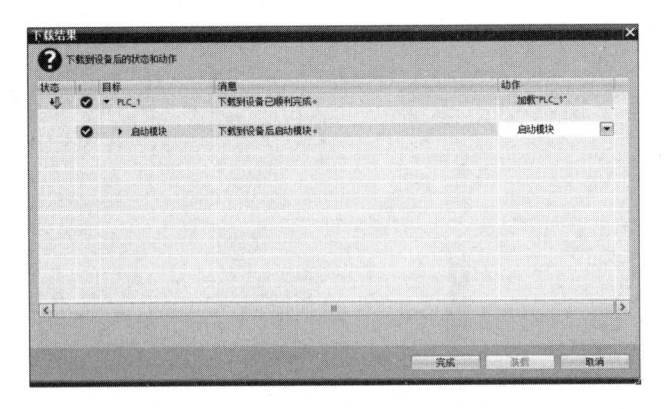

图 3-21 下载结果

(8) 运行程序和监控。

选中"PLC_1",单击"转至在线"按钮,然后单击"启动/禁用监视"按钮,按下启动 I0.0 接入按钮,可以直接观测到能流流动的情况。监控操作和运行监控分别如图 3-22 和图 3-23 所示。

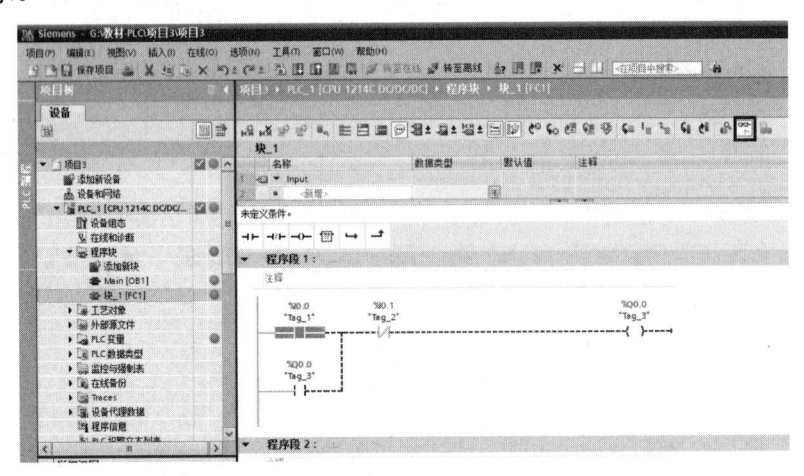

图 3-22 监控操作

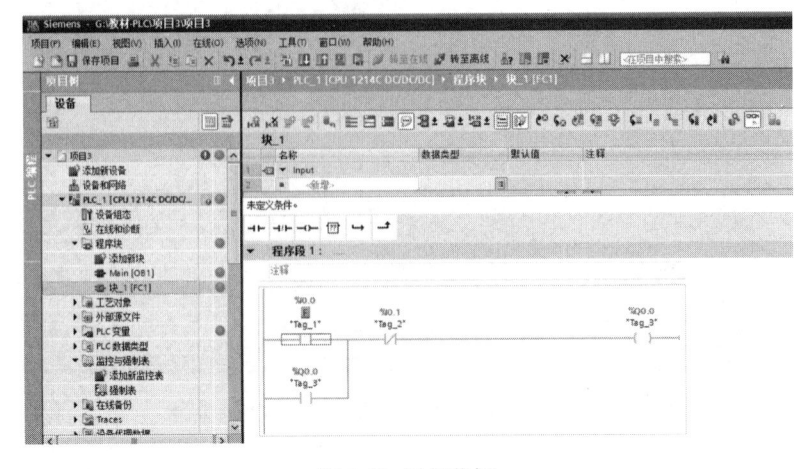

图 3-23 运行监控

以上为博途软件完成硬件组态、程序设计及运行监控的操作步骤。在实际应用中，依据不同项目的要求，选择合适的硬件设备并进行组态；依据要求设计好程序的整体结构，运用不同的程序块功能完成自动控制的应用程序设计；同时做好 HMI 可视化界面的监控界面设计，从而实现自动化控制项目的应用功能。

## 四、S7-1200 PLC 仿真软件

博途 V15 软件的仿真器为 S7-PLCSIMV15，该软件可以在没有硬件的条件下仿真运行程序，以方便工程师测试运行编写好的程序。

（1）仿真器程序下载。如图 3-24 所示，单击工具栏中的"启动仿真"按钮，弹出"启动仿真支持"对话框，单击"确定"按钮。

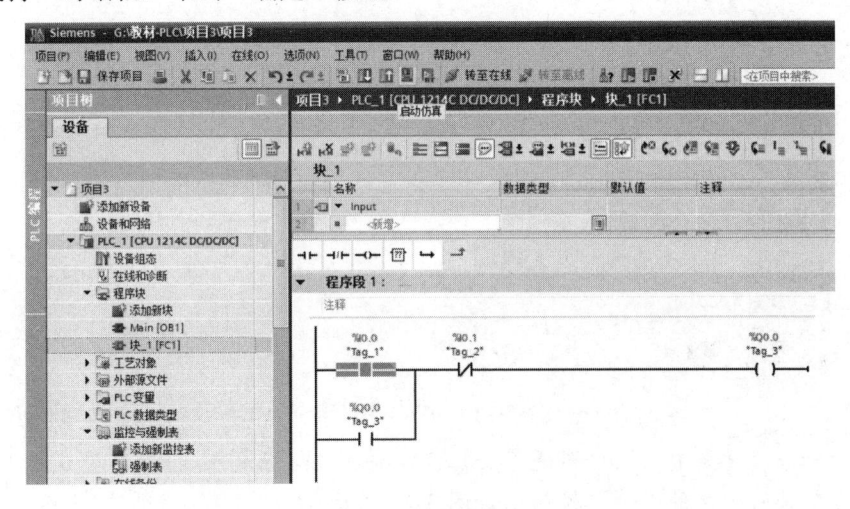

图 3-24　启动仿真

（2）下载程序到虚拟仿真器，如图 3-25 所示。

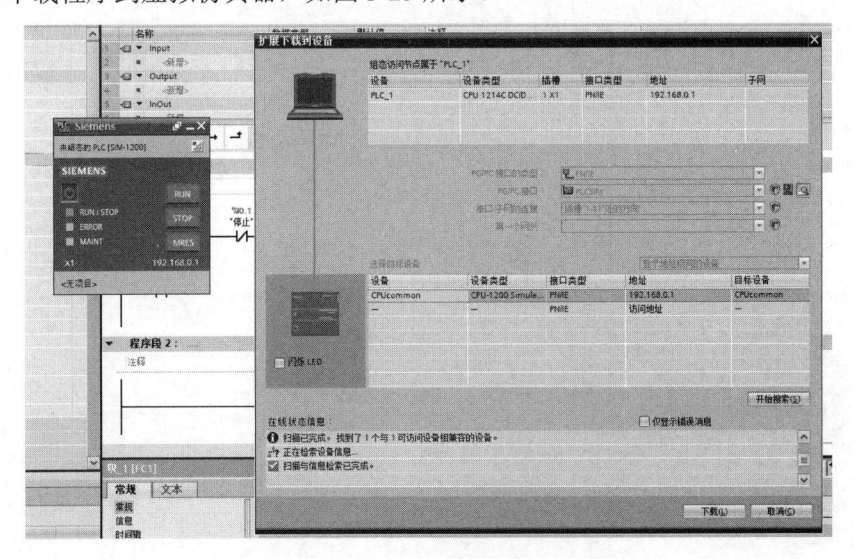

图 3-25　下载程序到虚拟仿真器

（3）单击"启动/禁用监视"按钮。

（4）修改变量状态。选择需要修改的变量，右击鼠标，弹出菜单列表，选择"修改"→"修改为0"或"修改为1"选项，如图3-26所示。

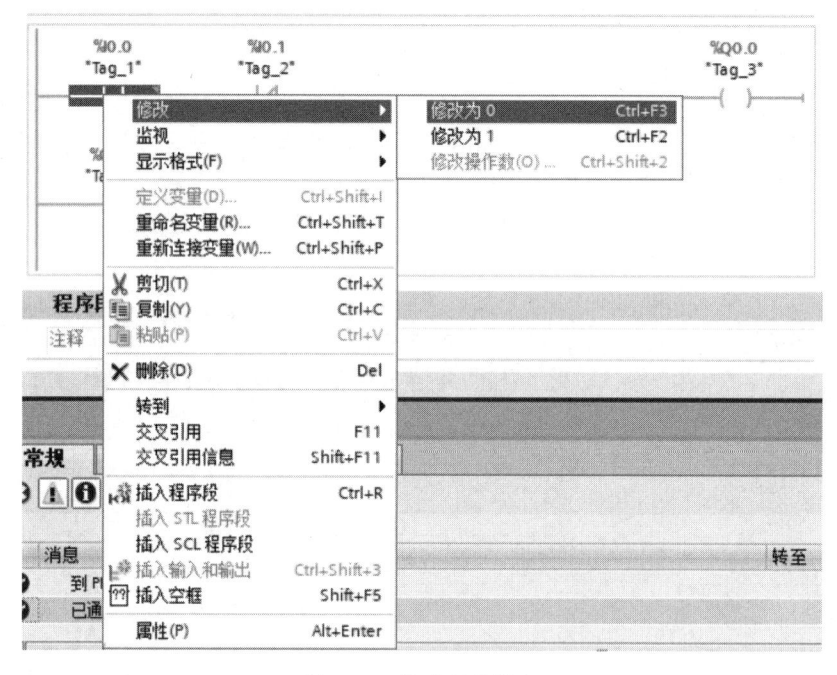

图3-26 修改变量状态

**注意**：如果变量是输入继电器的某个位，需要通过"强制表"，强制为0或1，然后单击"启动或替换可变量的强制"按钮，如图3-27所示。

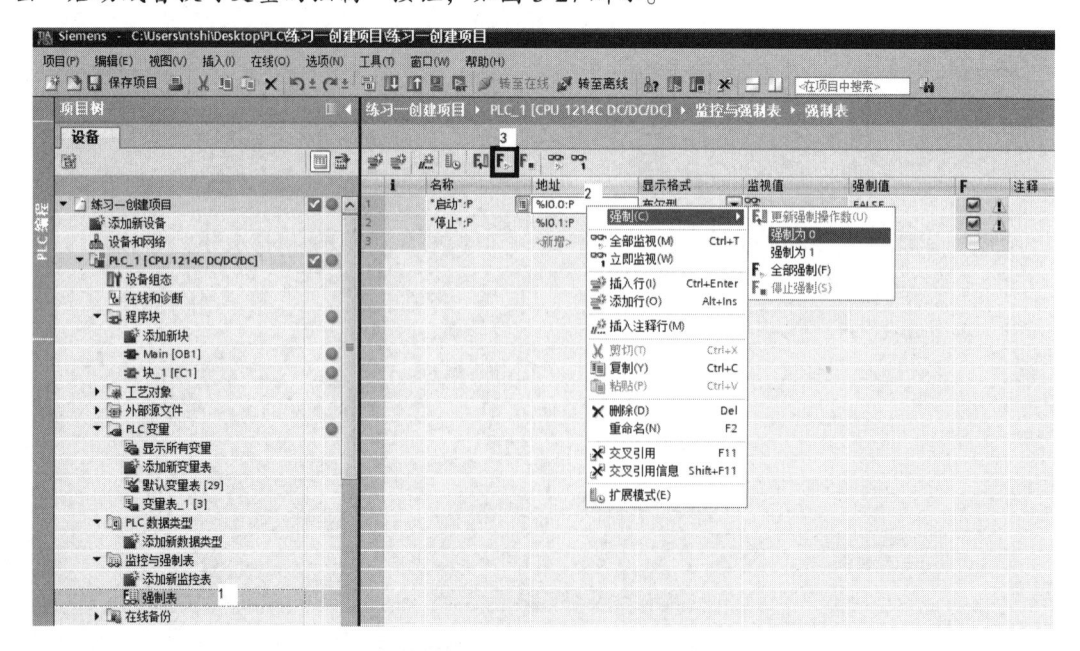

图3-27 强制改变输入量状态

通过"项目树"选区，打开图 3-27 所示的强制表，选择需要强制的变量，右击鼠标，选择"强制为 0"或"强制为 1"选项，最后单击"启动或替换可变量的强制"按钮。

## 五、PLC 控制系统设计流程

图 3-28 所示为 PLC 控制系统的一般设计流程，详细步骤如下。

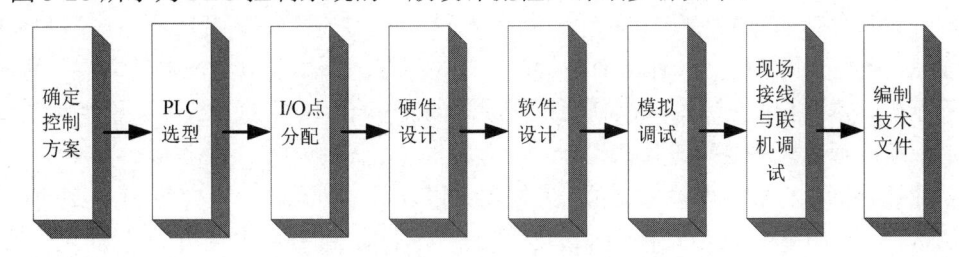

确定控制方案 → PLC 选型 → I/O 点分配 → 硬件设计 → 软件设计 → 模拟调试 → 现场接线与联机调试 → 编制技术文件

图 3-28 PLC 控制系统的一般设计流程

### 1. 确定控制方案

在接到一个控制任务后，首先要分析被控对象的控制过程和要求，以及用什么控制装置（PLC、单片机、DCS 或 IPC）完成任务最合适。PLC 几乎可以完成工业控制领域的所有任务，但 PLC 有最适合的应用场合，如工业环境较差，安全性、可靠性要求较高，系统工艺复杂，输入/输出以开关量为主的工业自动控制系统或装置。而其他的如仪器仪表装置、家电的控制器等用单片机来完成，大型的过程控制系统大部分要用 DCS 来完成。

然后深入了解控制对象的工艺过程、工作特点、控制要求，并划分控制的各个阶段、归纳各个阶段的特点和各阶段之间的转换条件，画出控制流程图或功能流程图。

### 2. PLC 选型

在选择 PLC 类型时，主要考虑如下几方面。

（1）功能的选择。小型机 PLC 主要考虑 I/O 扩展模块、A/D 与 D/A 模块、指令功能（如中断、PID 等）。

（2）I/O 点数的确定。统计被控制系统的开关量、模拟量的 I/O 点数，并考虑以后的扩充（一般加上 10%~20%的备用量），从而选择 PLC 的 I/O 点数和输出规格。

（3）性价比高的，有些功能类似、质量相当、I/O 点数相当的 PLC 的价格相差较大，获得高性价比的 PLC 也是考虑的因素。

### 3. I/O 点分配与硬件设计

分配 PLC 的输入/输出点，编写输入/输出分配表或画出输入/输出端子的接线图，同时进行硬件设计。

PLC 硬件设计包括 PLC 及外围线路的设计、电气线路的设计和抗干扰措施的设计等。选定 PLC 的类型和分配 I/O 点后，硬件设计的主要内容就是电气控制原理图的设计，电气元件的选择和控制柜的设计。电气控制原理图包括主电路原理图和控制电路原理图。控制电路包括 PLC 的 I/O 接线和自动、手动部分的详细连接等。电气元件的选择主要是根据控制要求选择按钮、开关、传感器、保护电器、接触器、指示灯、电磁阀等。

### 4．软件设计与模拟调试

对于较复杂的控制系统，首先根据生产工艺要求，画出控制流程图或功能流程图，然后设计出梯形图程序。

软件设计包括系统初始化程序、主程序、子程序、中断程序、故障应急措施和辅助程序的设计，小型开关量控制一般只有主程序。首先应根据总体要求和控制系统的具体情况，确定程序的基本结构，然后画出控制流程图或功能流程图，简单的系统可以用经验法设计，复杂的系统一般用顺序控制设计法设计。

软件设计好后一般先做模拟调试。模拟调试可以通过仿真软件来代替 PLC 硬件在计算机上调试程序。如果有 PLC 硬件，那么可以用小开关和按钮模拟 PLC 的实际输入信号（如启动、停止信号）或反馈信号（如限位开关的接通或断开），再通过输出模块上各输出位对应的指示灯观察输出信号是否满足设计的要求。需要模拟量信号 I/O 时，可用电位器和万用表配合进行。在编程软件中可以用状态图或状态图表监视程序的运行或强制某些编程元件对程序进行模拟调试和修改，直到满足控制要求为止。

### 5．现场接线与联机调试

根据控制柜及操作台的电器布置图及安装接线图进行现场接线，并检查。联机调试时，把编制好的程序下载到现场的 PLC 中。调试时，主电路一定要断电，只对控制电路进行联机调试。通过现场的联机调试，还会发现新的问题或需要对某些控制功能进行改进。如果控制系统由几个部分组成，则应先做局部调试，然后进行整体调试；如果控制程序的步序较多，则可先进行分段调试，然后连接起来总调。

### 6．编制技术文件

技术文件应包括可编程控制器的外部接线图等电气图纸、电器布置图、电气元件明细表、顺序功能图、带注释的梯形图和说明。

## 【实施步骤】

### 一、确定控制方案

主电路保持不变，电动机采用额定 380V 交流三相异步电动机，采用额定电压为 380V 的交流接触器，电动机只需能够完成连续转动、停止和过载保护等控制，本项目的 PLC 改造主要是针对控制电路的改造。

### 二、PLC 选型

PLC 输入信号有启动、停止和过载保护共 3 个触点，输出口只需驱动一个接触器线圈来控制对应主触点接通和切断主电路，因此选用 CPU 1211C AC/DC/RLY 型号（6 输入/4 输出）即可满足要求。

## 三、I/O 点分配及控制电路设计

PLC 的 I/O 点分配如表 3-8 所示，PLC 外围控制电路如图 3-29 所示。

表 3-8  PLC 的 I/O 点分配

| 序号 | 符号 | 功能描述 | 输入 | 序号 | 符号 | 功能描述 | 输出 |
|---|---|---|---|---|---|---|---|
| 1 | I0.0 | 启动 | SF2 | 3 | I0.2 | 过载保护 | BB |
| 2 | I0.1 | 停止 | SF1 | 4 | Q0.0 | 电机运转 | QA1 |

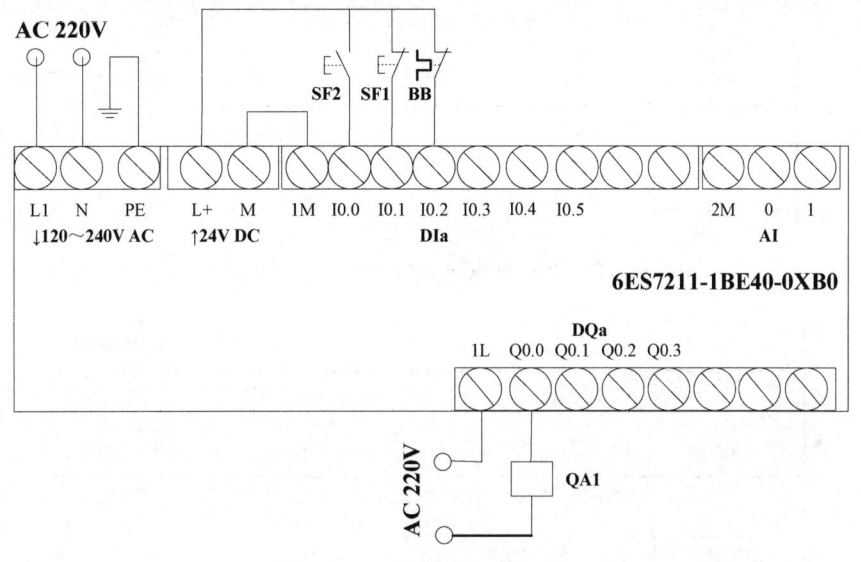

图 3-29  PLC 外围控制电路

在设计 PLC 外围控制电路时，要注意外部输入信号是高电平还是低电平。以图 3-29 所示的电路为例，如果在 PLC 输入口上接入常开触点（如 I0.0），则该输入口上输入的是低电平，则其常开触点逻辑状态为 0，常闭触点逻辑状态为 1；反之，如果在 PLC 输入口上接入常闭触点（如 I0.1），则该输入口上输入的是高电平，其常开触点逻辑状态为 1，常闭触点逻辑状态为 0。在编制梯形图时需要注意做相应的变化。

## 四、编写控制程序

对传统的继电器-接触器控制电路进行 PLC 改造时，一般只需将交流接触器的线圈（QA）改为输出继电器（Q），中间继电器改为通用辅助寄存器（M），时间继电器改为定时器 T，其余常开、常闭触点对应改为 PLC 的相应触点指令即可（见图 3-30）。

与传统的继电器-接触器控制电路不同，PLC 控制程序具有很大的灵活性，同样的 PLC 外围接口电路，控制程序可以完全不同，这给工业控制中生产流程的改造、变更带来了很大的柔性，因此在现代电气控制中得到了广泛应用。图 3-31 所示为启保停控制电路的 PLC 控制程序（方法二），运用了置位/复位指令的控制程序，与图 3-30 所示方法应用的自锁控制程序完全不同，但可以实现同样的输出功能。

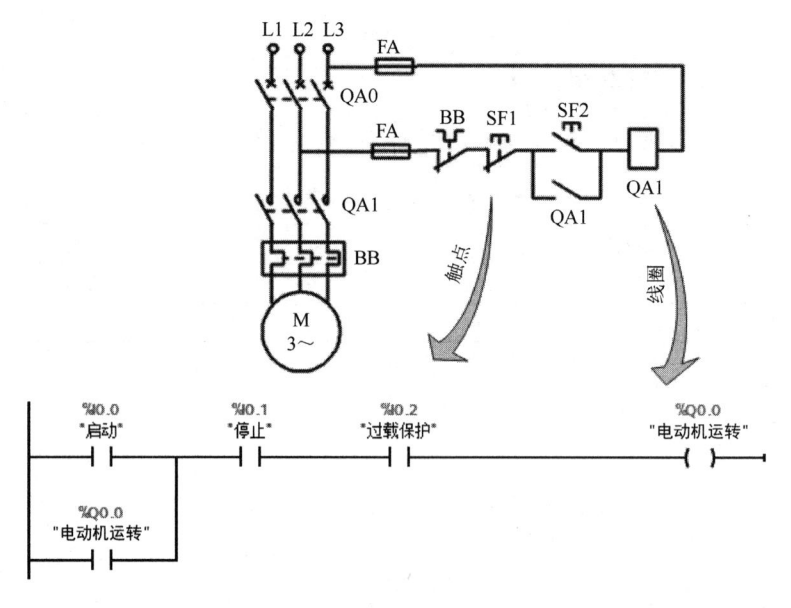

图 3-30 启保停控制电路的 PLC 编程改造（方法一）

图 3-31 启保停控制电路的 PLC 控制程序（方法二）

## 五、仿真与调试

在博途软件中，单击工具栏中的"启动仿真"按钮 ，即可自动启动仿真软件。

在"项目树"选区中选择"监控与强制表"→"强制表"选项，强制对应输入信号为设定值，单击 按钮，观察梯形图窗口中 Q0.0 的状态，仿真调试界面如图 3-32 所示。

图 3-32 仿真调试界面

**思考：**（1）图 3-30 与图 3-31 所示的两种方法，其 PLC 外围控制电路接线一致吗？停止按钮 SF1 或热继电器 BB 应接入的是常闭触点还是常开触点？

（2）当同时按下启动按钮和停止按钮时，Q0.0 输出信号的状态是怎样的？

（3）如果改用图 3-33 所示的方案，有何不同，这些方案存在什么不足？

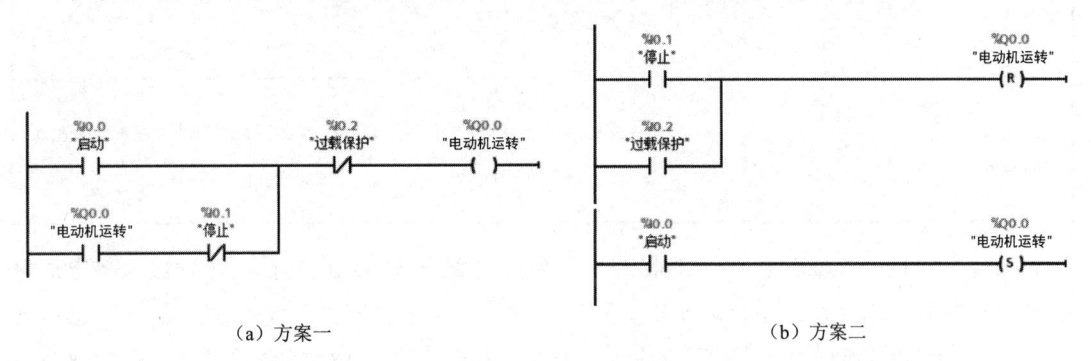

（a）方案一　　　　　　　　　　（b）方案二

图 3-33　启保停电路 PLC 改造程序（思考方案）

## 【知识扩展】

立即指令是为了提高 PLC 对输入/输出的响应速度而设置的，它不受 PLC 循环扫描工作方式的影响，允许对输入点 I 和输出点 Q 进行快速直接存取。立即指令格式及使用说明如表 3-9 所示。

表 3-9　立即指令格式及使用说明

| 功能 | LAD | 说明 |
| --- | --- | --- |
| 立即输入<br>常开触点 | "IN":P | （1）通过在 I 偏移量后追加 ":P"，可执行立即读取物理输入（例如 "%I3.4:P"）。<br>（2）对于立即读取，直接从物理输入读取位数据值，而非从过程映像中读取。立即读取不会更新过程映像 |
| 立即输入<br>常闭触点 | "IN":P | |
| 立即输出<br>输出线圈 | "OUT":P | （1）通过在 OUT 偏移量后加上 ":P"，可指定立即写入物理输出（例如 "%Q3.4:P"）。<br>（2）对于立即写入，将位数据值写入过程映像输出并直接写入物理输出 |
| 立即输出<br>取反线圈 | "OUT":P | |
| 立即输出<br>置位指令 | "OUT":P<br>(S) | S（置位）激活时，立即置位 OUT 物理输出（例如 "%Q3.4:P"） |
| 立即输出<br>复位指令 | "OUT":P<br>(R) | R（复位）激活时，立即复位 OUT 物理输出（例如 "%Q3.4:P"） |

续表

| 功能 | LAD | 说明 |
|---|---|---|
| 立即输出<br>置位位域 | "OUT":P<br>—(SET_BF)—<br>"n" | SET_BF 激活时，为从寻址变量 OUT 处开始的 "n" 位分配数据值 1，并立即物理输出 |
| 立即输出<br>复位位域 | "OUT":P<br>—(RESET_BF)—<br>"n" | RESET_BF 激活时，为从寻址变量 OUT 处开始的 "n" 位写入数据值 0，并立即物理输出 |

当用立即指令读取输入点 I 的状态时，直接读取物理输入点的值，过程输入映像寄存器内容不更新，指令操作数仅限于输入物理点的值。当用立即指令访问输出点 Q 时，新值同时写到 PLC 的物理输出点和相应的输出映像寄存器。立即 I/O 指令是直接访问物理输入点/输出点的，比一般指令访问输入/输出映像寄存器占用 CPU 时间要长，因而不能盲目地使用立即指令，否则，会加长扫描周期时间，反而对系统造成不利影响。

例 3-5：立即指令示例，其梯形图、时序图如图 3-34 所示。

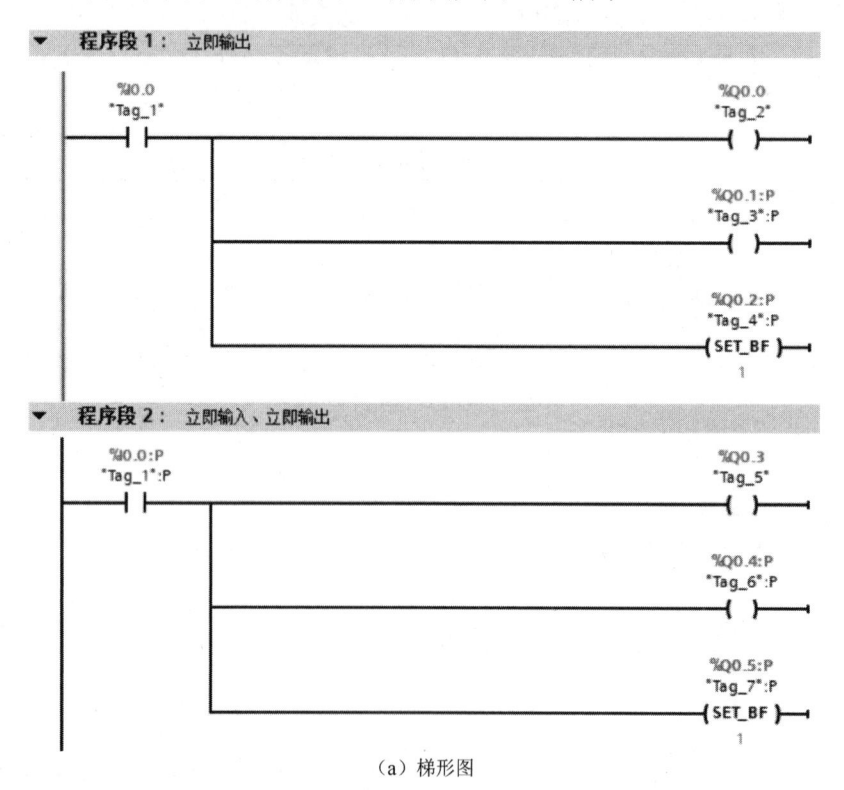

```
程序段 1： 立即输出
    %I0.0                                           %Q0.0
   "Tag_1"                                          "Tag_2"
   ——| |——————————————————————————————————————————( )—
           |
           |                                        %Q0.1:P
           |                                        "Tag_3":P
           |——————————————————————————————————————( )—
           |
           |                                        %Q0.2:P
           |                                        "Tag_4":P
           |————————————————————————————————————(SET_BF)—
                                                      1

程序段 2： 立即输入、立即输出
    %I0.0:P                                         %Q0.3
   "Tag_1":P                                        "Tag_5"
   ——| |——————————————————————————————————————————( )—
           |
           |                                        %Q0.4:P
           |                                        "Tag_6":P
           |——————————————————————————————————————( )—
           |
           |                                        %Q0.5:P
           |                                        "Tag_7":P
           |————————————————————————————————————(SET_BF)—
                                                      1
```

(a) 梯形图

图 3-34 立即指令示例

(b) 时序图

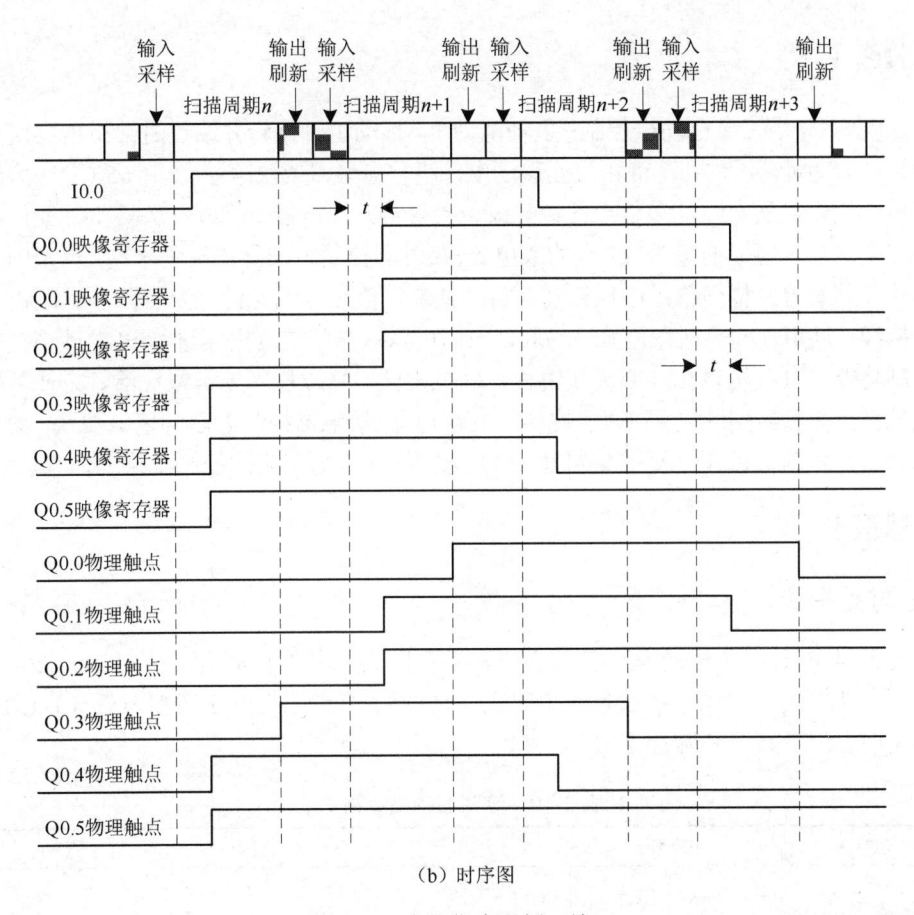

图 3-34 立即指令示例（续）

在例 3-5 中，$t$ 为执行到输出点处程序所占用的时间。Q0.0 开始的 6 个元器件的输入逻辑为 I0.0 的常开触点的输入，Q0.0 为普通输出，在程序执行到它时，它的寄存器状态取决于本扫描周期采集到的 I0.0 状态，而它的物理触点的状态要等到本扫描周期的输出刷新阶段才能改变。Q0.1、Q0.2 为立即输出，在程序执行到它们时，它们的输出映像寄存器和物理触点的状态同时改变。而对 Q0.3、Q0.4、Q0.5 来说，由于输入逻辑是 I0.0 的立即触点，所以程序执行到它们时，其映像寄存器的内容会随 I0.0 即时状态的变化而立即改变。Q0.3 为普通输出，因此其物理触点的状态要等到本扫描周期的输出刷新阶段才能改变。Q0.4、Q0.5 为立即输出，物理触点的状态会随 Q0.4、Q0.5 映像寄存器的变化而立即改变，而无须等到输出刷新阶段。

## 项目 3.2　PLC 改造 C650 型车床的控制电路

【项目目标】

（1）掌握定时器指令的功能及使用。
（2）掌握 PLC 控制系统设计的流程。

## 【项目分析】

C650 型车床由三台电动机控制：主轴电动机，拖动主轴旋转并通过进给机构实现进给运动；冷却泵电动机，提供切削液；快速移动电动机，拖动刀架快速移动。C650 型车床的控制电路在单元 1 中已做介绍，它是把各种开关、接触器、继电器、行程开关等电气元件用很多导线按照生产要求组成的电路。传统的继电器-接触器控制方法是比较基本的，也是应用很广泛的方法，其装置结构简单，原理直观，价格便宜，但是电气元件触点有限，更改控制功能需重新接线，通用性和灵活性差些。为此，人们可以对这些控制电路进行 PLC 改造，完成同样的控制功能。PLC 可以在线或离线编程，联机调试、修改程序等都很灵活、方便。扫描周期是毫秒甚至微秒级别的，控制速度比传统的继电器-接触器控制方法的速度要快，具有重要的实际意义。本项目将介绍使用 S7-1200 PLC 改造 C650 型车床的控制电路的内容。

## 【相关知识】

### 一、定时器指令

定时器是 PLC 中常用的编程资源之一，指令格式如表 3-10 所示。S7-1200 PLC 为用户提供了四种类型的定时器：接通延时定时器（TON）、有记忆接通延时定时器（TONR）、断开延时定时器（TOF）和脉冲定时器（TP）。

表 3-10　定时器的指令格式

| LAD 功能框 | LAD 线圈 | 说明 |
| --- | --- | --- |
| IEC_Timer_0<br>TP<br>Time<br>IN　Q<br>PT　ET | TP_DB<br>—(TP)—<br>"PRESET_Tag" | TP 定时器可生成具有预设宽度时间的脉冲 |
| IEC_Timer_1<br>TON<br>Time<br>IN　Q<br>PT　ET | TON_DB<br>—(TON)—<br>"PRESET_Tag" | TON 定时器在预设的延时过后将输出 Q 设置为 ON |
| IEC_Timer_2<br>TOF<br>Time<br>IN　Q<br>PT　ET | TOF_DB<br>—(TOF)—<br>"PRESET_Tag" | TOF 定时器在预设的延时过后将输出 Q 重置为 OFF |
| IEC_Timer_3<br>TONR<br>Time<br>IN　Q<br>R　ET<br>PT | TONR_DB<br>—(TONR)—<br>"PRESET_Tag" | TONR 定时器在预设的延时过后将输出 Q 设置为 ON。在使用 R 输入重置经过的时间之前，会跨越多个定时时段一直累加经过的时间 |
| PT<br>PT | TON_DB<br>—(PT)—<br>"PRESET_Tag" | PT（预设定时器）线圈会在指定的 IEC_Timer 中装载新的 PRESET 时间值 |

续表

| LAD 功能框 | LAD 线圈 | 说明 |
|---|---|---|
| RT | TON_DB —(RT)— | RT（复位定时器）线圈会复位指定的 IEC_Timer |

使用定时器指令可创建编程的时间延时。用户程序中可以使用的定时器数仅受 CPU 存储器容量限制。每个定时器均使用 16 字节的 IEC_Timer 数据类型的 DB（数据块）结构来存储功能框或线圈指令顶部指定的定时器数据。STEP 7 会在插入指令时自动创建该 DB。

在 CPU 中，没有给任何特定的定时器指令分配专门的资源。每个定时器使用 DB 存储器中其自身的结构和一个连续运行的内部 CPU 定时器来执行定时。

定时器参数的数据类型如表 3-11 所示。

表 3-11 定时器参数的数据类型

| 参数 | 数据类型 | 说明 |
|---|---|---|
| 功能框：IN<br>线圈：能流 | Bool | TP、TON 和 TONR 的说明如下。功能框：0=禁用定时器，1=启用定时器<br>线圈：无能流=禁用定时器，能流=启用定时器<br>TOF 的说明如下。功能框：0=启用定时器，1=禁用定时器<br>线圈：无能流=启用定时器，能流=禁用定时器 |
| R | Bool | 仅 TONR 功能框：0=不重置，1=将经过的时间和 Q 位重置为 0 |
| 功能框：PT<br>线圈："PRESET_Tag" | Time | 定时器功能框或线圈：预设的时间输入 |
| 功能框：Q<br>线圈：DBdata.Q | Bool | 定时器功能框：Q 功能框输出或定时器 DB 数据中的 Q 位<br>定时器线圈：仅可寻址定时器 DB 数据中的 Q 位 |
| 功能框：ET<br>线圈：DBdata.ET | Time | 定时器功能框：ET（经历的时间）功能框输出或定时器 DB 数据中的 ET 时间值<br>定时器线圈：仅可寻址定时器 DB 数据中的 ET 时间值 |

定时器 PT 和 IN 参数值变化的影响如表 3-12 所示。

表 3-12 定时器 PT 和 IN 参数值变化的影响

| 定时器 | PT 和 IN 的功能框参数、相应线圈参数的变化 |
|---|---|
| TP | 定时器运行期间，更改 PT 没有任何影响<br>定时器运行期间，更改 IN 没有任何影响 |
| TON | 定时器运行期间，更改 PT 没有任何影响<br>定时器运行期间，将 IN 更改为 FALSE 会复位并停止定时器 |
| TOF | 定时器运行期间，更改 PT 没有任何影响<br>定时器运行期间，将 IN 更改为 TRUE 会复位并停止定时器 |
| TONR | 定时器运行期间更 PT 没有任何影响，但对定时器中断后继续运行会有影响<br>定时器运行期间将 IN 更改为 FALSE 会停止定时器但不会复位定时器，将 IN 改回 TRUE 将使定时器从累积的时间值开始定时 |

PT（预设时间）值和 ET（经过的时间）值以表示毫秒时间的有符号双精度整数形式存储在指定的 IEC_TIMER DB 数据中。Time 数据使用 T#标识符，可以采用简单时间单元

(T#200ms 或 200) 和复合时间单元(如 T#2s_200ms) 的形式输入。

Time 数据类型的大小和范围如表 3-13 所示。

表 3-13 Time 数据类型的大小和范围

| 数据类型 | 大小 | 有效数值范围 |
| --- | --- | --- |
| Time | 32 位,以 DInt 数据的形式存储 | T#-24d_20h_31m_23s_648ms 到 T#24d_20h_31m_23s_647ms 以-2147483648ms 到+2147483647ms 的形式存储 |

在定时器指令中,无法使用 Time 数据类型的负数范围。负的 PT 值在定时器指令执行时被设置为 0,ET 值始终为正值。

### 1. 接通延时定时器

接通延时定时器的应用示例如图 3-35 所示,%DB1 表示定时器的背景数据块(此处只显示了绝对地址,因此背景数据块显示为%DB1,也可以设置显示符号地址),TON 表示接通延时定时器。

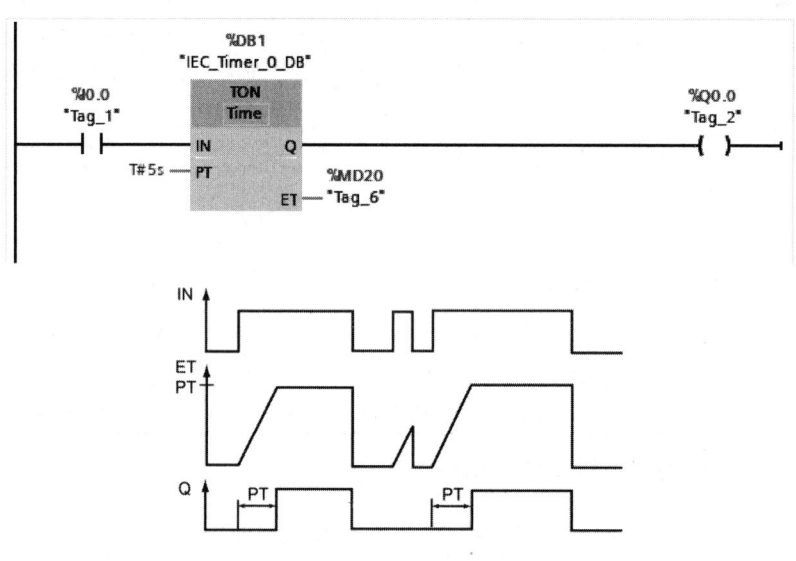

图 3-35 接通延时定时器的应用示例

启动:当定时器的输入端 IN 由 0 变为 1 时,定时器启动,由 0 开始加定时,到达预设值后,定时器停止计时且保持为预设值。

预设值:在输入端 PT 输入格式如 T#5s 的定时时间,表示定时时间为 5s。Time 数据类型使用 T#标识符,可以采用简单时间单元 T#200ms 或复合时间单元 T#2s_200ms 的形式输入。

定时器的当前计时时间值可以在输出端 ET 输出。预设值时间 PT 和计时时间 ET 以表示毫秒时间的有符号双精度整数形式存储在存储器中。定时器的当前值不为负,若设置预设值为负,则定时器指令执行时将被设置为 0。

输出:当定时器定时时间到,没有错误且输入端 IN=1 时,输出端 Q 置位变为 1。

如果在定时时间到达前输入端 IN 从 1 变成 0,则定时器停止运行,当前计时值为 0,

此时输出端 Q=0。若 IN 端又从 0 变为 1，则定时器重新从 0 开始加定时。

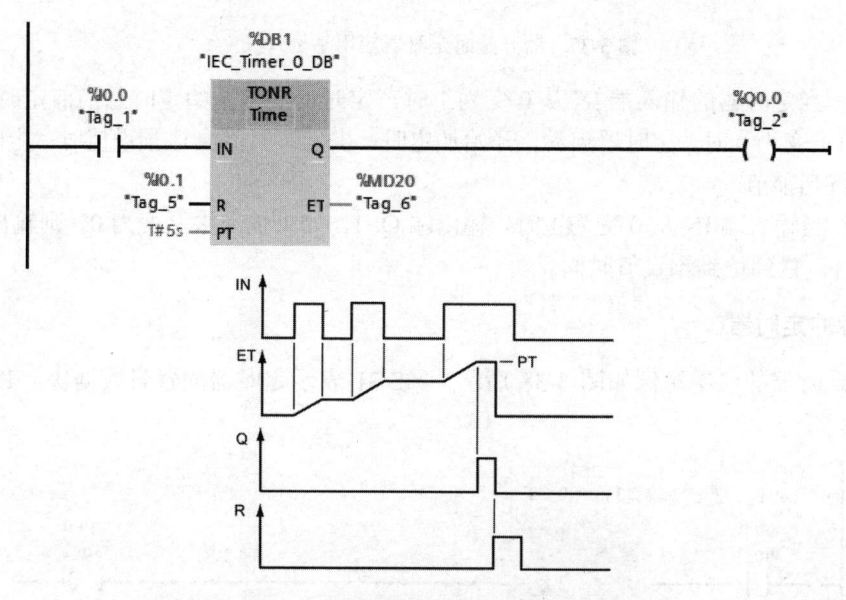

### 2. 有记忆接通延时定时器

有记忆接通延时定时器用于累计定时时间间隔的场合，有记忆接通延时定时器的应用举例如图 3-36 所示，%DB1 表示定时器的背景数据块，TONR 表示有记忆接通延时定时器。

图 3-36　有记忆接通延时定时器的应用举例

启动：当定时器的输入端 IN 从 0 变为 1 时，定时器启动，开始加定时，当 IN 端变为 0 时，定时器停止工作保持当前计时值。当定时器的输入端 IN 从 0 变为 1 时，定时器继续计时，当前值继续增加；如此重复，直到定时器当前值达到预设值时，定时器停止计时。

复位：当复位输入端 R 为 1 时，无论 IN 端如何，都清除定时器中的当前定时值，输出端 Q 复位。

输出：当定时器计时时间到达预设值时，输出端 Q 端变为 1。

### 3. 断开延时定时器

断开延时定时器的应用举例如图 3-37 所示，%DB1 表示定时器的背景数据块，TOF 表示断开延时定时器。

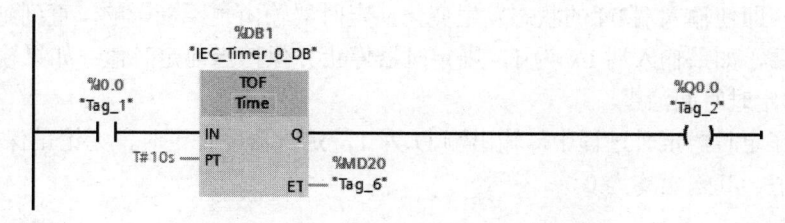

图 3-37　断开延时定时器的应用举例

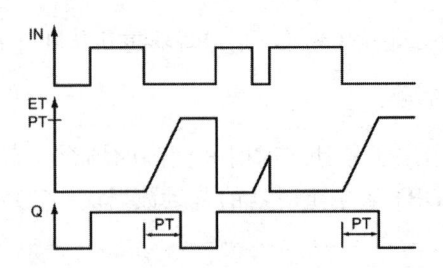

图 3-37 断开延时定时器应用举例（续）

启动：当定时器的输入端 IN 从 0 变为 1 时，定时器尚未开始定时且当前定时值清零；当 IN 端由 1 变为 0 时，定时器启动，开始加定时。当定时时间到达预设值时，定时器停止计时并保持当前值。

输出：当输入端 IN 从 0 变为 1 时，输出端 Q=1，如果输入端又变为 0，则输出端 Q 继续保持为 1，直到达到预设值时间。

### 4．脉冲定时器

脉冲定时器的应用举例如图 3-38 所示，%DB1 表示定时器的背景数据块，TP 表示脉冲定时器。

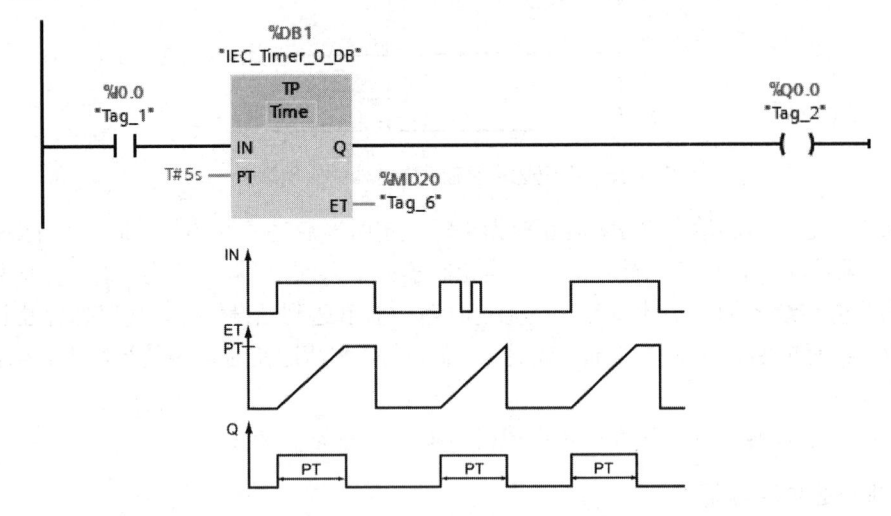

图 3-38 脉冲定时器的应用举例

启动：当输入端 IN 从 0 变为 1 时，定时器启动，此时输出端 Q 置位。在脉冲定时器定时过程中，即使输入端 IN 的状态发生变化，定时器输出也不受影响，直到到达预设值。到达预设值后，如果输入端 IN 为 1，则定时器停止并保持当前定时值；如果输入端 IN 为 0，则定时器定时时间清零。

输出：在定时器定时过程中，输出端 Q 为 1，定时器停止定时，无论是保持当前值还是清零当前值，其输出均为 0。

### 5．定时器直接启动指令

对于 IEC 定时器指令，有 4 种简单的直接启动指令：启动脉冲定时器、启动接通延时定时器、启动断开延时定时器和时间累加器。

需要注意的是，TP、TON、TOF、TONR 定时器线圈必须是 LAD 网络中的最后一个指令，定时器直接启动举例如图 3-39 所示。

▼ 程序段 1：
注释

```
    %I0.0                                              %DB1
   "Tag_1"                                      "IEC_Timer_0_DB"
  ——| |——————————————————————————————————————————( TP )——
                                                      Time
                                                      T#5s
```

▼ 程序段 2：
注释

```
 "IEC_Timer_0_
    DB".Q                                             %Q0.0
                                                      "Tag_2"
  ——| |——————————————————————————————————————————————( )——
```

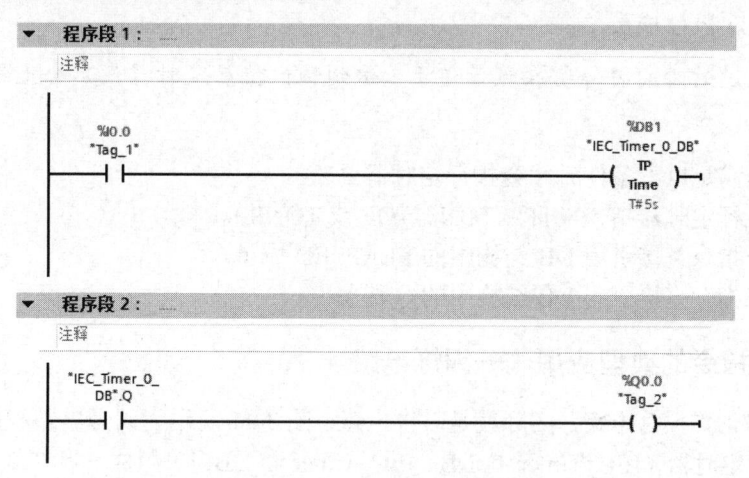

图 3-39　定时器直接启动举例

当 I0.0 的值由 0 转变为 1 时，脉冲定时器启动，定时器开始运行并持续 5s。只要定时器运行，"IEC_Timer_0_DB".Q=1 且 Q0.0=1。当经过定时时间 5s 后，"IEC_Timer_0_DB".Q=0 且 Q0.0=0。功能等同于前面介绍的脉冲定时器的梯形图。

**6．复位及加载持续时间指令**

S7-1200 PLC 有专门的定时器复位指令 RT，定时器复位指令的应用举例如图 3-40 所示，%DB1 为定时器的背景数据块，其功能为通过清除存在于指定定时器背景数据块中的时间数据来重置定时器。

```
    %I0.1                                              %DB1
   "Tag_5"                                      "IEC_Timer_0_DB"
  ——| |——————————————————————————————————————————————( RT )——
```

图 3-40　定时器复位指令的应用举例

可以使用"加载持续时间"指令为定时器设置时间。如果该指令输入逻辑运算结果（RLO）的信号状态为 1，则每个周期都执行该指令。该指令将指定时间写入指定定时器的结构中。如果在指令执行时指定定时器正在计时，那么指令将覆盖该指定定时器的当前值，从而改变定时器的状态。

**注意：**

当由于 TP、TON、TOF 或 TONR 指令的输入出现上升沿跳变而启动定时器时，连续运行的内部 CPU 定时器的值将被复制到为该定时器指令分配的 DB（数据块）结构的 START 成员中。

该起始值在定时器继续运行期间将保持不变，随后将在每次更新定时器时使用。每次启动定时器时，都会从内部 CPU 定时器将一个新的起始值加载到定时器结构中。更新定时器时，将先从内部 CPU 定时器的当前值中减去上述起始值以确定经过的时间。再将经过的时间与预设值进行比较以确定定时器 Q 位的状态。最后在为该定时器分配的 DB 结构中，更新 ELAPSED 和 Q 成员。

**注意**：经过的时间将停留在预设值上（达到预设值后定时器便不会继续累加经过的时间）。

当且仅当满足以下条件时才会执行定时器更新。
（1）已执行定时器指令（TP、TON、TOF 或 TONR）。
（2）某个指令直接引用 DB 结构中的 ELAPSED 成员。
（3）某个指令直接引用 DB 结构中的 Q 成员。

### 二、定时器指令的典型应用——闪烁电路

闪烁电路也称振荡电路，实际就是时钟电路，图 3-41 所示为闪烁电路程序示例及对应时序，由两个定时器（IEC_Timer_0_DB、IEC_Timer_0_DB_1）组成，当 I0.0 为 1 时，Q0.0 就会产生 20s 通、10s 断的闪烁信号。

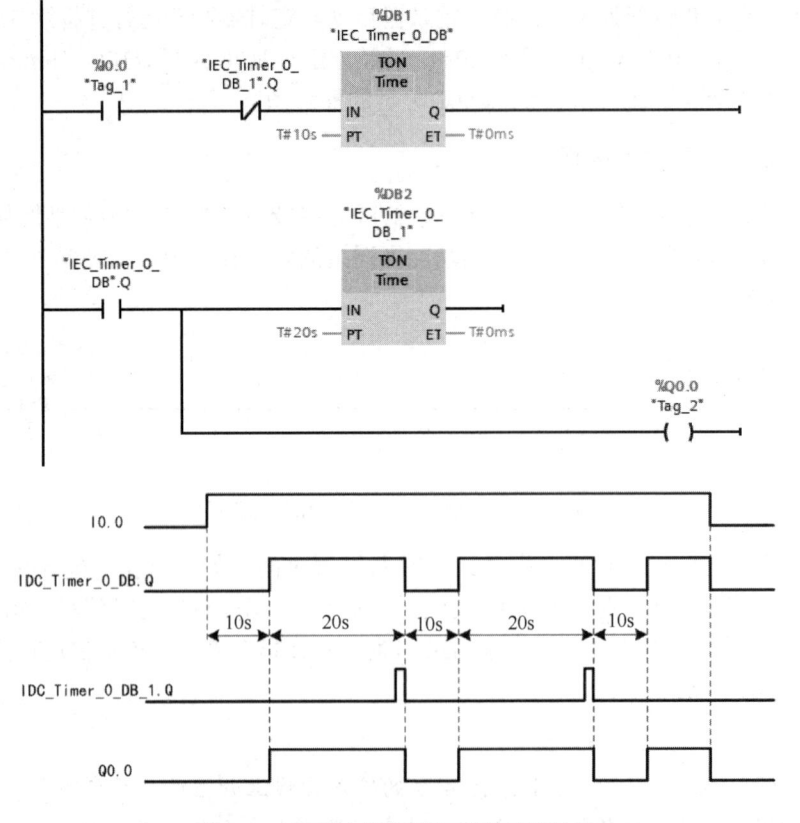

图 3-41 闪烁电路程序示例及对应时序

在 S7-1200 PLC 程序中除了使用两个定时器来产生脉冲信号，还可以应用 PLC 的系统和时钟存储器来产生特定频率的脉冲信号。时钟存储器的设置和使用步骤如下。

（1）在博途软件界面的"项目树"选区中双击"设备和网络"选项。
（2）在设备视图窗口中双击 PLC 的 CPU 图标，下方将弹出该 PLC 的属性窗口。
（3）在属性窗口左侧的"常规"选项卡中双击"系统和时钟存储器"选项。
（4）勾选"启用时钟存储器字节"复选框激活。
（5）如图 3-42 所示，可以看到 PLC 中支持几种特定频率的时钟存储器，我们需要选用的是 1Hz 的时钟存储器，其默认地址为 M0.5。

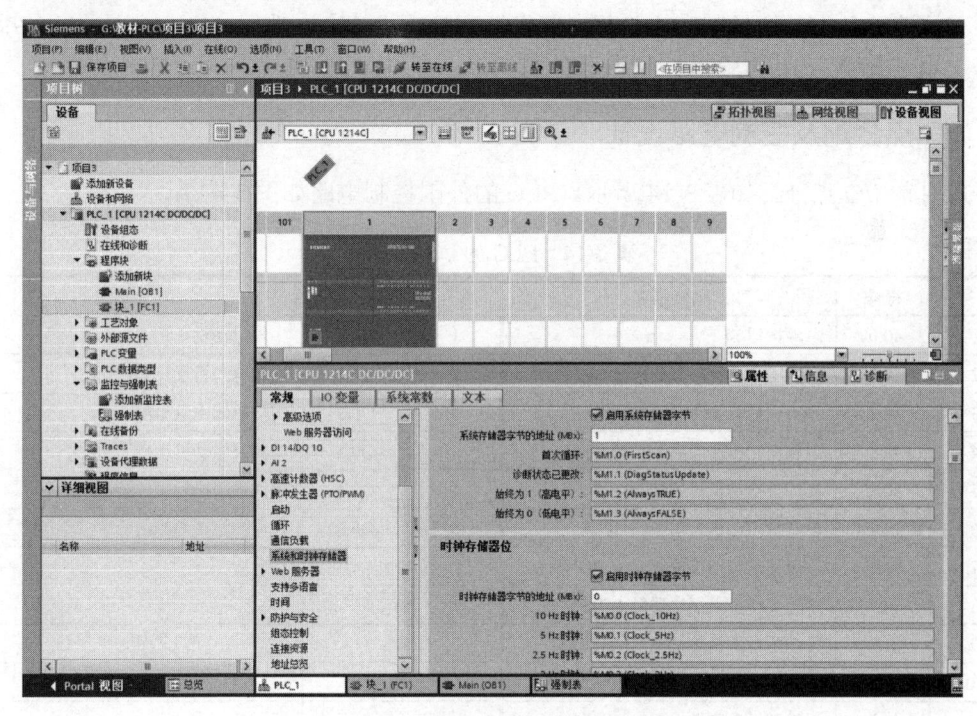

图 3-42 系统和时钟存储器设置

（6）在程序中只需调用该时钟存储器就可以产生 1Hz 的脉冲信号，产生 1Hz 脉冲信号的编程如图 3-43 所示。

图 3-43 产生 1Hz 脉冲信号的编程

# 【实施步骤】

## 一、确定改造方案

本项目使用 S7-1200 PLC 改造 C650 型车床的控制电路，改造时保持原有车床的加工工艺方法不变；保持原有车床主电路的所有元器件不变，不改变原有车床控制系统的电气操作方法；控制电路的控制元件，如按钮、行程开关、热继电器和接触器等的作用与原有电路中的相同；另外，主轴与进给启动、制动、低速运行、高速运行和点动等的操作方法不变。原继电器-接触器控制电路中的硬件接线改用 PLC 编程实现。

## 二、PLC 选型

根据上面的分析，数字量输入有总停止按钮、主轴电动机的正反转启动按钮、正向点动按钮、过载保护触点、正反转速度继电器触点、快速移动电动机电动开关、冷却泵电动机过载保护和启停触点等共 11 个，有主轴电动机正反转控制、限流电阻的短接、电流计的接入、快速移动电动机控制和冷却泵电动机控制等输出 6 个，选用 CPU 1214 AC/DC/RLY 型号（14 点输入、10 点输出）可满足要求。

## 三、I/O 点分配及控制电路设计

PLC 的 I/O 点分配如表 3-14 所示。PLC 的外围控制电路如图 3-44 所示。

表 3-14  PLC 的 I/O 点分配

| 序号 | 符号 | 功能描述 | 序号 | 符号 | 功能描述 |
|---|---|---|---|---|---|
| 1 | I0.0 | 总停按钮 SF1 | 1 | Q0.0 | 主轴电动机正转 QA1 |
| 2 | I0.1 | 主轴电动机正向点动按钮 SF2 | 2 | Q0.1 | 主轴电动机反转 QA2 |
| 3 | I0.2 | 主轴电动机正向启动按钮 SF3 | 3 | Q0.2 | 短接限流电阻 QA3 |
| 4 | I0.3 | 主轴电动机反向启动按钮 SF4 | 4 | Q0.3 | 冷却泵电动机运转 QA4 |
| 5 | I0.4 | 冷却泵电动机停止按钮 SF5 | 5 | Q0.4 | 快速移动电动机控制 QA5 |
| 6 | I0.5 | 冷却泵电动机启动按钮 SF6 | 6 | Q0.5 | 电流计短接 QA6 |
| 7 | I0.6 | 快速移动电动机位置开关 BG | | | |
| 8 | I0.7 | 主轴电动机热继电器触点 BB1 | | | |
| 9 | I1.0 | 冷却泵电动机热继电器触点 BB2 | | | |
| 10 | I1.1 | 正转制动速度继电器触点 BS1 | | | |
| 11 | I1.2 | 反转制动速度继电器触点 BS2 | | | |

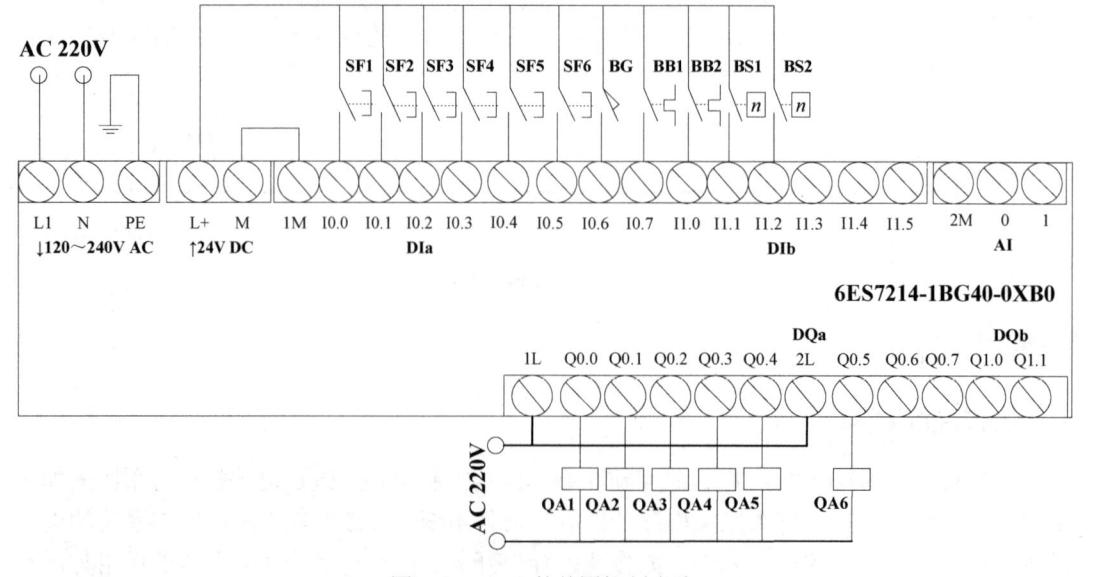

图 3-44  PLC 的外围控制电路

## 四、编写控制程序

### 1. 电气控制电路图的"翻译"

PLC 的梯形图是在继电器-接触器控制系统的基础上发展起来的,如果用 PLC 改造继电器-接触器控制系统,根据继电器-接触器电路图来设计梯形图是一条捷径。这是因为原有的继电器-接触器控制系统经过长期的使用和实践,已被证明能完成系统要求的控制功能,而继电器-接触器电路图又与梯形图有很多相似之处,因此可以将继电器-接触器电路图"翻译"成梯形图。

翻译时要注意继电器-接触器电路图中的各触点与 PLC 输入/输出点的一一对应,以及对中间继电器、时间继电器等的处理。图 3-45 所示为 C650 型车床主轴的控制电路,可以直接按照电路图翻译成图 3-46 所示的梯形图。

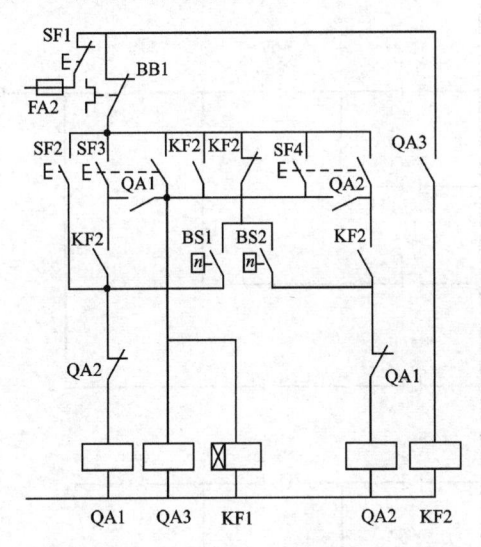

图 3-45 C650 型车床主轴的控制电路

**注意**:S7-1200 PLC 不支持双线圈驱动(同一编号的线圈不能使用两次或两次以上),因此,接触器 QA3 的控制必须单独列出。图 3-46 所示控制电路采用的是符号寻址,其对应的 PLC 输入/输出地址见表 3-14,中间继电器 KF2 对应通用辅助继电器 M2.0。

### 2. 梯形图程序的优化

如果按照图 3-46 所示的直接翻译法,PLC 梯形图显得非常复杂,绘制也十分麻烦。因此必须对被控对象的工艺过程和机械动作情况进行分析,优化和精简直接翻译的梯形图程序。

由于 C650 型车床继电器-接触器控制系统无论主轴电动机是正转还是反转,短接限流电阻的接触器 QA3 都要首先动作。因此,在梯形图中安排的第一个支路为短接限流电阻的控制电路,并将接触器 QA3 接通作为主轴电动机正反转工作的前提条件。主轴电动机正常运转时需要热继电器 BB1 保护,而制动时的工作时间很短并不需要热继电器 BB1 的保护,因此可以只在第一个支路中串接 BB1 和按扭 SF1 的常闭触点。

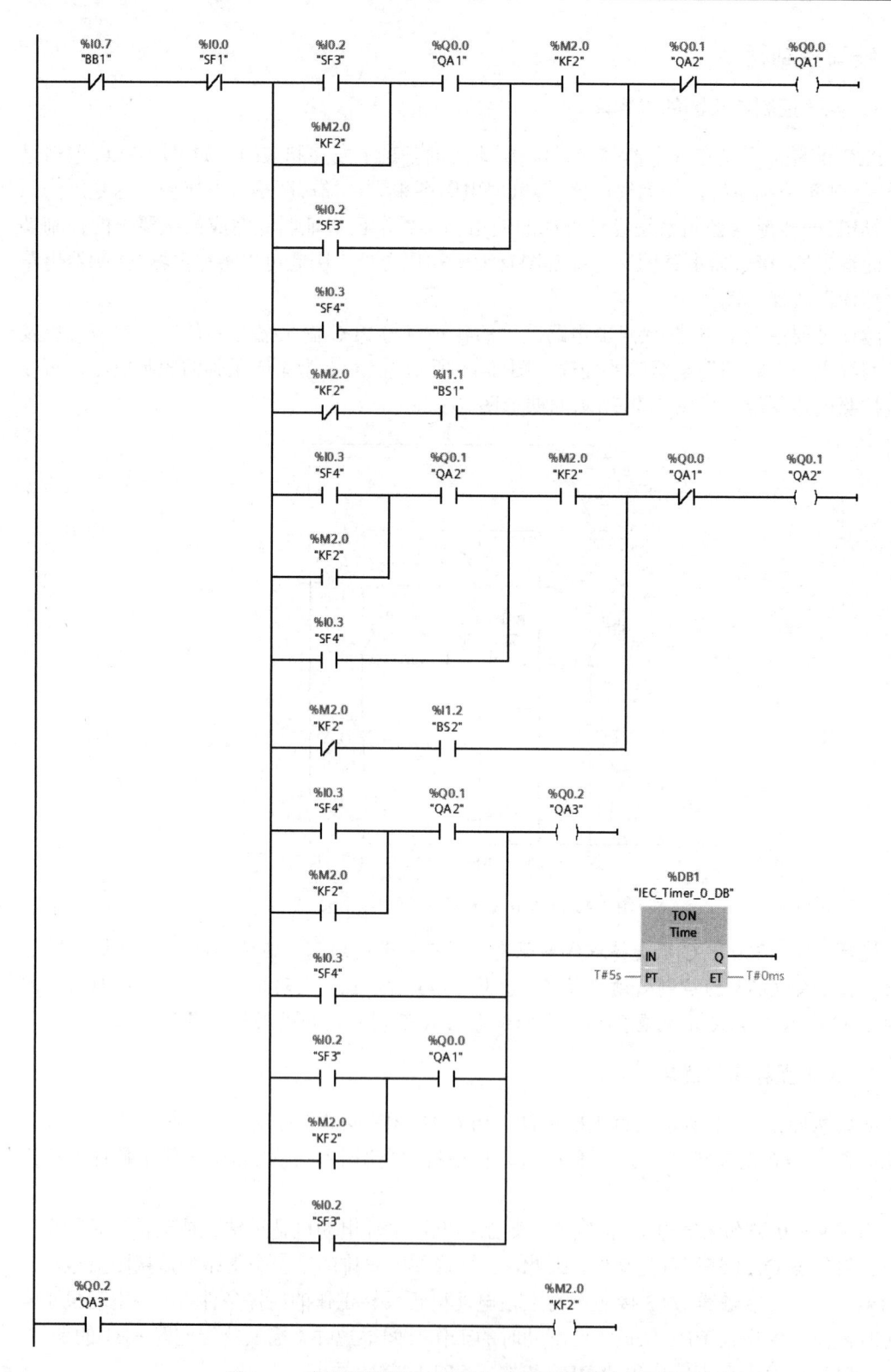

图 3-46 直接翻译的 C650 型车床主轴控制电路的梯形图

由于 PLC 的软件继电器触点足够多，所以在梯形图中并不一定需要通用辅助继电器与中间继电器一一对应，因此在本例编程时，可以不考虑中间继电器 KF2 的触点扩充作用，改用控制接触器 QA3 的输出继电器（Q0.2）的触点直接实现。

时间继电器 KF1 的功能改由 T33 定时器指令来实现延时功能，但是 T33 不能直接驱动负载电路，因此引入接触器 QA6，通过 T33 的触点控制 PLC 输出继电器（Q0.5），实现接触器 QA6 的动作。

优化后的 C650 型车床梯形图程序如图 3-47 所示。

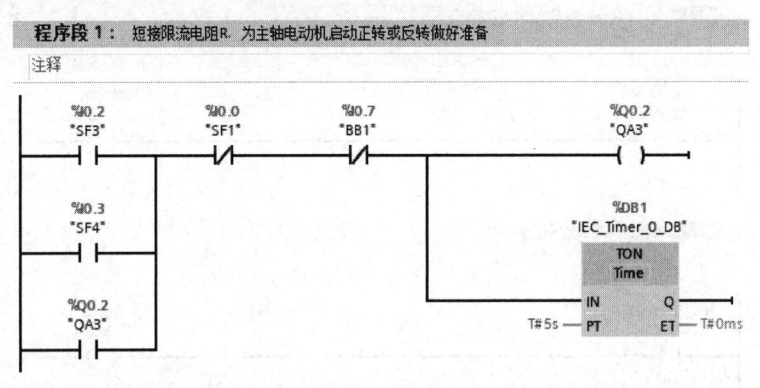

图 3-47　优化后的 C650 型车床梯形图程序

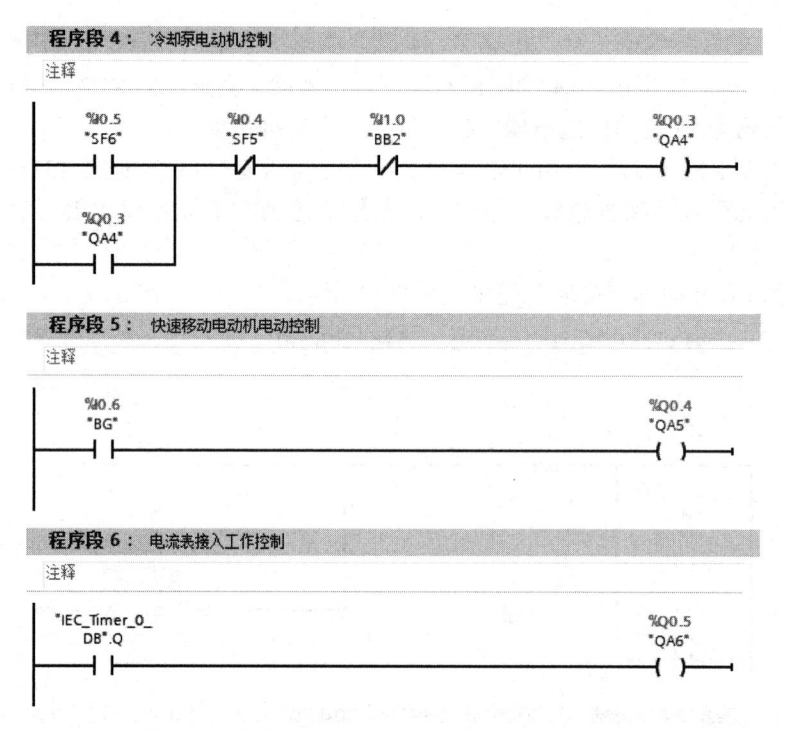

图 3-47　优化后的 C650 型车床梯形图程序（续）

## 五、仿真与调试

在博途软件中，单击工具栏中的"启动仿真"按钮，即可自动启动仿真软件。利用仿真软件调试到满足要求的程序以后便可联机调试。

## 六、整理技术文件，填写工作页

系统完成后一定要及时整理技术文件并填写工作页，以便日后使用。

## 【知识扩展】

程序控制类指令使程序结构灵活，合理使用这类指令可以优化程序结构，增强程序功能，S7-1200 PLC 的程序控制类指令主要包含跳转指令、跳转标签指令与返回指令，其具体功能如表 3-15 所示。

表 3-15　跳转指令、跳转标签指令与返回指令的具体功能

| 指令 | 具体功能 |
| --- | --- |
| Label_name —(JMP)— | RLO（逻辑运算结果）= 1 时跳转：有能流通过 JMP 线圈（LAD），或者 JMP 功能框的输入为真 |
| Label_name —(JMPN)— | RLO = 0 时跳转：没有能流通过 JMPN 线圈（LAD），或者 JMPN 功能框的输入为假 |
| label_name | JMP 或 JMPN 跳转指令的目标标签 |

续表

| 指令 | 说明 |
|---|---|
| #"Return_Value"<br>─( RET )─ | 终止当前块的执行，返回 |

注意：（1）通过在 LABEL 指令中直接键入来创建标签名称；可以使用参数助手图标来选择 JMP 和 JMPN 标签名称字段可用的标签名称；也可在 JMP 或 JMPN 指令中直接键入标签名称。

（2）不要求用户将 RET 指令用作块中的最后一个指令；该操作是自动完成的。一个块中可以有多个 RET 指令。

"若 RLO=1，则跳转"指令 JMP 与跳转标签指令 LABEL 配合使用。当跳转线圈 JMP 的输入为 1 时，跳转到该指令顶部指定的标签处。程序块运行时总是按从上到下的程序段顺序执行。跳转指令是指跳转到标签所在的位置向下顺序执行，跳转指令与标签之间的程序段不执行。跳转时，可以向前或向后跳转，也可以从多个位置跳转到同一个标签处。但是，只能在同一个程序块中跳转，不能从一个程序块跳转到另一个程序块。在一个程序块内，跳转标签的名称只能使用一次。一个程序段只能设置一个跳转标签，标签的首字母不能为数字。

"若 RLO=0，则跳转"指令 JMPN 与跳转标签指令 LABEL 配合使用。当跳转线圈 JMPN 的输入为 0 时，跳转到该指令顶部指定的标签处。

返回指令 RET 可以是有条件返回或无条件返回，其线圈上面的参数是返回值，数据类型为 Bool。它的线圈通电时，停止执行该指令后面的指令，返回调用它的程序块。在块结束时不需要 RET 指令，系统会自动完成这一任务。

如果当前的块是 OB，那么返回值被忽略。如果当前的块是 FC 或 FB，那么返回值将传送给调用它的块，返回值可以是 1（TRUE）、0（FALSE）或指定的位地址。

跳转指令、跳转标签指令和返回指令的应用如图 3-48 所示。在程序段 1 中，如果 I0.0 常开触点未接通，那么不执行跳转指令，执行程序段 2，进行电动机点动控制。执行完程序段 3 中的返回指令后，程序段 4 不会被执行。

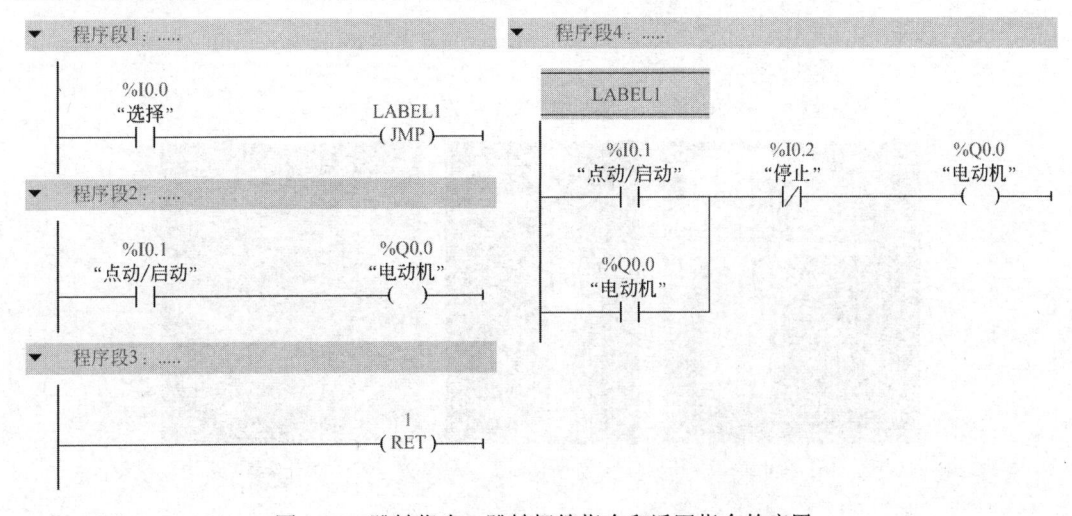

图 3-48 跳转指令、跳转标签指令和返回指令的应用

如果程序段 1 中的 I0.0 常开触点接通，那么执行跳转指令，跳过程序段 2 和程序段 3（不执行点动控制），直接跳转到程序段 4 中的标签处（LABEL1），进行电动机连续控制。

## 项目 3.3　数控机床润滑系统 PLC 控制分析

【项目目标】

（1）掌握边沿触发指令和比较指令的功能及使用。
（2）掌握计数器指令的功能及使用。

【项目分析】

数控机床的润滑系统主要对机床导轨、传动齿轮、滚珠丝杠和主轴箱等进行润滑。集中润滑供油系统是指从一个润滑油供给源把需要量的润滑油准确地供往多个润滑点的系统，图 3-49 所示为数控机床典型的集中润滑供油系统。集中润滑供油系统按润滑泵供油方式可分为手动系统和自动电动系统，还可分为间歇供油系统、连续供油系统。连续供油系统在润滑过程中产生附加热量，会造成浪费、污染等，而且由于过量供油，往往得不到最佳的润滑效果。间歇供油系统周期性定量地对各润滑点供油，使摩擦副形成和保持适量润滑油膜，是一种优良的润滑供油系统，其润滑时间和润滑间隔时间根据数控机床的实际需要可以进行调整或用参数设定。

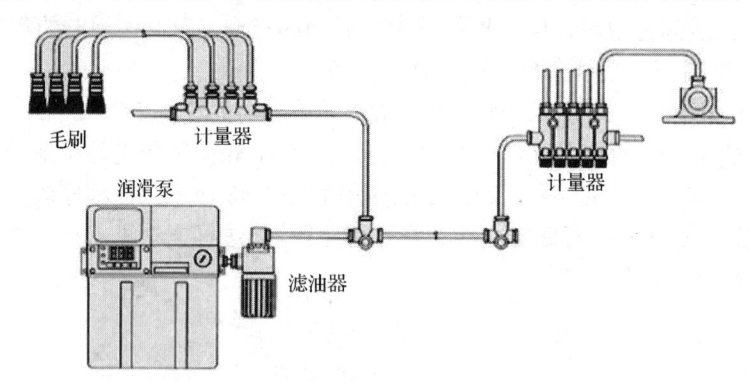

（a）典型的集中润滑供油系统（单线间歇供油系统）

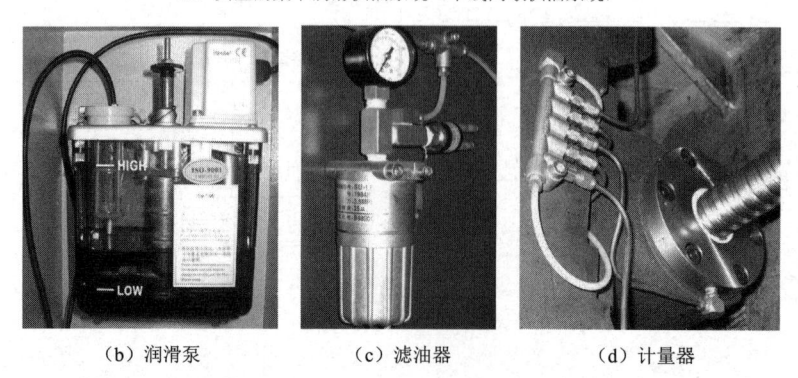

（b）润滑泵　　（c）滤油器　　（d）计量器

图 3-49　数控机床典型的集中润滑供油系统

如果上电润滑设定有效，那么数控机床开启后先立即润滑一段时间（比如 50s），然后润滑电动机停止润滑，一段时间后（比如 5min），再次润滑相同时间（50s），如此循环。如果上电润滑设定无效，那么数控机床开启一段时间后（比如 5min），先润滑一段时间（比如 50s），然后停止润滑，一段时间后（5min）再次润滑并反复循环。在此期间的任何时刻按下手动润滑键应立即进行润滑。

## 【相关知识】

### 一、边沿触发指令

上升沿指令：使用"扫描操作数的信号上升沿"指令，可以确定所指定操作数（<操作数 1>）的信号状态是否从 0 变为 1。该指令将比较 <操作数 1> 的当前信号状态与上一次扫描的信号状态，上一次扫描的信号状态保存在边沿存储位（<操作数 2>）中。如果该指令检测到逻辑运算结果（RLO）从 0 变为 1，则说明出现了一个上升沿。

下降沿指令：使用"扫描操作数的信号下降沿"指令，可以确定所指定操作数（<操作数 1>）的信号状态是否从 1 变为 0。该指令将比较 <操作数 1> 的当前信号状态与上一次扫描的信号状态，上一次扫描的信号状态保存在边沿存储位（<操作数 2>）中。如果该指令检测到逻辑运算结果（RLO）从 1 变为 0，则说明出现了一个下降沿。

在信号上升沿置位操作数：可以使用"在信号上升沿置位操作数"指令在逻辑运算结果（RLO）从 0 变为 1 时置位指定操作数（<操作数 1>）。该指令将当前 RLO 与保存在边沿存储位（<操作数 2>）中上次查询的 RLO 进行比较。如果该指令检测到 RLO 从 0 变为 1，则说明出现了一个信号上升沿。

在信号下降沿置位操作数：可以使用"在信号下降沿置位操作数"指令在逻辑运算结果（RLO）从 1 变为 0 时置位指定操作数（<操作数 1>）。该指令将当前 RLO 与保存在边沿存储位（<操作数 2>）中上次查询的 RLO 进行比较。如果该指令检测到 RLO 从 1 变为 0，则说明出现了一个信号下降沿。边沿触发指令格式如表 3-16 所示。

表 3-16 边沿触发指令格式

| 指令 | 说明 |
|---|---|
| "IN"<br>─┤P├─<br>"M_BIT" | 扫描操作数的信号上升沿<br>在分配的 IN 位上检测到正跳变（关到开）时，该触点的状态为 TRUE<br>该触点逻辑状态随后与能流输入状态组合以设置能流输出状态。P 触点可以放置在程序段中除分支结尾外的任何位置 |
| "IN"<br>─┤N├─<br>"M_BIT" | 扫描操作数的信号下降沿<br>在分配的输入位上检测到负跳变（开到关）时，该触点的状态为 TRUE<br>该触点逻辑状态随后与能流输入状态组合以设置能流输出状态。N 触点可以放置在程序段中分支结尾外的任何位置 |
| "OUT"<br>─┤P├─<br>"M_BIT" | 在信号上升沿置位操作数<br>在进入线圈的能流中检测到正跳变（关到开）时，分配的位"OUT"为 TRUE<br>能流输入状态总是通过线圈后变为能流输出状态。P 线圈可以放置在程序段中的任何位置 |

续表

| 指令 | 说明 |
| --- | --- |
| "OUT"<br>—( N )—<br>"M_BIT" | 在信号下降沿置位操作数<br>在进入线圈的能流中检测到负跳变（开到关）时，分配的位 OUT 为 TRUE<br>能流输入状态总是通过线圈后变为能流输出状态。N 线圈可以放置在程序段中的任何位置 |

**说明**：对于上升沿/下降沿指令：操作数 1 指被扫描的信号，数据类型为 Bool，可以使用 I、Q、M、D、L 或常量；操作数 2 保存上一次查询的信号状态的边沿存储位，数据类型为 Bool，可以使用 I、Q、M、D、L 或常量。

**例 3-6**：边沿触发指令举例，其梯形图、时序图如图 3-50 所示。

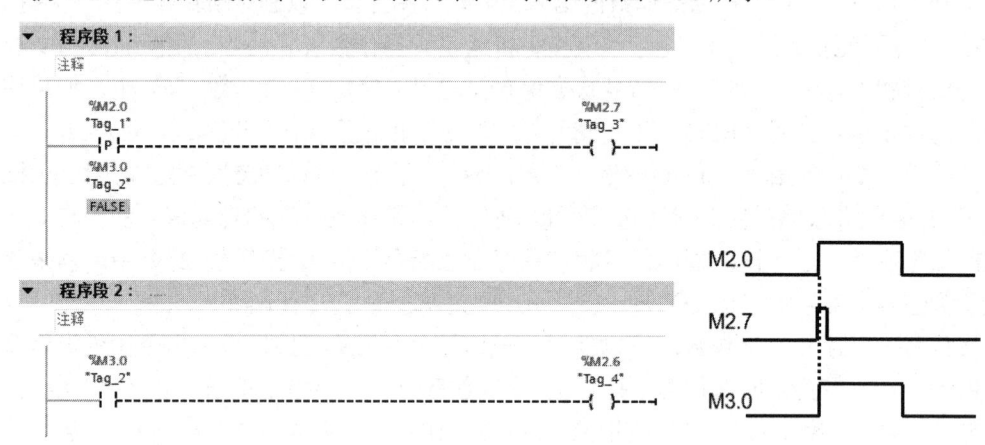

图 3-50 边沿触发指令举例的梯形图、时序图

## 二、比较指令

比较指令对两个操作数按指定的条件进行比较，在梯形图中用带参数和运算符的触点表示比较指令，比较条件成立时，触点闭合，否则断开。比较触点可以装入，也可以串、并联。比较指令为上、下限控制提供了极大的方便。

整数比较指令用来比较两个整数字的大小，指令助记符用 I 表示整数；双整数比较指令用来比较两个双整数字的大小，指令助记符用 D 表示双整数；实数比较指令用来比较两个实数的大小，指令助记符用 R 表示实数。比较指令的运算符有==、>=、<、<=、>和<>6 种。

**例 3-7**：比较指令举例，其梯形图如图 3-51 所示。

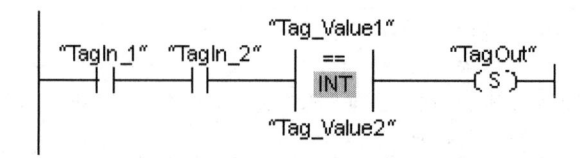

图 3-51 比较指令举例的梯形图

满足以下条件时，将置位输出"TagOut"；当操作数"TagIn_1"和"TagIn_2"的信号状态为 1 时，如果"Tag_Value1"="Tag_Value2"，则满足比较指令的条件。

## 三、计数器指令

STEP 7 中的计数器有 3 类：加计数器（CTU）、减计数器（CTD）和加减计数器（CTUD）。与定时器类似，使用 S7-1200 PLC 的计数器需要注意的是，每个计数器都使用一个存储在数据块中的结构来保存计数器数据。在程序编辑器中放置计数器指令时即可分配该数据块，可采用默认设置，也可以手动自行设置。计数器指令格式如表 3-17 所示。

表 3-17 计数器指令格式

| LAD/FBD | 说明 |
| --- | --- |
| "Counter name" CTU Int —CU Q— —R CV— —PV | |
| "Counter name" CTD Int —CD Q— —LD CV— —PV | 可使用计数器指令对内部程序事件和外部过程事件进行计数<br>每个计数器都使用数据块中存储的结构来保存计数器数据<br>用户在编辑器中放置计数器指令时分配相应的数据块<br>CTU 是加计数器<br>CTD 是减计数器<br>CTUD 是加减计数器 |
| "Counter name" CTUD Int —CU QU— —CD QD— —R CV— —LD —PV | |

计数器参数的数据类型说明如表 3-18 所示。

表 3-18 计数器参数的数据类型说明

| 参数 | 数据类型 | 说明 |
| --- | --- | --- |
| CU、CD | Bool | 加计数或减计数，按加一或减一计数 |
| R（CTU、CTUD） | Bool | 将计数值重置为零 |
| LD（CTD、CTUD） | Bool | 预设值的装载控制 |
| PV | SInt、Int、DInt、USInt、UInt、UDInt | 预设计数值 |
| Q、QU | Bool | CV>=PV 时为真 |
| QD | Bool | CV<=0 时为真 |
| CV | SInt、Int、DInt、USInt、UInt、UDInt | 当前计数值 |

计数值的数值范围取决于所选的数据类型。如果计数值是无符号整数，则可以减计数到零或加计数到范围限值。如果计数值是有符号整数，则可以减计数到负整数限值或加计数到正整数限值。用户程序中可以使用的计数器数仅受 CPU 存储器容量限制。

计数器占用以下存储器空间。

（1）对于 SInt 或 USInt 数据类型，计数器指令占用 3 个字节。

（2）对于 Int 或 UInt 数据类型，计数器指令占用 6 个字节。

（3）对于 DInt 或 UDInt 数据类型，计数器指令占用 12 个字节。

这些指令使用软件计数器，软件计数器的最大计数速率受其所在的 OB 的执行速率限制。指令所在的 OB 的执行频率必须足够高，以检测 CU 或 CD 输入的所有跳变。

### 1. 加计数器

加计数器的应用示例如图 3-52 所示，%DB2 表示计数器的背景数据块，CTU 表示加计数器，计数值数据类型是无符号整数，预设计数值 PV=3。

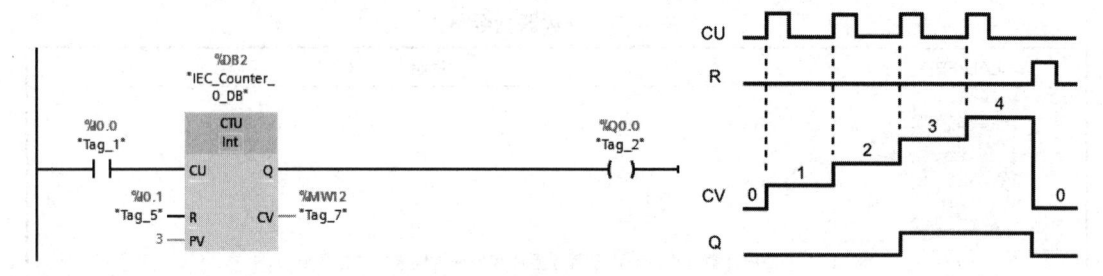

图 3-52　加计数器的应用示例

输入参数 CU 的值从 0 变为 1（上升沿）时，加计数器的当前计数值 CV 加 1。如果参数 CV 的值大于或等于参数 PV 的值，则计数器输出参数 Q=1。如果复位参数 R 的值从 0 变为 1，则当前计数值复位为 0，输出 Q 也变为 0。

### 2. 减计数器

减计数器的应用示例如图 3-53 所示，%DB2 表示计数器的背景数据块，CTD 表示减计数器，计数值数据类型是无符号整数，预设计数值 PV=3。

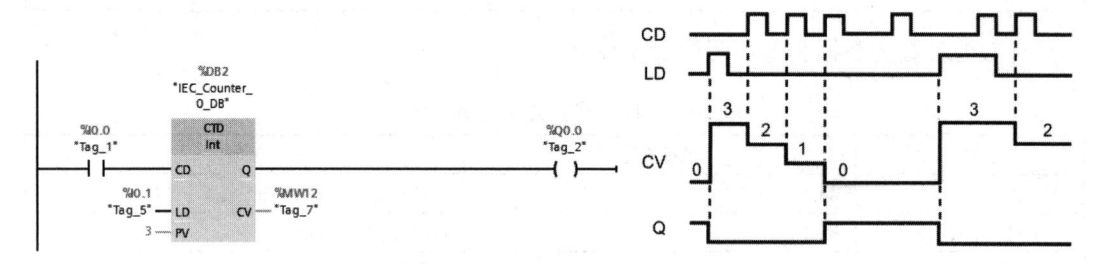

图 3-53　减计数器的应用示例

输入参数 CD 的值从 0 变为 1（上升沿）时，减计数器的当前计数值 CV 减 1。如果参数 CV 的值小于或等于 0，则计数器输出参数 Q=1。如果参数 LD 的值从 0 变为 1，则参数 PV 的值将作为新的 CV 装载到计数器中。

### 3. 加减计数器

加减计数器的应用示例如图 3-54 所示，%DB2 表示计数器的背景数据块，CTUD 表示加减计数器，计数值数据类型是无符号整数，预设计数值 PV=4。

加计数器或减计数器输入的值从 0 跳变为 1 时，CTUD 会使当前计数值加 1 或减 1。如果参数 CV（当前计数值）的值大于或等于参数 PV 的值，则计数器输出参数 QU=1。如果参数 CV 的值小于或等于零，则计数器输出参数 QD=1。如果参数 LD 的值从 0 变为 1，则参数 PV 的值将作为新的 CV 值装载到计数器中。如果复位参数 R 的值从 0 变为 1，则当前计数值复位为 0。

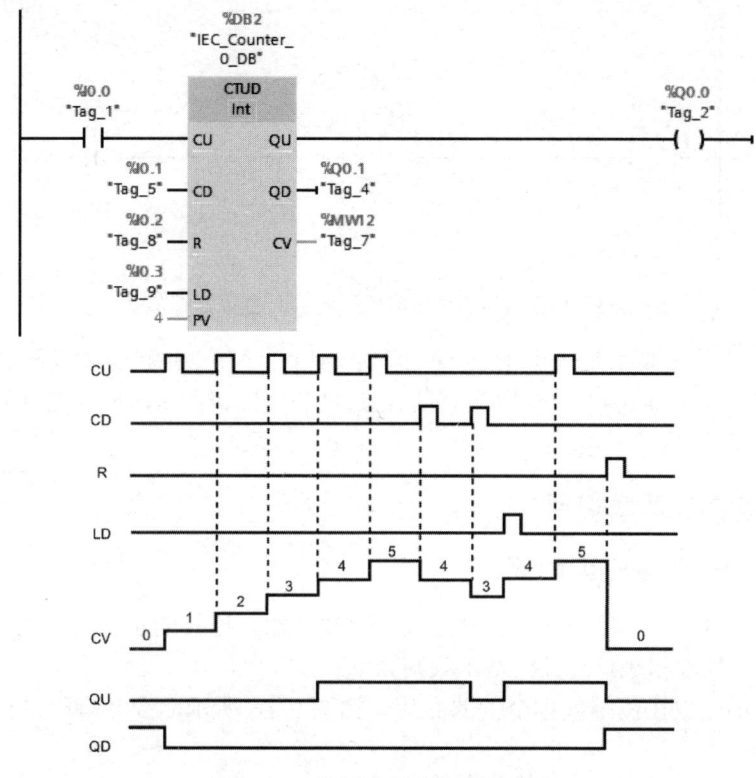

图 3-54 加减计数器的应用示例

**注意**：S7-1200 PLC 的计数器指令使用的是软件计数器，软件计数器的最大计数速率受其所在 OB 的执行速率限制。计数器指令所在 OB 的执行频率必须足够高，才能检测 CU 或 CD 输入端的所有信号，若需要更高频率的计数操作，则需要使用高速计数器 CTRL_HSC 指令。

### 4．计数器指令应用举例

S7-1200 PLC 的定时器的最长定时时间为 3276.7s，如果需要比这长的时间，那么可使用两个或两个以上定时器串联的方法延长定时时间，也可以将计数器与定时器结合使用，定时时间可更长。

**例 3-8**：用计数器实现定时器定时扩展示例，其梯形图如图 3-55 所示。

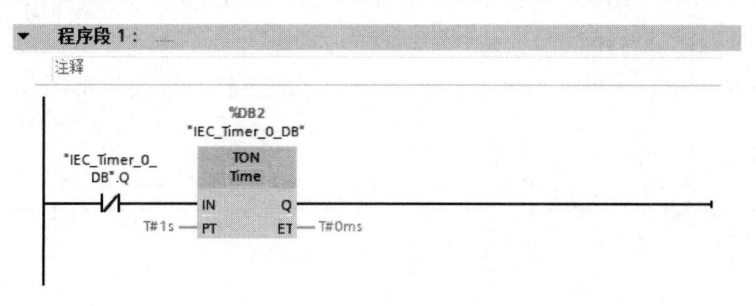

图 3-55 用计数器实现定时器扩展示例的梯形图

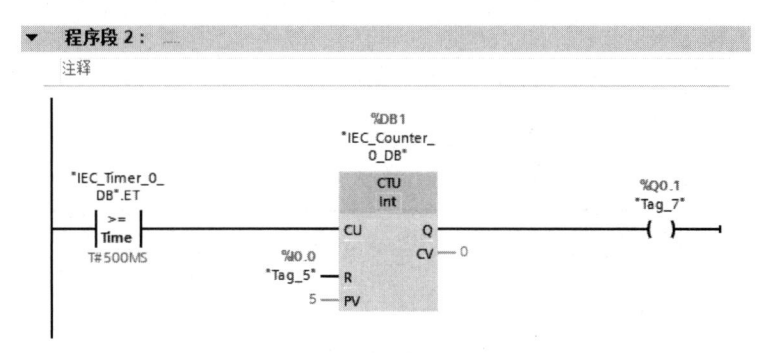

图 3-55 用计数器实现定时器扩展示例的梯形图（续）

图 3-55 所示程序段 1 是一个 1s 周期的信号，当程序段 2 中的计数器计数达到 5 个脉冲（即 1s×5=5s）时，Q0.0=1，这样我们可以通过调整定时器的定时时间与计数器的值实现定时器定时时间的扩展。

### 四、梯形图编程的基本规则

#### 1. 线圈和触点连接的基本规则

梯形图编程时，程序的每一行都从左边的母线开始，连接的是各类触点，最后以线圈或指令盒结束。线圈和触点连接的基本规则如下。

（1）触点不能放在线圈或指令盒的右边，如图 3-56 所示，少数有能量传递的指令盒除外。

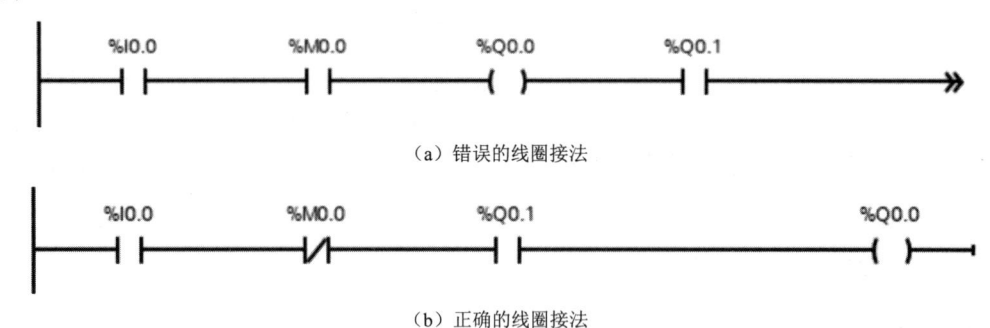

(a) 错误的线圈接法

(b) 正确的线圈接法

图 3-56 触点与线圈的位置关系

（2）同一程序中，同一编号的线圈使用两次及两次以上称作双线圈输出。双线圈输出非常容易引起误动作，所以应避免使用。S7-1200 PLC 中不允许双线圈输出。

（3）梯形图程序每行中的触点数量没有限制，如果太多，那么可以采取一些中间过渡措施，如使用中间继电器将一行梯形图拆分成两行或三行，过长梯形图程序改造示例如图 3-57 所示。

(a) 过长的梯形图程序

图 3-57 过长梯形图程序改造示例

```
程序段 1：
    %I0.0      %I0.1      %I0.2                                    %M0.0
─────┤├─────────┤/├────────┤├──────────────────────────────────────( )─────

程序段 2：
    %I0.3      %I0.4      %I0.5                                    %M0.1
─────┤/├────────┤├─────────┤/├─────────────────────────────────────( )─────

程序段 3：
    %M0.0      %M0.1                                               %Q0.0
─────┤├─────────┤├─────────────────────────────────────────────────( )─────
```

(b) 改造后的梯形图程序

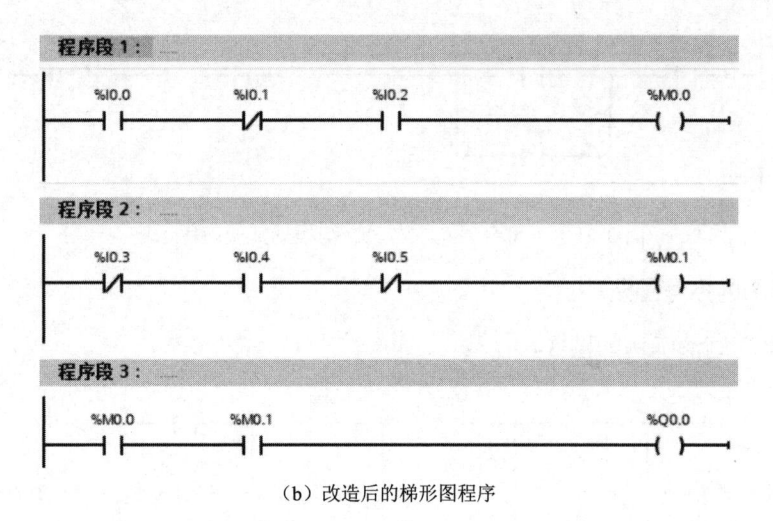

图 3-57 过长梯形图程序改造示例（续）

### 2. "上重下轻、左重右轻" 编程规则

PLC 编程时应尽量把串联多的电路块放在最上边，把并联多的电路块放在最左边，这样的梯形图美观、程序逻辑简单清晰，而且符合"上重下轻、左重右轻"的规则。

图 3-58 和图 3-59 所示程序表示的逻辑功能是一样的，但图 3-58 所示的程序符合编程的规则。

图 3-58 符合"上重下轻"编程规则的应用示例

图 3-59 不符合"上重下轻"编程规则的应用示例

图 3-60 和图 3-61 所示程序表示的逻辑功能是一样的，但图 3-60 所示的程序符合编程的规则。

图 3-60 符合"左重右轻"编程规则的应用示例

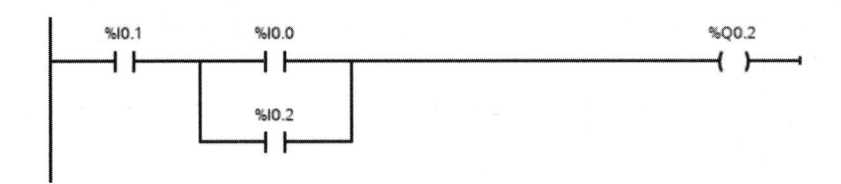

图 3-61 不符合"左重右轻"编程规则的应用示例

**3．梯形图的推荐画法**

梯形图推荐画法示例如图 3-62 所示。

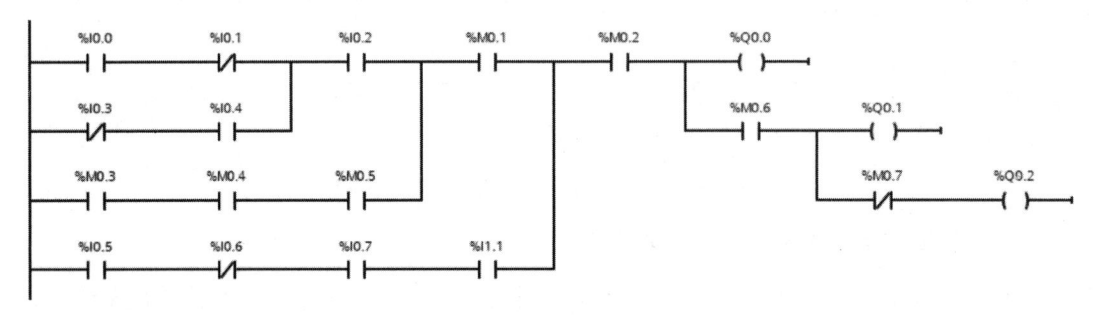

图 3-62 梯形图推荐画法示例

## 【实施步骤】

### 一、确定控制方案

本项目讲述的控制主要是对润滑电动机的控制，润滑时间单位为 0.1s，润滑间隔时间单位为 min，可以用脉冲 M0.7（频率为 0.5Hz）实现润滑间隔时间的控制，当润滑电动机过载或润滑液位过低时，停止润滑且有报警指示灯提示，润滑电动机主电路如图 3-63（a）所示。

### 二、选择 PLC

PLC 输入信号有上电润滑设定、手动润滑、润滑电动机过载保护、润滑油液位开关共 4 个，输出信号有润滑、润滑状态指示灯、润滑电动机过载报警灯和润滑油液位过低报警灯共 4 个。实际对数控机床 PLC 整体控制进行设置时，还需要综合考虑其他功能，如 PLC 初始化、急停处理、主轴换挡控制、冷却液控制等众多功能，这里只单独分析润滑功能，可以选择 CPU 1211 型号（DI6×DQ4）。

### 三、I/O 点分配与外围控制电路设计

润滑控制 PLC 的 I/O 点分配如表 3-19 所示。PLC 的外围控制电路如图 3-63（b）所示。

表 3-19 润滑控制 PLC 的 I/O 点分配

| 序号 | 符号 | 功能 | 备注 | 序号 | 符号 | 功能 | 备注 |
|---|---|---|---|---|---|---|---|
| 1 | I0.0 | 手动润滑 | SF | 1 | Q0.0 | 润滑 | QA1 |
| 2 | I0.1 | 上电润滑设定 | BG1 | 2 | Q0.1 | 润滑状态指示灯 | PG1 |
| 3 | I0.2 | 润滑电动机过载保护 | BB | 3 | Q0.2 | 润滑电动机过载报警灯 | PG2 |
| 4 | I0.3 | 润滑油液位开关 | BG2 | 4 | Q0.3 | 润滑油液位过低报警灯 | PG3 |

单元 3　简单 PLC 控制系统分析与设计

（a）润滑电动机主电路　　　　（b）PLC 的外围控制电路

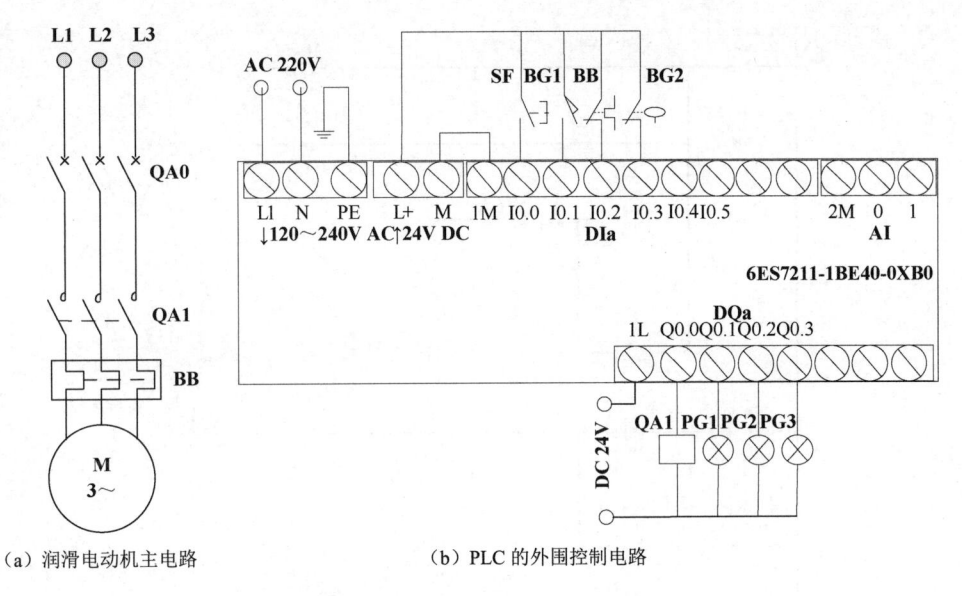

图 3-63　数控机床润滑控制电路

## 四、设计系统控制流程，并编写梯形图程序

润滑总的控制流程如图 3-64（a）所示，具体的润滑流程如图 3-64（b）所示，润滑控制程序梯形图如图 3-65 所示，这里以子程序的形式给出，主程序可以是对机床众多功能控制子程序的调用，包含润滑控制子程序。其中 %MD10 和 %MD14 分别为润滑间隔时间和润滑时间参数，在程序段中，当在第一个 PLC 扫描周期且上电润滑设定有效或者润滑手动键被触发时，润滑命令 %M2.0 置 1，即有效。

（a）润滑总的控制流程　　　　（b）具体的润滑流程

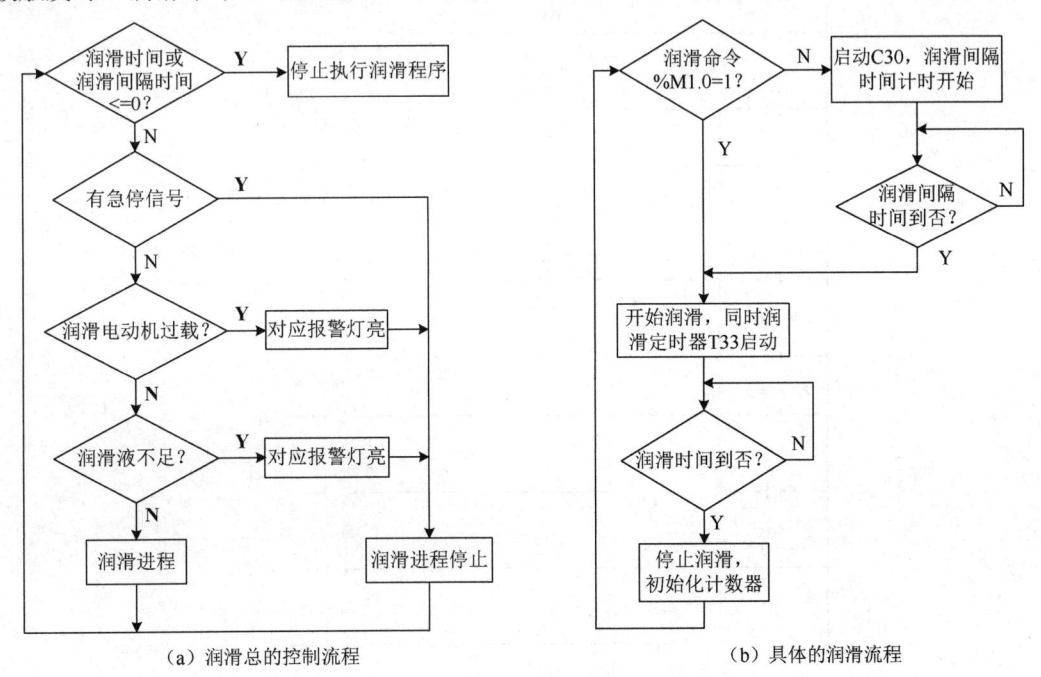

图 3-64　数控机床润滑控制流程图

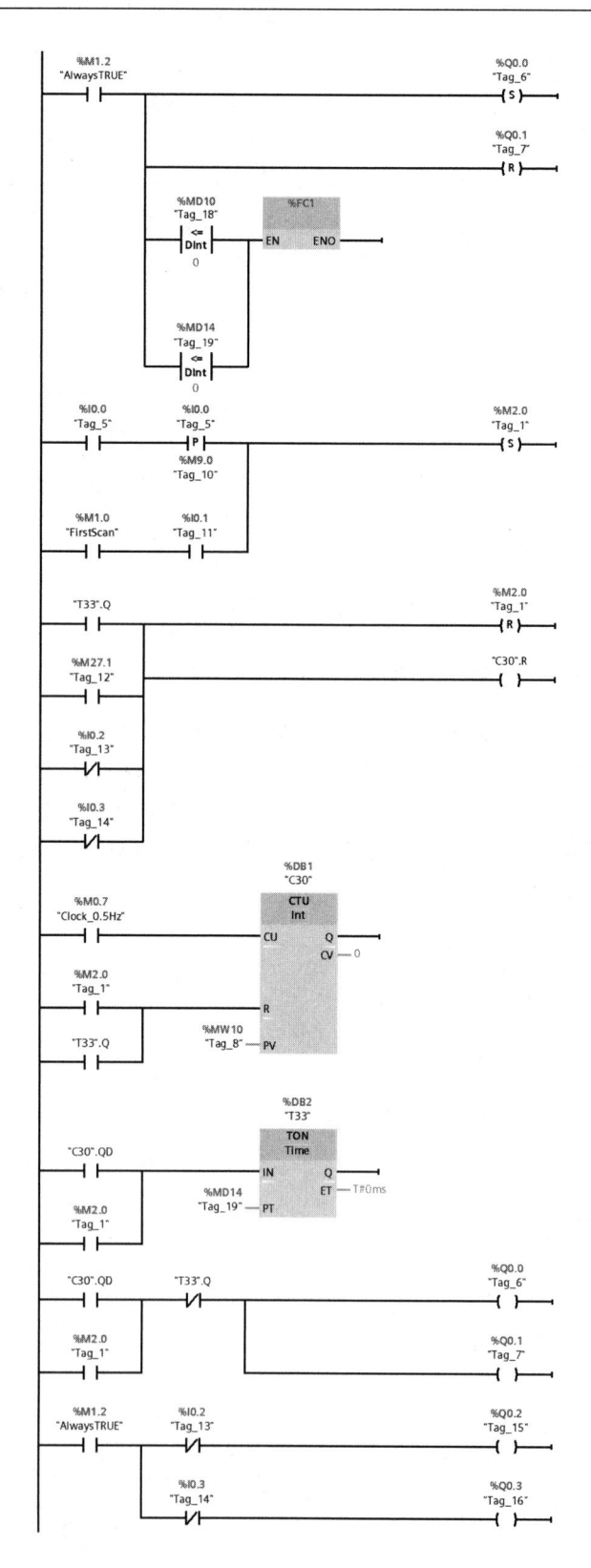

图 3-65　润滑控制程序梯形图

# 单元 3　简单 PLC 控制系统分析与设计

## 五、仿真与调试

在博途仿真软件中装载程序进行仿真，利用仿真软件调试到满足要求的程序以后便可联机调试。

## 六、整理技术文件，填写工作页

系统完成后一定要及时整理技术文件并填写工作页，以便日后使用。

**思考**：如果润滑控制程序采用两个定时器，控制功能不变，那么梯形图程序怎样编写？

## 【知识扩展】

PLC 的程序设计一般是凭设计者的经验完成的。从事 PLC 程序设计时间越长的设计者，其设计程序的速度越快，而且设计出的程序质量也越高。所有这一切都是靠长时间的探索和经验积累换来的，所以经验设计法并不适合初学者使用。

在没有约束的条件下，典型输出控制对象的基本逻辑函数可表示为

$$F_K = (X_{\text{开}} \cup K) \cap \overline{X_{\text{关}}} \tag{3-1}$$

式中，$\cup$ 为或运算关系；$\cap$ 为与运算关系；$K$ 为控制对象的当前状态；$F_K$ 为下一个状态值；$X_{\text{开}}$ 为启动条件；$\overline{X_{\text{关}}}$ 为关断条件。在电气控制原理图或梯形图中，$K$ 其实就是自锁触点，$F_K$ 就是输出线圈。为了安全性和可靠性，要求 $X_{\text{开}}$ 和 $\overline{X_{\text{关}}}$ 为短信号。

具有启动和关断约束条件的输出控制对象的逻辑函数可表示为

$$F_K = [(X_{\text{开}} \cap X_{\text{开约}}) \cup K] \cap (\overline{X_{\text{关}}} \cup \overline{X_{\text{关约}}}) \tag{3-2}$$

式中，$X_{\text{开约}}$ 为启动约束条件；$\overline{X_{\text{关约}}}$ 为关断约束条件。同样也要求 $X_{\text{开约}}$ 和 $\overline{X_{\text{关约}}}$ 为短信号。

因为 $K$ 是 $F_K$ 的自锁触点，所以式(3-1)和式(3-2)中的自锁触点 $K$ 在电气控制原理图和 PLC 的梯形图中可用 $F_K$ 直接表示。对 PLC 系统来说，如果输入端信号均接入常开触点，则式（3-1）和式（3-2）所对应的梯形图分别如图 3-66（a）和图 3-66（b）所示。实际应用时，启动约束条件或关断约束条件不一定同时都有，有时也可能有多个启动约束条件或关断约束条件，只需按照图 3-66（b）所示程序串接/删减 $X_{\text{开约}}$ 或并接/删减 $\overline{X_{\text{关约}}}$ 触点即可。

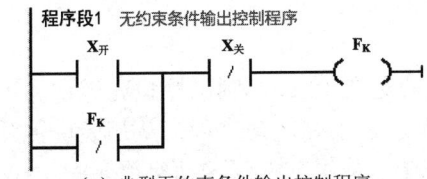

（a）典型无约束条件输出控制程序

（b）典型有约束条件输出控制程序

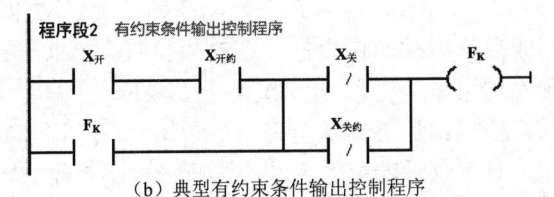

图 3-66　PLC 程序简单设计法的梯形图程序

PLC 的编程原理基本上类似于继电器-接触器控制系统的电气控制原理图设计,所以对于 PLC 控制系统中的输出对象基本上可以按照上面的方法来设计程序。无论是继电器-接触器控制系统,还是 PLC 控制系统,编程的最终目的是控制输出对象,输出对象问题解决了,基本编程的任务就完成了。

当然在编程时,PLC 与继电器-接触器控制系统比还具有特殊性和优越性,主要体现在如下方面。

(1) 内部元器件的触点可以无限制地使用。

(2) 在大部分情况下,可以不考虑逻辑元器件使用的浪费问题。

(3) 利用软件编程很容易找出控制对象启动和关断所需要的短信号。

PLC 的这些特点在某些时候虽然增加了程序的长度,但却大大方便了程序设计者,使得他们能够设计出清晰、可靠的程序。

PLC 简单程序设计法的一般步骤和要求归纳如下。

(1) 找出输出对象的启动条件和关断条件,为了提高可靠性,要求它们最好是短脉冲信号。

(2) 如果该输出对象的启动或关断有约束条件,则找出相应的约束条件。

(3) 一般情况下,输出对象按照图 3-66(a)所示编程,有约束条件的按图 3-66(b)所示编程。

(4) 对程序进行全面检查和修改。

## 项目 3.4 模拟钻加工 PLC 控制分析

【项目目标】

(1) 掌握功能图的基本元素及绘制方法。
(2) 掌握顺序控制功能。
(3) 能使用顺序控制结构实现复杂动作的顺序控制。

【项目分析】

顾名思义,模拟钻加工就是在 PLC 控制下模拟完成钻加工的动作。模拟钻加工单元外观与工作流程如图 3-67 所示,主要运动过程:从初始位置开始进行有工件检测→夹紧工件→工作台进给→主轴正转、钻头下行→转动暂停延时 2s→主轴反转、钻头上行→主轴停止、工作台退回→松开工件等。要求按下启动按钮,上述动作不断循环,反复执行,直到按下停止按钮,完成当前周期动作后停止在初始位置。要求在初始位置时,工作台处于台退限位,工件处于放松状态,主轴电动机位于上限位。

通过上述分析可知,模拟钻加工单元的每一个具体循环过程都有很明显的阶段性,每个阶段都有不同的动作,具有这种特征的系统称为顺序控制系统。可以用基本逻辑指令实现这些动作,但没有一套相对固定且容易掌握的方法可以遵循。尤其是在设计比较复杂的系统时更是如此,需要大量的中间单元完成记忆、自锁和联锁等功能,由于考虑的因素太多而且又交织在一起，所以给编程带来了一定的难度。即使成功编程，梯形图也比较复杂，程序不直观，可读性差。在本项目的学习中，将使用顺序控制功能图和顺序控制指令来实现模拟钻加工单元的程序设计，而顺序控制功能图具有简单、直观等特点，是设计 PLC 程序的有力工具。

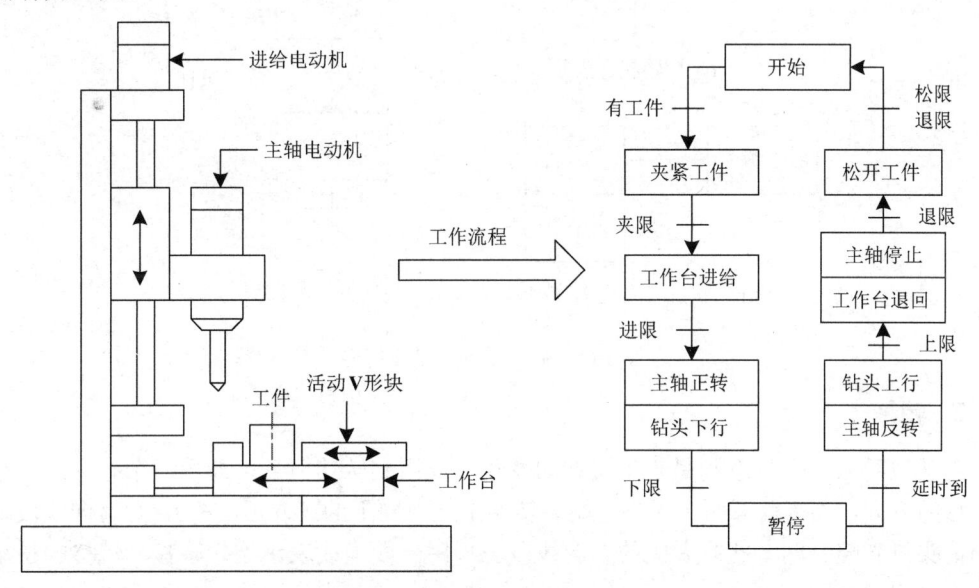

图 3-67　模拟钻加工单元外观与工作流程

## 【相关知识】

### 一、功能图

功能图又称为顺序功能图、功能流程图或状态转移图，是描述顺序控制系统的图形表示方法。功能图主要由"状态"、"转移"及有向线段等元素组成。适当运用组成元素，就可得到控制系统的静态表示方法，再根据转移触发规则模拟系统的运行，就可以得到控制系统的动态过程。

#### 1. 状态

状态（步）是控制系统中一个相对不变的性质，顺序功能图基本符号如图 3-68 所示。矩形框中可写上该状态的编号或代码。

（1）初始状态。初始状态是功能图运行的起点，一个控制系统至少有一个初始状态。初始状态的图形符号为双线的矩形框，如图 3-68（a）所示。在实际使用时，有时也画单线矩形框，有时画一条横线表示功能图的开始。

（2）工作状态。工作状态是控制系统正常运行时的状态，如图 3-68（b）所示。根据系统是否运行，状态可分为动态状态和静态状态两种。动态状态是指当前正在运行的状态，静态状态是指当前没有运行的状态。不管控制程序中包括多少个工作状态，在一个状态序列中同一时刻最多只有一个工作状态在运行，即该状态被激活。

（3）与状态对应的动作。在每个稳定的状态下，可能会有相应的动作。动作的表示方法如图 3-68（b）所示，同一个状态下多个动作的表示既可以竖着画，也可以横着画。

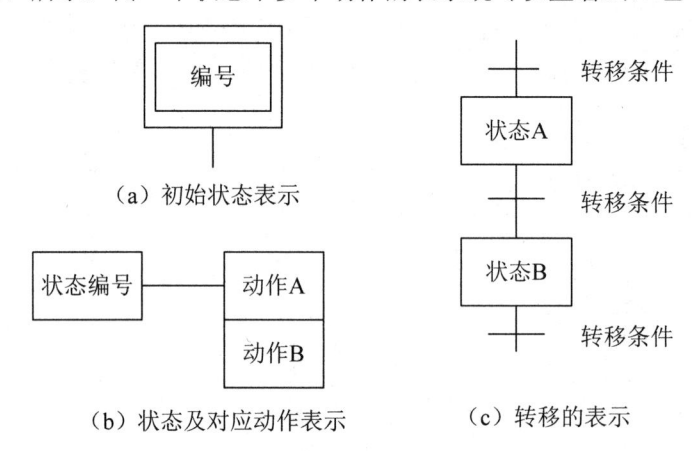

（a）初始状态表示

（b）状态及对应动作表示

（c）转移的表示

图 3-68　顺序功能图基本符号

**2．转移**

为了说明从一个状态到另一个状态的变化，要用到转移概念，即用一个有向线段来表示转移的方向，连接前后两个状态。如果转移是从上向下的（或顺向的），则有向线段上的方向箭头可省略。两个状态之间的有向线段上再用一段横线表示这一转移。转移的符号如图 3-68（c）所示。

转移是一种条件，当此条件成立时，称为转移使能。该转移如果能够使状态发生转移，则称为触发。一个转移能够触发必须满足：状态为动态状态，以及转移使能。转移条件是指使系统从一个状态向另一个状态转移的必要条件，通常用文字、逻辑方程及符号表示。

## 二、绘制功能图的注意事项

（1）设计初始化程序。其功能是将初始状态预置为活动状态，否则功能图的状态不会激活运行。

（2）转移实现的条件。功能图中的活动状态由状态的转移来实现，转移实现必须同时满足两个条件：①该转移所有的前级状态是活动状态；②相应的转移条件已经满足。

（3）状态之间的转移条件实现时，所有的后续状态都变为活动状态，所有的前级状态都变为不活动状态。

（4）两个状态之间绝对不能直接相连，必须用一个转移将其隔开。

（5）两个转移也不能直接相连，必须用一个状态将其隔开。

（6）只有当某一状态所有的前级状态都是活动状态时，该状态才可能变成活动状态。

## 三、顺序控制设计法

顺序控制设计法将控制流程的一个周期划分为若干个顺序相连的阶段，即阶段状态。S7-1200 PLC 采用自定义的状态元件，常用 M 存储器的位单元来表示，如用 M4.1、M4.2 等代表各阶段状态。当某阶段状态为活动状态时，若其状态元件的存储器为 ON，则执行该状态操作；若其状态元件的存储器为 OFF，则屏蔽该状态操作。

图 3-69 所示为顺序控制功能图，如果前级状态 M4.2 和状态 M4.4 均为活动状态，当满足两个转移条件 $\overline{I0.1}$、I0.3 之一时，实现状态的转移，转移到后续状态运行，即状态 M4.5 和状态 M4.7 均被置位为活动状态，而前级状态 M4.2 和状态 M4.4 被复位为不活动状态。

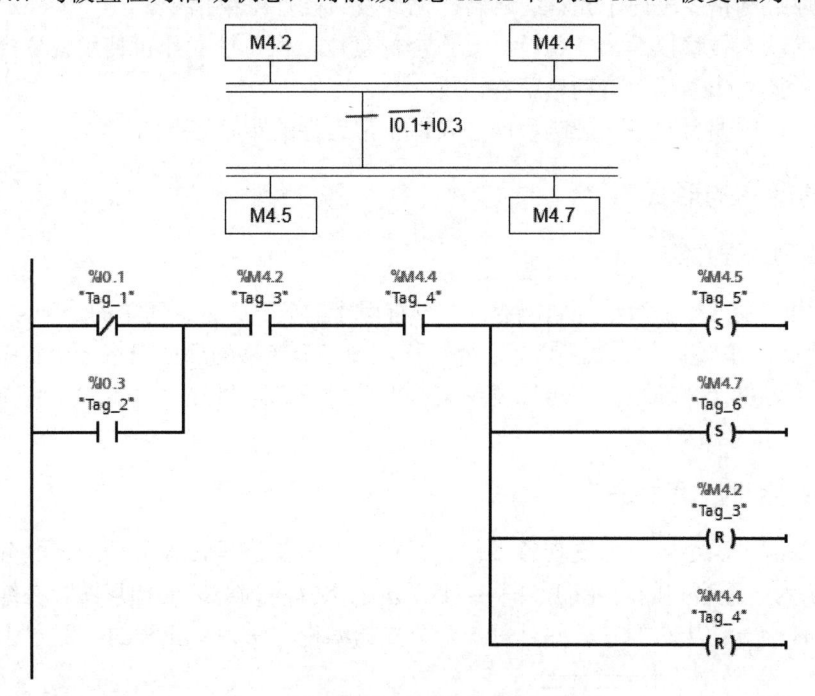

图 3-69  顺序控制功能图

**1. 顺序控制系统程序设计的基本步骤**

（1）依据控制任务的工艺流程绘制顺序控制功能图。

（2）确定状态元件所采用的存储器位单元与各阶段状态的对应关系。

（3）编写状态与状态之间相互转移关系的程序段，将代表前级状态编程元件的常开触点与转移条件相对应的触点或电路串联。当转移条件满足时，转移条件对应的触点或电路接通，电路亦接通。此时将后续状态的存储器位信号置位，而将前级状态的存储器位信号复位。

（4）编写各个阶段状态实施操作的程序。

S7-1200 PLC 指令系统中虽然不包含顺序控制指令，但不同系列 PLC 的顺序控制设计思想是相通的。

**2. 顺序控制使用方法**

（1）按状态单元操作分配顺序控制继电器，每一个顺序控制继电器代表了过程控制中的一个状态序。

（2）用顺序控制元件等表示不同的状态单元，用竖线表示不同状态之间的联系，短横线表示状态序的转移条件。

（3）用与框图相连的横线及线圈表示各个状态的动作或状态序的任务。

### 3. 注意事项

（1）顺序控制的操作数是状态元件，当前状态激活的条件是当前状态元件为 1。

（2）顺序控制指令段内不允许有跳转、循环及有条件结束指令。

（3）当前状态转移以后，非保持性动作全部复位，保持性动作可使用置位指令，以保证不转移以后该动作继续保持动作状态。

（4）程序段的编写顺序不影响程序按条件正常运行的顺序。

## 四、顺序功能图的形式

### 1. 单序列编程方法

单序列由一系列相继激活的状态组成，没有程序的分支，是最简单的一种顺序功能图，如图 3-68 所示。每一步的后面仅接有一个转移，每一个转移的后面只有一个状态。在初始状态下，系统可以什么都不做，可以复位某些器件，状态可以提供系统的某些指示，如原位、电源指示等。

### 2. 选择序列的编程方法

程序中每次只满足一个分支转移条件、执行一个分支流程，被称为选择性分支程序。图 3-70 所示为选择序列的功能图，图 3-71 所示为选择序列对应的梯形图。在编写选择序列的梯形图时，一般从左到右，并且每一个分支的编程方法和单流程的编程方法一样。

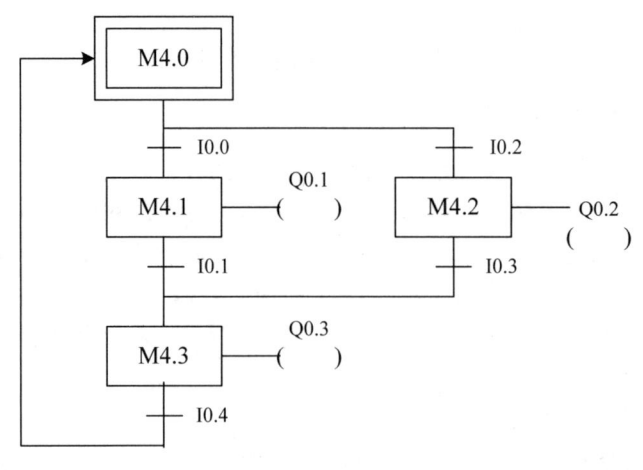

图 3-70 选择序列的功能图

### 3. 并行序列的编程方法

当条件满足后，程序同时转移到多个分支程序执行多个流程的情况，称为并行序列程序。图 3-72 所示为并行序列的顺序功能图，图 3-73 所示为并行序列对应的梯形图。当 I0.0 接通时，状态转移使 M4.1、M4.3 同时置位，两个分支同时运行，只有在 M4.2、M4.4 两个状态都运行结束并且 I0.3 接通时，才返回 M4.0，并使 M4.2、M4.4 复位。

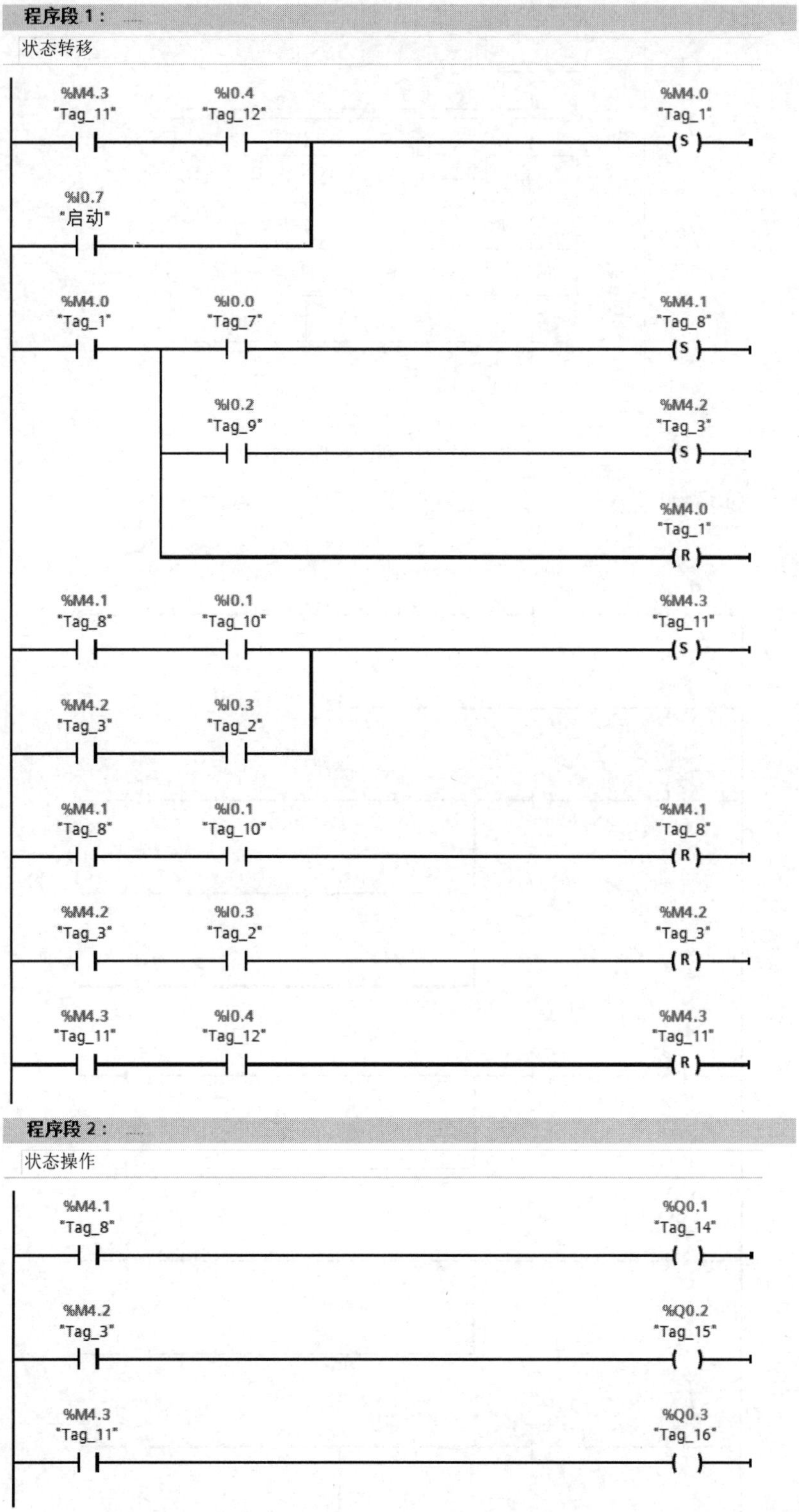

**程序段 1：**
状态转移

```
    %M4.3      %I0.4                                    %M4.0
    "Tag_11"   "Tag_12"                                 "Tag_1"
    ──┤├───────┤├──┬──────────────────────────────────────(S)──

    %I0.7         │
    "启动"        │
    ──┤├──────────┘

    %M4.0      %I0.0                                    %M4.1
    "Tag_1"    "Tag_7"                                  "Tag_8"
    ──┤├───┬───┤├─────────────────────────────────────────(S)──
           │
           │   %I0.2                                    %M4.2
           │   "Tag_9"                                  "Tag_3"
           ├───┤├─────────────────────────────────────────(S)──
           │
           │                                            %M4.0
           │                                            "Tag_1"
           └──────────────────────────────────────────────(R)──

    %M4.1      %I0.1                                    %M4.3
    "Tag_8"    "Tag_10"                                 "Tag_11"
    ──┤├───┬───┤├─────────────────────────────────────────(S)──
           │
    %M4.2  │   %I0.3
    "Tag_3"│   "Tag_2"
    ──┤├───┴───┤├──

    %M4.1      %I0.1                                    %M4.1
    "Tag_8"    "Tag_10"                                 "Tag_8"
    ──┤├───────┤├─────────────────────────────────────────(R)──

    %M4.2      %I0.3                                    %M4.2
    "Tag_3"    "Tag_2"                                  "Tag_3"
    ──┤├───────┤├─────────────────────────────────────────(R)──

    %M4.3      %I0.4                                    %M4.3
    "Tag_11"   "Tag_12"                                 "Tag_11"
    ──┤├───────┤├─────────────────────────────────────────(R)──
```

**程序段 2：**
状态操作

```
    %M4.1                                               %Q0.1
    "Tag_8"                                             "Tag_14"
    ──┤├──────────────────────────────────────────────────( )──

    %M4.2                                               %Q0.2
    "Tag_3"                                             "Tag_15"
    ──┤├──────────────────────────────────────────────────( )──

    %M4.3                                               %Q0.3
    "Tag_11"                                            "Tag_16"
    ──┤├──────────────────────────────────────────────────( )──
```

图 3-71　选择序列对应的梯形图

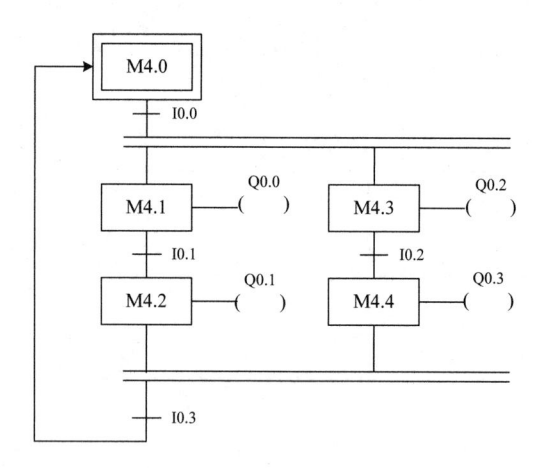

图 3-72 并行序列的顺序功能图

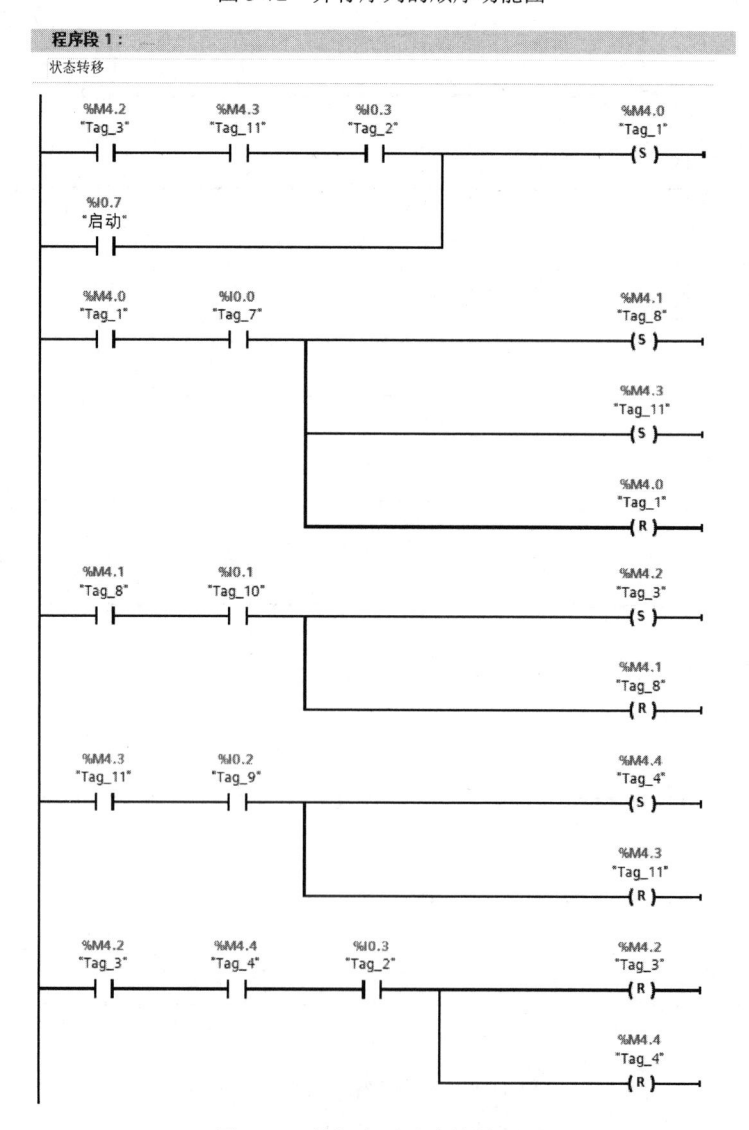

图 3-73 并行序列对应的梯形图

程序段 2：
状态操作

```
%M4.1                                    %Q0.0
"Tag_8"                                  "Tag_13"
——| |——————————————————————————————————————( )——

%M4.2                                    %Q0.1
"Tag_3"                                  "Tag_14"
——| |——————————————————————————————————————( )——

%M4.3                                    %Q0.2
"Tag_11"                                 "Tag_15"
——| |——————————————————————————————————————( )——
```

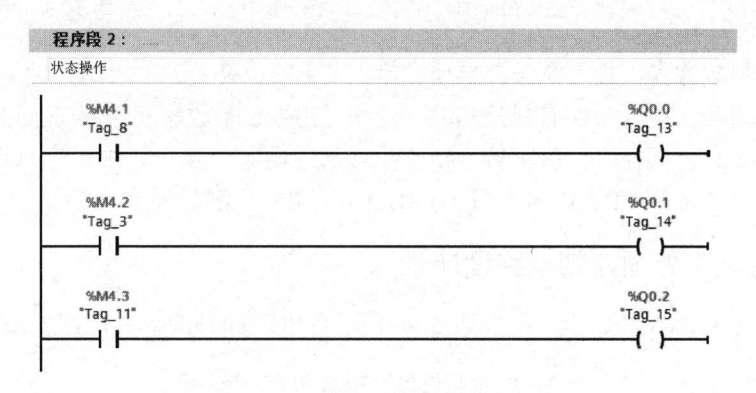

图 3-73　并行序列对应的梯形图（续）

## 【实施步骤】

### 一、确定控制方案

本单元讲述的控制主要分为工件控制与主轴控制两部分，工件控制有工件的夹紧、松开和工作台的前移（送料）、退出，可由双线圈两位电磁阀气缸实现，检测是否有料可以采用光电开关，钻头上下移动的限制可以采用限位开关，检测夹紧气缸活塞位置的夹限、松限和检测送料气缸活塞位置的台进限、台退限一般采用磁性开关。主轴控制有钻头的转动和主轴电动机的上下移动，钻头的转动由直流电动机驱动，主轴电动机的上下移动由另一台直流电动机驱动丝杆实现，上下移动则对应电动机的正反转控制，只需在主电路中调换电源正负极就可以实现。图 3-74（a）所示为驱动主轴旋转的直流电动机，用中间继电器的常开触点 KF1、KF2 控制钻头直流退和直流进，驱动主轴电动机上下移动的直流电动机 M2 正反转的主电路原理与其是一样的，由 KF3、KF4 控制，如图 3-74（b）所示。

（a）驱动主轴旋转的直流电动机　　　（b）驱动主轴电动机上下移动的直流电动机

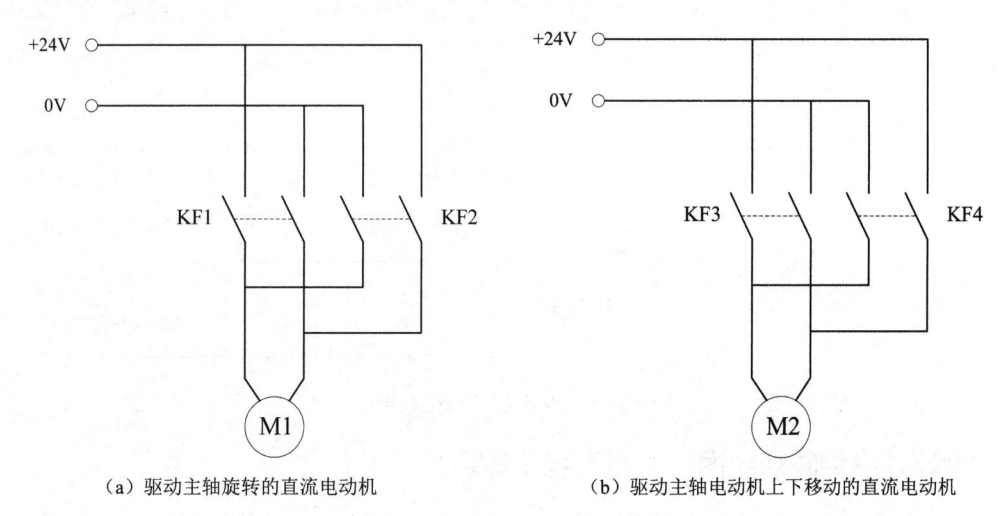

图 3-74　模拟钻加工单元直流电动机主电路

## 二、选择 PLC

根据上述控制方案,输入信号有启动、停止、上限位开关、下限位开关、夹限、松限、台进限、台退限和光电开关的有料检测共 9 个,完成夹紧/放松和送料/退回的电磁阀有 4 个,控制主轴上行、下行、钻头正转、钻头反转的继电器有 4 个,加上原点指示灯显示,输出信号共 9 个。选择 CPU 1214C(DI14×DO10)型号可满足要求。

## 三、I/O 点分配与外围控制电路设计

模拟钻加工 PLC 的 I/O 点分配如表 3-20 所示。PLC 的外围控制电路如图 3-75 所示。

表 3-20 模拟钻加工 PLC 的 I/O 点分配

| 序号 | 符号 | 功能 | 序号 | 符号 | 功能 |
| --- | --- | --- | --- | --- | --- |
| 1 | I0.0 | 上限 | 1 | Q0.0 | 直流下行 |
| 2 | I0.1 | 下限 | 2 | Q0.1 | 直流上行 |
| 3 | I0.2 | 台退限 | 3 | Q0.2 | 直流退 |
| 4 | I0.3 | 台进限 | 4 | Q0.3 | 直流进 |
| 5 | I0.4 | 夹限 | 5 | Q0.4 | 台退 |
| 6 | I0.5 | 松限 | 6 | Q0.5 | 台进 |
| 7 | I0.6 | 有料 | 7 | Q0.6 | 夹 |
| 8 | I1.1 | 启动/连续 | 8 | Q0.7 | 松 |
| 9 | I1.2 | 停止/复位 | 9 | Q1.0 | 指示灯 |

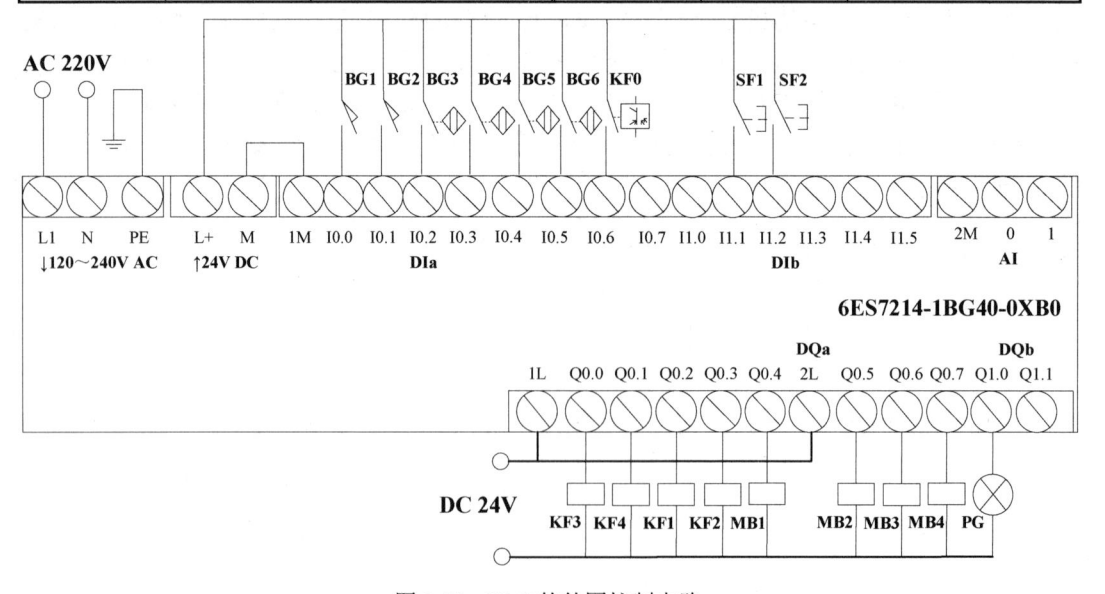

图 3-75 PLC 的外围控制电路

## 四、设计系统控制功能图,并编写梯形图程序

模拟钻加工自动操作控制流程如图 3-76 所示,模拟钻加工总梯形图程序如图 3-77 所示。

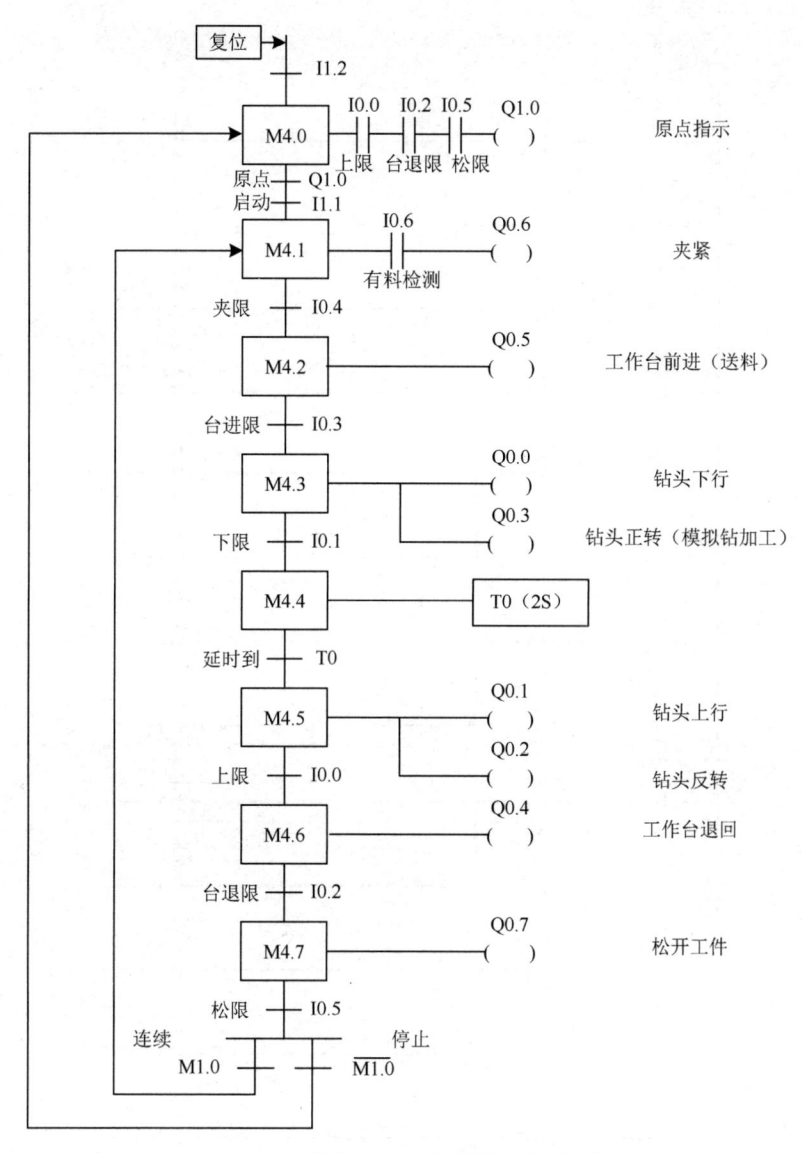

图 3-76 模拟钻加工自动操作控制流程

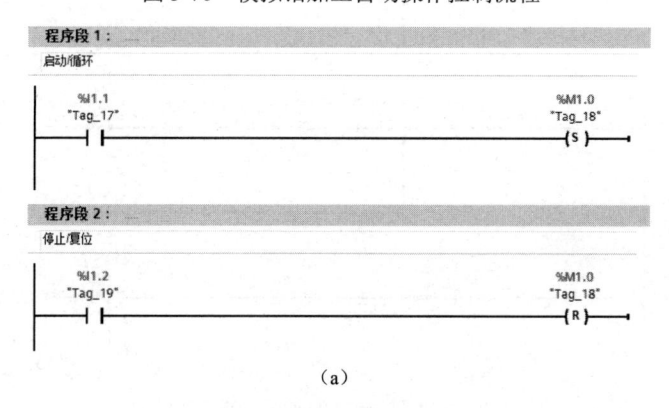

图 3-77 模拟钻加工总梯形图程序

程序段 3：
状态转移

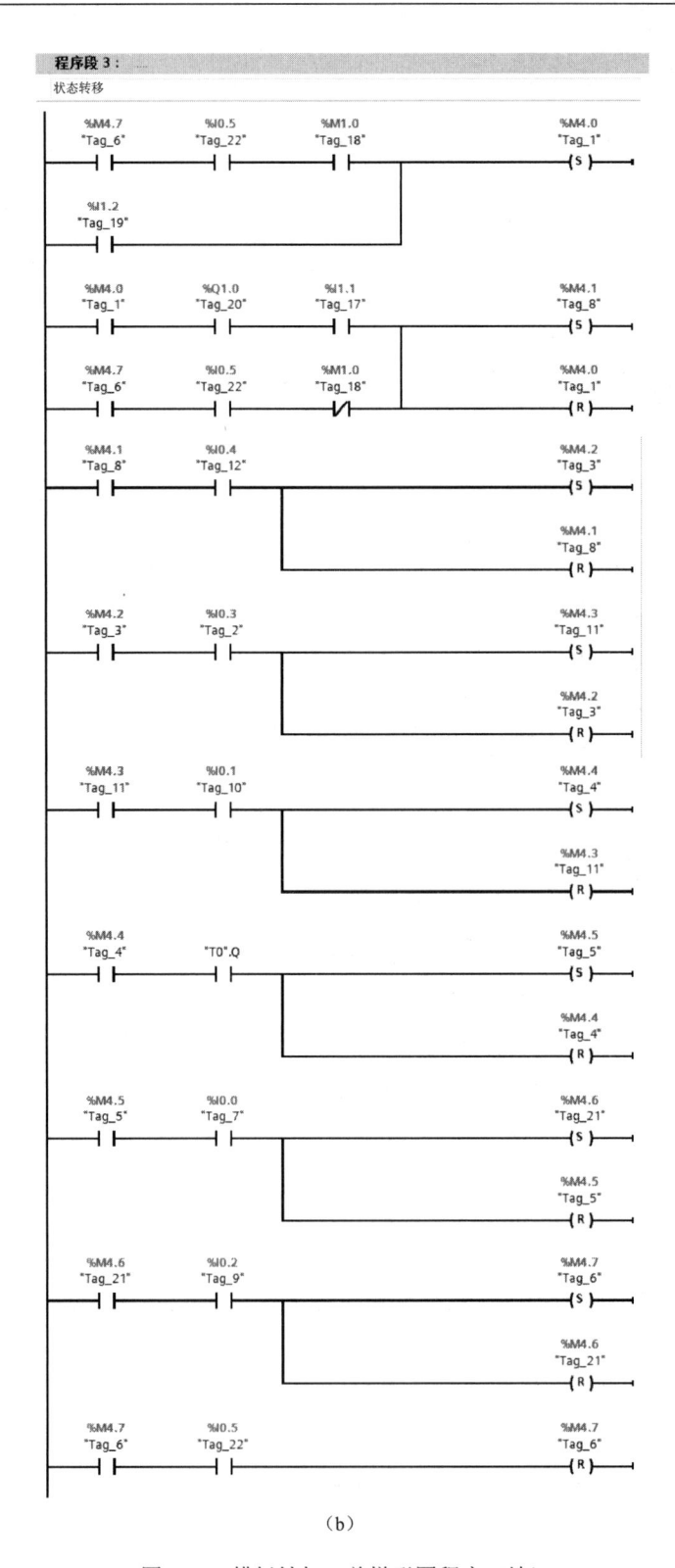

(b)

图 3-77 模拟钻加工总梯形图程序（续）

(c)

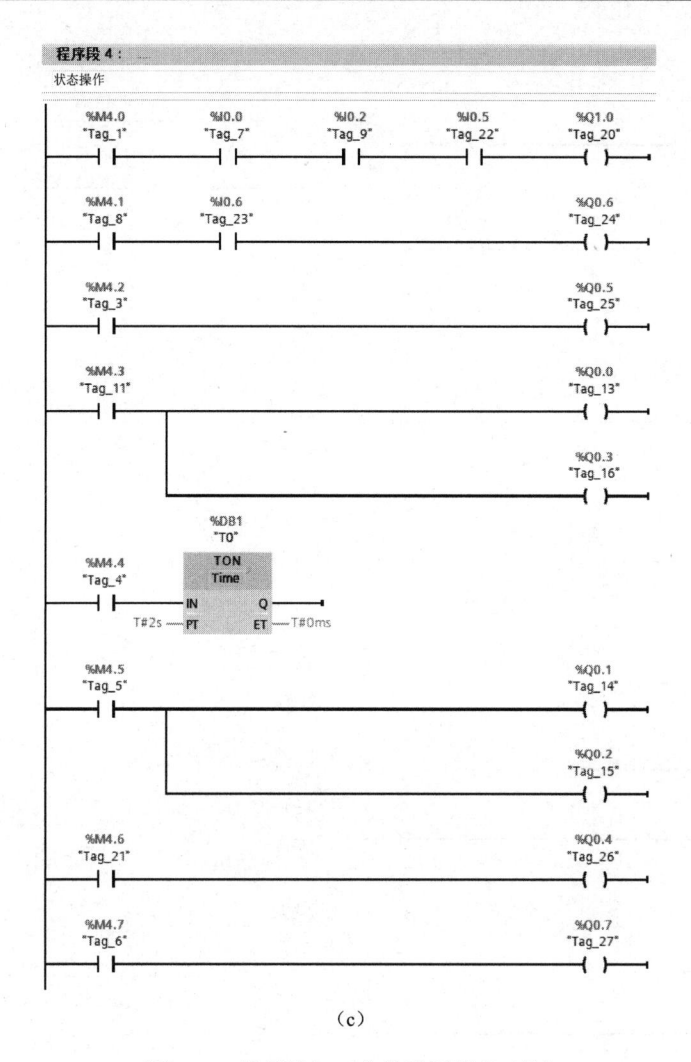

图 3-77 模拟钻加工总梯形图程序（续）

## 五、仿真与调试

在博途仿真软件中装载程序进行仿真，利用仿真软件调试到满足要求的程序以后便可联机调试。

## 六、整理技术文件，填写工作页

系统完成后一定要及时整理技术文件并填写工作页，以便日后使用。

思考：如果夹紧装置是单线圈两位电磁阀气缸，即线圈通电夹紧，否则断电松开，控制要求不变，那么梯形图程序做何更改？

## 【思考题与习题】

1. 画出下列梯形图给定输入波形的输出波形图。

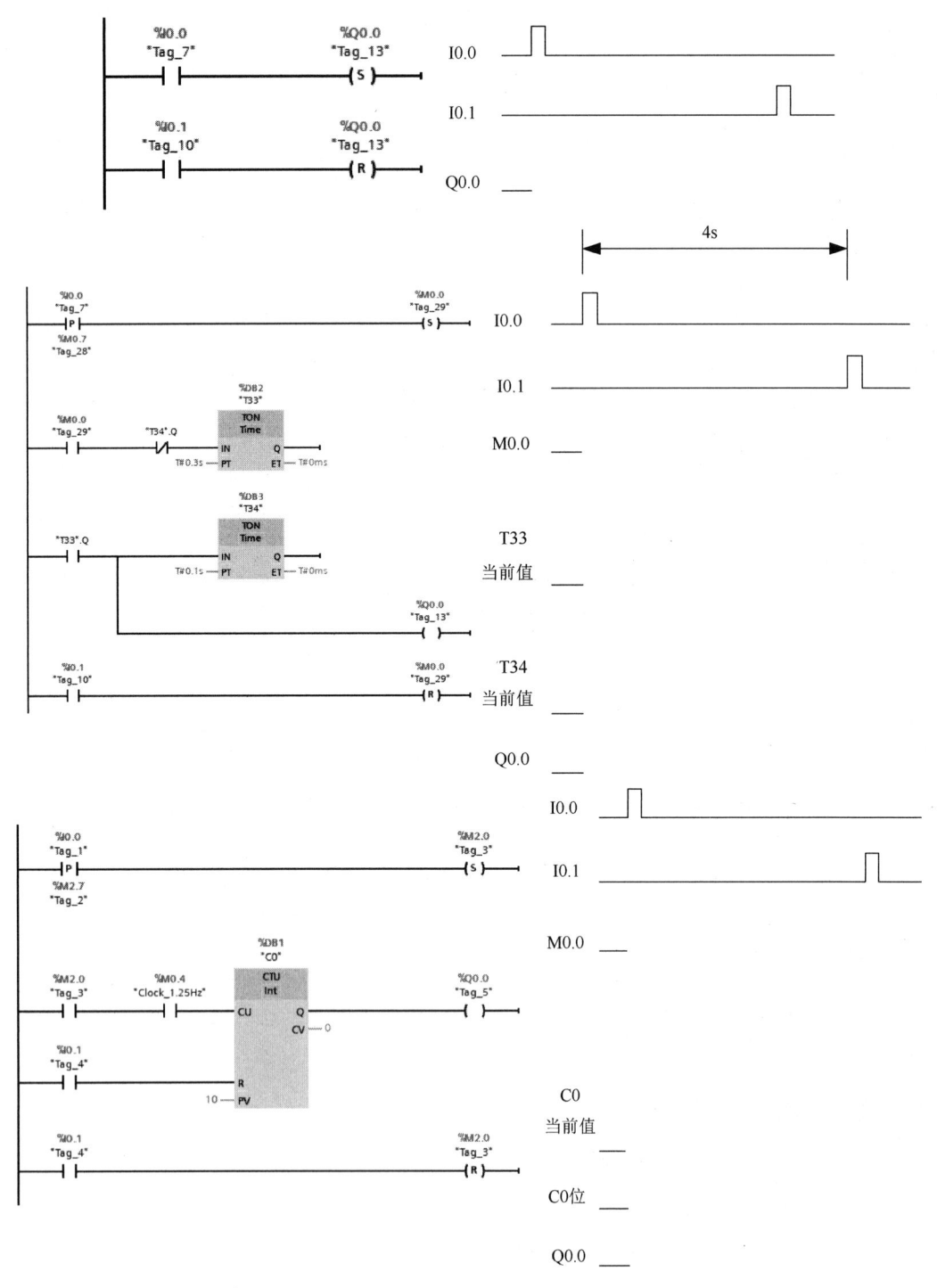

2. 编写能实现下列波形图的梯形图。

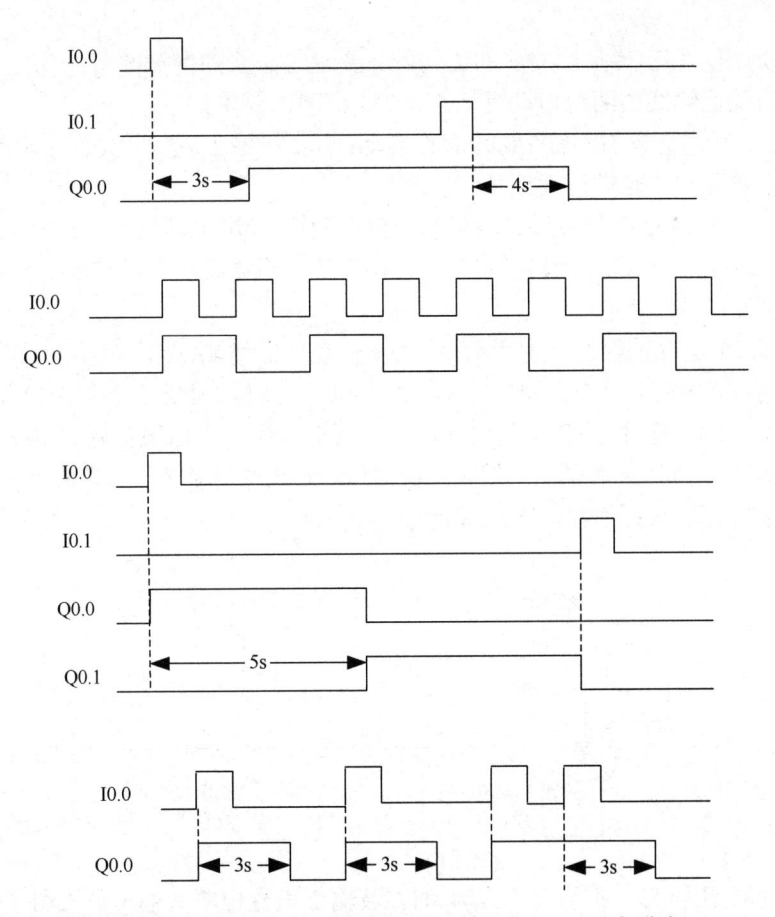

3. 请把下列电气控制原理图用 S7-1200 PLC 控制实现，要求选择 PLC，做出 PLC 接线图、I/O 点分配表，并编写 PLC 梯形图。

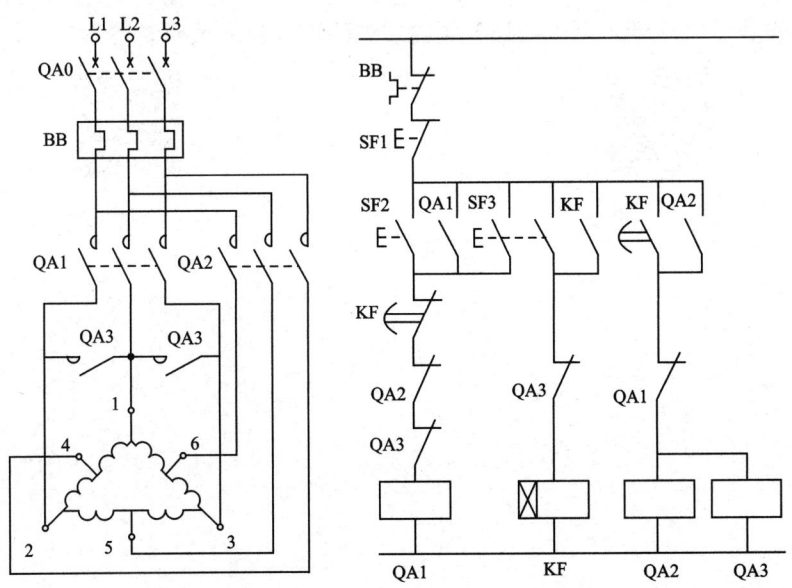

4. 根据下列要求，画出控制主电路、选择 PLC，做出 PLC 接线图、I/O 点分配表，并

编写PLC梯形图，写出梯形图对应的语句表。要求有必要的保护环节。

（1）某自动运输线由两台电动机1M和2M拖动，要求如下。

①1M先启动，延时10s后2M才允许启动；②2M停止后，才允许1M停止；③两台电动机均有短路保护、长期过载保护。

（2）设计一个PLC控制电路，要求第一台电动机启动10s以后，第二台电动机自动启动，运行5s以后，第一台电动机停止转动，同时第三台电动机自动启动，再运转15s后，电动机全部停止。

（3）有一小车运行过程如下图所示。小车原位在后退终端，当小车压下后限位开关BG1时，按下启动按钮SF1，小车前进；当运行至料斗下方时，前限位开关BG2动作，此时打开料斗给小车加料，延时8s后关闭料斗，小车后退返回；当后限位开关BG1动作时，打开小车底门卸料，延时6s后结束，完成一次动作，如此往复循环。如果按下停止按钮SF2，那么无论小车现在的状态如何，均运行到起点处停止。

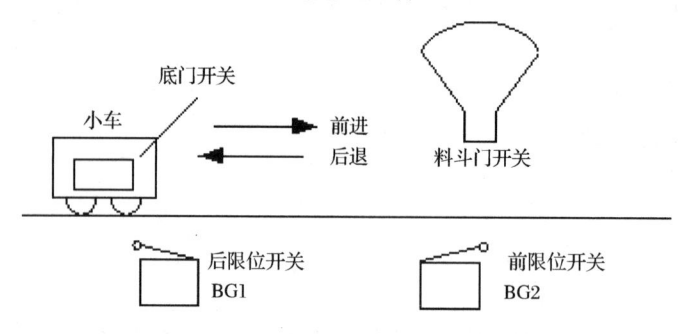

（4）设计周期为5s、占空比为20%的方波输出信号程序（输出点采用Q0.0；占空比$q = t_H / T$，$t_H$为高电平时间，$T$为周期）。

**本单元设置了自测题，可以扫描下面的二维码进行自测及查看答案。**

单元3　自测题　　　　　　　　　　　　单元3　自测题及答案

# 单元 4　典型工业控制系统分析

**【学习要点】**

(1) 掌握 S7-1200 PLC 的传送类指令和算术运算指令。
(2) 掌握 S7-1200 PLC 的高速计数器。
(3) 掌握 S7-1200 PLC 对模拟量信号的处理。
(4) 掌握 S7-1200 PLC 与其他工业设备的组网。
(5) 能够应用 S7-1200 PLC 的功能指令设计或开发典型的工业控制系统。

在工业控制系统中常常需要控制机械手执行一些搬运动作，采集设备的运行信息如温度、压力等，接受 HMI 命令完成码垛入库等任务，通过变频器驱动电动机执行无级变速运动或驱动步进电动机执行进给运动等，这些工业控制系统一般可通过 PLC 的功能指令来实现。

西门子 S7-1200 PLC 除了具有丰富的逻辑指令，还有丰富的功能指令（也叫应用指令）。功能指令通常是 PLC 厂家为满足用户不断提出的一些特殊控制要求而开发的指令。功能指令的主要作用：完成更为复杂的控制程序的设计，完成特殊工业控制环节的任务，使应用程序的设计更加优化和方便。

在现代工业控制系统中，现场总线起着非常重要的作用，它主要用于连接各种工业设备、传感器、执行器和控制器，实现数据的传输和通信，从而提高了系统的效率、可靠性和智能化水平。

本单元所介绍的内容主要包括数据传送指令、算术运算指令、数据转换指令等，以及高速计数器、运动控制等，还包括 PLC 与 PLC 之间、PLC 与 HMI 之间的通信，PLC 通过总线控制变频器的方法等。

## 项目 4.1　机械手控制系统分析

**【项目目标】**

(1) 掌握 S7-1200 PLC 数据传送指令的功能。
(2) 掌握 S7-1200 PLC 移位指令的功能。
(3) 能使用数据传送指令和移位指令实现机械手的控制。

## 【项目分析】

图 4-1 所示为搬运机械手的工作示意图，将工件由 A 处搬运到 B 处，机械手的初始位置在参考点原位，按下启动按钮后，机械手将依次完成：下行→夹紧→上行→右移→下行→放松→上行→左移 8 个动作，实现一个周期的自动循环工作。现要求用 S7-1200 PLC 设计该搬运机械手的电气控制系统，编程时使用数据传送指令和移位指令。

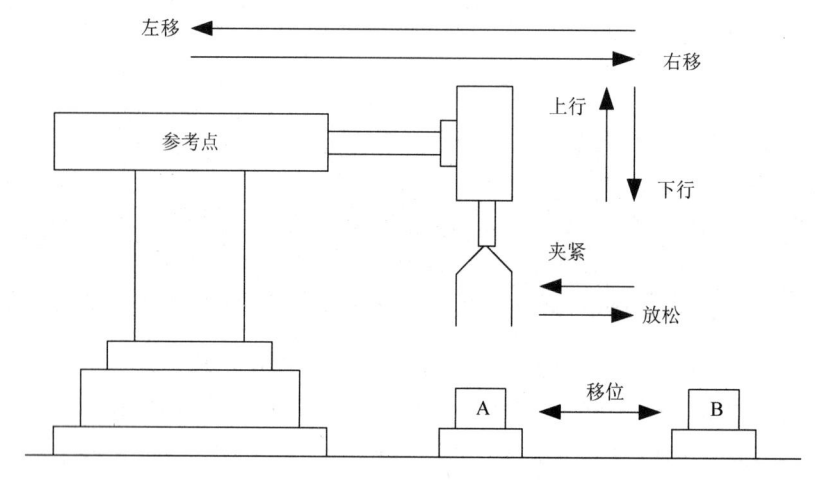

图 4-1 搬运机械手的工作示意图

## 【相关知识】

## 一、数据传送指令

数据传送指令用于各个编程元件之间的数据传送，根据每次传送数据的数量多少可分为单一数据传送指令和块移动指令。

### 1．单一数据传送指令

单一数据传送（MOVE）指令每次传送一个数据，MOVE 指令的说明如表 4-1 所示。

表 4-1 MOVE 指令的说明

| LAD | 参数 | 数据类型 | 存储区 | 说明 |
|---|---|---|---|---|
| | EN | Bool | I、Q、M、D、L 或常量 | 使能输入 |
| | ENO | Bool | I、Q、M、D、L | 使能输出 |
| MOVE<br>EN — ENO<br><???> — IN ⚡ OUT1 — <???> | IN | 位字符串、整数、浮点数、定时器、日期时间、Char、WChar、Struct、Array、IEC 数据类型、PLC 数据类型（UDT） | I、Q、M、D、L 或常量 | 用于覆盖目标地址的元素 |
| | OUT1 | 位字符串、整数、浮点数、定时器、日期时间、Char、WChar、Struct、Array、IEC 数据类型、PLC 数据类型（UDT） | I、Q、M、D、L | 目标地址 |

当使能输入 EN 有效时,将输入 IN 的数据移动到输出 OUT1 中。如果成功执行该指令,则使能输出 ENO 的信号状态将置为 TRUE。

对数据传送指令的说明如下。

(1)数据传送指令的梯形图使用指令盒表示:传送指令由操作码 MOVE、数据类型在输入端的定义、使能输入 EN、使能输出 ENO、输入 IN 和输出 OUT1 构成。指令盒的输出 OUT1 不能为常数。

(2)ENO 可作为下一个指令盒 EN 的输入,即几个指令盒可以串联在一行,只有前一个指令盒被正确执行,后一个指令才能被执行。

(3)数据传送指令的原理:当 EN=1 时,执行数据传送指令。其功能是把输入 IN 传送到输出 OUT1 中。数据传送指令执行后,输入数据不变,输出数据被刷新。

(4)移动的数据类型由输入端确定,输出端的数据类型根据是否进行 IEC 检查可在表 4-2 中选择。

表 4-2 MOVE 指令的移动数据类型

| 传送源(IN) | 传送目标(OUT1) | |
|---|---|---|
| | 进行 IEC 检查 | 不进行 IEC 检查 |
| Byte | Byte、Word、DWord | Byte、Word、DWord、SInt、USInt、Int、UInt、DInt、UDInt、Time、Date、TOD、Char |
| Word | Word、DWord | Byte、Word、DWord、SInt、USInt、Int、UInt、DInt、UDInt、Time、Date、TOD、Char |
| DWord | DWord | Byte、Word、DWord、SInt、USInt、Int、UInt、DInt、UDInt、Real、Time、Date、TOD、Char |
| SInt | SInt | Byte、Word、DWord、SInt、USInt、Int、UInt、DInt、UDInt、Time、Date、TOD |
| USInt | USInt、UInt、UDInt | Byte、Word、DWord、SInt、USInt、Int、UInt、DInt、UDInt、Time、Date、TOD |
| Int | Int | Byte、Word、DWord、SInt、USInt、Int、UInt、DInt、UDInt、Time、Date、TOD |
| UInt | UInt、UDInt | Byte、Word、DWord、SInt、USInt、Int、UInt、DInt、UDInt、Time、Date、TOD |
| DInt | DInt | Byte、Word、DWord、SInt、USInt、Int、UInt、DInt、UDInt、Time、Date、TOD |
| UDInt | UDInt | Byte、Word、DWord、SInt、USInt、Int、UInt、DInt、UDInt、Time、Date、TOD |
| Real | Real | DWord、Real |
| LReal | LReal | LReal |
| Time | Time | Byte、Word、DWord、SInt、USInt、Int、UInt、DInt、UDInt、Time |
| Date | Date | Byte、Word、DWord、SInt、USInt、Int、UInt、DInt、UDInt、Date |

续表

| 传送源（IN） | 传送目标（OUT1） | |
|---|---|---|
| | 进行 IEC 检查 | 不进行 IEC 检查 |
| TOD | TOD | Byte、Word、DWord、SInt、USInt、Int、UInt、DInt、UDInt、TOD |
| DTL | DTL | DTL |
| Char | Char | Byte、Word、DWord、Char、字符串中的字符[1] |
| WChar | WChar | Byte、Word、DWord、Char、WChar、字符串中的字符[1] |
| 字符串中的字符[1] | 字符串中的字符 | Char、WChar、字符串中的字符 |
| Array[2] | Array | Array |
| Struct | Struct | Struct |
| PLC 数据类型（UDT） | PLC 数据类型（UDT） | PLC 数据类型（UDT） |
| IEC_Timer | IEC_Timer | IEC_Timer |
| IEC_SCounter | IEC_SCounter | IEC_SCounter |
| IEC_USCounter | IEC_USCounter | IEC_USCounter |
| IEC_Counter | IEC_Counter | IEC_Counter |
| IEC_UCounter | IEC_UCounter | IEC_UCounter |
| IEC_DCounter | IEC_DCounter | IEC_DCounter |
| IEC_UDCounter | IEC_UDCounter | IEC_UDCounter |

注：1. 还可将字符串的各个字符传送到数据类型为 Char 或 WChar 的操作数中。
  2. 仅当输入 IN 和输出 OUT1 中操作数的数组元素为同一数据类型时，才可以传送整个数组（Array）。

**例 4-1**：如图 4-2 所示的控制电路图，有 8 盏指示灯 L0～L7，要求当按钮 SF1 被按下时，灯全部点亮；当按钮 SF2 被按下时，奇数灯亮；当按钮 SF3 被按下时，偶数灯亮；当按钮 SF4 被按下时，全部灯灭。试用数据传送指令编写程序。

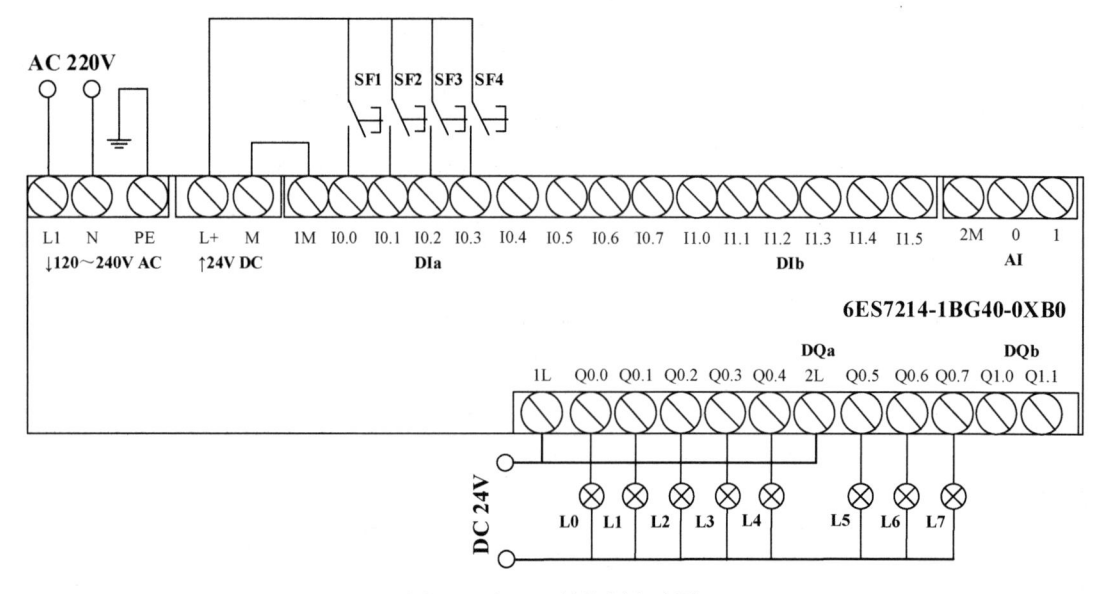

图 4-2 例 4-1 的控制电路图

根据控制电路图可知,灯亮、灯灭分别表示了 PLC 该位输出口电平的高低,因此可以用十六进制数来表示输出继电器字节 QB0 的状态,例 4-1 的控制关系如表 4-3 所示。例 4-1 的控制程序如图 4-3 所示。

表 4-3 例 4-1 的控制关系

| 控制要求 | 输出继电器位 | | | | | | | | 输出继电器字节 QB0 |
|---|---|---|---|---|---|---|---|---|---|
| | Q0.7 | Q0.6 | Q0.5 | Q0.4 | Q0.3 | Q0.2 | Q0.1 | Q0.0 | |
| 灯全亮 | 1 | 1 | 1 | 1 | 1 | 1 | 1 | 1 | 16#FF |
| 奇数灯亮 | 0 | 1 | 0 | 1 | 0 | 1 | 0 | 1 | 16#55 |
| 偶数灯亮 | 1 | 0 | 1 | 0 | 1 | 0 | 1 | 0 | 16#AA |
| 灯全灭 | 0 | 0 | 0 | 0 | 0 | 0 | 0 | 0 | 16#00 |

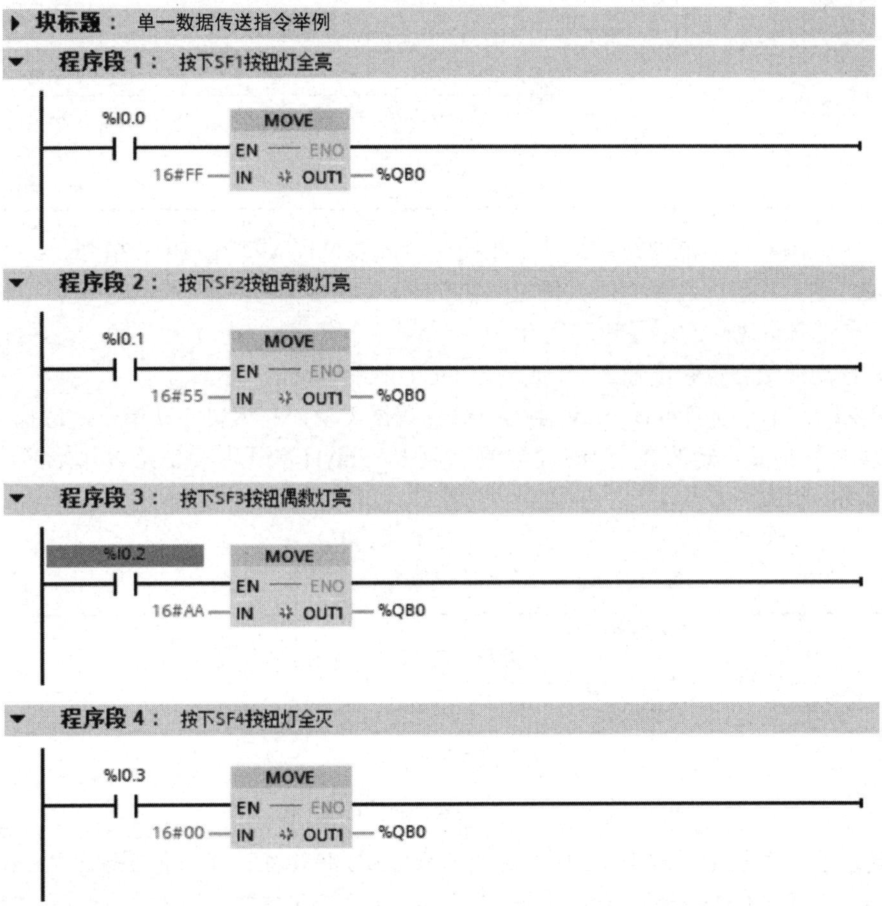

▶ 块标题: 单一数据传送指令举例

▼ 程序段 1: 按下SF1按钮灯全亮

```
%I0.0        MOVE
──┤├──    EN ── ENO
         16#FF ─ IN  ✱ OUT1 ─ %QB0
```

▼ 程序段 2: 按下SF2按钮奇数灯亮

```
%I0.1        MOVE
──┤├──    EN ── ENO
         16#55 ─ IN  ✱ OUT1 ─ %QB0
```

▼ 程序段 3: 按下SF3按钮偶数灯亮

```
%I0.2        MOVE
──┤├──    EN ── ENO
         16#AA ─ IN  ✱ OUT1 ─ %QB0
```

▼ 程序段 4: 按下SF4按钮灯全灭

```
%I0.3        MOVE
──┤├──    EN ── ENO
         16#00 ─ IN  ✱ OUT1 ─ %QB0
```

图 4-3 例 4-1 的控制程序

数据传送指令不仅可以给变量赋值,而且可以实行批量输出。对于 PLC 输出口输出位较多且有一定规律的输出,采用数据传送指令要比采用基本逻辑控制指令编程方便得多。

### 2. 块移动指令

块移动(MOVE_BLK)指令将一个存储区(源范围)的数据移动到另一个存储区(目

标范围）中，MOVE_BLK 指令的说明如表 4-4 所示。使用输入 COUNT 可以指定将移动到目标范围中的元素个数，可通过输入 IN 中元素的宽度来定义元素待移动的宽度。

表 4-4 MOVE_BLK 指令的说明

| LAD | 参数 | 数据类型 | 存储区 | 说明 |
| --- | --- | --- | --- | --- |
| | EN | Bool | I、Q、M、D、L 或常量 | 使能输入 |
| | ENO | Bool | I、Q、M、D、L | 使能输出 |
| MOVE_BLK<br>EN — ENO<br><???> — IN OUT — <???><br><???> — COUNT | IN | 二进制数、整数、浮点数、定时器、Date、Char、WChar、TOD | D、L | 待复制源区域中的首个元素 |
| | COUNT | USInt、UInt、UDInt | I、Q、M、D、L、P 或常量 | 要从源范围移动到目标范围中的元素个数 |
| | OUT | 二进制数、整数、浮点数、定时器、Date、Char、WChar、TOD | D、L | 源范围中的内容要复制到目标范围中的首个元素 |

仅当源范围和目标范围的数据类型相同时，才能执行 MOVE_BLK 指令。

如果满足下列条件之一，那么使能输出 ENO 将返回信号状态"0"。

（1）使能输入 EN 的信号状态为 0。

（2）移动的数据量超出输入 IN 或输出 OUT 所能容纳的数据量。

**例 4-2：** 设 a_array[]和 b_array[]数组为 Int 数据类型，利用块移动指令，选择 a_array[]数组从第 1 个元素开始的 2 个 Int 元素复制到 b_array[]数组从第 3 元素开始的位置中。例 4-2 的梯形图如图 4-4 所示。

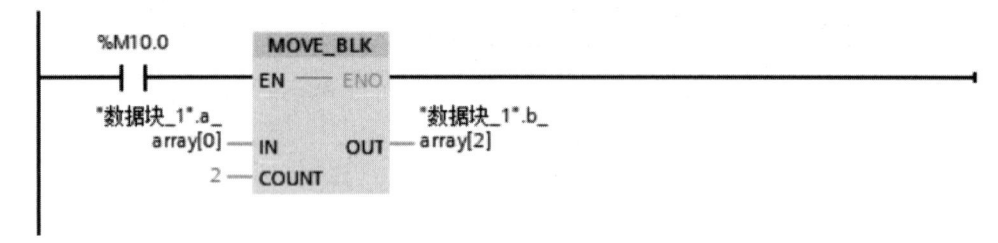

图 4-4 例 4-2 的梯形图

**说明：** 当复制 Array of Bool 时，使能输出 ENO 将设置为 1，直至超出 Array 结构的字节限制。如果 COUNT 输入的值超出了 Array 结构的字节限制，则使能输出 ENO 将复位为 0。

## 二、移位指令

移位指令包括左移指令和右移指令、循环左移指令和循环右移指令。在该类指令中，LAD 与 STL 指令格式中的缩写表示是不同的。移位指令可以用于顺序动作的控制。

## 1. 左移指令 SHL 和右移指令 SHR

可以使用右移指令 SHR（左移指令 SHL）将输入 IN 中操作数的内容按位向右（左）移位，并在输出 OUT 中查询结果。参数 N 用于指定将指定值移位的位数，SHL、SHR 指令的说明如表 4-5 所示。

表 4-5　SHL、SHR 指令的说明

| LAD | 参数 | 数据类型 | 存储区 | 说明 |
|---|---|---|---|---|
| （SHL、SHR 指令框图） | EN | Bool | I、Q、M、D、L 或常量 | 使能输入 |
| | ENO | Bool | I、Q、M、D、L | 使能输出 |
| | IN | 位字符串、整数 | I、Q、M、D、L 或常量 | 要移位的值 |
| | N | USInt、UInt、UDInt | I、Q、M、D、L 或常量 | 将指定值进行移位的位数 |
| | OUT | 位字符串、整数 | I、Q、M、D、L | 指令的结果 |

可以从指令框的"???"下拉列表中选择该指令的数据类型。使用移位指令时应注意如下方面。

（1）对于右移指令，无符号值移位时，用零填充操作数左侧区域中空出的位。如果指定值有符号，则用符号位的信号状态填充空出的位。

（2）对于左移指令，用零填充操作数右侧区域中空出的位。

（3）如果参数 N 的值为 0，则将输入 IN 的值复制到输出 OUT 的操作数中。

（4）参数 N 与移位数据的长度有关，若 N 小于实际的数据长度，则执行 N 次移位；若 N 大于实际的数据长度，则执行移位的次数等于实际数据长度的位数。

**例 4-3**：左移指令、右移指令的应用示例。

左移指令、右移指令的应用示例如图 4-5 所示，左移指令、右移指令的执行过程示意图如图 4-6 所示。

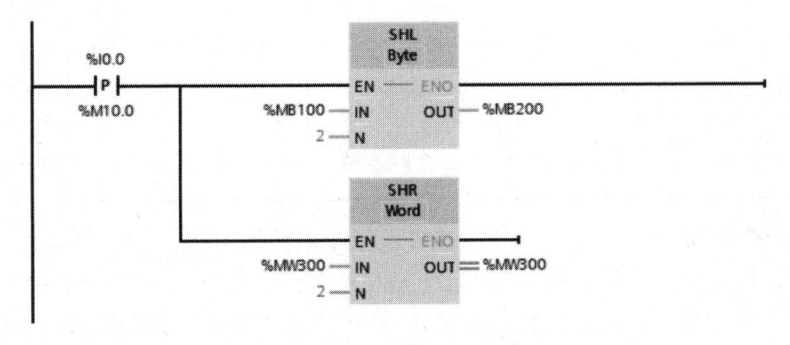

图 4-5　左移指令、右移指令的应用示例

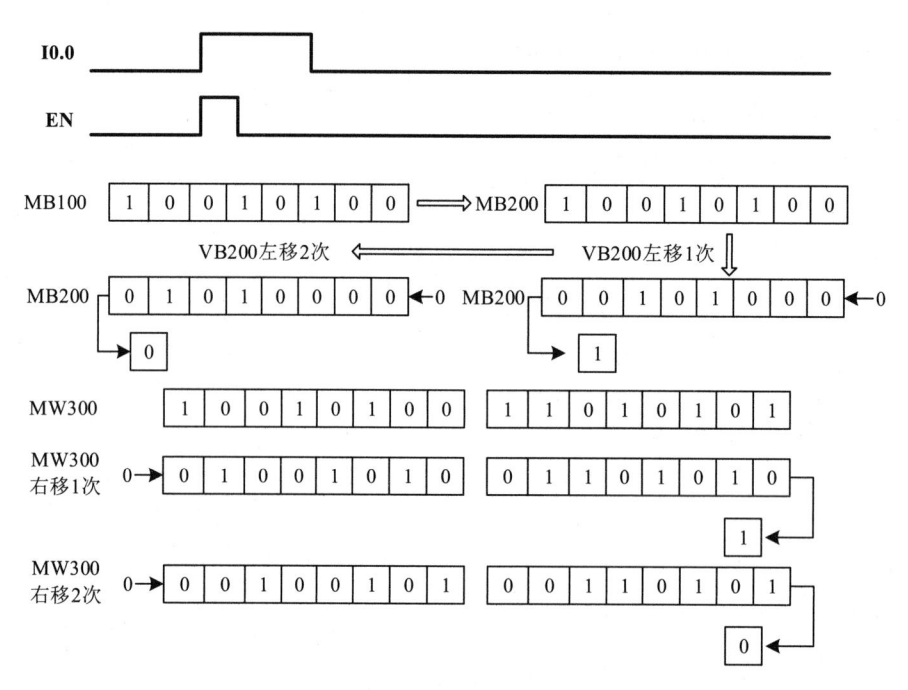

图 4-6 左移指令、右移指令的执行过程示意图

### 2. 循环左移指令 ROL 和循环右移指令 ROR

循环右移指令 ROR（循环左移指令 ROL）将输入 IN 中操作数的内容按位向右（左）循环移位，并在输出 OUT 中查询结果，ROL、ROR 指令的说明如表 4-6 所示。参数 N 用于指定循环移位中待移动的位数。用移出的位填充因循环移位而空出的位。

表 4-6  ROL、ROR 指令的说明

| LAD | 参数 | 数据类型 | 存储区 | 说明 |
|---|---|---|---|---|
| ROL ??? <br> EN — ENO <br> <???> — IN  OUT — <???> <br> <???> — N <br><br> ROR ??? <br> EN — ENO <br> <???> — IN  OUT — <???> <br> <???> — N | EN | Bool | I、Q、M、D、L 或常量 | 使能输入 |
| | ENO | Bool | I、Q、M、D、L | 使能输出 |
| | IN | 位字符串、整数 | I、Q、M、D、L 或常量 | 要循环移位的值 |
| | N | USInt、UInt、UDInt | I、Q、M、D、L 或常量 | 将值循环移动的位数 |
| | OUT | 位字符串、整数 | I、Q、M、D、L | 指令的结果 |

可以从指令框的"???"下拉列表中选择该指令的数据类型。

如果参数 N 的值为"0"，则将输入 IN 的值复制到输出 OUT 的操作数中。

如果参数 N 的值大于可用位数，则输入 IN 中的操作数值仍会循环移动指定位数。

**例 4-4**：循环移位指令应用示例，其梯形图和执行过程示意图如图 4-7 所示。

单元 4　典型工业控制系统分析

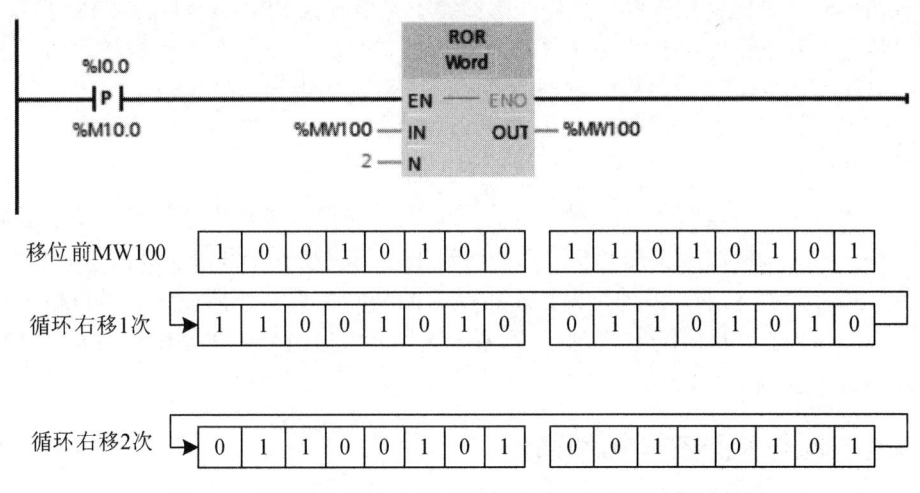

```
      %I0.0                    ROR
      ─┤P├─                    Word
      %M10.0                ┌──EN  ENO──┐
                   %MW100 ──┤IN   OUT ──┤ %MW100
                        2 ──┤N          │
                            └───────────┘
```

| 移位前MW100 | 1 0 0 1 0 1 0 0 | 1 1 0 1 0 1 0 1 |
| 循环右移1次 | 1 1 0 0 1 0 1 0 | 0 1 1 0 1 0 1 0 |
| 循环右移2次 | 0 1 1 0 0 1 0 1 | 0 0 1 1 0 1 0 1 |

图 4-7　循环移位指令应用示例的梯形图和执行过程示意图

## 【实施步骤】

### 一、控制方案的确定

机械手的动作流程图如图 4-8 所示，一共为 8 个流程。机械手的上升/下降和左移/右移的执行，分别用双线圈两位电磁阀推动气缸完成。MB3/MB1 控制机械手的上升/下降，MB5/MB4 控制机械手的左移/右移，某个电磁阀线圈通电，就一直保持现有的机械动作。例如，一旦下降的电磁阀线圈通电，机械手下降，即使线圈再通电，仍保持现有的下降动作状态，直到相反方向的线圈通电为止。另外，夹紧/放松由单线圈二位电磁阀 MB2 推动气缸完成，线圈通电执行夹紧动作，线圈断电执行放松动作。

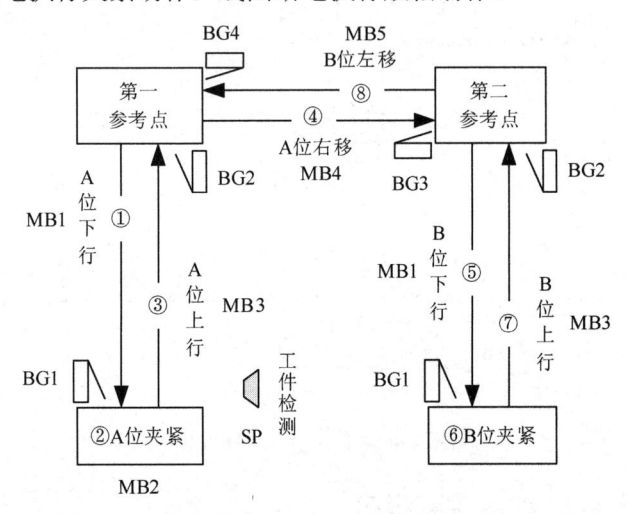

图 4-8　机械手的动作流程图

机械手各动作的转换用限位开关来控制，限位开关 BG1、BG2、BG3、BG4 分别对机械手进行下降、上升、右移、左移动作的限位，并给出了动作到位的信号。而夹紧、放松

· 181 ·

动作的转换由时间继电器来控制。另外，还安装了光电开关 SP，负责监测工作台 B 上的工件是否已移走，从而产生工作台无工件可以存放的信号，为下一个工件的移动做好准备。为了监控机械手的全部工作过程，每个流程的运行情况均用指示灯表示。

## 二、PLC 选型

基于上述分析，行程开关输入量有 4 个，光电开关输入量有 1 个，加上系统必需的启动与停止输入，输入接口至少需要 7 个节点。输出口需驱动 5 个线圈（MB1～MB5），机械手流程监控指标示有 8 个，另外，为显示机械手的初始位置，还需设置参考点指示灯，因此输出接口至少应有 14 个节点。因此，本系统选用 CPU 1214 AC/DC/RLY PLC 加 EM1222 I/O 扩展模块组建控制系统。

## 三、I/O 点分配与外围控制电路设计

机械手 PLC I/O 点分配如表 4-7 所示，机械手 PLC 外围控制电路如图 4-9 所示。

表 4-7 机械手 PLC I/O 点分配

| 序号 | 符号 | 功能描述 | 序号 | 符号 | 功能描述 | 序号 | 符号 | 功能描述 |
| --- | --- | --- | --- | --- | --- | --- | --- | --- |
| 1 | I0.0 | 启动 | 8 | Q2.0 | A 位下行指示 | 15 | Q2.7 | B 位左移指示 |
| 2 | I0.1 | 下限 | 9 | Q2.1 | A 位夹紧指示 | 16 | Q0.0 | 参考点指示 |
| 3 | I0.2 | 上限 | 10 | Q2.2 | A 位上行指示 | 17 | Q0.1 | 执行下行 |
| 4 | I0.3 | 右限 | 11 | Q2.3 | A 位右移指示 | 18 | Q0.2 | 执行夹紧 |
| 5 | I0.4 | 左限 | 12 | Q2.4 | B 位下行指示 | 19 | Q0.3 | 执行上行 |
| 6 | I0.5 | 工件检测 | 13 | Q2.5 | B 位放松指示 | 20 | Q0.4 | 执行右移 |
| 7 | I0.6 | 停止 | 14 | Q2.6 | B 位上行指示 | 21 | Q0.5 | 执行左移 |

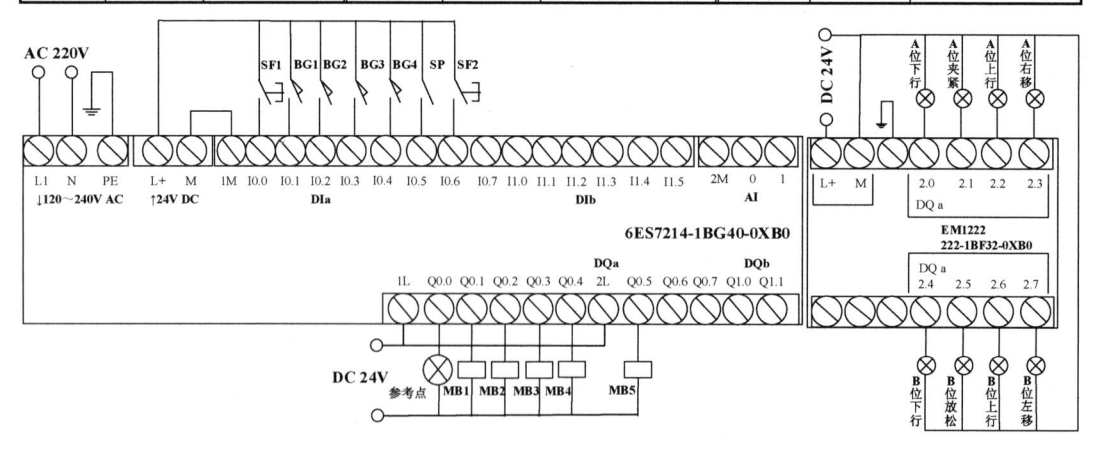

图 4-9 机械手 PLC 外围控制电路

## 四、设计系统流程图，编程控制程序

根据机械手的控制要求，设计机械手控制系统流程图（又称功能图），机械手控制系统流程图如图 4-10 所示。

单元4 典型工业控制系统分析

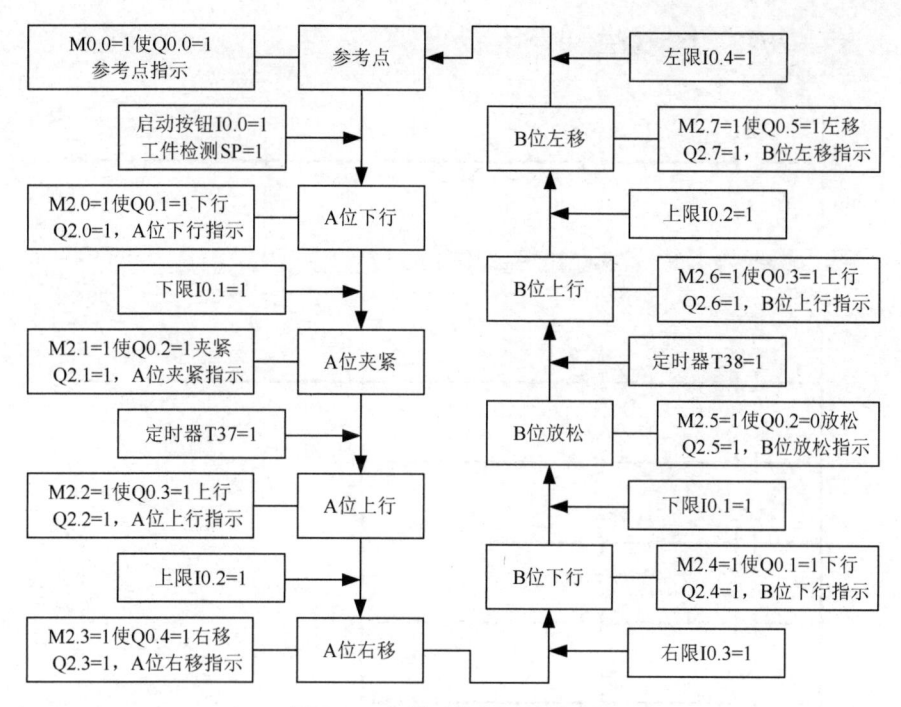

```
M0.0=1使Q0.0=1      ┌──参考点←────────────左限I0.4=1
参考点指示 ─────────→│           ↑
                    │           │
启动按钮I0.0=1       │         B位左移←──M2.7=1使Q0.5=1左移
工件检测SP=1 ───────→│           ↑       Q2.7=1，B位左移指示
                    ↓           │
M2.0=1使Q0.1=1下行   A位下行      │
Q2.0=1，A位下行指示─→│         B位上行←──上限I0.2=1
                    │           ↑
下限I0.1=1 ─────────→│         B位上行←──M2.6=1使Q0.3=1上行
                    ↓           │       Q2.6=1，B位上行指示
M2.1=1使Q0.2=1夹紧   A位夹紧     │
Q2.1=1，A位夹紧指示─→│         B位放松←──定时器T38=1
                    │           ↑
定时器T37=1 ────────→│         B位放松←──M2.5=1使Q0.2=0放松
                    ↓           │       Q2.5=1，B位放松指示
M2.2=1使Q0.3=1上行   A位上行     │
Q2.2=1，A位上行指示─→│         B位下行←──下限I0.1=1
                    │           ↑
上限I0.2=1 ─────────→│         B位下行←──M2.4=1使Q0.1=1下行
                    ↓           │       Q2.4=1，B位下行指示
M2.3=1使Q0.4=1右移   A位右移     │
Q2.3=1，A位右移指示─→│──────────┘──右限I0.3=1
```

图 4-10  机械手控制系统流程图

在机械手处于原位时，上限开关 I0.2 和左限开关 I0.4 接通，移位寄存器数据输入端 M0.0 接通，参考点指示灯亮。当按下启动按钮时，I0.0 接通，产生移位信号，M0.0 的接通状态转移至 M2.0，电磁阀 MB1 接通，机械手 A 位下行。由于上限开关 I0.2 断开，M0.0 断开，所以当机械手下降到位时下限开关 BG1 接通，产生移位信号，M2.0 的接通状态转移至 M2.1，电磁阀 MB1 断开，MB2 接通，机械手 A 位夹紧工件，同时启动定时器 T37。当 T37 延时接通时，产生移位信号，M2.1 的接通状态转移至 M2.2，电磁阀 MB3 接通，机械手 A 位上行。以此类推完成 A 位下行→A 位夹紧→A 位上行→A 位右移→B 位下行→B 位放松→B 位上行→B 位左移的工作循环。机械手的控制梯形图如图 4-11 所示。

▼ 程序段1： 机械手回到参考点
注释

```
   %I0.0      %I0.4      %Q0.2                          %M0.0
───┤ ├───────┤ ├───────┤/├────────────────────────────( )───
```

▼ 程序段2： 初始化
注释

```
   %M0.0                                               %M2.0
───┤ ├──────────────────────────────────────────(RESET_BF)──
                                                        9
```

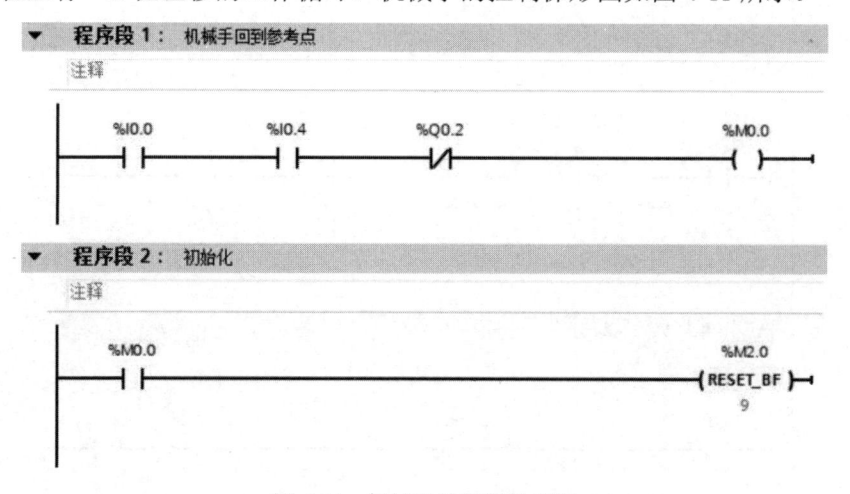

图 4-11  机械手的控制梯形图

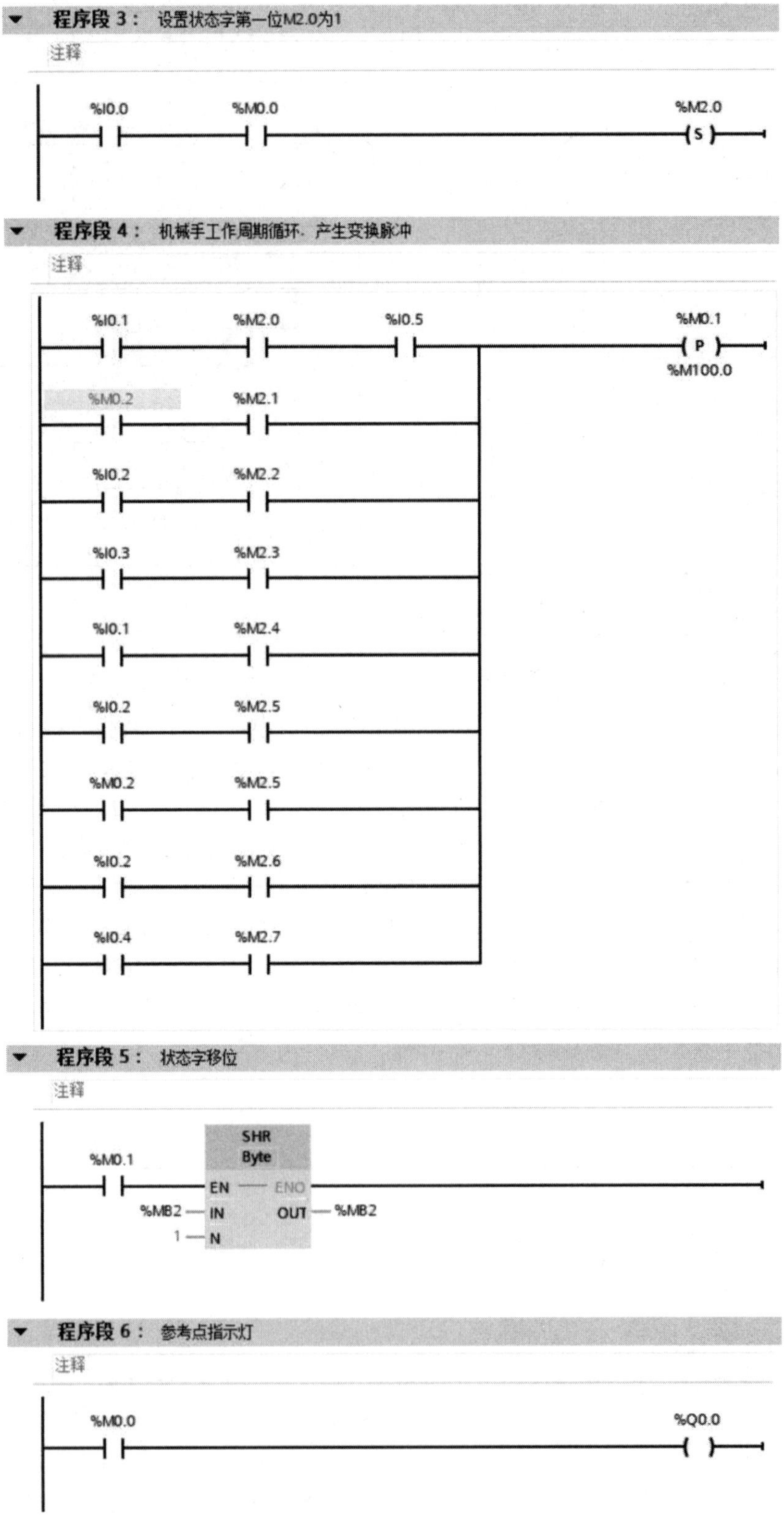

**程序段 3：** 设置状态字第一位M2.0为1

注释

```
    %I0.0      %M0.0                                    %M2.0
    ─┤├──────┤├───────────────────────────────────────( S )
```

**程序段 4：** 机械手工作周期循环、产生变换脉冲

注释

```
    %I0.1      %M2.0     %I0.5                          %M0.1
    ─┤├──────┤├────────┤├─┬────────────────────────────( P )
                                                       %M100.0
    %M0.2      %M2.1          │
    ─┤├──────┤├───────────────┤
    
    %I0.2      %M2.2          │
    ─┤├──────┤├───────────────┤
    
    %I0.3      %M2.3          │
    ─┤├──────┤├───────────────┤
    
    %I0.1      %M2.4          │
    ─┤├──────┤├───────────────┤
    
    %I0.2      %M2.5          │
    ─┤├──────┤├───────────────┤
    
    %M0.2      %M2.5          │
    ─┤├──────┤├───────────────┤
    
    %I0.2      %M2.6          │
    ─┤├──────┤├───────────────┤
    
    %I0.4      %M2.7          │
    ─┤├──────┤├───────────────┘
```

**程序段 5：** 状态字移位

注释

```
                  SHR
                  Byte
    %M0.1    ┌──────────┐
    ─┤├─────┤EN      ENO├─
             │          │
    %MB2 ───┤IN     OUT ├── %MB2
        1 ───┤N         │
             └──────────┘
```

**程序段 6：** 参考点指示灯

注释

```
    %M0.0                                               %Q0.0
    ─┤├────────────────────────────────────────────────( )
```

图 4-11　机械手的控制梯形图（续）

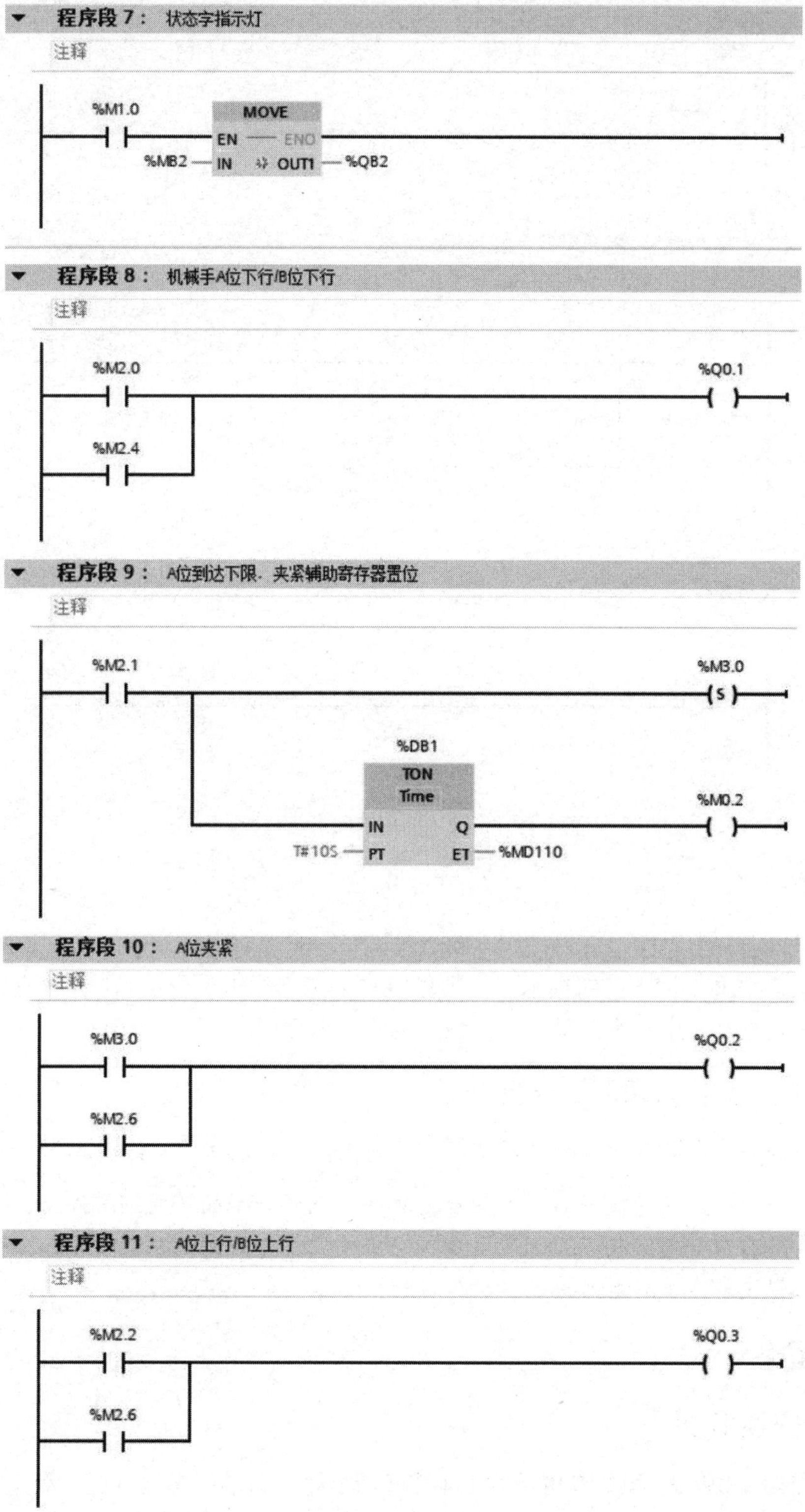

**程序段 7:** 状态字指示灯
注释

```
    %M1.0          MOVE
    ──┤ ├──      EN    ENO
              %MB2─IN  ⇒ OUT1─%QB2
```

**程序段 8:** 机械手A位下行/B位下行
注释

```
    %M2.0                                    %Q0.1
    ──┤ ├──┬─────────────────────────────────( )──
    %M2.4  │
    ──┤ ├──┘
```

**程序段 9:** A位到达下限. 夹紧辅助寄存器置位
注释

```
    %M2.1                                    %M3.0
    ──┤ ├──┬─────────────────────────────────( S )──
           │         %DB1
           │         TON
           │         Time
           │                                 %M0.2
           └────────IN    Q ─────────────────( )──
              T#10S─PT   ET─%MD110
```

**程序段 10:** A位夹紧
注释

```
    %M3.0                                    %Q0.2
    ──┤ ├──┬─────────────────────────────────( )──
    %M2.6  │
    ──┤ ├──┘
```

**程序段 11:** A位上行/B位上行
注释

```
    %M2.2                                    %Q0.3
    ──┤ ├──┬─────────────────────────────────( )──
    %M2.6  │
    ──┤ ├──┘
```

图 4-11 机械手的控制梯形图（续）

程序段 12： A位右移
注释

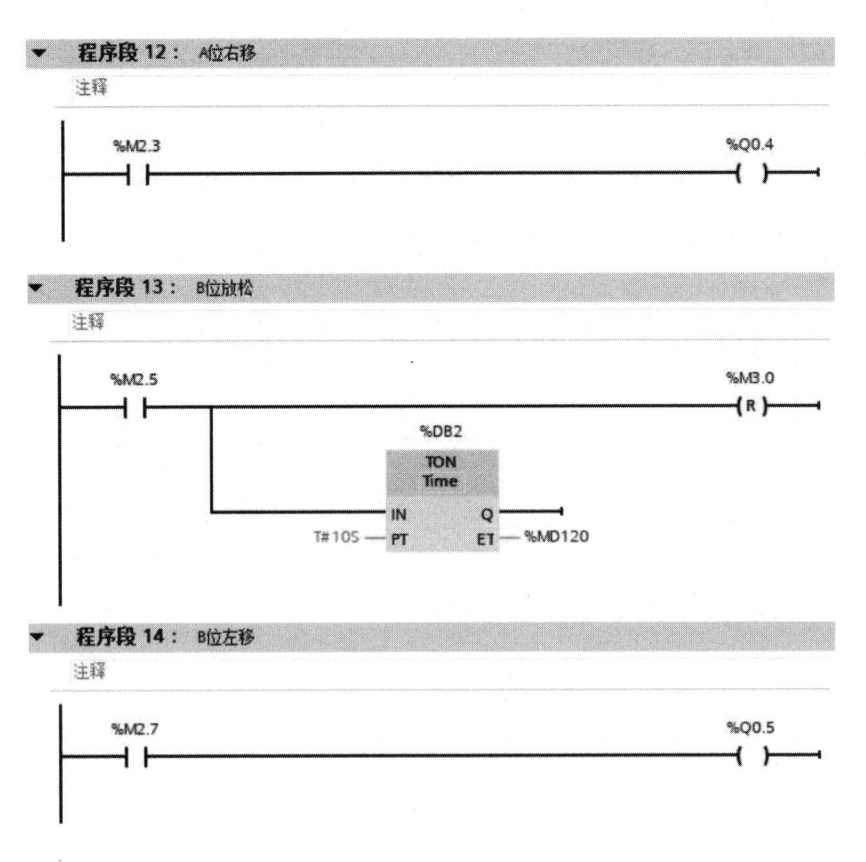

```
    %M2.3                                          %Q0.4
─────┤ ├──────────────────────────────────────────( )─────
```

程序段 13： B位放松
注释

```
    %M2.5                                          %M3.0
─────┤ ├──────────┬───────────────────────────────( R )───
                  │         %DB2
                  │         TON
                  │         Time
                  └───────IN      Q ├───
                   T#10S──PT     ET ├──%MD120
```

程序段 14： B位左移
注释

```
    %M2.7                                          %Q0.5
─────┤ ├──────────────────────────────────────────( )─────
```

图 4-11　机械手的控制梯形图（续）

## 五、调试

调试时，断开主电路，只对控制电路进行调试。将编制好的程序下载到控制 PLC 中，借助于 PLC 输入口、输出口的指示灯，观察 PLC 的输出逻辑是否正确，如果有错误则修改后反复调试，直至完全正确。最后，接通主电路，试运行。

## 六、整理技术文件，填写工作页

系统完成后一定要及时整理技术文件并填写工作页，以便日后使用。

**思考：** 以上程序使得按下启动按钮后，机械手完成一个循环周期就停止，如果要程序连续执行，那么应如何修改呢？如果要增加停止按钮，那么应放在何处呢？机械手没有回到参考点就停下来，下次如何再次启动执行呢？

## 【知识扩展】

### 一、字节交换指令

字节交换（SWAP）指令专用于对 1 个字长或 2 个字长的字型数据进行处理，SWAP 指令的说明如表 4-8 所示。

表 4-8　SWAP 指令的说明

| LAD | 参数 | 数据类型 | 存储区 | 说明 |
|---|---|---|---|---|
| SWAP ??? — EN ENO — — IN OUT — | EN | Bool | I、Q、M、D、L 或常量 | 使能输入 |
| | ENO | Bool | I、Q、M、D、L | 使能输出 |
| | IN | Word、DWord | I、Q、M、D、L、P 或常量 | 要交换其字节的操作数 |
| | OUT | Word、DWord | I、Q、M、D、L、P | 结果 |

其中，通过<???>可选择 Word、DWord 数据类型。当 EN 有效时，将输入 IN 中字型数据的字节进行交换后从 OUT 输出。

**例 4-5**：字节交换指令的举例如图 4-12 所示。

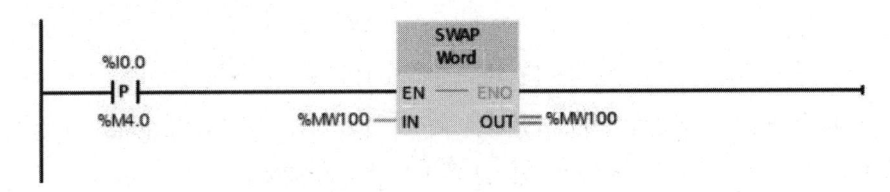

图 4-12　字节交换指令的举例

在例 4-5 中，如果 I0.0 有效，那么在 I0.0 的上升沿执行 SWAP 指令一次；若执行前 MW100 中的存储内容为 1000111100001011，则执行 SWAP 指令后，MW100 中的存储内容变为 0000101110001111。

## 二、填充块指令

填充块（FILL_BLK）指令可用输入 IN 的值填充一个存储区域（目标范围），FILL_BLK 指令的说明如表 4-9 所示。从输出 OUT 指定的地址开始填充目标范围，可以使用参数 COUNT 指定复制操作的重复次数。执行该指令时，输入 IN 中的值将移动到目标范围中，重复次数由参数 COUNT 的值指定。

表 4-9　FILL_BLK 指令的说明

| LAD | 参数 | 数据类型 | 存储区 | 说明 |
|---|---|---|---|---|
| FILL_BLK — EN ENO — <???> — IN OUT — <???> <???> — COUNT | EN | Bool | I、Q、M、D、L 或常量 | 使能输入 |
| | ENO | Bool | I、Q、M、D、L | 使能输出 |
| | IN | 二进制数、整数、浮点数、定时器、Date、TOD、Char、WChar | I、Q、M、D、L、P 或常量 | 用于填充目标范围的元素 |
| | COUNT | USInt、UInt、UDInt | I、Q、M、D、L、P 或常量 | 复制操作的重复次数 |
| | OUT | 二进制数、整数、浮点数、定时器、Date、TOD、Char、WChar | D、L | 目标范围中填充的起始地址 |

**注意**：仅当源范围和目标范围的数据类型相同时，才能执行该指令。填充结构与 Array 中的元素相同，也可为结构（Struct、PLC 数据类型）中多个元素填充相同的值。待填充元素的结构中包含的元素的数据类型必须相同。而且，该结构也可嵌入其他结构中。

**例 4-6**：填充块指令的举例如图 4-13 所示。

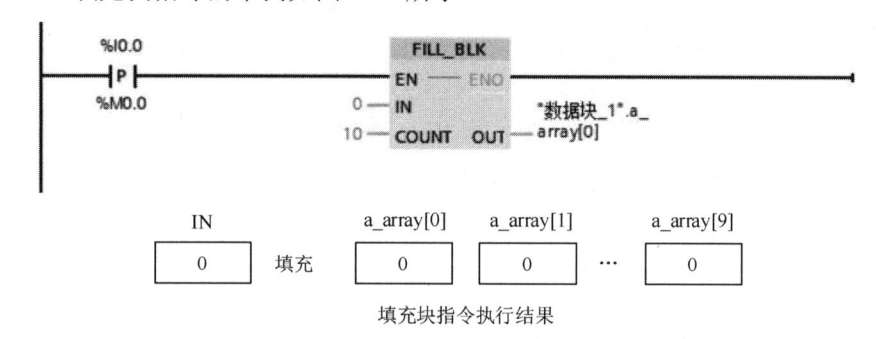

图 4-13 填充块指令的举例

填充块指令常用于存储单元的初始化。在例 4-6 中，当 I0.0 由断开变为接通时，FILL_BLK 指令执行一次，将从 a_array[0]开始的 10 个存储单元填充为 0。

### 三、存储区移动指令

存储区移动（MOVE_BLK_VARIANT）指令主要进行数组元素之间的传递，可以将一个完整的 Array 或 Array 的元素复制到另一个相同数据类型的 Array 中。源 Array 和目标 Array 的大小（元素个数）可能会不同，可以复制一个 Array 内的多个或单个元素。MOVE_BLK_VARIANT 指令的说明如表 4-10 所示。

表 4-10　MOVE_BLK_VARIANT 指令的说明

| LAD | 参数 | 数据类型 | 存储区 | 说明 |
|---|---|---|---|---|
| | EN | Bool | I、Q、M、D、L 或常量 | 使能输入 |
| | ENO | Bool | I、Q、M、D、L | 使能输出 |
| | SRC | Variant, Array of | L（可在块连接时进行声明） | 待复制的源块 |
| | COUNT | UDInt | I、Q、M、D、L、P 或常量 | 已复制的元素数目 |
| | SRC_INDEX | DInt | I、Q、M、D、L 或常量 | 定义要复制的第一个元素 |
| | DEST_INDEX | DInt | I、Q、M、D、L 或常量 | 定义了目标存储区的起点 |
| | DEST | Variant | L（可在块连接时进行声明） | 源块中的内容将复制到的目标区域 |
| | Ret_Val | Int | I、Q、M、D、L | 错误信息，输出一个错误代码 |

MOVE_BLK_VARIANT 指令和 MOVE_BLK 指令完成的功能基本一致，区别主要在于 MOVE_BLK_VARIANT 指令的 SRC 可以通过块的输入端变量进行传递，极大地增加了程序的灵活性。

**例 4-7**：设 a_array[]和 b_array[]数组为 Int 数据类型，利用存储区移动指令，选择 a_array[]数组从第 1 个元素开始的 2 个 Int 元素复制到 b_array[]数组从第 3 元素开始的位置中。

在 FB 的 Input 中设置一个 Variant 类型的变量 in，将 in 加到 MOVE_BLK_VARIANT 的 SRC 端口，将 FB 拖入 OB 中，在 FB 的输入端将 in 写入 a_array[]数组，例 4-7 的梯形图如图 4-14 所示。

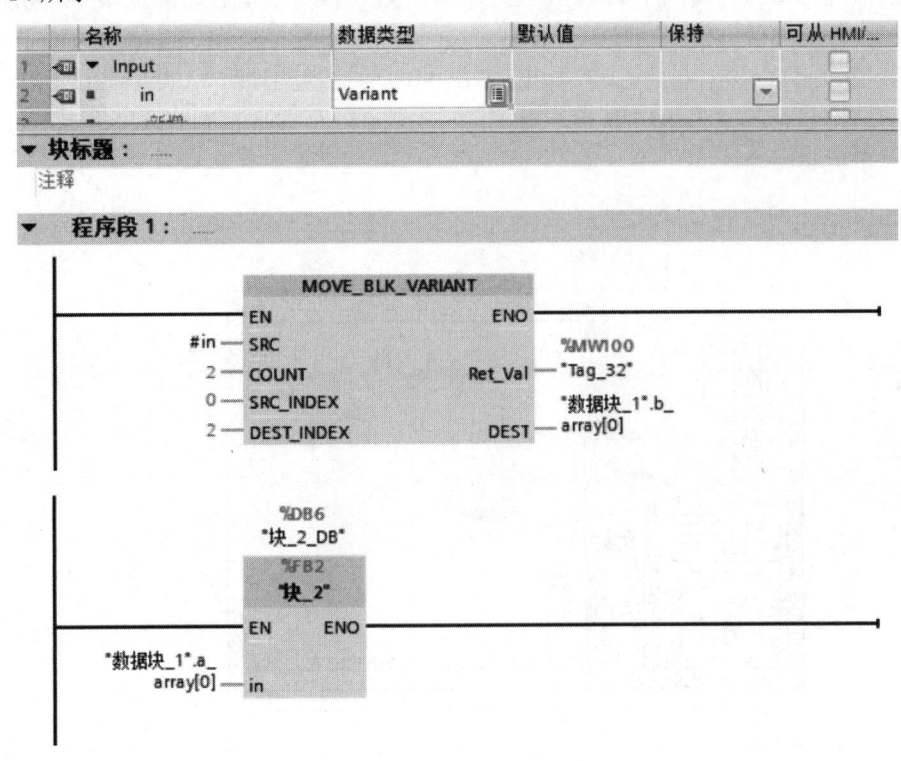

图 4-14 例 4-7 的梯形图

## 项目 4.2 冷藏保鲜柜控制系统分析

【项目目标】

（1）掌握 S7-1200 PLC 算术运算指令的功能。
（2）掌握 S7-1200 PLC 数据转换指令的功能。
（3）掌握 S7-1200 PLC 七段数码管的显示方法。
（4）掌握 S7-1200 PLC 对模拟量的处理方法。
（5）能使用算术运算指令和数据转换指令实现风机变频运转控制。

## 【项目分析】

传统的贮藏方法如湿冷保鲜贮藏等多数是人工控制的,自动化程度低,劳动强度大,而且控制精度低,不能完全满足市场要求。针对这些情况,本项目提出了一种采用 PLC 自动控制的新型的冷藏保鲜设备——冷藏保鲜柜。

冷藏保鲜柜在一个密封的柜体内形成了一个密封系统,这个系统的环境因子随时都受果蔬的呼吸作用而发生改变,在果蔬整个保鲜贮藏期,采取必要的综合环境调节措施,把影响果蔬保鲜贮藏的环境因子如温度、湿度和真空度都维持在适合于果蔬保鲜贮藏的水平,以获得优质低耗的保鲜效果。控制对象是一层结构的冷藏保鲜柜,容积约 $6m^3$,设计目标参数:温度,-1℃~+12℃;湿度,20%RH~90%RH;真空度,-0.08~-0.04MPa。冷藏保鲜柜的结构示意图如图 4-15 所示。拟采用 S7-1200 PLC 实现控制,编程重点是采用比较指令和算术运算指令。

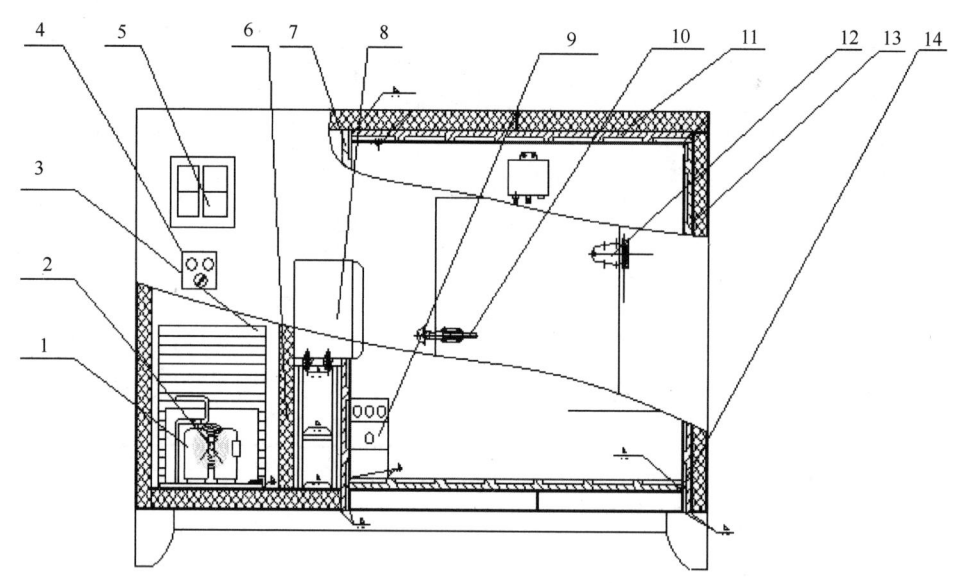

1—压缩机;2—外风机;3—百叶窗;4—开关;5—温度显示;6—保温板;7—右侧板;8—内风;9—加湿器;10—门把;11—顶板;12—门铰链;13—右侧板;14—底板。

图 4-15 冷藏保鲜柜的结构示意图

## 【相关知识】

### 一、算术运算指令

算术运算指令主要包括加法、减法、乘法、除法运算指令,以及一些常用的数学函数变换指令。

#### 1. 加减乘除指令

使用加(ADD)指令,将输入 IN1 的值与输入 IN2 的值相加,并在输出 OUT(OUT:

=IN1+IN2）处查询总和，ADD 指令的说明如表 4-11 所示。

表 4-11　ADD 指令的说明

| LAD | 参数 | 数据类型 | 存储区 | 说明 |
| --- | --- | --- | --- | --- |
| ADD<br>Auto (???)<br>EN — ENO<br><???>— IN1　OUT — <???><br><???>— IN2<br>加 | EN | Bool | I、Q、M、D、L 或常量 | 使能输入 |
| | ENO | Bool | I、Q、M、D、L | 使能输出 |
| | IN1 | 整数、浮点数 | I、Q、M、D、L、P 或常量 | 要相加的第一个数 |
| | IN2 | 整数、浮点数 | I、Q、M、D、L、P 或常量 | 要相加的第二个数 |
| | INn | 整数、浮点数 | I、Q、M、D、L、P 或常量 | 可相加的可选输入值 |
| | OUT | 整数、浮点数 | I、Q、M、D、L、P | 总和 |

在初始状态下，指令框中至少包含两个输入（IN1 和 IN2），可以扩展输入数目，在功能框中按升序对插入的输入编号。执行该指令时，将所有可用输入参数的值相加，求得的和存储在输出 OUT 中。

使用减（SUB）指令，将输入 IN2 的值从输入 IN1 的值中减去，并在输出 OUT（OUT：=IN1-IN2）处查询差值，SUB 指令的说明如表 4-12 所示。

表 4-12　SUB 指令的说明

| LAD | 参数 | 数据类型 | 存储区 | 说明 |
| --- | --- | --- | --- | --- |
| SUB<br>Auto (???)<br>EN — ENO<br><???>— IN1　OUT — <???><br><???>— IN2<br>减 | EN | Bool | I、Q、M、D、L 或常量 | 使能输入 |
| | ENO | Bool | I、Q、M、D、L | 使能输出 |
| | IN1 | 整数、浮点数 | I、Q、M、D、L、P 或常量 | 被减数 |
| | IN2 | 整数、浮点数 | I、Q、M、D、L、P 或常量 | 减数 |
| | OUT | 整数、浮点数 | I、Q、M、D、L、P | 差值 |

使用乘（MUL）指令，将输入 IN1 的值与输入 IN2 的值相乘，并在输出 OUT（OUT：=IN1*IN2）处查询乘积，MUL 指令的说明如表 4-13 所示。

表 4-13　MUL 指令的说明

| LAD | 参数 | 数据类型 | 存储区 | 说明 |
| --- | --- | --- | --- | --- |
| MUL<br>Auto (???)<br>EN — ENO<br><???>— IN1　OUT — <???><br><???>— IN2<br>乘 | EN | Bool | I、Q、M、D、L 或常量 | 使能输入 |
| | ENO | Bool | I、Q、M、D、L | 使能输出 |
| | IN1 | 整数、浮点数 | I、Q、M、D、L、P 或常量 | 乘数 |
| | IN2 | 整数、浮点数 | I、Q、M、D、L、P 或常量 | 相乘的数 |
| | INn | 整数、浮点数 | I、Q、M、D、L、P 或常量 | 可相乘的可选输入值 |
| | OUT | 整数、浮点数 | I、Q、M、D、L、P | 乘积 |

可以在指令功能框中展开输入的数字。在功能框中以升序对相加的输入进行编号。指令执行时，将所有可用输入参数的值相乘，乘积存储在输出 OUT 中。

使用除（DIV）指令，可以将输入 IN1 的值除以输入 IN2 的值，并在输出 OUT(OUT：= IN1/IN2) 处查询商值，DIV 指令的说明如表 4-14 所示。

表 4-14 DIV 指令的说明

| LAD | 参数 | 数据类型 | 存储区 | 说明 |
|---|---|---|---|---|
| DIV Auto (???) EN — ENO IN1 OUT <???> IN2 除 | EN | Bool | I、Q、M、D、L 或常量 | 使能输入 |
| | ENO | Bool | I、Q、M、D、L | 使能输出 |
| | IN1 | 整数、浮点数 | I、Q、M、D、L、P 或常量 | 被除数 |
| | IN2 | 整数、浮点数 | I、Q、M、D、L、P 或常量 | 除数 |
| | OUT | 整数、浮点数 | I、Q、M、D、L、P | 商值 |

加减乘除指令可以从指令框的"???"下拉列表中选择该指令的数据类型。参数 IN1、IN2 和 OUT 的数据类型必须相同，整数除法运算会截去商的小数部分以生成整数输出。在加减乘除运算中，如果出现以下情况，则使能输出 ENO 的信号状态为 0。

- 使能输入 EN 的信号状态为 "0"。
- 指令结果超出输出 OUT 指定的数据类型的允许范围。
- 浮点数的值无效。
- 除数为 0，结果未定义，返回 0。

**例 4-8**：用加减乘除指令实现 MB600=(MB100+MB200-125)×MB500/100，例 4-8 的梯形图如图 4-16 所示。

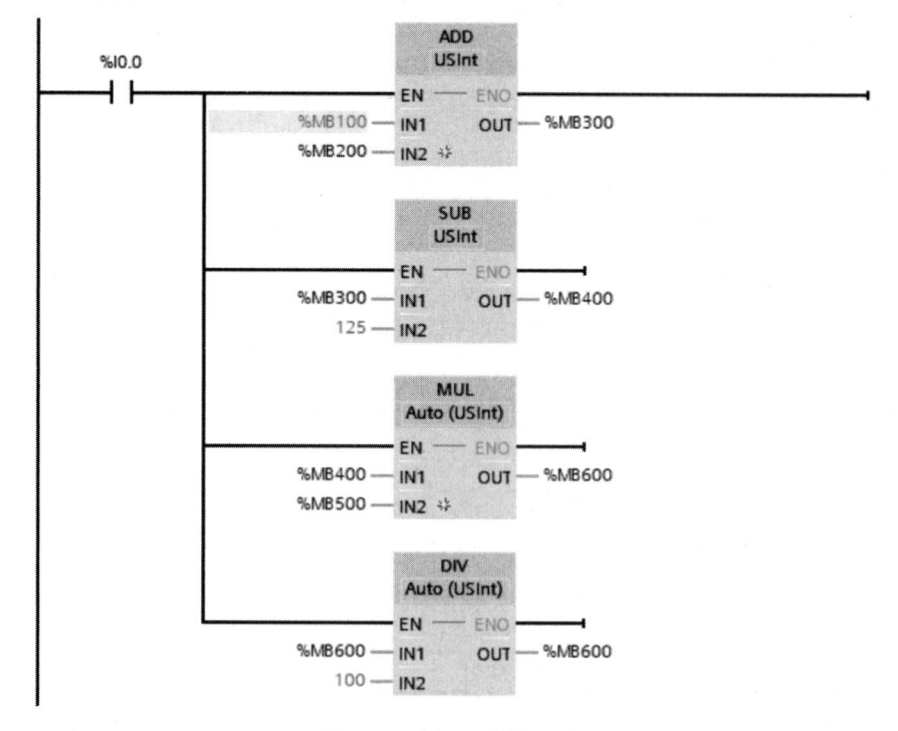

图 4-16 例 4-8 的梯形图

## 2. 取模指令

可使用取模（MOD）指令返回除法的余数，将输入 IN1 的值除以输入 IN2 的值，并通过输出 OUT 查询余数。MOD 指令的说明如表 4-15 所示。

表 4-15 MOD 指令的说明

| LAD | 参数 | 数据类型 | 存储区 | 说明 |
|---|---|---|---|---|
| MOD Auto (???) EN ENO <???> IN1 OUT <???> <???> IN2 | EN | Bool | I、Q、M、D、L 或常量 | 使能输入 |
| | ENO | Bool | I、Q、M、D、L | 使能输出 |
| | IN1 | 整数 | I、Q、M、D、L、P 或常量 | 被除数 |
| | IN2 | 整数 | I、Q、M、D、L、P 或常量 | 除数 |
| | OUT | 整数 | I、Q、M、D、L、P | 除法的余数 |

例 4-9：取模指令范例，例 4-9 的梯形图如图 4-17 所示。

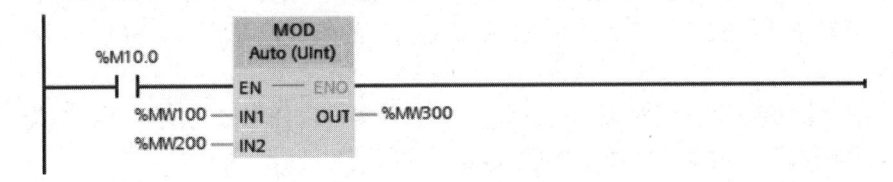

图 4-17 例 4-9 的梯形图

当 M10.0 有效时，MW100 除以 MW200，将余数送入 MW300，设 MW100 为 18，MW200 为 4，则 MW300 的结果为 2。

### 3. 递增、递减指令

可以使用递增（INC）指令 [或递减（DEC）指令] 将参数 IN/OUT 中操作数的值更改为下一个更大（或更小）的值，并查询结果。INC、DEC 指令的说明如表 4-16 所示。

表 4-16 INC、DEC 指令的说明

| LAD | 参数 | 数据类型 | 存储区 | 说明 |
|---|---|---|---|---|
| INC ??? EN ENO <???> IN/OUT  DEC ??? EN ENO <???> IN/OUT | EN | Bool | I、Q、M、D、L 或常量 | 使能输入 |
| | ENO | Bool | I、Q、M、D、L | 使能输出 |
| | IN/OUT | 整数 | I、Q、M、D、L | 要递增、递减的值 |

例 4-10：递增、递减指令示例，例 4-10 的梯形图如图 4-18 所示。

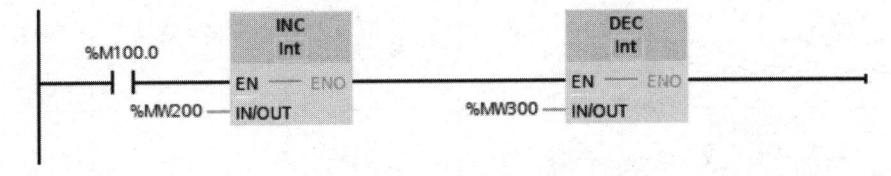

图 4-18 例 4-10 的梯形图

当 M100.0 有效时，MW200 的整数加一，如原 200 将变为 201；MW300 中的整数减

一,如原 300 将变为 299。

### 4. 数学函数变换指令

数学函数变换指令包括平方根、自然对数、自然指数、三角函数等指令。

(1) 平方根(SQRT)指令:对 IN 中的数值取平方根,将结果从 OUT 指定的存储单元输出。

(2) 自然对数(LN)指令:对 IN 中的数值进行自然对数计算,并将结果置于 OUT 指定的存储单元中。

求以 10 为底数的对数时,用自然对数除以 2.302585(约等于 10 的自然对数)。

(3) 自然指数(EXP)指令:对 IN 取以 e 为底的指数,并将结果置于 OUT 指定的存储单元中。

将自然指数指令与自然对数指令相结合,可以实现以任意数为底,任意数为指数的计算。求 $y^x$,输入以下指令:EXP (x * LN (y))。

例如:求 $2^3$,指令为 EXP(3*LN(2))=8;求 27 的 3 次方根,即 $27^{1/3}$,指令为 EXP(1/3*LN(27))=3。

(4) 三角函数指令:对一个实数的弧度值 IN 分别求正弦、余弦、正切,得到实数运算结果,从 OUT 指定的存储单元输出。

数学函数变换指令的格式及功能如表 4-17 所示。

表 4-17 数学函数变换指令的格式及功能

| LAD | | IN 数据类型 | OUT 数据类型 | 功能 |
| --- | --- | --- | --- | --- |
| SQRT ??? EN ENO IN OUT | SQRT | 浮点数 | 浮点数 | 计算平方根 |
| LN ??? EN ENO IN OUT | LN | 浮点数 | 浮点数 | 计算自然对数 |
| EXP ??? EN ENO IN OUT | EXP | 浮点数 | 浮点数 | 计算自然指数 |
| SIN ??? EN ENO IN OUT | SIN | 浮点数(弧度值) | 浮点数 | 计算正弦值 |
| COS ??? EN ENO IN OUT | COS | 浮点数(弧度值) | 浮点数 | 计算余弦值 |

续表

| LAD | | IN 数据类型 | OUT 数据类型 | 功能 |
|---|---|---|---|---|
| TAN ??? EN ENO <???> IN OUT <???> | TAN | 浮点数（弧度值） | 浮点数 | 计算正切值 |

**例 4-11**：求 120°的正弦值。

**分析**：三角函数指令的操作数是弧度值，因此必须先将 120°转换为弧度：（3.141593/180）*120，再求正弦值。例 4-11 的梯形图如图 4-19 所示。

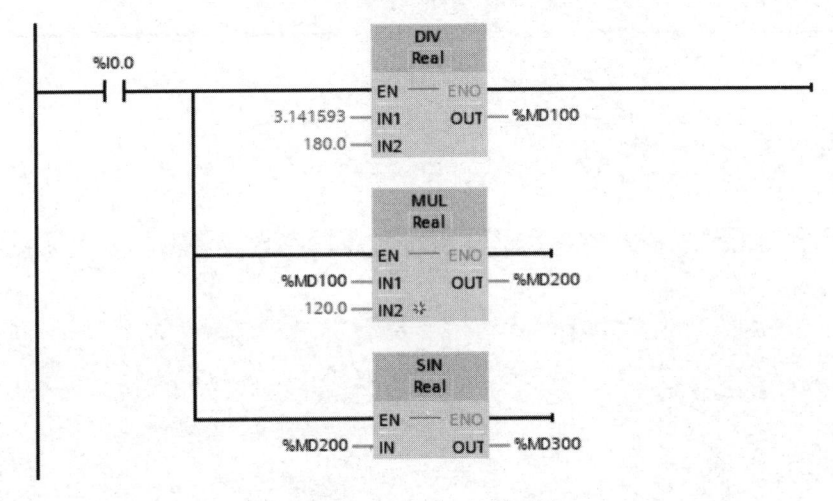

图 4-19　例 4-11 的梯形图

### 5. 计算指令

可以使用计算（CALCULATE）指令定义并执行表达式，根据所选数据类型计算数学运算或复杂逻辑运算，CALCULATE 指令的说明如表 4-18 所示。

表 4-18　CALCULATE 指令的说明

| LAD | 参数 | 数据类型 | 存储区 | 说明 |
|---|---|---|---|---|
| CALCULATE ??? EN ENO OUT:= <???> <???> IN1 OUT <???> <???> IN2 | EN | Bool | I、Q、M、D、L 或常量 | 使能输入 |
| | ENO | Bool | I、Q、M、D、L | 使能输出 |
| | IN1 | 位字符串、整数、浮点数 | I、Q、M、D、L、P 或常量 | 第一个可用的输入 |
| | IN2 | 位字符串、整数、浮点数 | I、Q、M、D、L、P 或常量 | 第二个可用的输入 |
| | INn | 位字符串、整数、浮点数 | I、Q、M、D、L、P 或常量 | 其他输入的值 |
| | OUT | 位字符串、整数、浮点数 | I、Q、M、D、L、P | 最终结果要传送到的输出 |

可以从指令框的"???"下拉列表中选择该指令的数据类型。根据所选的数据类型，可以组合某些指令的函数以执行复杂计算。在一个对话框中指定待计算的表达式，单击指令框上方的"计算器"图标可打开该对话框。表达式可以包含输入参数的名称和指令的语法，不能指定操作数名称和操作数地址。

在初始状态下，指令框至少包含两个输入（IN1 和 IN2），可以扩展输入数目。在功能框中按升序对插入的输入编号，使用输入的值执行指定表达式。表达式中不一定使用所有的已定义输入，该指令的结果将传送到输出 OUT 中。

**例 4-12**：使用 CALCULATE 指令求 120°的正弦值，如图 4-20 所示。

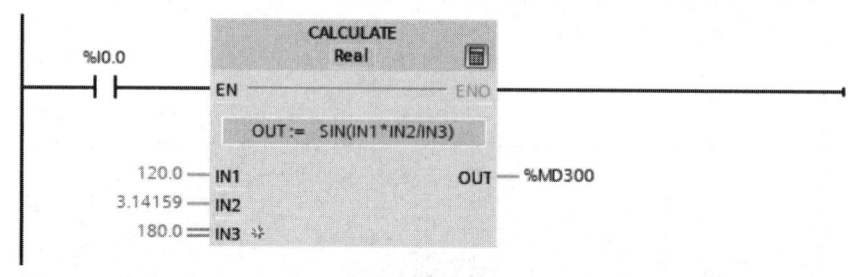

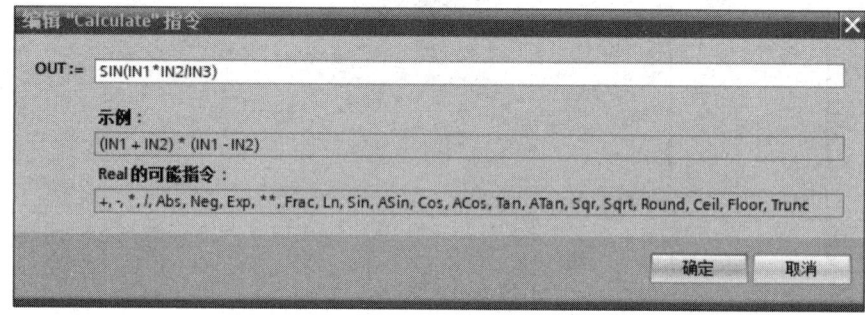

图 4-20　使用 CALCULATE 指令求 120°的正弦值

## 二、数据转换指令

数据转换（CONV）指令将读取参数 IN 的内容，并根据指令框中选择的数据类型对其进行转换，转换值将在 OUT 处输出，CONV 指令的说明如表 4-19 所示。

表 4-19　CONV 指令的说明

| LAD | 参数 | 数据类型 | 存储区 | 说明 |
| --- | --- | --- | --- | --- |
| CONV ??? to ??? EN ENO <???> — IN OUT — <???> | EN | Bool | I、Q、M、D、L 或常量 | 使能输入 |
| | ENO | Bool | I、Q、M、D、L | 使能输出 |
| | IN | 位字符串、整数、浮点数、Char、WChar、BCD16、BCD32 | I、Q、M、D、L、P 或常量 | 要转换的值 |
| | OUT | 位字符串、整数、浮点数、Char、WChar、BCD16、BCD32 | I、Q、M、D、L、P | 转换结果 |

在指令功能框中，不能选择位字符串 Byte 和 Word。但如果输入和输出操作数的长度

匹配，则可以在该指令的参数处指定 DWord 或 LWord 数据类型的操作数。此操作数将被位字符串的数据类型根据输入参数或输出参数的数据类型来解释，并被隐式转换。例如，数据类型 DWord 将被解释为 DInt/UDInt，而 LWord 将被解释为 LInt/ULInt。启用 IEC 检查时，也可使用这些转换方式。

可以从指令框的"???"下拉列表中选择该指令的数据类型。

**例 4-13**：数据转换示例。

（1）将 16 位整数转换为 32 位整数，如图 4-21 所示。

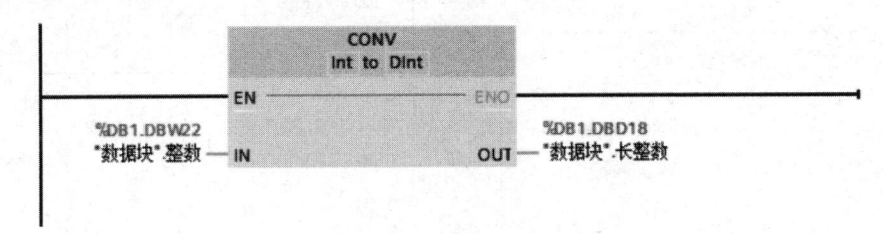

图 4-21  将 16 位整数转换为 32 位整数

（2）将 8 位字节转换为 8 位整数 SInt，如图 4-22 所示。

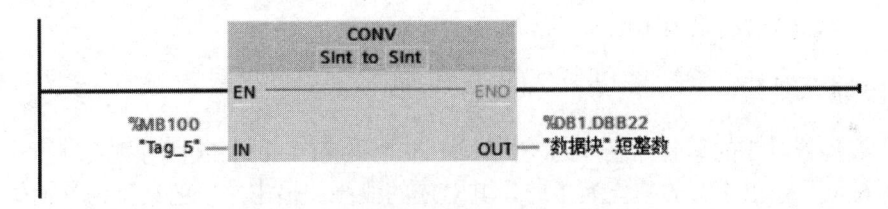

图 4-22  将 8 位字节转换为 8 位整数 SInt

（3）将 8 位字节转换为 8 位无符号整数 USInt，如图 4-23 所示。

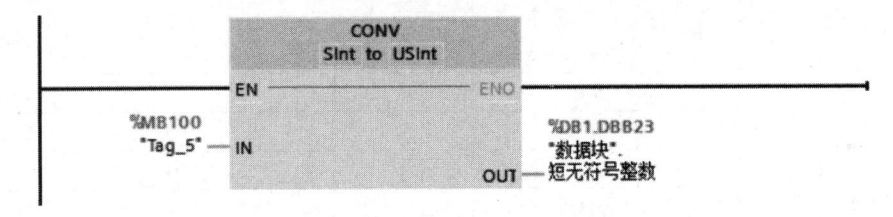

图 4-23  将 8 位字节转换为 8 位无符号整数 USInt

## 三、ROUND 指令和 TRUNC 指令

ROUND 指令（取整）将输入 IN 的值解释为浮点数，并将其转换为最接近的整数。如果输入值恰好是相邻偶数和奇数的平均数，则选择取整为偶数，结果存储在输出 OUT 中。

TRUNC 指令（截尾取整）将输入 IN 的值解释为浮点数，仅取其整数部分，结果存储在输出 OUT 中。ROUND、TRUNC 指令的说明如表 4-20 所示。

表 4-20 ROUND、TRUNC 指令的说明

| LAD | 参数 | 数据类型 | 存储区 | 说明 |
|---|---|---|---|---|
| ROUND Real to ??? 取整 | EN | Bool | I、Q、M、D、L 或常量 | 使能输入 |
| | ENO | Bool | I、Q、M、D、L | 使能输出 |
| | IN | Real、LReal | I、Q、M、D、L、P 或常量 | 要转换的值 |
| TRUNC Real to ??? 截尾取整 | OUT | SInt、Int、DInt、UInt、UDInt、Real、LReal | I、Q、M、D、L、P | 转换结果 |

例如，浮点数 9.5 输入 ROUND 指令，输出结果为 10；浮点数 10.5 输入 TRUNC 指令，输出结果为 10；浮点数 10.8 输入 ROUND 指令，输出结果为 11；浮点数 10.8 输入 TRUNC 指令，输出结果为 10。

### 四、七段显示处理

七段数码管对应的编码如表 4-21 所示，七段数码管的 abcdefg 段分别对应于字节的第 0 位～第 6 位，输出字节的某位为 1 时，其对应的段亮；输出字节的某位为 0 时，其对应的段暗。将字节的第 7 位补 0，则构成与七段数码管相对应的 8 位编码，称为七段显示码。

表 4-21 七段数码管对应的编码

| 七段数码管 | IN | OUT (-gfe dcba) | 数组元素 | IN | OUT (-gfe dcba) | 数组元素 |
|---|---|---|---|---|---|---|
| a f g b e c d | 0 | 0011 1111 | Tem[0] | 8 | 0111 1111 | Tem[8] |
| | 1 | 0000 0110 | Tem[1] | 9 | 0110 0111 | Tem[9] |
| | 2 | 0101 1011 | Tem[2] | A | 0111 0111 | Tem[10] |
| | 3 | 0100 1111 | Tem[3] | B | 0111 1100 | Tem[11] |
| | 4 | 0110 0110 | Tem[4] | C | 0011 1001 | Tem[12] |
| | 5 | 0110 1101 | Tem[5] | D | 0101 1110 | Tem[13] |
| | 6 | 0111 1101 | Tem[6] | E | 0111 1001 | Tem[14] |
| | 7 | 0000 0111 | Tem[7] | F | 0111 0001 | Tem[15] |

S7-1200 PLC 中没有直接的译码指令，对于七段显示码处理，可建立一个 array[] 数组，对映七段显示码的输出，然后将数组 array[] 中的内容传送到输出端。

**例 4-14**：编写显示数字 6 的七段显示码的程序。

定义一个索引变量 i，将 6 赋值给 i，用 i 来寻找 Tem[] 数组中的对应量，输出到 Q0 中。例 4-14 的梯形图如图 4-24 所示。

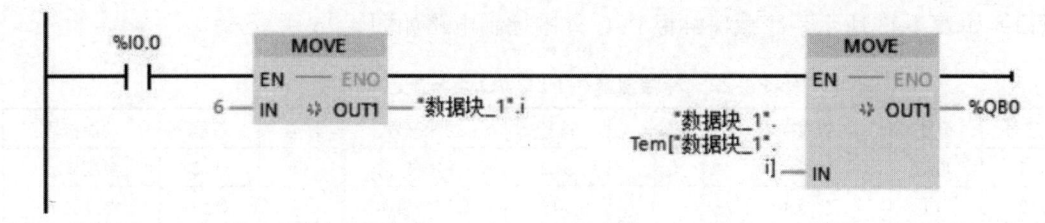

图 4-24 例 4-14 的梯形图

## 【实施步骤】

### 一、控制方案的确定

冷藏保鲜柜的控制系统由可编程控制器、温/湿度传感器及变送器、压力传感器及变送器、PLC 特殊功能模块等组成。传感器采集信号送入变送器变成标准的电流信号，再送入 A/D 模块转换成二进制数信号传输到可编程控制器中，由可编程控制器发出指令控制压缩机、加湿器、真空泵、室内风机和室外风机等外部负载。

控制要求及功能如下：具有启动和停止功能，储藏物类别可选为果蔬和肉类，具有温度显示功能。系统启动后会根据储藏物类别和当前环境数据，自动运行压缩机组、真空泵、加湿器等开始工作。

当柜内的温度达到-1℃时，压缩机组停止工作；当柜内的温度高于+12℃时，压缩机组开始工作；当柜内温度为-1~+12℃时，压缩机组的动作保持。当柜内的湿度达到上限（肉类为 30%RH，果蔬为 90%RH）时，加湿器停止工作；当柜内的湿度达到下限（肉类为 20%RH，果蔬为 80%RH）时，加湿器开始工作；当柜内的湿度在上下限之间时，加湿器的动作保持。当柜内的真空度达到-0.08MPa 时，真空泵停止工作；当柜内的真空度达到-0.04MPa 时，真空泵开始工作；当柜内的真空度为-0.08MPa~-0.04MPa 时，真空泵的动作保持。真空泵启动前电磁阀必须先打开；压缩机组由压缩机、室外风机、室内风机组成。启动顺序：室内外风机、压缩机，室内外风机启动 5s 后启动压缩机。化霜机构：一个月化霜一次，化霜时，压缩机组、真空泵、加湿器全部停止工作，强制化霜半小时。

### 二、PLC 选型

基于上述分析，系统输入口至少要包括启动、停止、果蔬、肉类 4 个节点。输出口需驱动室内外风机、化霜、压缩机、真空泵、阀门、加湿器线圈 6 个（MB1~MB6），七段二极管温度显示 8 个，因此输出口至少应有 14 个节点。参考西门子 S7-1200 PLC 产品目录及市场实际价格，选用 CPU 1215 PLC（14 输入/10 输出），外接输出扩展模块 SM 1222 DC（8 节点数字输出）用于温度显示，CPU 1215 PLC 自带两个模拟量输入，本例有三个模拟量输入，因此外接模拟量输入模块 SM 1231 AI（4 模拟量输入，地址为 IW112、IW114、IW116、IW118）用于接收温度传感器、湿度传感器、压力传感器三路模拟量输入。

### 三、I/O 点分配与外围控制电路设计

冷藏保鲜柜 PLC I/O 点分配（数字口）如表 4-22 所示，冷藏保鲜柜 PLC I/O 点分配（模

拟口）如表 4-23 所示。冷藏保鲜柜 PLC 外围控制电路如图 4-25 所示。

表 4-22 冷藏保鲜柜 PLC I/O 点分配（数字口）

| 序号 | 符号 | 功能描述 | 序号 | 符号 | 功能符号 | 序号 | 符号 | 功能符号 |
|---|---|---|---|---|---|---|---|---|
| 1 | I0.0 | 启动 | 7 | Q0.2 | 化霜 | 13 | Q2.2 | 温度显示 |
| 2 | I0.1 | 停止 | 8 | Q0.3 | 真空泵启动 | 14 | Q2.3 | 温度显示 |
| 3 | I0.2 | 果蔬 | 9 | Q0.4 | 阀门 | 15 | Q2.4 | 温度显示 |
| 4 | I0.3 | 肉类 | 10 | Q0.5 | 加湿器动作 | 16 | Q2.5 | 温度显示 |
| 5 | Q0.0 | 压缩机启动 | 11 | Q2.0 | 温度显示 | 17 | Q2.6 | 温度显示 |
| 6 | Q0.1 | 室内外风机启动 | 12 | Q2.1 | 温度显示 | 18 | Q2.7 | 温度显示 |

表 4-23 冷藏保鲜柜 PLC I/O 点分配（模拟口）

| 序号 | 地址 | 功能描述 | 型号 | 量程 | 输入 |
|---|---|---|---|---|---|
| 1 | IW112 | 温度变送器输入 | AN6701 | −10～+80℃ | 4～20mA |
| 2 | IW114 | 湿度变送器输入 | HS1101 | 0～100%RH | 4～20mA |
| 3 | IW116 | 压力变送器输入 | ZNZ-PTB703 | −0.1MPa～0MPa | 4～20mA |

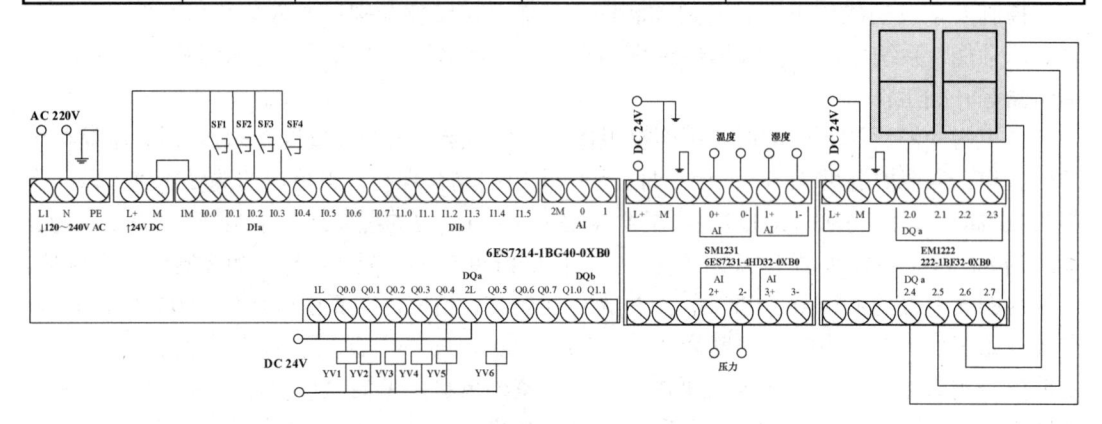

图 4-25 冷藏保鲜柜 PLC 外围控制电路

## 四、计算软件控制值，设计系统流程图，编写控制程序

### 1. 计算软件控制值

设传感器量程范围为 $(Y_{\min}, Y_{\max}) \rightarrow (4, 20\text{mA}) \rightarrow (0, 27648)$
则转换后：

$$X = \frac{27648}{Y_{\max} - Y_{\min}}(Y - Y_{\min})$$

式中，$Y$ 为环境实际值；$X$ 为采集的数字值。

如果已知采集的数字值，则环境实际值为

$$Y = \frac{X(Y_{\max} - Y_{\min})}{27648} + Y_{\min}$$

冷藏保鲜柜系统的计算结果如表 4-24 所示。

表 4-24 冷藏保鲜柜系统的计算结果

| 序号 | 功能描述 | 量程 | 控制值 | 数字值 | 变量名 |
|---|---|---|---|---|---|
| 1 | 温度变送器输入 | −10~+80℃ | −1℃ | 2765 | Temmin |
|   |   |   | +12℃ | 6758 | Temmax |
| 2 | 湿度变送器输入 | 0~100%RH | 20%RH | 5530 | Hum1 |
|   |   |   | 30%RH | 8294 | Hum2 |
|   |   |   | 80%RH | 22118 | Hum3 |
|   |   |   | 90%RH | 24883 | Hum4 |
| 3 | 压力变送器输入 | −0.1MPa~0MPa | −0.08MPa | 5530 | Pa1 |
|   |   |   | −0.04MPa | 16589 | Pa2 |

## 2．设计系统流程图

根据功能要求，系统的程序主要分为三个部分；一是保存果蔬时的运行程序；二是保存肉类时的运行程序；三是每隔三十天的化霜程序。冷藏保鲜柜控制软件流程图如图 4-26 所示。

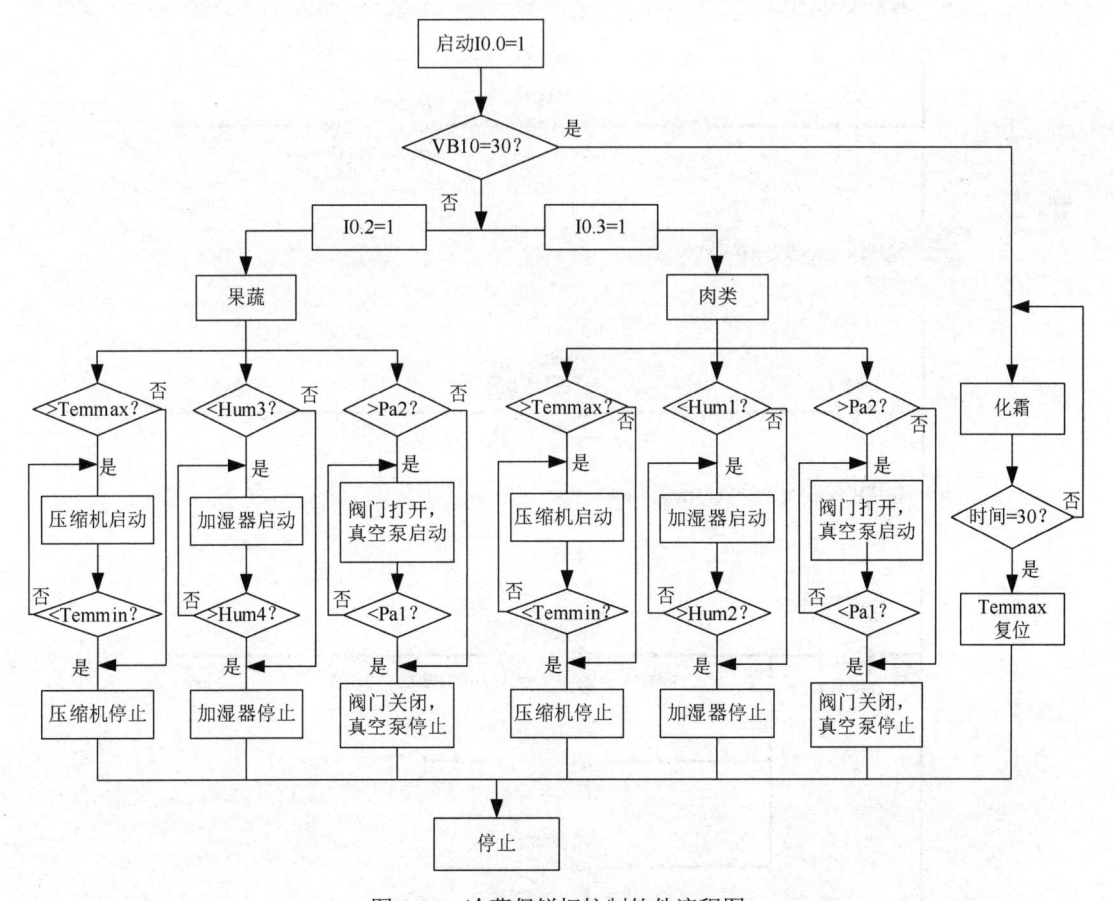

图 4-26 冷藏保鲜柜控制软件流程图

根据表 4-24 可知：Temmax=6758，Temmin=2765，Hum1=5530，Hum2=8294，Hum3=22118，Hum4=24883，Pa1=5530，Pa2=16589，共 8 个控制值，设定在全局数据块中。设置

采样周期为 1s，并在每个周期结束前 20ms 将温度值、湿度值、真空压力值采集到系统存储变量 Tem、Hum、Pa 中。利用比较指令将采集的温度 Tem 与 Temmax 和 Temmin 存储的温度控制值相比较，决定压缩机是否启动制冷。系统利用计算指令将采集的温度数字值转换成实际温度值，并转换成相应的索引值 Index，调用 Tem[]数组中的内容输出到 QB2 口驱动七段数码管实时显示系统的温度。

### 3．编写控制程序

冷藏保鲜柜的控制梯形图如图 4-27 所示。

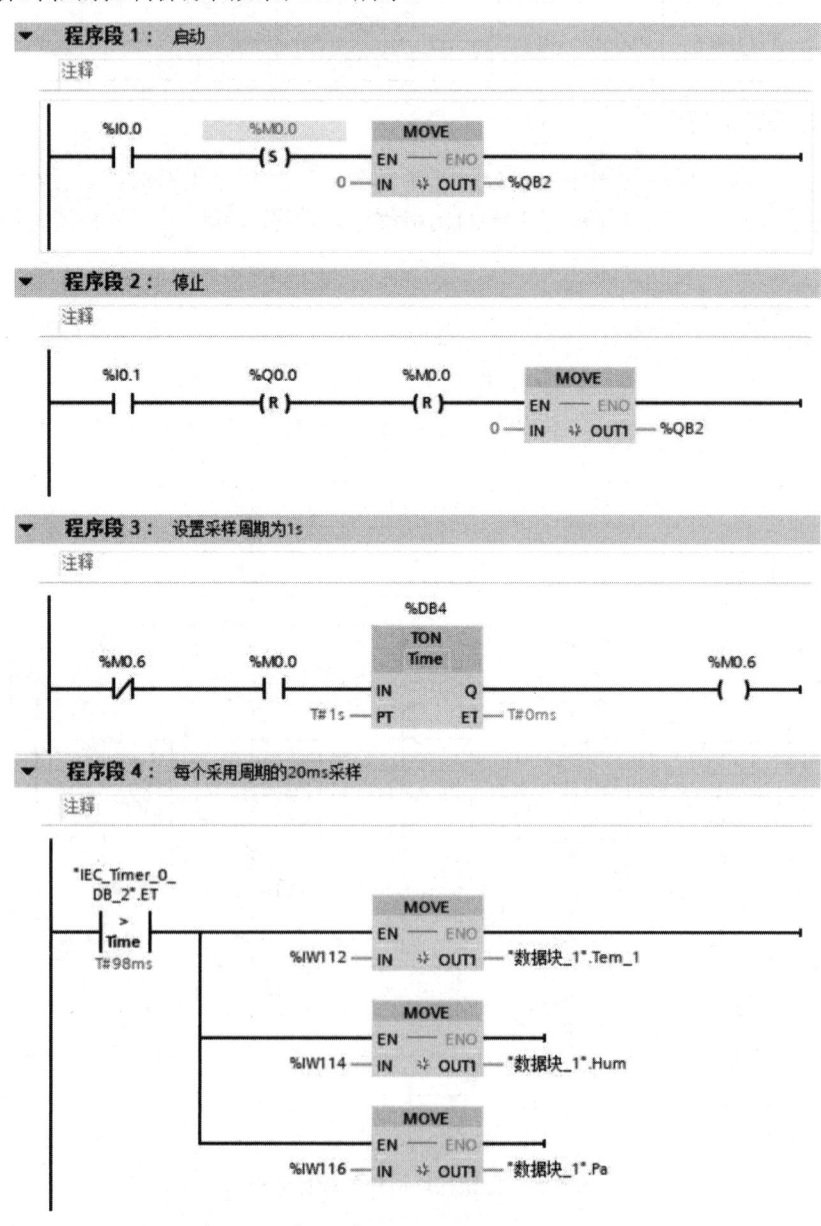

图 4-27　冷藏保鲜柜的控制梯形图

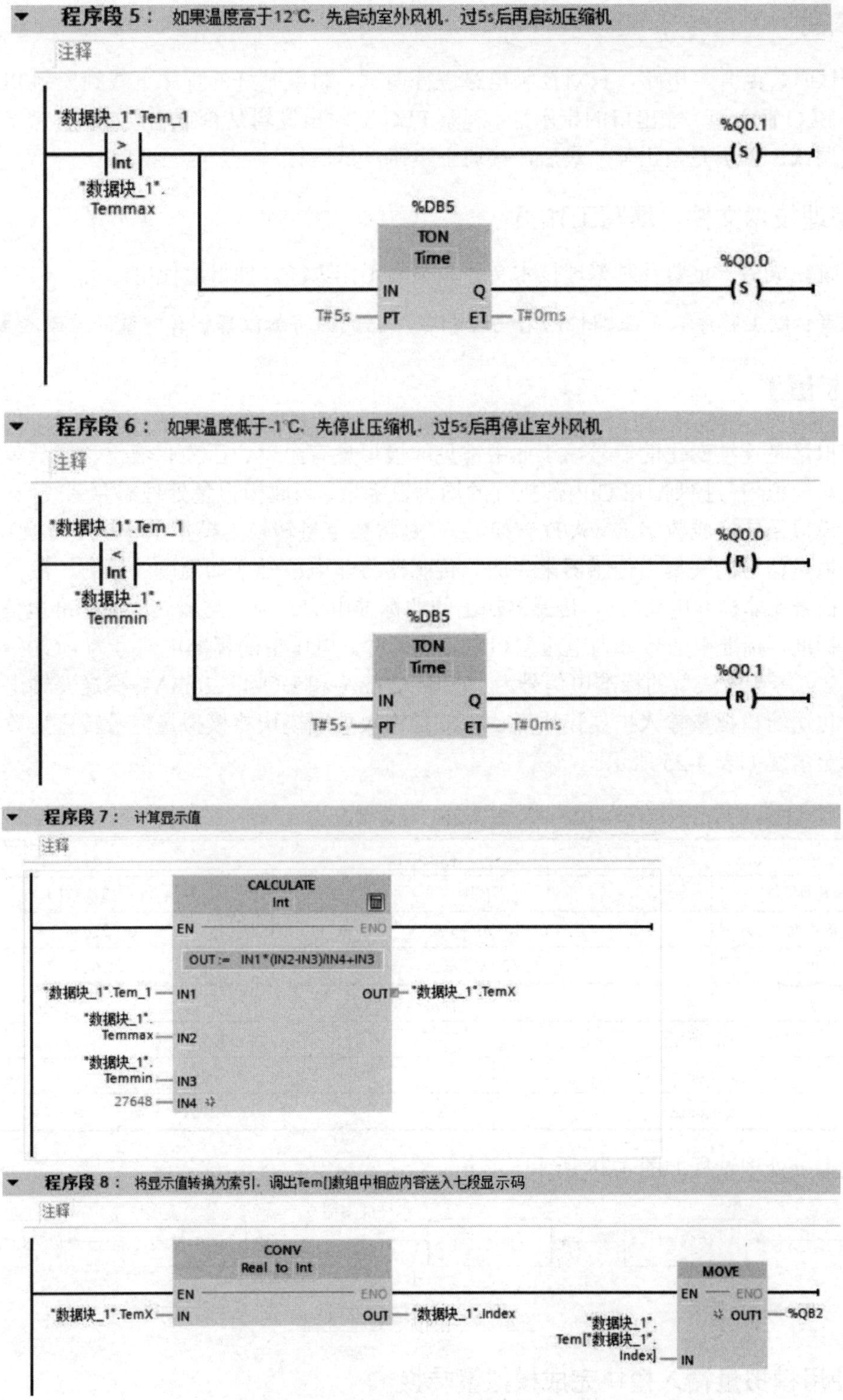

图 4-27 冷藏保鲜柜的控制梯形图（续）

## 五、调试

调试时，断开主电路，只对控制电路进行调试。将编制好的程序下载到控制 PLC 中，借助于 PLC 输入口、输出口的指示灯，观察 PLC 的输出逻辑是否正确，如果有错误则修改后反复调试，直至完全正确。最后，接通主电路，试运行。

## 六、整理技术文件，填写工作页

系统完成后一定要及时整理技术文件并填写工作页，以便日后使用。

思考：以上程序只是压缩机的启动控制程序，试编写加湿器、真空泵的启动控制程序。

## 【知识扩展】

模拟量是连续变化的信号，工业中常见的模拟量有温度、压力、液位、流量等，有些设备也需模拟信号控制。PLC 内部执行的均为数字量，因此模拟量处理需要完成两个任务：一是将模拟量转换成数字量（A/D 转换）；二是将数字量转换为模拟量（D/A 转换）。

模拟量信号的采集由传感器来完成。传感器将非电信号（如温度、压力、液位等）转换成电信号（非标准电信号），传感器输出的非标准电信号经变送器转化成标准电信号。根据国际标准，标准电信号分为电压型和电流型两种。电压型的标准电信号为 DC 0～10V 和 DC 0～5V 等；电流型的标准电信号为 DC 0～20mA 和 DC 4～20mA。变送器输出的标准电信号传送给模拟量输入扩展模块后，模拟量输入扩展模块将模拟量信号转化为数字量信号，标定情况如表 4-25 所示。

表 4-25 标定情况

| | 标准电压 | |
|---|---|---|
| 极性 | 电压范围 | PLC 模块范围 |
| 单极性 | 0～10V/0～5V | 0～27648 |
| 双极性 | ±5V / ±2.5V / ±10V | ±27648 |
| | 标准电流 | |
| 电流范围 | | PLC 模块范围 |
| 0～20mA | | 0～27648 |
| 4～20mA | | 0～27648 |

模拟量处理过程如图 4-28 所示。

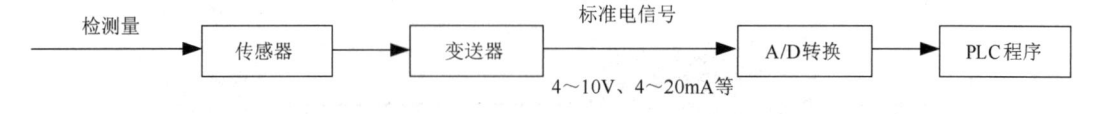

检测量 → 传感器 → 变送器 →（标准电信号 4～10V、4～20mA 等）→ A/D 转换 → PLC 程序

图 4-28 模拟量处理过程

## 一、使用模拟量输入模块完成模拟量转换

以热电阻模块为例，添加 4 个模拟量输入 AI 4_RTD（SM 1231 RTD）模块，打开网络视图，在右侧"硬件目录"选区中选择"AI"→"AI 4×RTD"→"6ES7 231-5PD32-0XB0"

选项,将 4 个 RTD 温度传感器模块拖到 PLC 模块的扩展插槽内。SM 1231 RTD 模块的添加如图 4-29 所示。

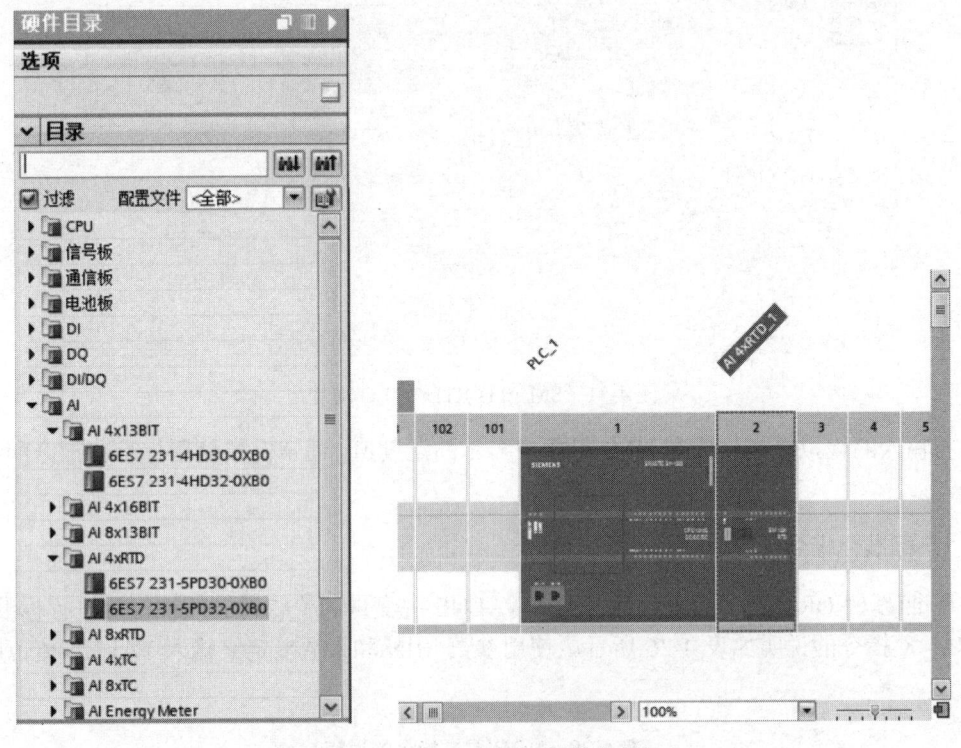

图 4-29 SM 1231 RTD 模块的添加

在 AI 4×RTD_1[SM 1231 AI4×RTD]的"属性"选项卡中可以进行测量类型、热电阻、温度系数、温标等的选择,SM 1231 RTD 的通道设定如图 4-30 所示。在模拟量块中,I/O 地址为 IW144～IW151,对应于 AI0～AI3(数据类型是 Int 型),如图 4-31 所示。

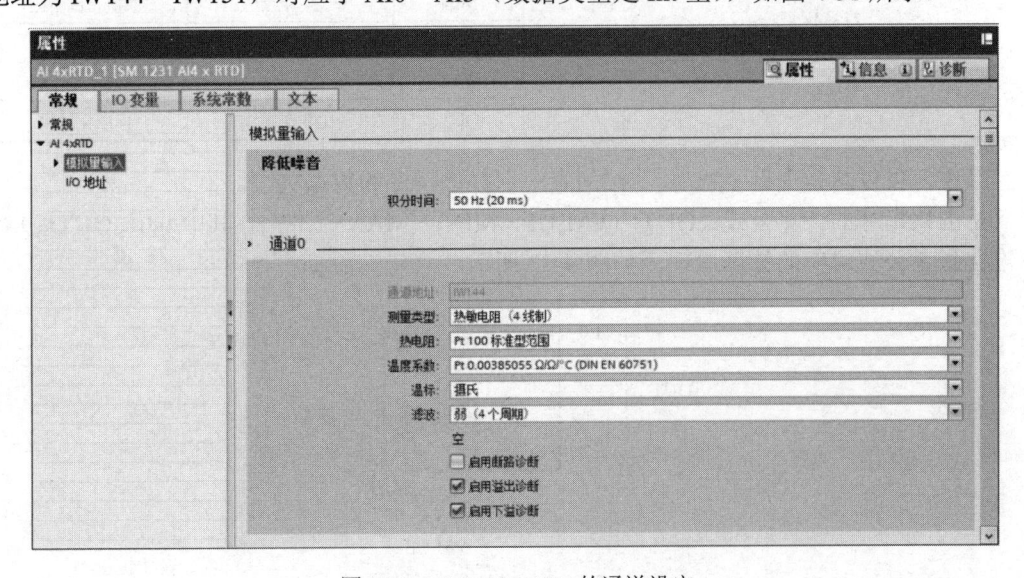

图 4-30 SM 1231 RTD 的通道设定

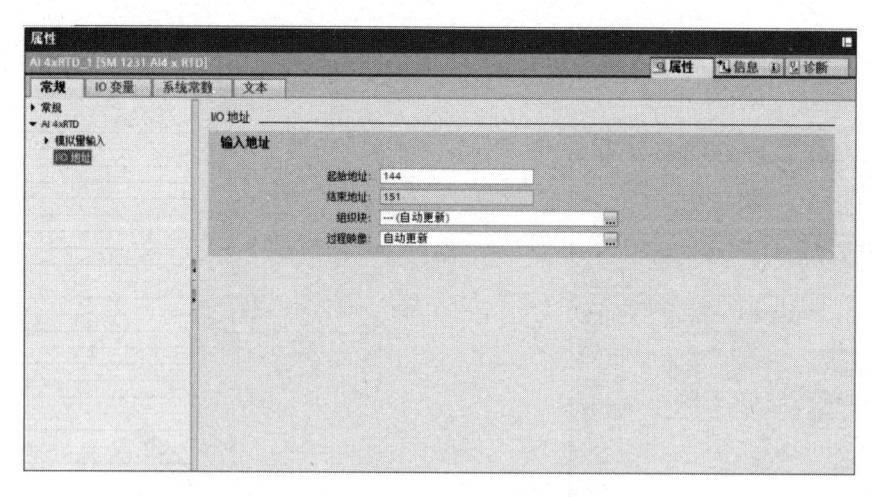

图 4-31　SM 1231 RTD 的 I/O 地址

将输入的模拟量变换成在 HMI 界面中显示的温度值，通常需要使用标准化指令和缩放指令。

### 1. 标准化指令

标准化（NORM_X）指令：可将输入 VALUE 中变量的值映射到线性标尺进行标准化，NORM_X 指令的说明如表 4-26 所示。使用参数 MIN 和 MAX 定义输入 VALUE 值范围的限值。

表 4-26　NORM_X 指令的说明

| LAD | 参数 | 数据类型 | 说明 |
|---|---|---|---|
| NORM_X ??? to ??? EN — ENO <???> — MIN　OUT — <???> <???> — VALUE <???> — MAX | EN | Bool | 使能输入 |
| | ENO | Bool | 使能输出 |
| | MIN | 整数、浮点数 | 取值范围下限 |
| | VALUE | 整数、浮点数 | 要标准化的值 |
| | MAX | 整数、浮点数 | 取值范围上限 |
| | OUT | 浮点数 | 标准化结果 |

其中，可以从指令框"???"下拉列表中选择该指令的数据类型。

标准化指令的计算公式：OUT=(VALUE-MIN)/(MAX-MIN)，其中 $0.0 \leqslant OUT \leqslant 1.0$，标准化指令公式对应的计算原理图如图 4-32 所示。

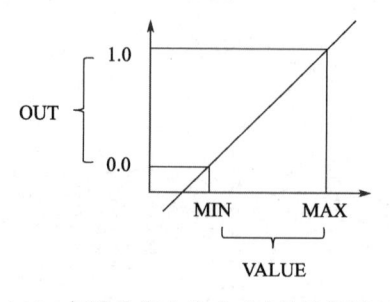

图 4-32　标准化指令公式对应的计算原理图

## 2. 缩放指令

缩放（SCALE_X）指令：可将输入 VALUE 的值映射到指定的值范围进行缩放，SCALE_X 指令的说明如表 4-27 所示。当执行缩放指令时，输入 VALUE 的浮点值会缩放到由参数 MIN 和 MAX 定义的值范围，缩放结果存储在输出 OUT 中。

表 4-27 SCALE_X 指令的说明

| LAD | 参数 | 数据类型 | 说明 |
| --- | --- | --- | --- |
| SCALE_X ??? to ??? EN — ENO <???>— MIN OUT —<???> <???>— VALUE <???>— MAX | EN | Bool | 使能输入 |
| | ENO | Bool | 使能输出 |
| | MIN | 整数、浮点数 | 取值范围下限 |
| | VALUE | 整数、浮点数 | 要缩放的值 |
| | MAX | 整数、浮点数 | 取值范围上限 |
| | OUT | 浮点数 | 缩放结果 |

其中，可以从指令框"???"下拉列表中选择该指令的数据类型。

缩放指令的计算公式：OUT= VALUE (MAX − MIN) + MIN，其中 0.0≤VALUE≤1.0。

**例 4-15**：将通道 0（AI0）的输入模拟量转换成最小值为-20.0℃至最大值为 180.0℃的显示值，例 4-15 的梯形图如图 4-33 所示。

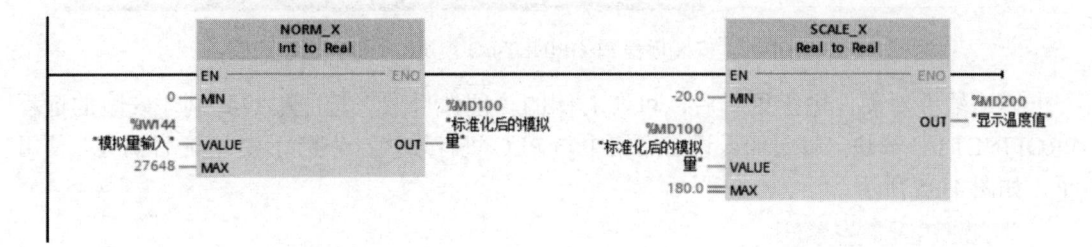

图 4-33 例 4-15 的梯形图

## 二、使用 PROFINET 完成模拟量采集

随着现代科学技术和工业的迅速发展，PLC 与智能仪表等已广泛应用到现场生产控制系统中。以锅炉控制为例，工业中使用的锅炉设备体积大，安全系数要求高，监控中心要监控锅炉内部的温度、湿度变化，并及时调整参数使其维持运转安全，而数据采集的位置和控制柜的距离比较远，这时仍采用 PLC 的模拟量输出模块就不合适了，利用 PROFINET 通信极好地解决了远距离数据传输的问题。

采用智能仪表的方式，直接安装智能仪表的 GSD 文件，加以设置就可以完成智能仪表所提供的检测和控制功能。

而对于普通的模拟量传感器可采用通用的远程 PROFINET I/O 模块来实现。模拟量信号通过 A/D 转换成为数字量后，送入远程 PROFINET I/O 模块，有些远程 PROFINET I/O 模块上已集成了模拟量转换功能，使用起来更加方便。

一般首先需要下载远程 PROFINET I/O 模块的 GSD 文件，现在设备厂家也提供自动生成 GSD 文件的功能。

GSD 是英文 General Station Description 的缩写，意为通用站描述。GSD 文件用来对站点的信息进行描述，这些信息包括用于组态的数据、参数、模块（软件层）、诊断、报警、制造商标识（Manufacturer ID）及设备标识（Device ID）等内容。

在博途软件中添加 GSD 文件，在菜单栏中打开"选项"下拉菜单，选择"管理通用站描述文件（GSD）（D）"选项。在弹出的"管理通用站描述文件"对话框的"源路径"文本框中选择 GSD 文件所在的路径，在下方"导入路径的内容"选区中显示远程 PROFINET I/O 模块的 GSD 文件，勾选其复选框后单击"安装"按钮，如图 4-34 所示。

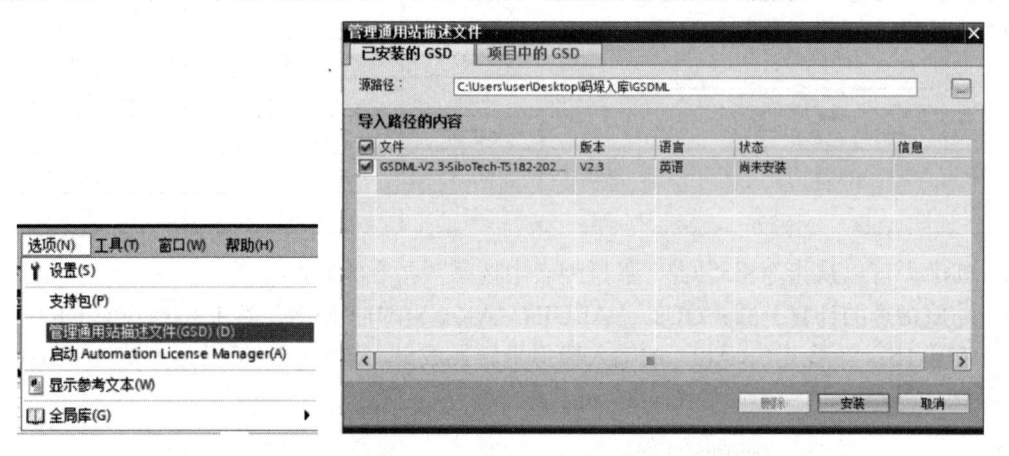

图 4-34 安装远程 PROFINET I/O 模块的 GSD 文件

博途软件对硬件进行更新后，可在右侧的"硬件目录"选区中找到刚才安装的远程 PROFINET I/O 模块，将它加入设备网络中与 PLC 进行连接，分配好 IP 地址后就可以使用了，如图 4-35 所示。

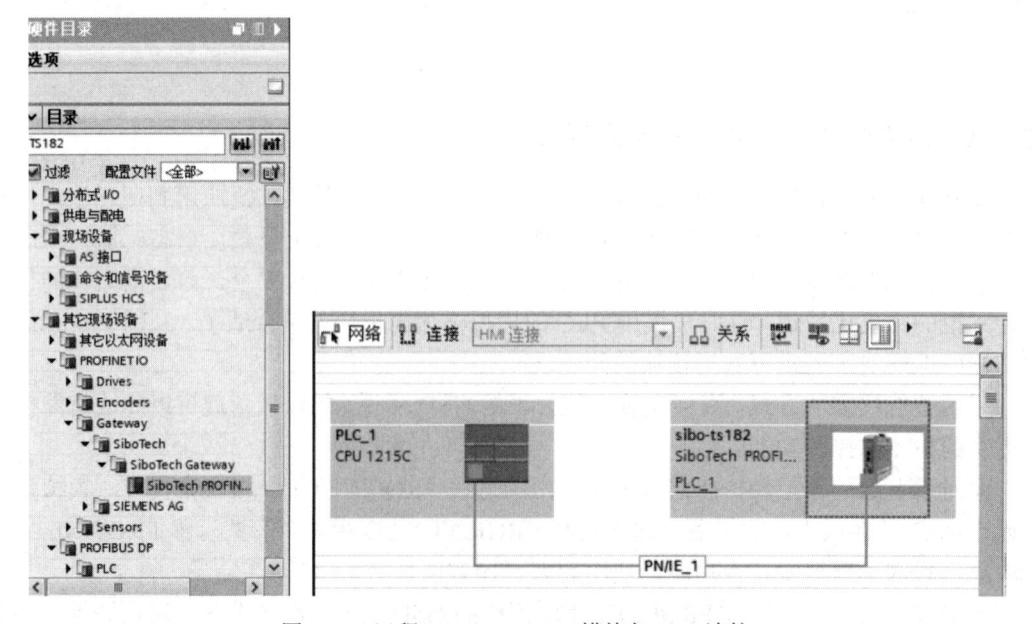

图 4-35 远程 PROFINET I/O 模块与 PLC 连接

之后的编程处理与模拟量输入模块的相同。

# 项目 4.3　码垛入库系统设计

## 【总体分析】

立体仓库是现代物流系统中的重要物流节点，在物流中心的应用越来越普遍。存储空间向高空发展，充分利用仓库的面积和空间，节省了库存占地面积，提高了空间利用率。使用机械和自动化设备，运行处理速度快，提高了生产效率，减小了人员的劳动强度。

立体仓库结构示意图如图 4-36 所示，立体仓库有 24 个仓位，由 4 行 6 列构成。将 1 号仓位设定为原点，同时为入库初始点位置。物品放到托盘上，启动运行后，在 $x$ 轴和 $z$ 轴电动机的配合工作下，先将物品送到指定仓位前；然后由 $y$ 轴电动机驱动托盘沿所示平面的垂直方向伸出，在 $z$ 轴电动机配合运动下，将物品放入指定仓位；最后回到初始位置。至此，完成一个完整的入库操作。注意，在实现入库操作前必须完成系统的复位（回零）操作。

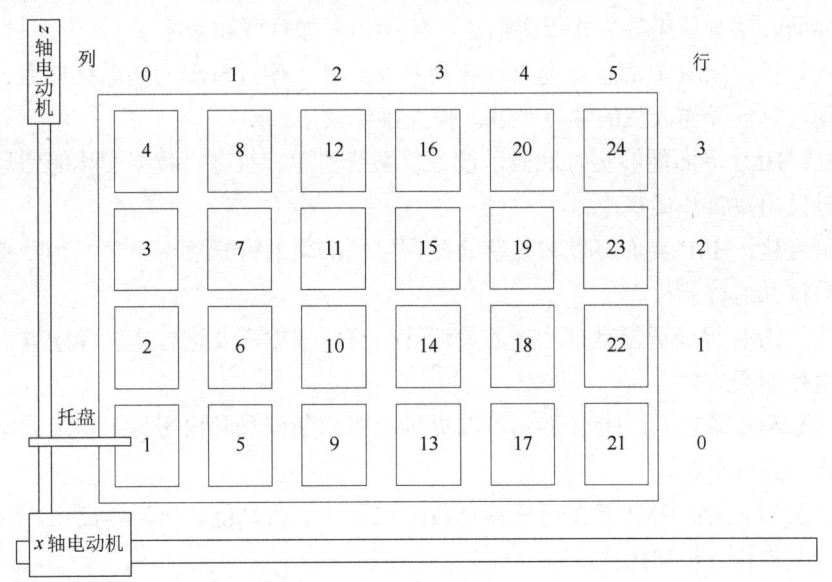

图 4-36　立体仓库结构示意图

本项目的重点：一是设计 HMI 界面，利用 HMI 界面发出控制指令；二是控制 $x$ 轴电动机、$y$ 轴电动机和 $z$ 轴电动机，驱动码垛执行出入库动作。为了便于实施，拆分为两个子项目进行讲解。

## 子项目 4.3.1　码垛入库系统设计之 HMI 界面设计

## 【子项目目标】

（1）掌握 HMI 界面的基本元素。

（2）掌握 HMI 界面的基本设计。

（3）掌握 S7-1200 PLC 与 HMI 界面的连接。

（4）掌握 S7-1200 PLC 与变频器的连接。

# 【子项目分析】

在工业自动化领域，HMI（Human-Machine Interface）指的是人机交互，通常指的是通过触摸屏、键盘、鼠标等设备，让操作人员与设备、系统进行交互。HMI 界面的设计旨在使操作人员能够直观、方便地监视和控制设备或系统，HMI 界面通常与 PLC 等控制设备相连，用于实现对生产线、机器设备、工艺系统等的监控与控制，其包括图形化的用户界面、报警系统、趋势图、数据记录功能等，以便操作人员能够及时了解设备状态，并做出必要的调整和决策。

HMI 界面的主要特点和优势如下。

直观性：HMI 界面设计旨在使操作人员可以直观地了解设备或系统的状态和性能，通过图形化界面、动画效果等方式提供信息，使操作更加直观和易懂。

用户友好性：HMI 界面设计通常注重用户友好性，通过直观的图形化界面、易于理解的操作流程，降低操作人员的学习难度，提高操作效率。

实时性：HMI 界面能够实时地显示设备或系统的运行状态、数据变化等信息，帮助操作人员及时做出决策和调整。

数据可视化：HMI 界面可以将复杂的数据以图形化的方式展现出来，帮助操作人员更好地理解数据并进行分析。

灵活性：HMI 界面通常具有一定的灵活性，可以根据需要进行定制和配置，以满足不同系统、设备的需求。

故障诊断和报警功能：HMI 界面可以提供故障诊断信息和报警提示，帮助操作人员快速响应问题并进行维护。

数据记录和分析：HMI 界面通常具有数据记录和分析功能，可以帮助用户对设备或系统的运行情况进行分析和优化。

远程监控和操作：一些 HMI 界面支持远程监控和操作，使得操作人员无须亲临现场即可监视和控制设备或系统。

总的来说，HMI 界面的特点和优势在于提供了更直观、更易用的界面，使操作人员能够更方便地监视和控制设备或系统，从而提高生产效率、降低成本，并提升生产安全性和质量。在 HMI 界面与 PLC 连接后，可以减少主令电器和显示指示等设备占用 PLC I/O 接口的数量，有效降低 PLC 资源的占用率。

码垛入库系统中的三台电动机由变频器控制，PLC、HMI 界面和变频器通过 PROFINET 总线相连，本子项目的重点是首先完成设备参数的正确设置，使网络连接通畅，确保通信正常。然后设计完成 HMI 界面，通过 HMI 界面发出指令和显示数据。变频器以 PROFINET 总线方式控制，PLC 通过报文对其进行驱动。

## 【相关知识】

### 一、西门子精智面板简介

精智面板（Comfort Panels）是西门子推出的一款高端人机交互界面产品，西门子精智面板 TP 700_Comfort 如图 4-37 所示。它结合了先进的硬件技术和用户界面设计，为用户提供直观、高效的操作体验。精智面板旨在满足工业自动化领域的各种需求，帮助用户简化操作流程、提高生产效率并降低维护成本。

图 4-37　西门子精智面板 TP 700_Comfort

精智面板具有以下特点。
- 宽屏幕显示尺寸从 4in 到 22in（1in =0.0254m），可进行触摸操作或按键操作，相比传统的 4∶3 显示模式，显示区域有所增加。
- 使用 WinCC V11 Comfort 以上版本组态，不支持 WinCC flexible。
- 功能一体化，各面板均具备脚本、归档、系统诊断等核心功能。
- 支持自动备份功能，使用系统存储卡可以自动连续备份操作设备中的所有过程数据，万一发生电源故障，可确保 100%的数据安全。
- 可以逐级调节屏幕亮度，适应于不同环境和使用场景。
- 有效的节能管理。
- 使用系统卡来简化项目传输。
- 可在危急区域中使用。
- 同时支持 PROFIBUS/MPI 接口和 PROFINET（LAN）接口。
- 支持多种通信协议，如 PROFIBUS、PROFINET 及第三方协议。

### 二、博途 HMI 设计基础

博途软件中已集成了 WinCC，可以方便地进行 HMI 设计。

#### 1. HMI 变量

WinCC 有两种类型的变量。
- 外部变量：WinCC 和自动化系统连接，外部变量从自动化系统的存储器中读取 PLC 变量的过程值，或将新的过程值写回到自动化系统的存储器中。对于外部变量，变量的属性用于定义 WinCC 与自动化系统通信的连接，以及如何进行数据交换。
- 内部变量：未连接到自动化系统，并且仅在 HMI 设备内传送值。内部变量值仅在运行系统中可用。对于内部变量，必须至少定义名称和数据类型。

在 HMI 变量表中，添加一个变量（以"HMI_变量 1"为例），默认为内部变量，在"连接"栏中显示"<内部变量>"，如图 4-38 所示。

图 4-38  创建 HMI 内部变量

若要将变量变为外部变量，则单击该变量的"<内部变量>"后的下拉窗口按钮，在弹出的对话框中选择"连接"选项后，在右侧选区中选择与 PLC 建立连接时设备的名称，此处为默认的"HMI_连接_1"，如图 4-39 所示。

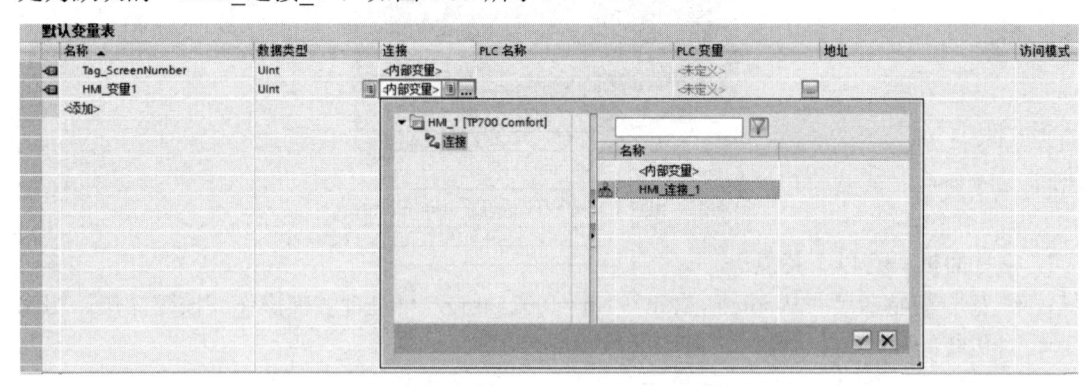

图 4-39  HMI 变量与外部设备连接

完成连接后，在"PLC 名称"栏中显示所连接 PLC 的名称，在"PLC 变量"栏中选择 PLC 中的相应变量（应先完成 PLC 变量的建立），与 HMI 变量进行连接。完成后，HMI 变量的类型将自动改为与 PLC 变量一致，如图 4-40 所示。

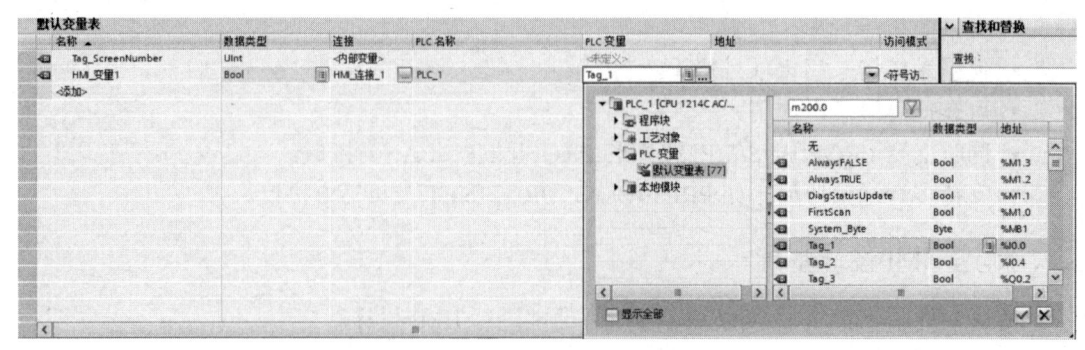

图 4-40  HMI 变量与 PLC 变量的连接

## 2. HMI 工具箱

HMI 工具箱提供了 HMI 界面设计的基本对象、元素、控件等（注：不同版本，工具箱显示的不尽相同）。

单元 4　典型工业控制系统分析

1）基本对象

HMI 界面设计的基本对象包括线、折线、多边形、椭圆、圆、矩形、文本域和图形视图等，如图 4-41 所示，可以在界面设计中汇总常见线条、图形，输入文本，添加图案图片等，可以在属性界面中设置如外观、布局、闪烁等内容，并可设置动画，但这些对象没有事件。

2）元素

HMI 界面设计的元素包括 I/O 域、按钮、符号 I/O 域、图形 I/O 域、日期/时间域、棒图、开关、符号库、滑块、量表和时钟等，如图 4-42 所示。元素功能说明如表 4-28 所示。

图 4-41　HMI 界面设计的基本对象　　　　图 4-42　HMI 界面设计的元素

表 4-28　元素功能说明

| 对象 | 说明 |
| --- | --- |
| I/O 域 | 输出变量的值，或将值写入变量，可以为显示在 I/O 域中的变量定义限值 |
| 按钮 | 根据组态执行函数列表或脚本 |
| 符号 I/O 域 | 输出变量的值，或将值写入变量，根据变量值显示相关文本列表中的文字 |
| 图形 I/O 域 | 输出变量的值，或将值写入变量，根据变量值显示相关图形列表中的图形 |
| 日期/时间域 | 输出系统（变量中的）日期和时间，操作员可输入新值，显示格式可调整 |
| 棒图 | 棒图以带刻度的棒图形式显示 PLC 值 |
| 开关 | 在两个定义的状态之间切换，可用文本或图形给开关加标签 |
| 符号库 | 用于添加基于同名控件的画面对象 |
| 滑块 | 显示来自 PLC 的当前值，或将数字值发送到 PLC 中 |
| 量表 | 显示数字值，外观可调整 |
| 时钟 | 以模拟格式或数字格式显示系统时间 |

3）控件

HMI 界面设计的控件包括报警视图、趋势视图、用户视图、HTML 浏览器、监视表、SM@rtClient 视图、配方视图、$f(x)$趋势视图、系统诊断视图、媒体播放器、PLC 代码视图、GRAPH 概览、ProDiag 分析视图、摄像机视图、PDF 视图等，如图 4-43 所示。控件功能说明如表 4-29 所示。

图 4-43　HMI 界面设计的控件

表 4-29 控件功能说明

| 对象 | 说明 |
|---|---|
| 报警视图 | 显示报警缓冲区或报警日志中当前未决的报警或报警事件 |
| 趋势视图 | 以来自 PLC 或日志的值表示多条曲线 |
| 用户视图 | 允许管理员在 HMI 设备上管理用户，还允许没有管理员权限的操作员更改自己的密码 |
| HTML 浏览器 | 显示 HTML 页面 |
| 监视表 | 操作员能够从 HMI 设备对所连 SIMATIC S7 中的各地址区域进行直接读/写访问 |
| SM@rtClient 视图 | 允许操作员远程监视和维护连接的设备 |
| 配方视图 | 显示数据记录，并允许编辑 |
| f(x)趋势视图 | 将一个变量的值表示为另一个变量的函数 |
| 系统诊断视图 | 提供所有带诊断功能的设备的总览，显示工作中的错误 |
| 媒体播放器 | 媒体文件在媒体播放器中显示 |
| PLC 代码视图 | 显示使用 LAD 或 FBD 编程语言编写的 PLC 程序 |
| GRAPH 概览 | 显示 PLC 顺控程序已执行步骤的当前程序状态 |
| ProDiag 分析视图 | 指示操作数监视的当前状态 |
| 摄像机视图 | 显示来自所连网络摄像机的画面 |
| PDF 视图 | 显示 PDF 文档 |

**3．常用元素介绍**

1）I/O 域

单击 **0.12** 图标，在画面中框选范围，便可得到一个 I/O 域，在"属性"选项卡中可以进行相关设置，如图 4-44 所示，常见设置如下。

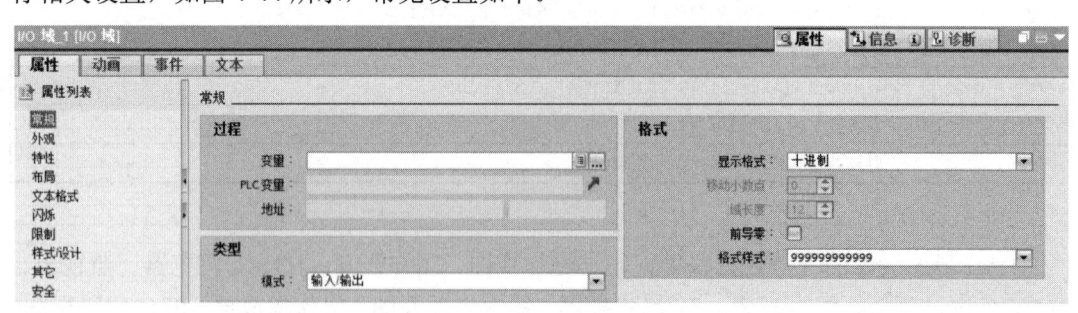

图 4-44 I/O 域的属性设置

常规：过程，选择相关联的变量；格式，可选择二进制、十进制、十六进制、日期、字符串等格式；类型，可选择输入、输出、输入/输出三种类型。

特性：勾选"隐藏输入"复选框后，在输入过程中，系统使用"*"显示每个字符。

限制：设定域内数据超出上下限范围的颜色。

在"动画"选项卡中可以设计相关的动画内容，如图 4-45 所示，设置内容如下。

变量连接：将变量连接到属性。

显示：对外观、可控性、可见性进行动画设置。

移动：对直接移动、对角线移动、水平移动、垂直移动进行动画设置。

单元 4　典型工业控制系统分析

图 4-45　I/O 域的动画设置

在"事件"选项卡中进行操作动作相应设置，I/O 域可以设置"激活""取消激活""输入已完成"三种操作的对应函数，系统函数包括所有的系统函数、报警、编辑位、打印、画面、画面对象的键盘操作、计算脚本、键盘、历史数据、配方和其他函数等，如图 4-46 所示。

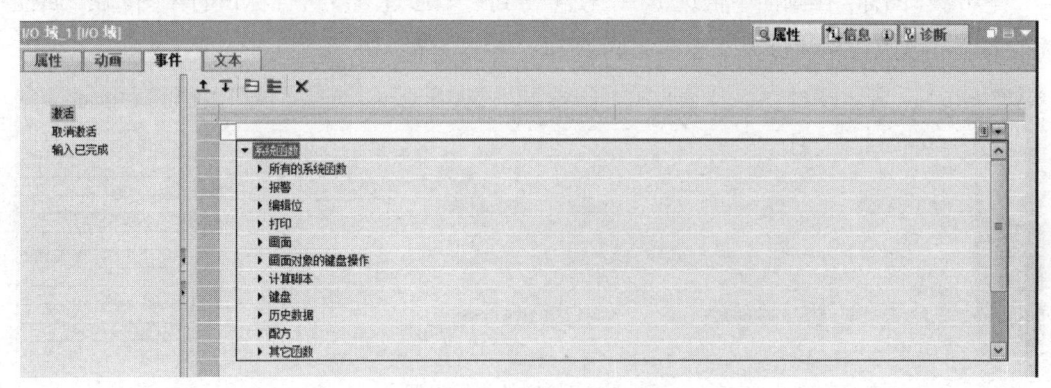

图 4-46　I/O 域的事件设置[①]

2）按钮

单击■图标，在画面中框选范围，便可得到一个按钮，在"属性"选项卡中可以进行相关设置，如图 4-47 所示，主要设置如下。

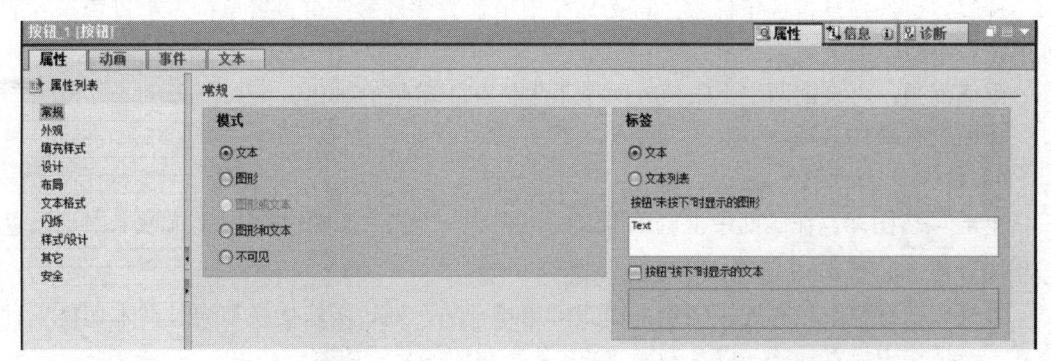

图 4-47　按钮的属性设置

---

① 图中"其它"的正确写法为"其他"，余同。

常规：模式选择"文本"后，在右侧可设置按钮未按下时显示的图形，可添加按钮按下时显示的文本；模式选择"图形"后，可以设置按钮未按下和按下时显示的图形；模式选择"图形和文本"后，可同时显示图形和文本。

在"事件"选项卡中进行操作动作响应设置，按钮可以设置"单击""按下""释放""激活""取消激活""更改"等操作的对应函数，如图4-48所示。

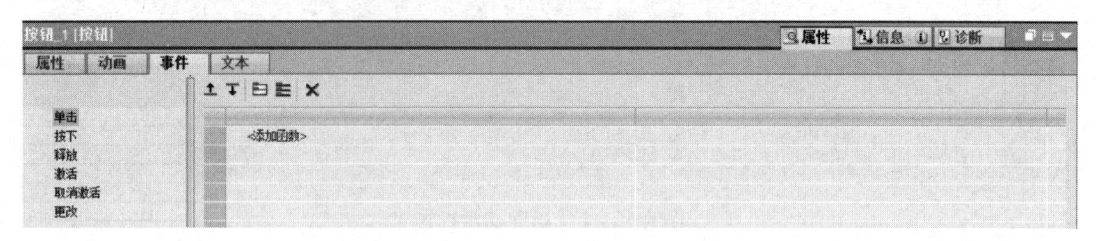

图4-48 按钮的事件设置

3）棒图

单击 图标，在画面中框选范围，便可得到一个通过刻度进行标识的棒图，在"属性"选项卡中可以进行相关设置，如图4-49所示，主要设置如下。

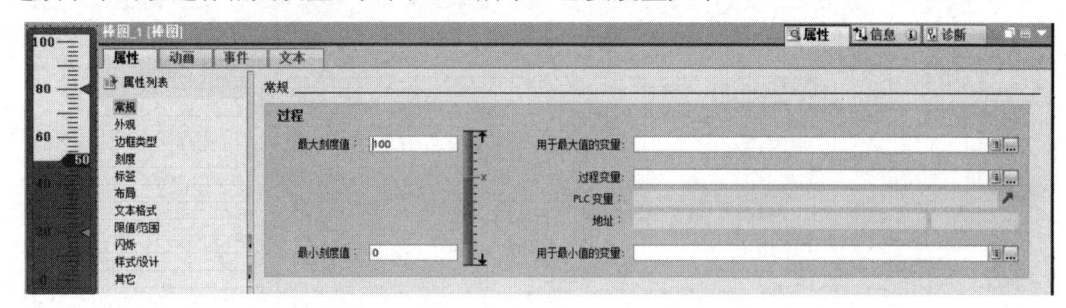

图4-49 棒图的属性设置

常规：可设置最大刻度值、最小刻度值；可设置过程变量、用于最大值的变量、用于最小值的变量。

刻度：可选择自动缩放；设置区别和标志标签数量；设置大刻度的间距。

标签：可选择是否选用标签；可选择使用指数方式标签；可设置单位；可设置标签的证书位和小数位的位数。

限值范围：可设定两个上限值、两个下限值和正常值的颜色。

棒图没有事件选择。

4）开关

单击 图标，在画面中框选范围，便可得到一个开关，在"属性"选项卡中可以进行相关设置，如图4-50所示，主要设置如下。

常规：在过程中设置连接变量；模式可选择开关、通过图形切换和通过文本切换三种格式；在标签中设置标签，以及ON、OFF状态对应的显示内容。

在"事件"选项卡中进行操作动作响应设置，开关可以设置"更改""打开""关闭""激活""取消激活"等操作的对应函数，如图4-51所示。

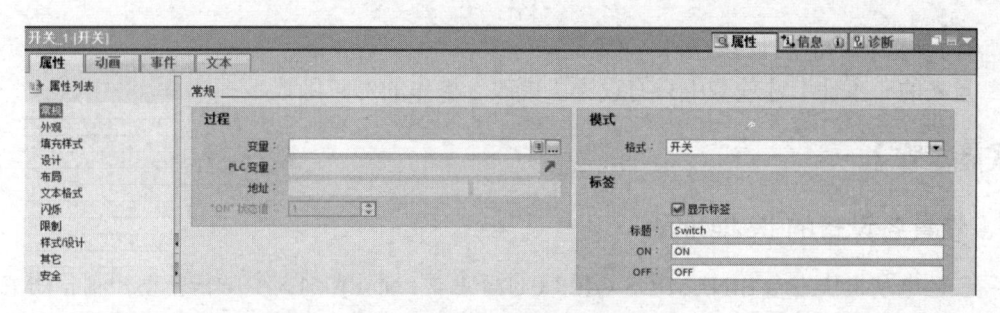

图 4-50 开关的属性设置

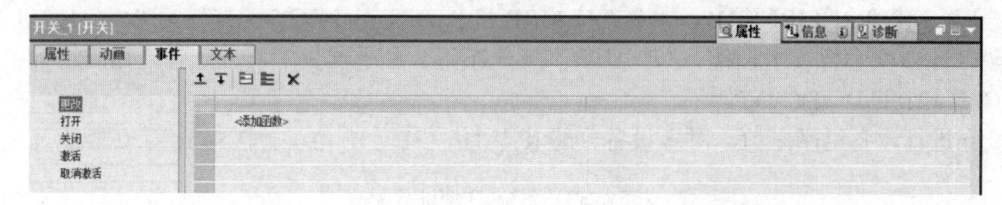

图 4-51 开关的事件设置

5）滑块

单击图标，在画面中框选范围，便可得到一个滑块。滑块和棒图很类似，主要区别在于滑块有事件选择，在"事件"选项卡中进行操作动作响应设置，可以设置"激活""取消激活"和"更改"等操作的对应函数，如图 4-52 所示。

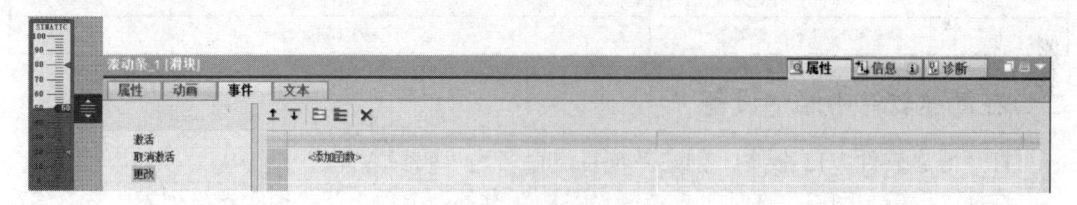

图 4-52 滑块的事件设置

6）量表

单击图标，在画面中框选范围，便可得到一个量表，在"属性"选项卡中可以进行相关设置，如图 4-53 所示，主要设置如下。

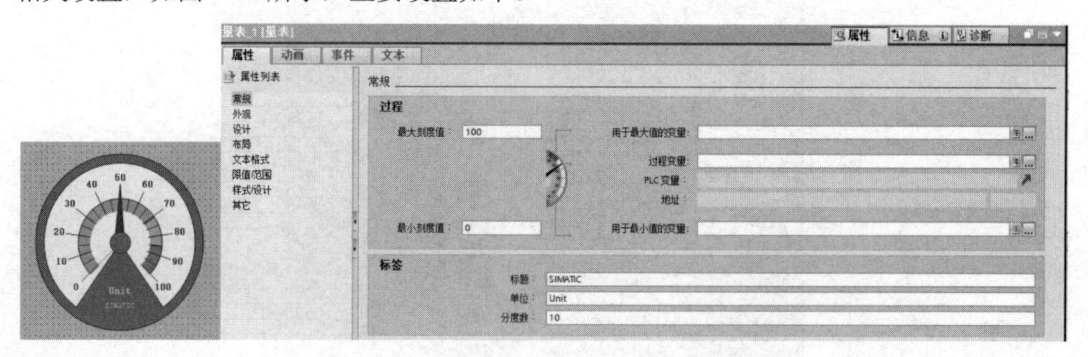

图 4-53 量表的属性设置

常规：在过程中设置最大刻度值、最小刻度值，设置过程变量、用于最大值的变量、用于最小值的变量；在标签中设置标题、单位、分度数。

样式/设计：可更改量表外形样式。

量表的"事件"选项卡中只有设置"更改"操作的对应函数。

## 【实施步骤】

### 一、设置各设备的 IP 地址

三台电动机由三台 SINAMICS G120 CU240E-2 PN(-F) V4.5 变频器驱动控制。HMI 界面选择 TP700 Comfort 型号，其有 7.0'TFT 显示屏、800 像素×480 像素、16M 色，为触摸屏；1 个 MPI/PROFIBUS DP，1 个支持 MRP 和 RT/IRT 的 PROFINET/工业以太网接口（2 个端口）；2 个多媒体卡插槽；3 个 USB。PLC 在下一个子项目中具体选择，在此组网中选择 CPU 1215C DC/DC/DC。

在进行设备组网之前，对各设备分配 IP 地址，系统 IP 地址分配如表 4-30 所示。

表 4-30 系统 IP 地址分配

| 序号 | 名称 | IP 地址分配 |
| --- | --- | --- |
| 1 | PC | 192.168.8.255 |
| 2 | PLC | 192.168.8.13 |
| 3 | HMI | 192.168.8.113 |
| 4 | 码垛机 $x$ 轴变频器 | 192.168.8.16 |
| 5 | 码垛机 $y$ 轴变频器 | 192.168.8.17 |
| 6 | 码垛机 $z$ 轴变频器 | 192.168.8.18 |

### 二、在博途软件中添加设备

打开博途软件 V15 版本，创建新项目，命名为"码垛入库"。

选择"设备与网络"选项，再选择"添加新设备"选项，在"控制器"列表中选择 S7-1200 系列 CPU，选用"CPU 1215C DC/DC/DC"下的"6ES7 215-1AG40-0XB0"，选用 V4.0 版本，单击"添加"按钮，如图 4-54 所示。

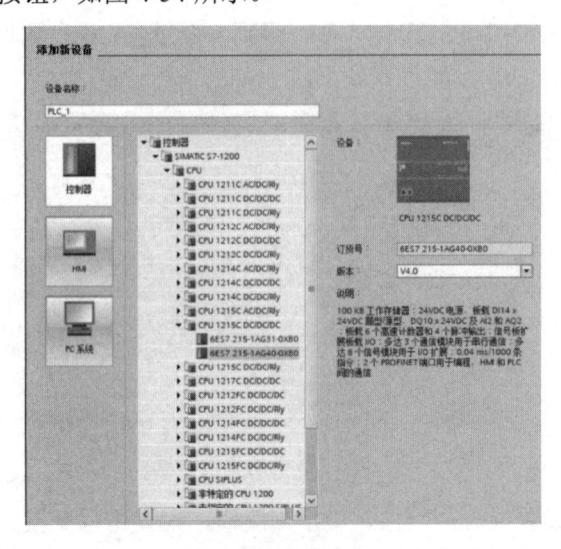

图 4-54 添加 PLC

单元 4　典型工业控制系统分析

在"设备视图"窗口，双击 PLC 主模块，打开"PROFINET 接口_1[Module]"窗口的"常规"选项卡，在"以太网地址"选区中设置 IP 协议，IP 地址填写"192.168.8.13"，如图 4-55 所示。

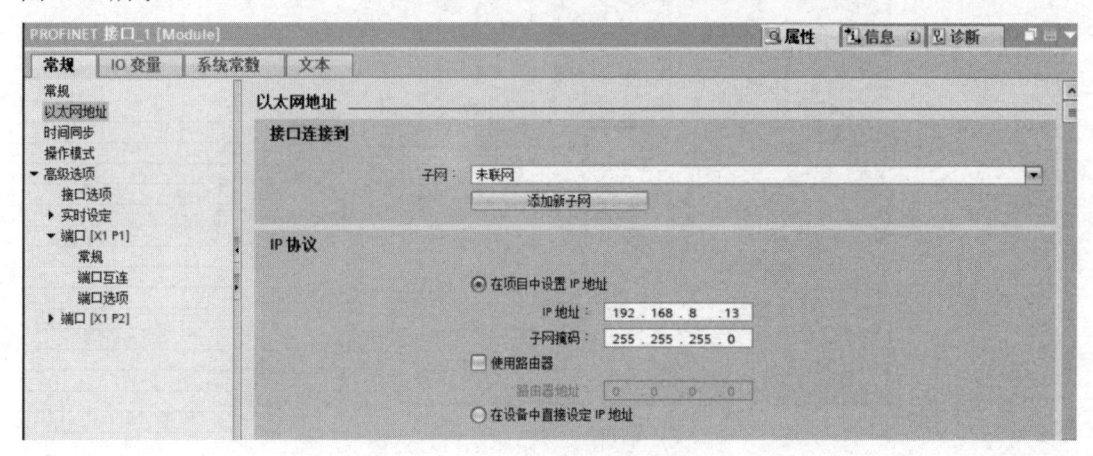

图 4-55　PLC IP 地址设定

添加 HMI。在"项目树"选区中，双击"添加新设备"选项，在"HMI"列表中选择"SIMATIC 精智面板"→"7″显示屏"→"6AV2 124-0GC01-0AX0"选项，版本选择"15.0.0.0"，单击"确定"按钮，如图 4-56 所示。

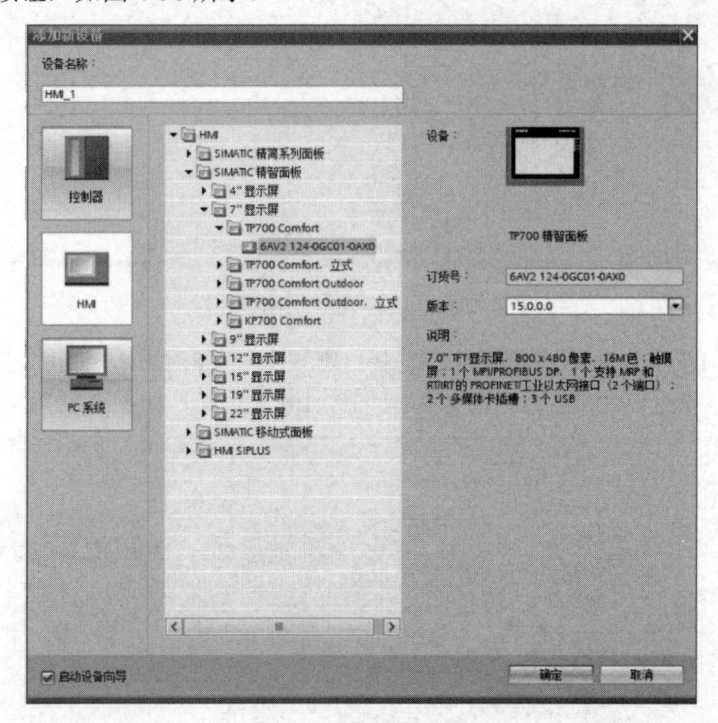

图 4-56　添加 HMI

弹出"HMI 设备向导：TP700 Comfort"对话框，在"PLC 连接"选区中，单击"浏览"下拉菜单，选择刚才添加的"PLC_1"，其他选型默认，单击"完成"按钮，如图 4-57 所示。

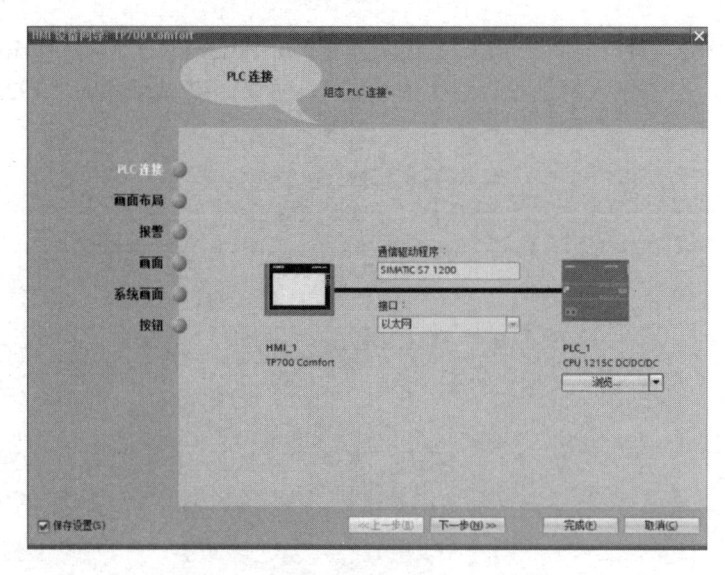

图 4-57 HMI 设备向导与 PLC 连接

在"设备和网络"的网络视图中可以看到 PLC 与 HMI 通过名称为"PN/IE_1"的 PROFINET 总线连接起来,如图 4-58 所示。

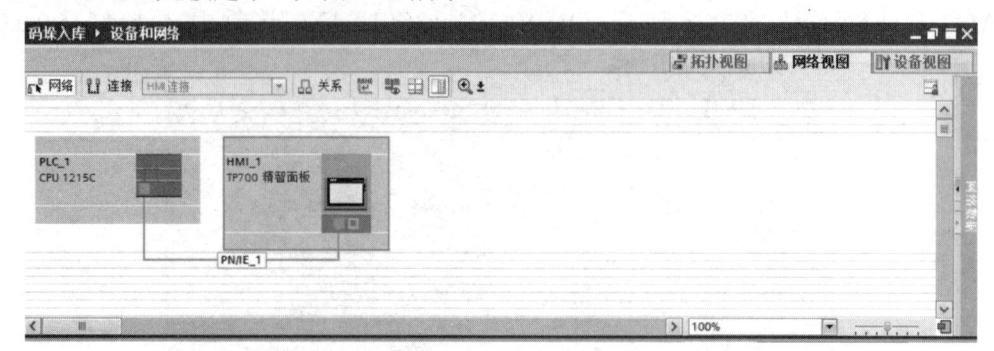

图 4-58 PLC 与 HMI 的网络连接

选中 HMI_1 模块,在设备视图下,选择"常规"→"PROFINET 接口[X1]"→"以太网地址"选项,设置 IP 协议,IP 地址填写"192.168.8.113",如图 4-59 所示。

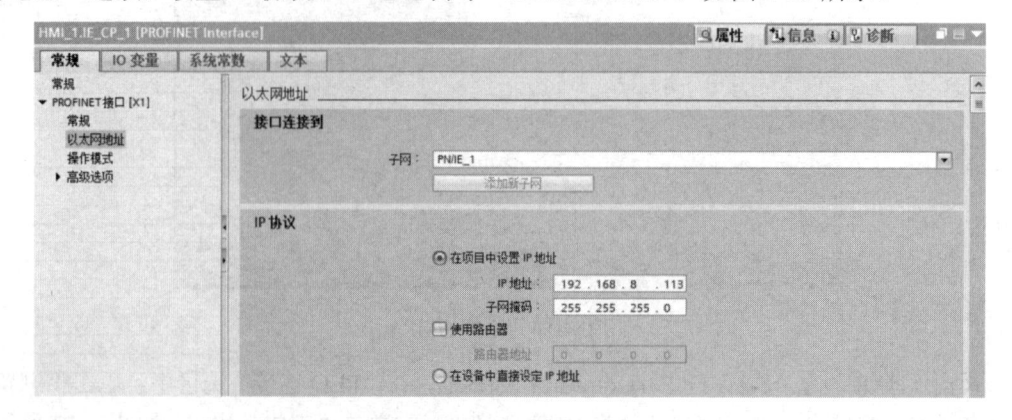

图 4-59 HMI IP 地址设置

添加变频器。在网络视图下，在右侧的"硬件目录"选区中，选择"其它现场设备"→"PROFINET IO"→"Drives"→"SIEMENS AG"→"SINAMICS"→"SINAMICS G120 CU240E-2 PN(-F) V4.5"选项，双击添加，如图 4-60 所示。

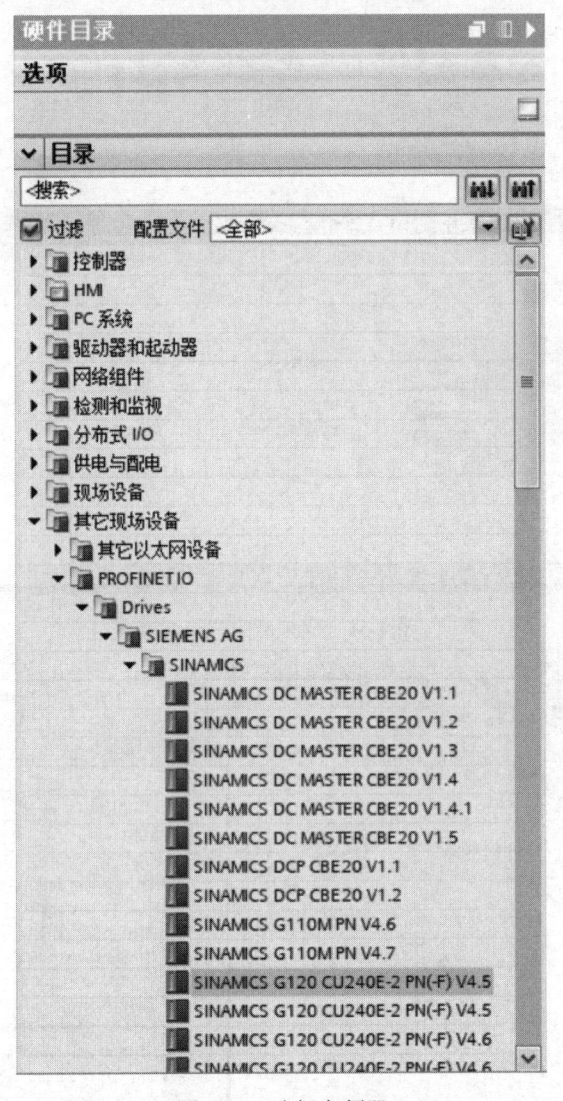

图 4-60 选择变频器

单击网络视图中变频器模块中的"未分配"选项，在"选择 IO 控制器"下选择"PLC_1.PROFINET 接口_1"选项，将变频器分配到 PLC_1，并修改变频器名称为"变频器x"。注意，变频器的名称需要与网络中所需要连接的变频器名称一致。变频器的总线连接如图 4-61 所示。

双击变频器主模块，在右侧"硬件目录"选区中选择"子模块"→"Supplementary data, PZD-2/2"选项，将报文拖曳到"设备视图"→"设备概览"选项卡中插槽 14 位置，如图 4-62 所示。

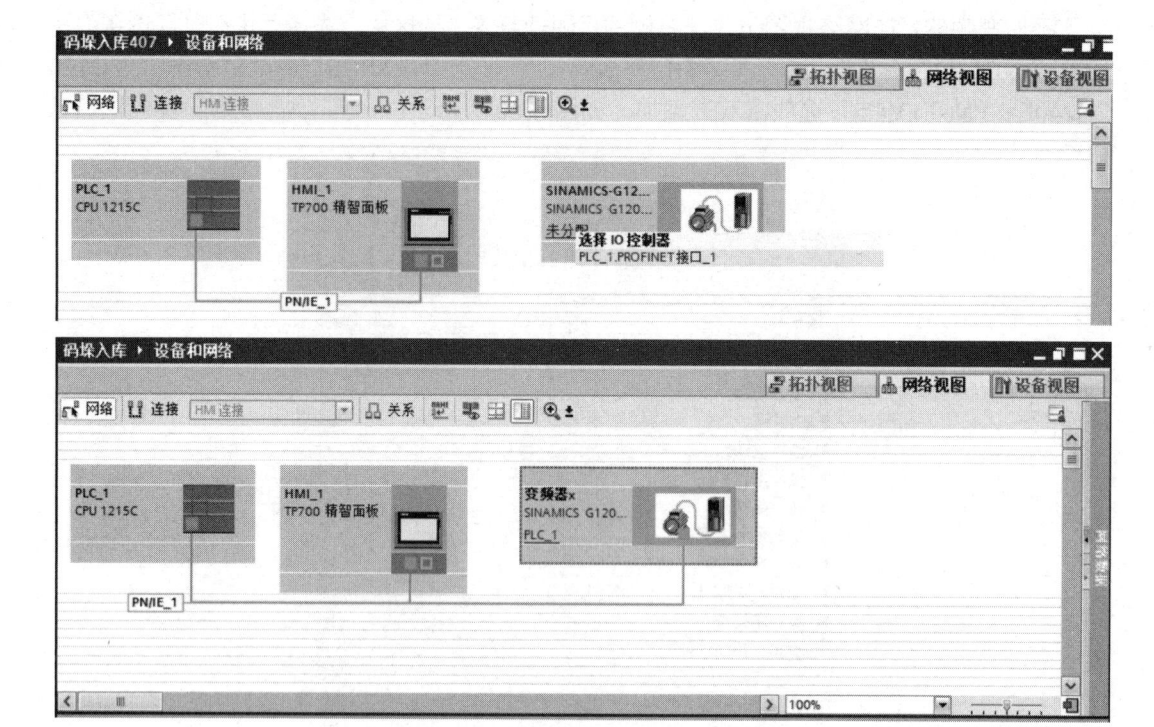

图 4-61 变频器的总线连接

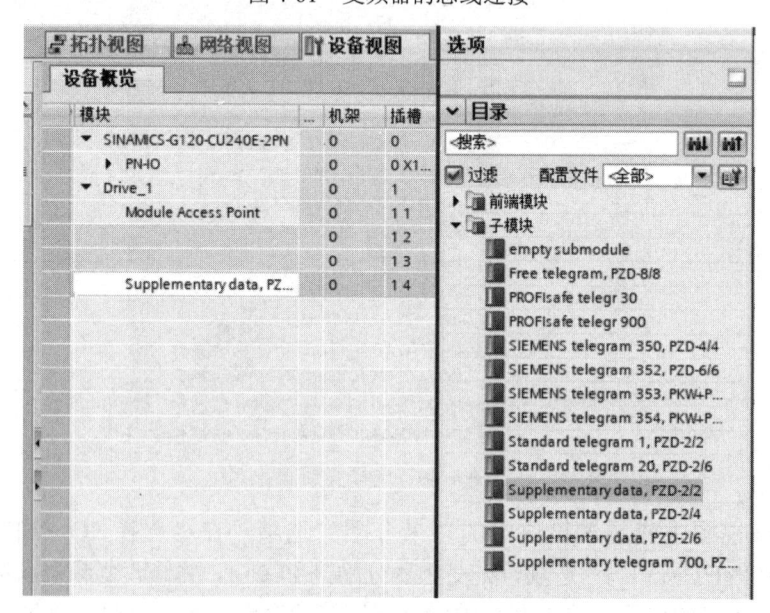

图 4-62 变频器报文子模块添加

在"设备概览"选项卡中可以看到系统为变频器报文分配的 I/O 地址为 68～71（可以根据需要进行修改），如图 4-63 所示。

在变频器的"属性"窗口中，选择"常规"→"PROFINET 接口[X1]"选项，在"以太网地址"选区中设置 IP 协议，将变频器 IP 地址设为"192.168.8.16"。

图 4-63  变频器报文 I/O 地址

重复以上步骤,完成 $y$ 轴、$z$ 轴变频器的添加,并将其 IP 地址分别设置为"192.168.8.17""192.168.8.18"。整体系统网络连接图如图 4-64 所示。

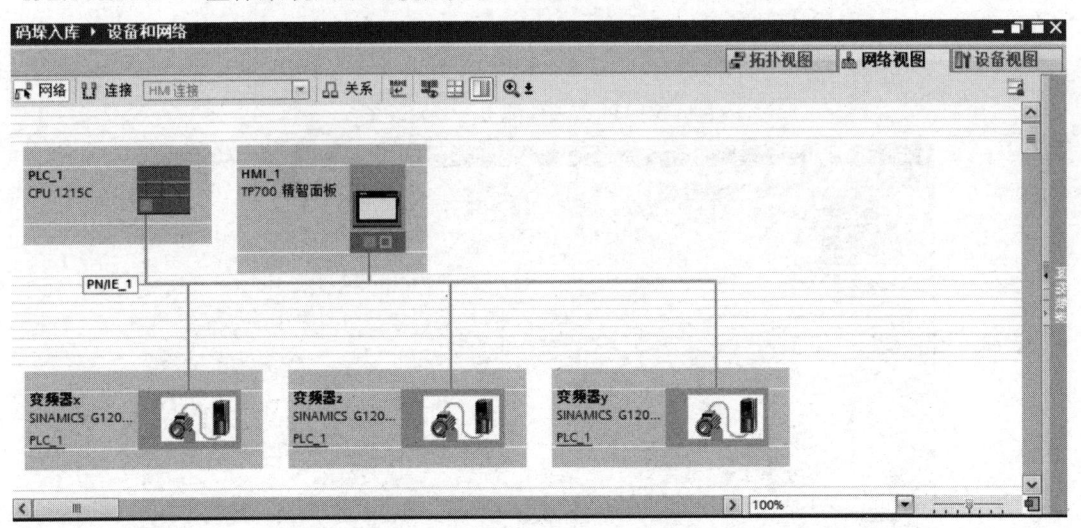

图 4-64  整体系统网络连接图

### 三、软件与设备的连接

在博途软件中将各设备添加完成后,需要与现场设备进行连接。首先对 PLC、HMI 进行编译,然后下载到现场 PLC 和 HMI 设备中。在 PC 主模块上右击鼠标,选择"下载到设备"选项,由于此时还未进行编程,因此只需要选择"硬件配置"选项,如图 4-65 所示。

在弹出的对话框中,"PG/PC 接口的类型"选择"PN/IE","接口/子网的连接"选择"插槽"1 X1"处的方向",单击"开始搜索"按钮,扫描完成后在"选择目标设备"选区中显示可选设备,选择对应设备后,单击"下载"按钮即可完成设备硬件的更新。PLC 设备搜索下载界面如图 4-66 所示。

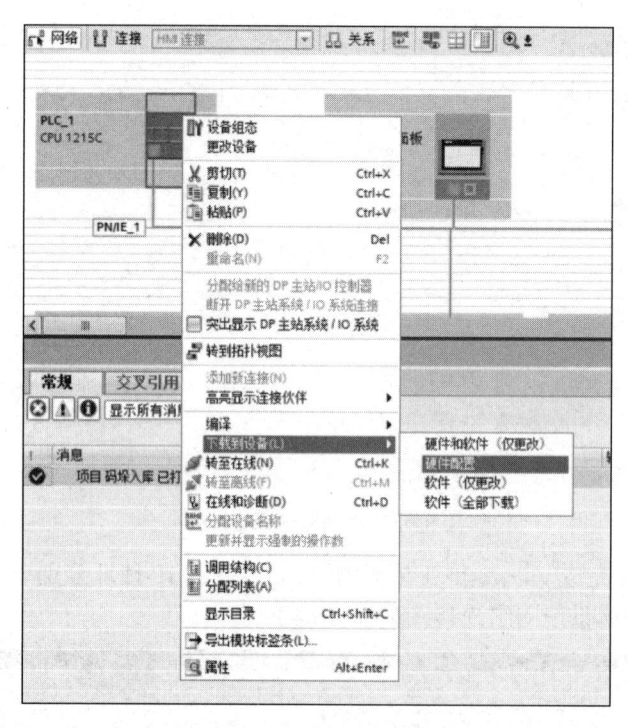

图 4-65　PLC 硬件配置下载到设备

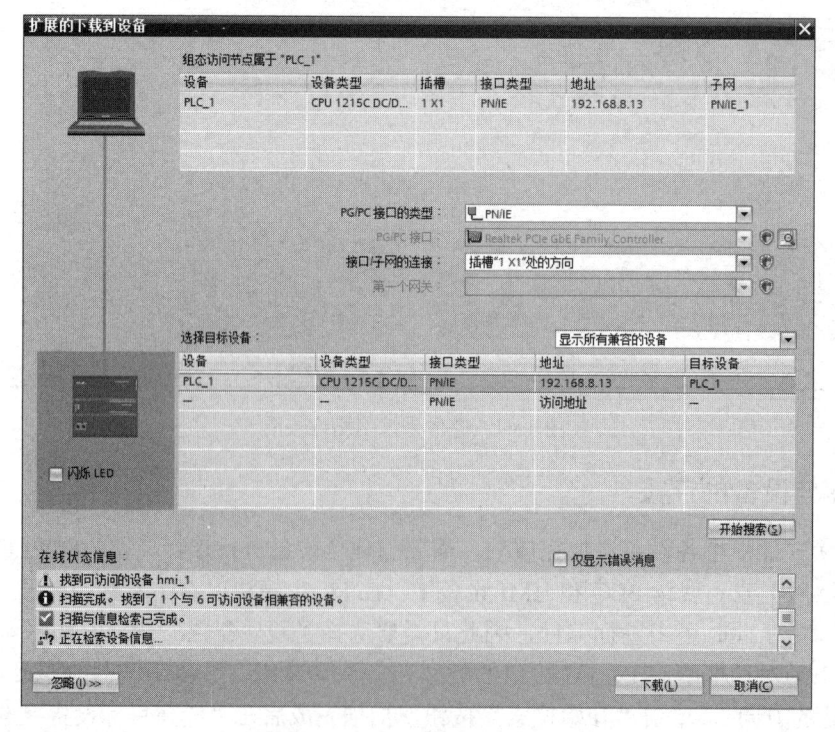

图 4-66　PLC 设备搜索下载界面

用同样方法完成 HMI 设备的连接和硬件更新。HMI 设备搜索下载界面如图 4-67 所示。

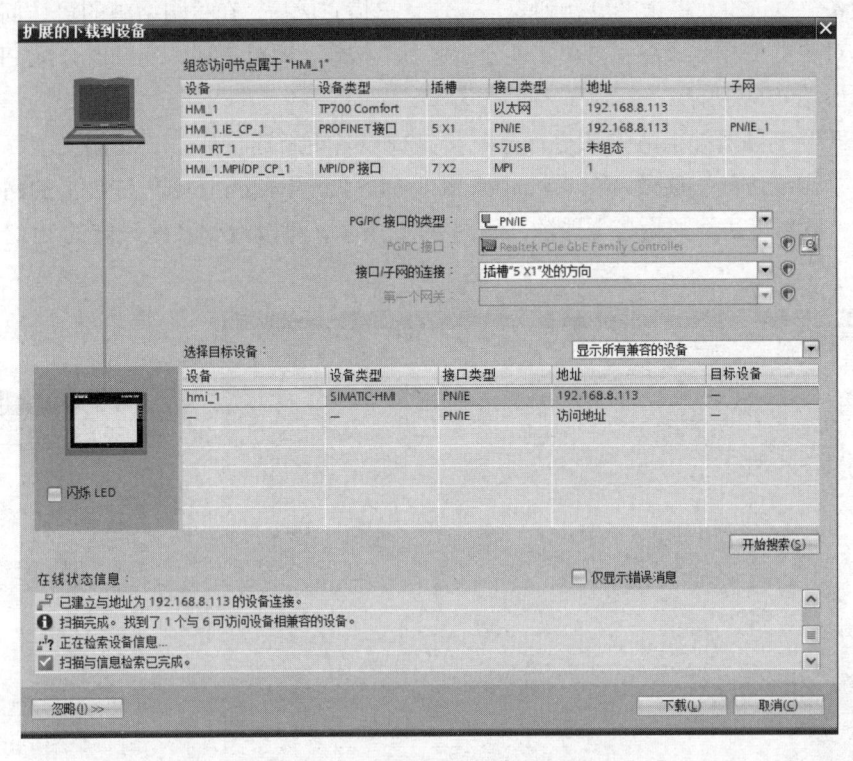

图 4-67 HMI 设备搜索下载界面

对于变频器，在变频器主模块上右击鼠标，选择"分配设备名称"选项，如图 4-68 所示。

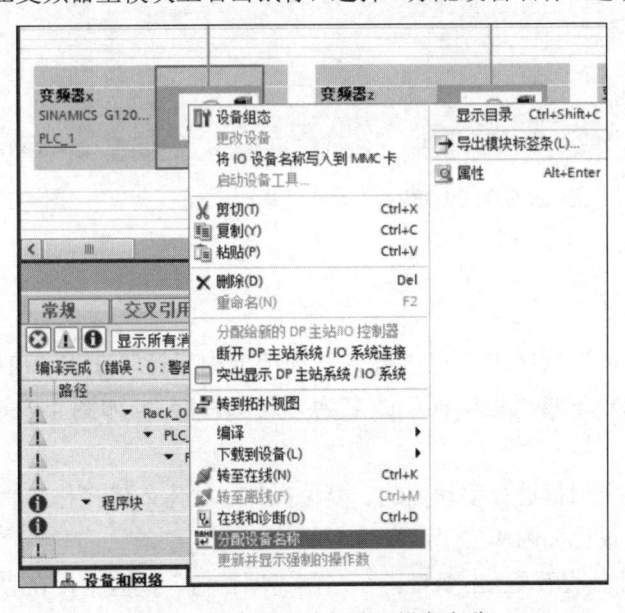

图 4-68 变频器选择分配设备名称

在弹出的"分配 PROFINET 设备名称。"对话框中，"PROFINET 设备名称"选择"变频器 x"，"PG/PC 接口的类型"选择"PN/IE"，在"设备过滤器"选区中勾选"仅显示同一类型的设备"复选框，单击"更新列表"按钮，扫描完成后，在"网络中的可访问节点"选区中选择对应的变频器设备，再单击"分配名称"按钮，即可完成。变频器分配 PROFINET 设备名称如图 4-69 所示。

其他两个变频器按上述方法进行分配。完成设备更新连接后，在左侧"项目树"选区中，展开"在线访问"选项，在"Realtek PCIe GbE Family Controler"（PC 上的网卡）选项下，双击"更新可访问的设备"选项，如图 4-70 所示，可以看到系统设定的 PLC、HMI 和变频器。

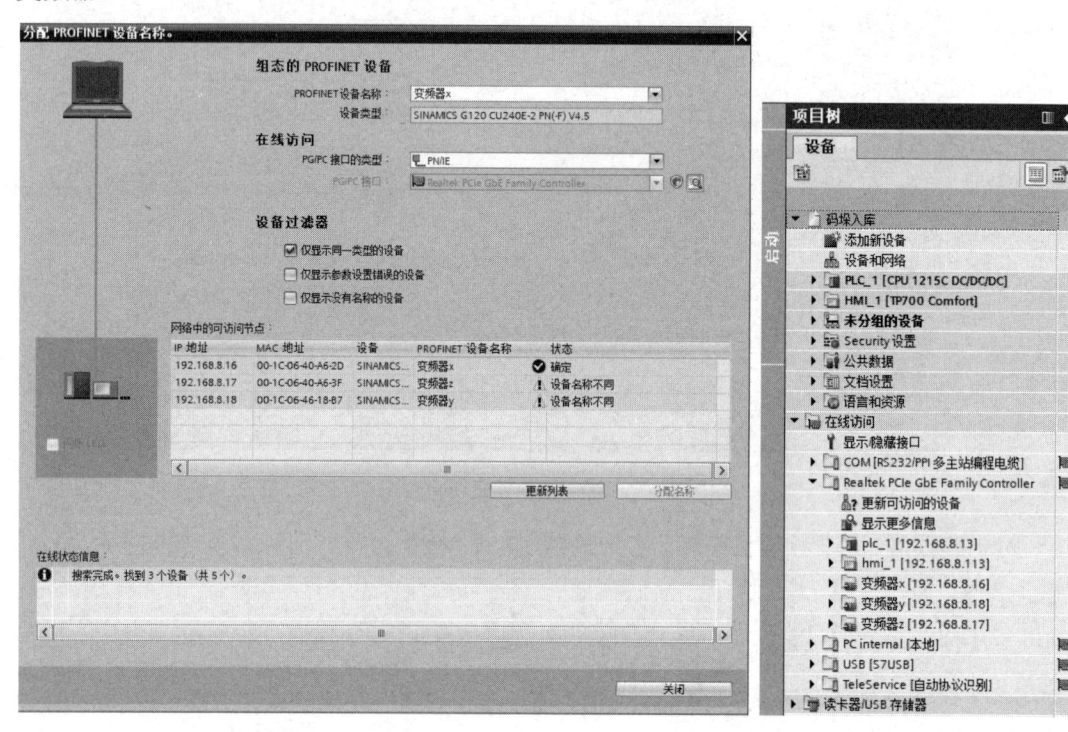

图 4-69　变频器分配 PROFINET 设备名称

图 4-70　查看网络中系统设备情况

## 四、HMI 界面设计

在左侧"项目树"选区中，在"设备"选项卡中展开"HMI_1[TP700 Comfort]"选项，在"画面"选项下将"根画面"改名为"码垛控制"，如图 4-71 所示，双击后进入编辑界面。

HMI 将对各轴电动机进行手动控制、复位操作、选库入库操作控制，并且显示相关数据，HMI 整体界面设计如图 4-72 所示。

根据 HMI 界面，设置 HMI 变量。在左侧"项目树"选区中，在"设备"选项卡中展开"HMI_1[TP700 Comfort]"选项，在"HMI 变量"选项下双击"显示所有变量"选项，在 HMI 变量界面中添加图 4-73 所示的 HMI 变量。同时，在 PLC 中新建一个数据块，写入对应变量（在子项目 3.2 中详细介绍）。

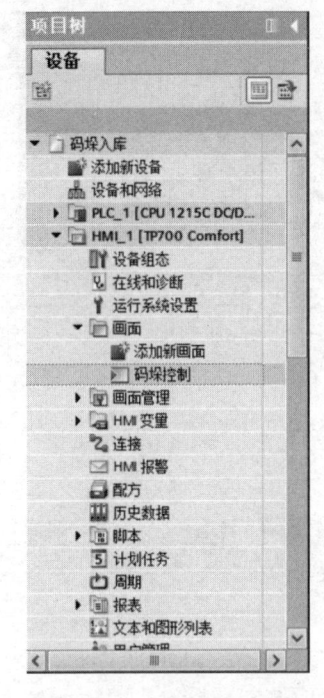

图 4-71　HMI 画面选择

图 4-72　HMI 整体界面设计

图 4-73　HMI 变量

简要说明各元素的重要设置。

对"手动命令"选区中的"X 轴前进"按钮进行设置。在"事件"选项卡中,选择"按下"选项,在右侧动作栏中选择"置位位","变量(输入/输出)"选择"x 轴前进";选择"释放"选项,在右侧动作栏中选择"复位位","变量(输入/输出)"选择"x 轴前进",实现按下有效,松开无效的功能。命令按钮的事件设置如图 4-74 所示。

"手动命令"选区中其他按钮的设置方法相同,找到各自对应的变量。对"仓位选择"选区中的"入库启动"按钮进行设置。由于"入库启动"信号需要保持,因此只需要在"事件"选项卡中选择"按下"选项,在右侧动作栏中选择"置位位","变量(输入/输出)"选择"入库启动",如图 4-75 所示。

图 4-74 命令按钮的事件设置（1）

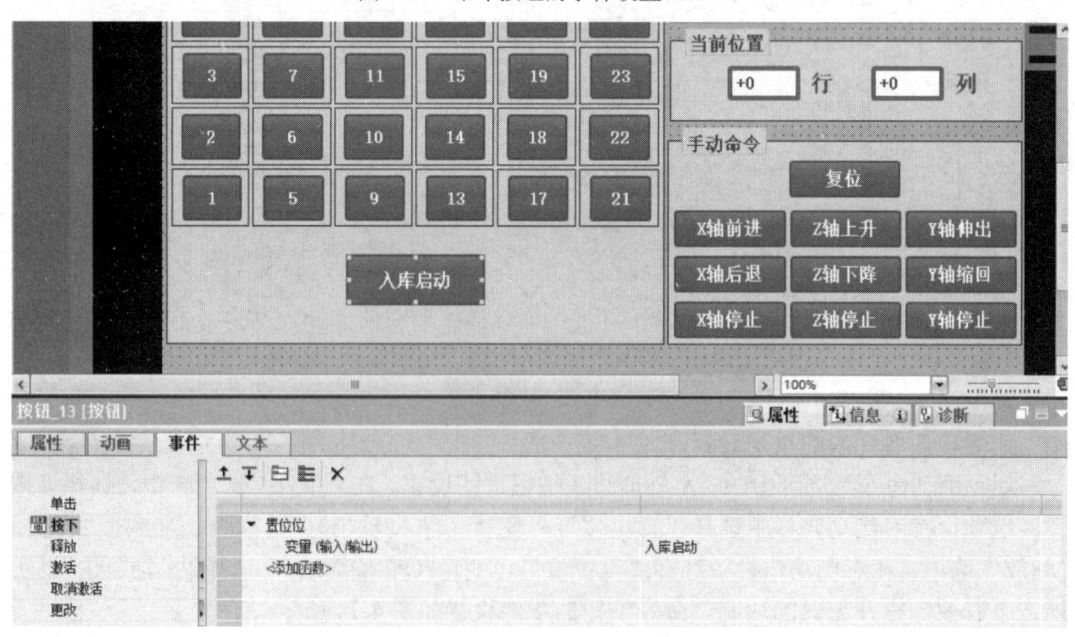

图 4-75 命令按钮的事件设置（2）

仓位选择按钮的主要功能是将选择的仓位号送入目标仓位号，以 1 号仓位按钮为例，在"事件"选项卡中，选择"按下"选项，在右侧动作栏中选择"设置变量"，"变量（输出）"选择"目标仓位号"，"值"选择"1"（当前按钮的仓位号），如图 4-76 所示。

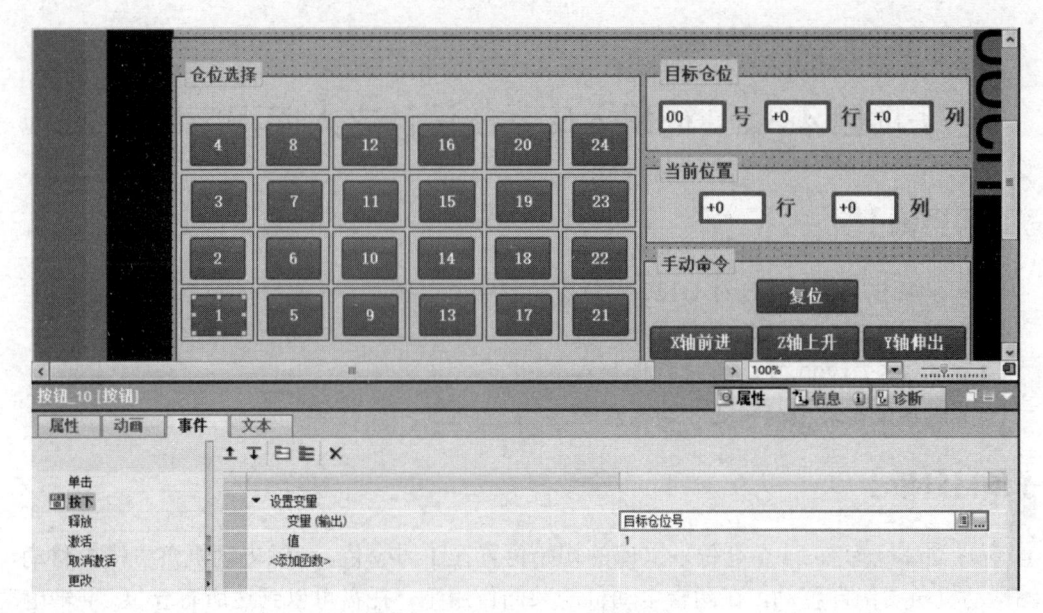

图 4-76 仓位选择按钮的事件设置

其他仓位选择按钮的设置方法相同，值选择各自的仓位号码。I/O 域组件在本例中主要用来显示目标仓位、目标行、目标列、当前行和当前列的信息。以"目标仓位"选区中的显示框设置为例，单击相应 I/O 域后，在"属性"选项卡的"常规"选区中，选择"过程"栏中的"变量"为所对应的"目标仓位号"，由于在设置变量的时候已经与 PLC 中的变量进行了连接，因此在下方的"PLC 变量"文本框中自动出现 PLC 所对应的变量信息。"显示格式"选择"十进制"，"移动小数点"为"0"，如图 4-77 所示。

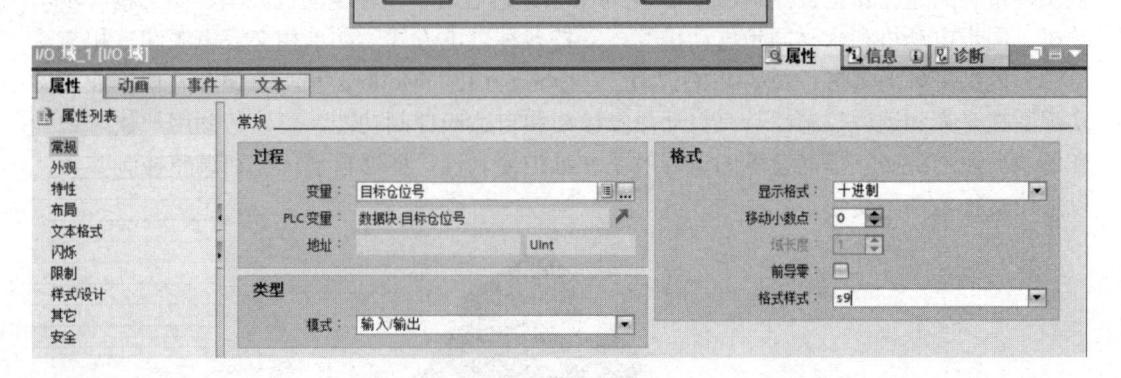

图 4-77 显示框 I/O 域的属性设置

至此，HMI 界面设计完成。

## 五、调试

HMI 编译后，将程序加载到设备中，运行，可以看到，当按下仓位号后，在目标仓位号处显示所选择的仓位号。

# 子项目 4.3.2　码垛入库系统设计之入库程序设计

## 【子项目目标】

（1）掌握 S7-1200 PLC 对 G120 变频器的控制。
（2）掌握 S7-1200 PLC 的高速计数器指令。
（3）了解 S7-1200 PLC 的运动控制指令。
（4）能够编制典型的工业控制系统程序。

## 【子项目分析】

码垛立体仓库有 24 个仓位，入库的初始位置在 1 号仓位。$x$ 轴电动机负责横向移动，$z$ 轴电动机负责纵向移动，在两台电动机的共同作用下，托盘可以到达所有仓位。$y$ 轴电动机负责托盘的伸缩。先在 HMI 界面上选择好仓位，启动入库指令，托盘移动到相应仓位；然后进行将物品放入仓位的入库动作；完成入库动作后，托盘将回到初始 1 号仓位。系统可以手动控制各电动机的运动，在实现入库操作前，系统必须复位。本子项目的重点是综合应用前面介绍的编程指令，通过控制变频电动机实现码垛的入库动作。

## 【相关知识】

### 一、SINAMICS G120 变频器简介

SINAMICS G120 变频器是一款高性能的变频器产品，采用了先进的矢量控制技术，可以实现精确的速度和位置控制，如图 4-78 所示。其适用于多种电动机类型，如三相异步电动机、同步电动机和永磁同步电动机等；支持多种供电方式，如单相交流电源和三相交流电源；提供多种通信接口，如 PROFINET、Ethernet/IP、Modbus 等，方便与其他工业设备实现数据交换和远程控制；具有自动故障诊断和自适应控制功能，可以帮助用户快速识别和解决潜在的故障，提高设备的运行效率和维护便利性，能够自动优化和调整控制参数，以适应运行条件的变化。

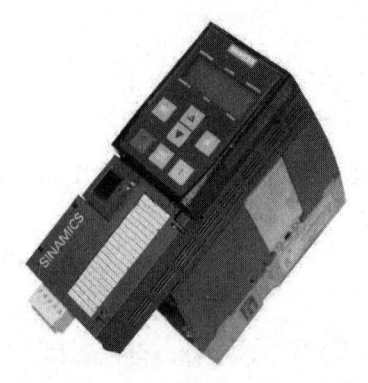

图 4-78　SINAMICS G120 变频器

SINAMICS G120 变频器采用模块化设计，由控制单元、功率模块和操作面板组成，使得它在各种变频驱动应用场合中表现出色。

控制单元负责控制和监视功率模块，以及所连接的电动机。它支持本地或中央控制通信，并可以通过监控设备和输入/输出端子进行直接控制。控制单元中的微处理器对功率模块进行精确控制，确保电动机的高效运行。

功率模块支持的电动机功率范围广泛，从 0.37kW 到 250kW。它采用高性能的 IGBT 电动机电压脉宽调制技术和可选的脉冲频率，使得电动机运行更为灵活、可靠。它具有高达 150%的过载能力，使其适用于启动和加速重载设备。

同时，SINAMICS G120 变频器具有全面的保护功能。它具备过电压、过流、过热和短路保护功能，可有效保障电动机和系统设备的安全性和可靠性。

## 二、变频器的控制方式

G120 CU240E_2 系列变频器提供了丰富的控制方式，支持 USS、Modbus RTU、PROFIBUS DP 及 FPROFINET 等总线协议。

### 1. 宏方式

G120 CU240E_2 系列变频器为满足不同的接口定义提供了多种预定义接口宏，利用预定义接口宏可以方便地设置变频器的命令源和设定值源，G120 CU240E_2_DP 和 G120 CU240E_2_DP_F 系列变频器支持 PROFIBUS DP 总线协议，G120 CU240E_2 系列变频器预定义的宏如表 4-31 所示。

表 4-31　G120 CU240E_2 系列变频器预定义的宏

| 宏编号 | 宏功能 | CU240E_2 | CU240E_2F | CU240E_2DP | CU240E_2DP_F |
|---|---|---|---|---|---|
| 1 | 双线制控制，有两个固定转速 | √ | √ | √ | √ |
| 2 | 单方向两个固定转速，带安全功能 | √ | √ | √ | √ |
| 3 | 单方向四个固定转速 | √ | √ | √ | √ |
| 4 | 现场总线 PROFIBUS | — | — | √ | √ |
| 5 | 现场总线 PROFIBUS，带安全功能 | — | — | √ | √ |
| 6 | 现场总线 PROFIBUS，带两项安全功能 | — | — | — | √ |
| 7 | 现场总线 PROFIBUS 和点动之间切换 | — | — | √（默认） | √（默认） |
| 8 | 电动电位器（MOP），带安全功能 | √ | √ | √ | √ |
| 9 | 电动电位器（MOP） | √ | √ | √ | √ |
| 13 | 端子启动模拟量给定，带安全功能 | √ | √ | √ | √ |
| 14 | 现场总线和电动电位器（MOP）切换 | — | — | √ | √ |
| 15 | 模拟给定和电动电位器（MOP）切换 | √ | √ | √ | √ |
| 12 | 双线制控制1，模拟量调速 | √（默认） | √（默认） | √ | √ |
| 17 | 双线制控制2，模拟量调速 | √ | √ | √ | √ |
| 18 | 双线制控制3，模拟量调速 | √ | √ | √ | √ |
| 19 | 三线制控制1，模拟量调速 | √ | √ | √ | √ |
| 20 | 三线制控制2，模拟量调速 | √ | √ | √ | √ |
| 21 | 现场总线 USS 通信 | √ | √ | — | — |

注：√表示支持，—表示不支持。

宏可以通过参数 P0015 进行修改。需要注意的是，只有在设置 P0010=1 时才能更改 P0015 参数。选择相应宏之后，需要按照该宏的接线方式进行布线，G120 CU240E_2 系列变频器的接线图如图 4-79 所示。

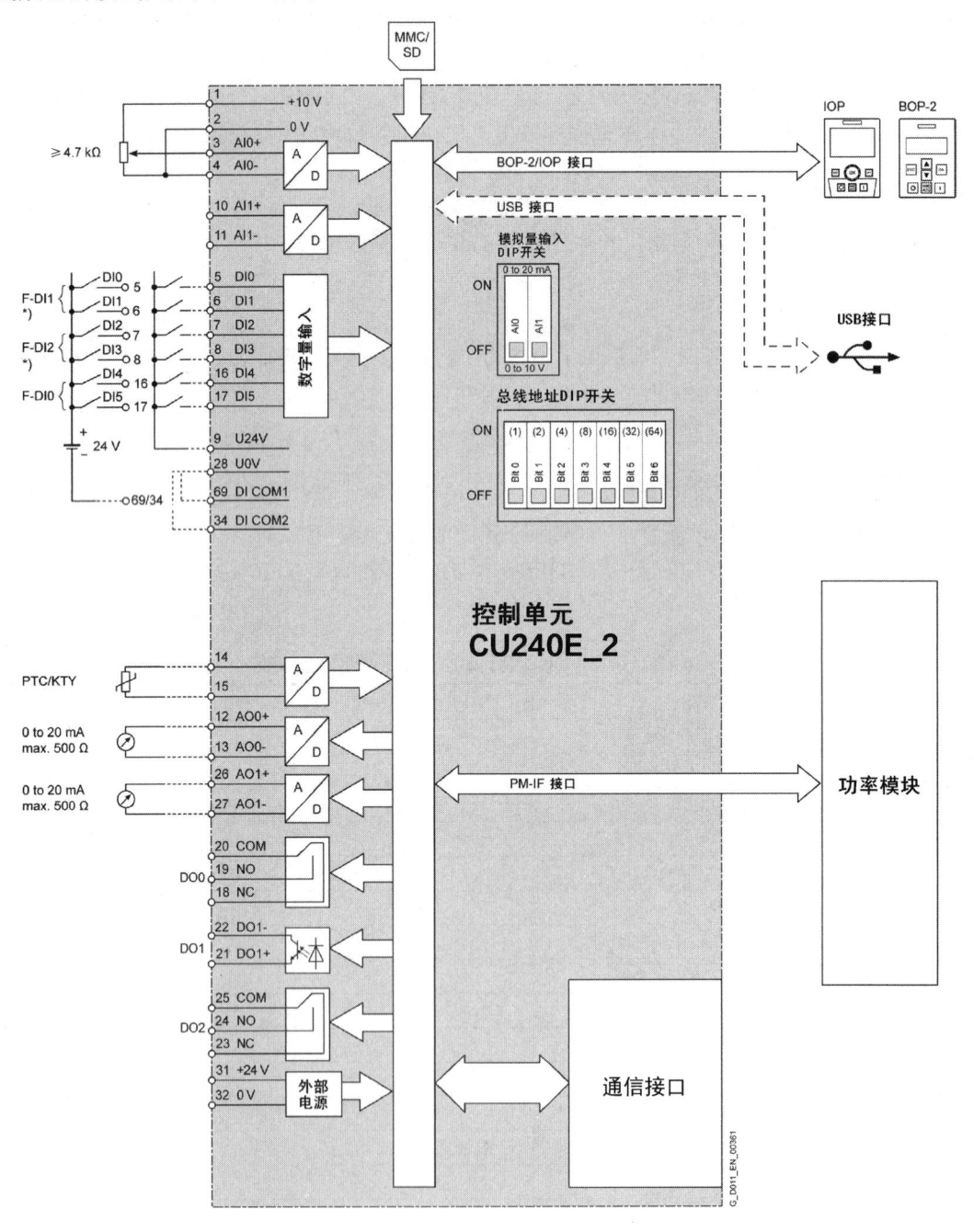

图 4-79  G120 CU240E_2 系列变频器的接线图

以默认的宏 12 为例，设置 P0015=12，变频器自动设置下列 I/O 端口的功能，如表 4-32 所示。

表 4-32 宏 12 I/O 端口的功能

| 序号 | I/O 端口 | 功能 |
|---|---|---|
| 1 | 数字量输入 DI0 | 启动/停止 |
| 2 | 数字量输入 DI1 | 换向 |
| 3 | 数字量输入 DI2 | 故障应答（复位） |
| 4 | 模拟量输入 AI0 | 设定值 |
| 5 | 数字量输出 DO0 | 变频器故障 |
| 6 | 数字量输出 DO1 | 变频器报警 |
| 7 | 模拟量输出 AO0 | 电动机转速 |
| 8 | 模拟量输出 AO1 | 变频器输出电流 |

**2．PROFINET 总线控制**

G120 CU240E_2_PN 系列变频器支持 PROFINET 总线协议，使得 PLC 对变频器的控制更加方便。采用总线控制方式，变频器要做相应设置，总线控制的主要参数设置如表 4-33 所示，其他参数设置可参考变频器相关手册。

表 4-33 总线控制的主要参数设置

| 参数号 | 参数描述 | 设定值 | 设定说明 |
|---|---|---|---|
| P15 | 执行相应的宏文件 | 7 | 现场总线控制 |
| P840[0] | 设置指令"ON/OFF (OFF1)"的信号源 | r2090.0 | 由现场总线启动变频器 |
| P1070[0] | 设置主设定值的信号源 | r2050 | 现场总线设定值有效 |

在子项目 3.1 中，变频器 x 组网后，系统为变频器报文分配的 I/O 地址为 68～71，如图 4-63 所示。通信方式默认为标准报文 1，输出低两位（QW68）对应控制字 1（STW1），高两位（QW70）对应转速设定值（NSOLL_A）；输入低两位（IW68）对应状态字 1（ZSW1），高两位（IW70）对应转速实际值（NIST_A）。变频器 x 地址的对应说明如表 4-34 所示。

表 4-34 变频器 x 地址的对应说明

| 地址 | 缩写 | 说明 |
|---|---|---|
| QW68 | STW1 | 控制字 1 |
| IW68 | ZSW1 | 状态字 1 |
| QW70 | NSOLL_A | 转速设定值 16 位 |
| IW70 | NIST_A | 转速实际值 16 位 |

控制字 1 和状态字 1 的说明如表 4-35、表 4-36 所示。

表 4-35 控制字 1 的说明

| 位 | 含义 | | 说明 | 变频器中的信号互联 |
|---|---|---|---|---|
| | 报文 20 | 所有其他报文 | | |
| 0 | 0=OFF1 | | 电动机按斜坡函数发生器的减速时间 p1121 制动，达到静态后变频器会关闭电动机 | p0840[0]=r2090.0 |
| | 0→1=ON | | 变频器进入"运行就绪"状态。另外，位 3=1 时，变频器接通电动机 | |

续表

| 位 | 含义 | | 说明 | 变频器中的信号互联 |
|---|---|---|---|---|
| | 报文 20 | 所有其他报文 | | |
| 1 | 0=OFF2 | | 电动机立即关闭，惯性停转 | p0844[0]=r2090.1 |
| | 1=OFF2 不生效 | | 可以接通电动机（ON 指令） | |
| 2 | 0=快速停机（OFF3） | | 快速停机：电动机按 OFF3 减速时间 p1135 制动，直到达到静态 | p0848[0]=r2090.2 |
| | 1=快速停机无效（OFF3） | | 可以接通电动机（ON 指令） | |
| 3 | 0=禁止运行 | | 立即关闭电动机（脉冲封锁） | p0852[0]=r2090.3 |
| | 1=使能运行 | | 接通电动机（脉冲使能） | |
| 4 | 0=封锁斜坡函数发生器 | | 变频器将斜坡函数发生器的输出设为 0 | p1140[0]=r2090.4 |
| | 1=不封锁斜坡函数发生器 | | 允许斜坡函数发生器使能 | |
| 5 | 0=停止斜坡函数发生器 | | 斜坡函数发生器的输出保持在当前值 | p1141[0]=r2090.5 |
| | 1=使能斜坡函数发生器 | | 斜坡函数发生器的输出跟踪设定值 | |
| 6 | 0=封锁设定值 | | 电动机按斜坡函数发生器减速时间 p1121 制动 | p1142[0]=r2090.6 |
| | 1=使能设定值 | | 电动机按加速时间 p1120 升高到速度设定值 | |
| 7 | 0→1=应答故障 | | 应答故障。如果仍存在 ON 指令，变频器进入"接通禁止"状态 | p2103[0]=r2090.7 |
| 8、9 | 预留 | | | |
| 10 | 0=不由 PLC 控制 | | 变频器忽略来自现场总线的过程数据 | p0854[0]=r2090.10 |
| | 1=由 PLC 控制 | | 由现场总线控制，变频器会采用来自现场总线的过程数据 | |
| 11 | 1=换向 | | 取反变频器内的设定值 | p1113[0]=r2090.11 |
| 12 | 未使用 | | | |
| 13 | —* | 1=电动电位器升高 | 增大保存在电动电位器中的设定值 | p1035[0]=r2090.13 |
| 14 | —* | 1=电动电位器降低 | 减小保存在电动电位器中的设定值 | p1036[0]=r2090.14 |
| 15 | CDS 位 0 | 预留 | 在不同的操作接口设置（指令数据组）之间切换 | p0810=r2090.15 |

*从其他报文切换到报文 20 时，前一个报文的定义保持不变。

注：控制字 1（位 0～10 符合 PROFIdrive 行规和 VIK/NAMUR；位 11～15 视变频器而定）。

表 4-36 状态字 1 的说明

| 位 | 含义 | | 说明 | 变频器中的信号互联 |
|---|---|---|---|---|
| | 报文 20 | 所有其他报文 | | |
| 0 | 1=接通就绪 | | 电源已接通，电子部件已经初始化，脉冲禁止 | p2080[0]= r0899.0 |
| 1 | 1=运行准备 | | 电动机已经接通（ON/OFF1=1），当前没有故障。收到"运行使能"指令（STW1.3），变频器会接通电动机 | p2080[1]=r0899.1 |
| 2 | 1=运行已使能 | | 电动机跟踪设定值。见"控制字 1 位 3" | p2080[2]= r0899.2 |
| 3 | 1=出现故障 | | 在变频器中存在故障。通过 STW1.7 应答故障 | p2080[3]=r2139.3 |
| 4 | 1=OFF2 未激活 | | 惯性停转功能未激活 | p2080[4]= r0899.4 |
| 5 | 1=OFF3 未激活 | | 快速停转功能未激活 | p2080[5]= r0899.5 |
| 6 | 1=接通禁止有效 | | 只有在给出 OFF1 指令并重新给出 ON 指令后，才能接通电动机 | p2080[6]= r0899.6 |
| 7 | 1=出现报警 | | 电动机保持接通状态，无须应答 | p2080[7]= r2139.7 |

续表

| 位 | 含义 | | 说明 | 变频器中的信号互联 |
|---|---|---|---|---|
| | 报文 20 | 所有其他报文 | | |
| 8 | 1=转速差在公差范围内 | | "设定/实际值"差在公差范围内 | p2080[8]=r2197.7 |
| 9 | 1=已请求控制 | | 请求自动化系统控制变频器 | p2080[9]=r0899.9 |
| 10 | 1=达到或超出比较转速 | | 转速大于或等于最大转速 | p2080[10]=r2199.1 |
| 11 | 0=达到 I、M 或 P 比较值 | | 达到或超出电流、转矩或功率的比较值 | p2080[11]=r1407.7 |
| 12 | —* | 1=抱闸打开 | 用于打开/闭合电动机抱闸的信号 | p2080[12]=r0899.12 |
| 13 | 0=报警"电机过热" | | | p2080[13]=r2135.14 |
| 14 | 1=电动机正转 | | 变频器内部实际值>0 | p208014=r2197.3 |
| | 0=电动机反转 | | 变频器内部实际值<0 | |
| 15 | 1=显示 CDS | 0="变频器热过载"报警 | | p2080[15]=r0836.0/ r2135.15 |

*从其他报文切换到报文 20 时，前一个报文的定义保持不变。

由控制字 1 的说明可知，控制字 1 的值为 16#047F，表示正转启动命令；控制字 1 的值为 16#0C7F，表示反转启动命令；控制字 1 的值为 16#047E、16#0C7E，表示正反转停止命令。只要将对应值传送到控制字 1 地址中就可以实现对变频器的控制。速度根据实际情况进行设定。

## 【实施步骤】

### 一、PLC 选型

图 4-80 展示了码垛机上各传感器的位置，$x$ 轴、$z$ 轴上分别有限位、回零点等信号，$y$ 轴有限位、伸出点/缩回点信号。$x$ 轴、$z$ 轴上随码垛机运动的两个光电传感器与各行、列的挡板配合，完成目标仓位定位功能，总计 14 个输入点。控制三台变频器采用总线方式，不占用输出点。因此，选择 PLC CPU 1215C DC/DC/DC，14 个 DI，10 个 DQ，各 2 个模拟量输入/输出，6 个高速计数器和 4 个脉冲输出，2 个 PROFINET 端口用于编程、HMI 和 PLC 间的通信，可满足系统要求。

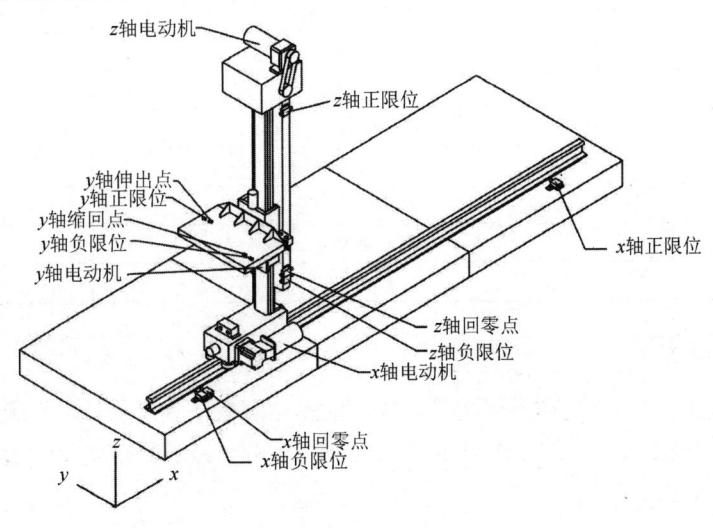

图 4-80 设备传感器示意图

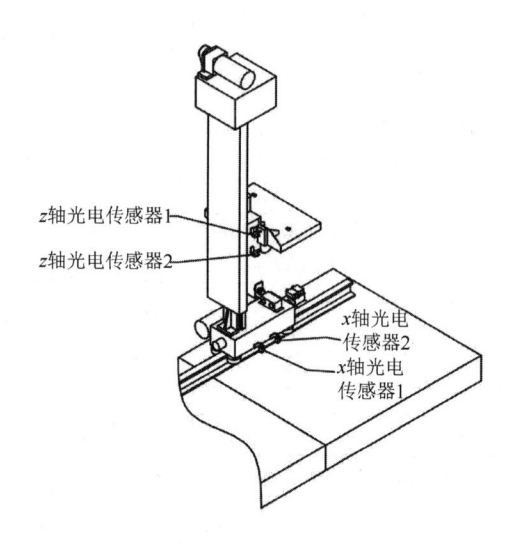

图 4-80 设备传感器示意图（续）

## 二、PLC I/O 点分配

PLC I/O 点分配如表 4-37 所示。

表 4-37 PLC I/O 点分配

| 序号 | 名称 | 地址 |
| --- | --- | --- |
| 1 | $x$ 轴正限位 | I0.0 |
| 2 | $x$ 轴负限位 | I0.1 |
| 3 | $y$ 轴正限位 | I0.2 |
| 4 | $y$ 轴负限位 | I0.3 |
| 5 | $y$ 轴伸出点 | I0.4 |
| 6 | $y$ 轴缩回点 | I0.5 |
| 7 | $z$ 轴正限位 | I0.6 |
| 8 | $z$ 轴负限位 | I0.7 |
| 9 | $x$ 轴光电传感器 1 | I1.0 |
| 10 | $x$ 轴光电传感器 2 | I1.1 |
| 11 | $z$ 轴光电传感器 1 | I1.2 |
| 12 | $z$ 轴光电传感器 2 | I1.3 |
| 13 | $x$ 轴回零点 | I1.4 |
| 14 | $z$ 轴回零点 | I1.5 |

## 三、PLC 变量设置

根据 I/O 点分配以及变频器报文的分配地址建立，在左侧"项目树"选区的"设备"选项卡中，展开"PLC_1"中的"PLC 变量"选项，双击"显示所有变量"选项，输入图 4-81 所示的 PLC 变量表。

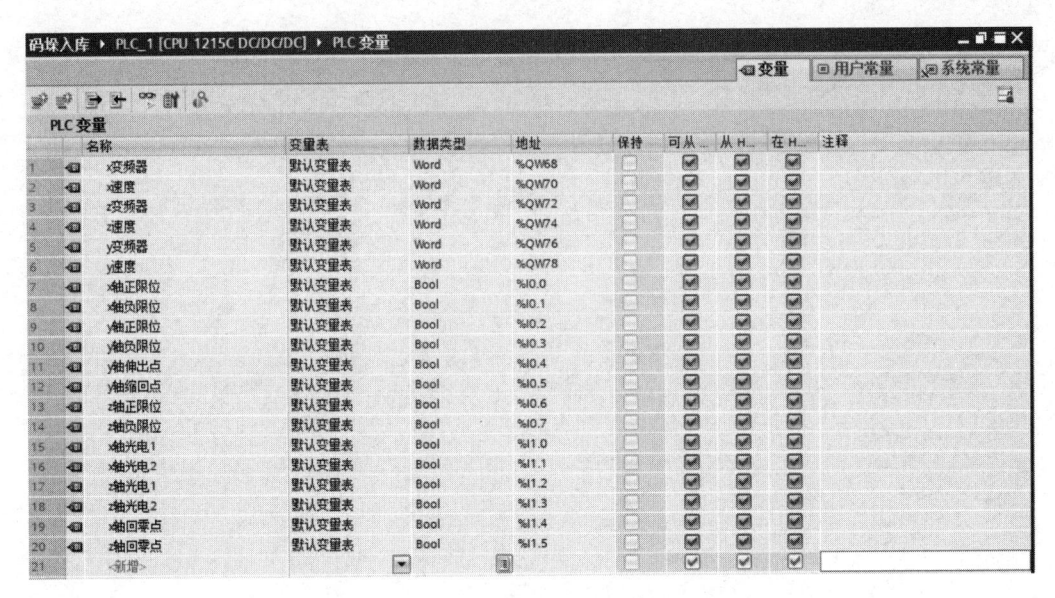

图 4-81　PLC 变量表①

## 四、建立数据块

在系统中建立一个全局数据块，存放整个系统运行中所需要的数据。在左侧"项目树"选区的"设备"选项卡中，展开"PLC_1"中的"程序块"选项，双击"添加新块"选项，在弹出的"添加新块"对话框中选择"数据块"图标，将名称命名为"数据块"，类型为"全局 DB"，编号可为自动方式，最后单击"确定"按钮，如图 4-82 所示。

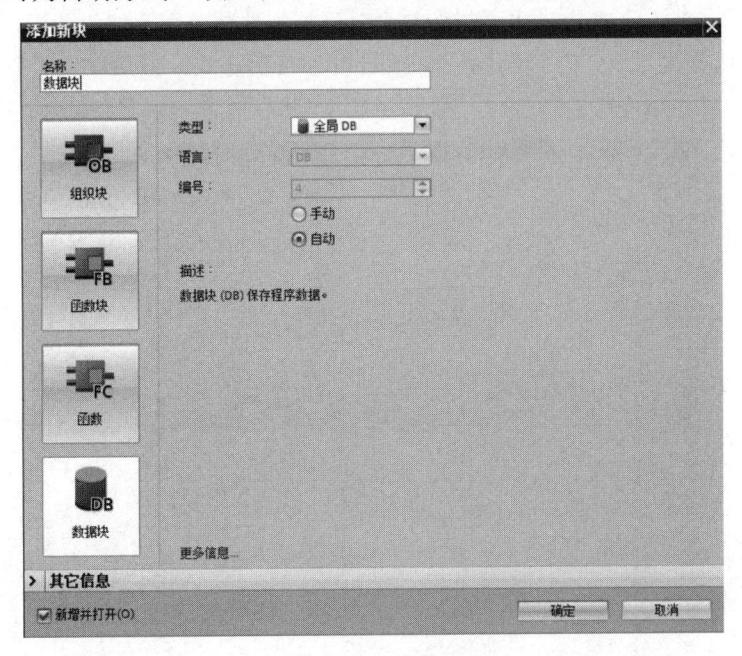

图 4-82　添加全局数据块

---

① 图中"光电"代表光电传感器，余同。

根据 HMI 中的变量设置对应的 PLC 数据块数据，如图 4-83 所示。

图 4-83　PLC 数据块数据

## 五、电动机手动控制

变频器采用总线控制方式时，通信方式默认为标准报文 1。控制字 1 的值为 16#047F，表示正转启动命令；控制字 1 的值为 16#0C7F，表示反转启动命令；控制字 1 的值为 16#047E、16#0C7E，表示正反转停止命令。本例转速设定值为 3000。

在左侧"项目树"选区的"设备"选项卡中，展开"PLC_1"中的"程序块"选项，双击"添加新块"选项，在弹出的"添加新块"对话框中选择"函数块"图标，将名称命名为"手动"，语言选择为"LAD"（梯形图），编号可为自动方式，最后单击"确定"按钮，如图 4-84 所示。

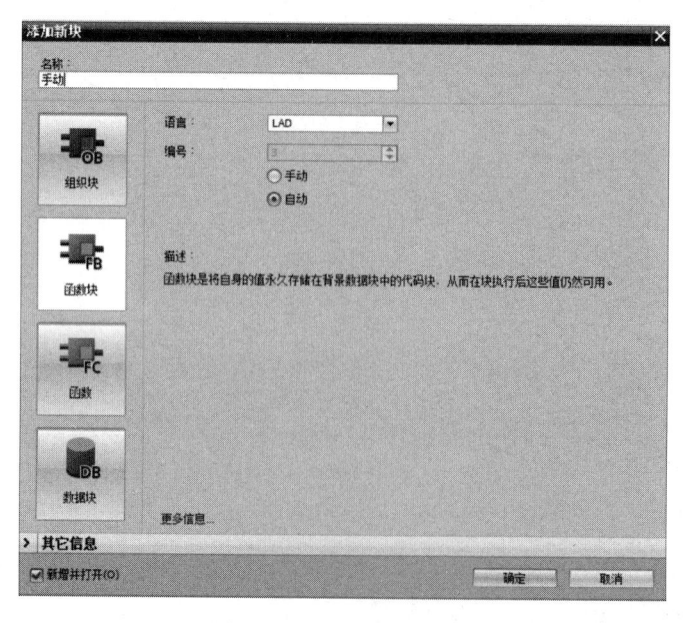

图 4-84　添加手动函数块

在编程窗口中输入如下程序。当""数据块".x 轴前进"变量有效时，将正转启动命令和速度设定分别传送到变频器 x 的控制字 1 和转速设定值中；当""数据块".x 轴后退"变量有效时，将反转启动命令和速度设定分别传送到变频器 x 的控制字 1 和转速设定值中；当""数据块".x 轴停止"变量有效时，将停止启动命令和零速度设定值分别传送到变频器 x 的控制字 1 和转速设定值中。x 轴手动控制程序如图 4-85 所示。

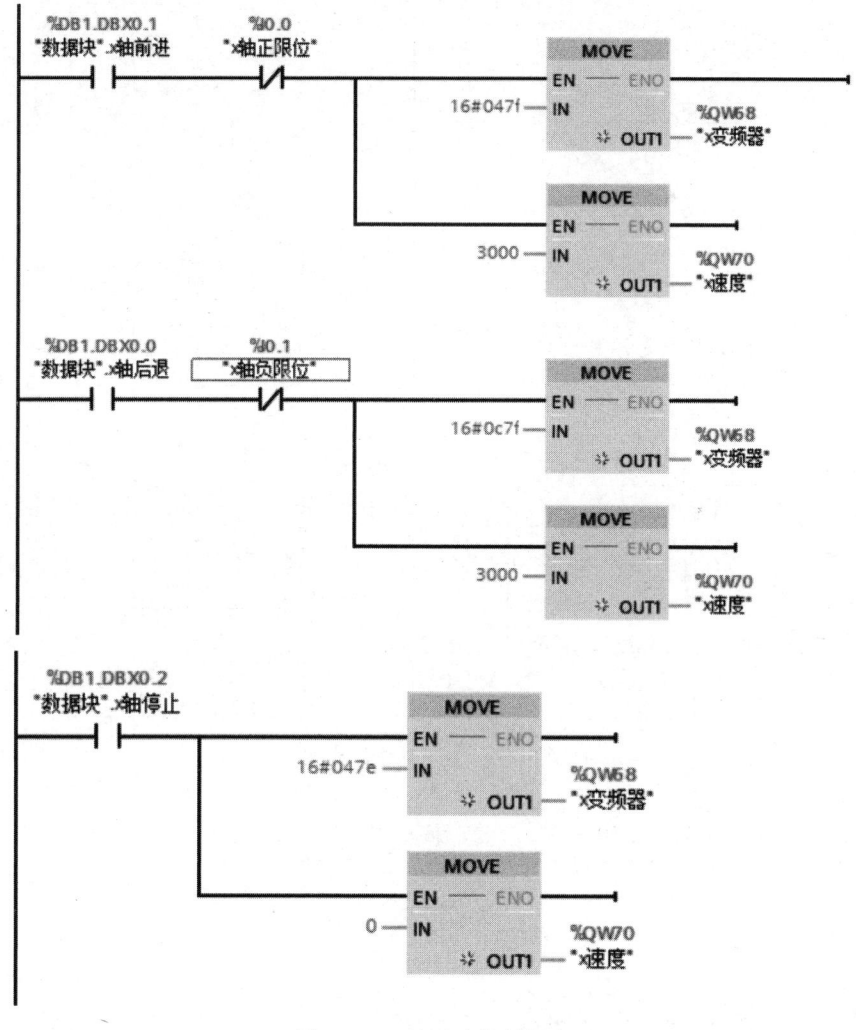

图 4-85  x 轴手动控制程序

## 六、复位控制

码垛入库工作开始前，要对系统进行复位操作。为防止发生碰撞的情况，首先必须将托盘退到缩回点，然后让 x 轴、z 轴回到原点，最后到达 1 号仓位，并将当前位置设置为（0 行，0 列），将""数据块".复位标记"置位，完成准备工作。复位操作流程图如图 4-86 所示。

在编制复位程序时，在全局数据块中添加了一个"复位顺序"变量，复位执行开始时，将它设为 1，每完成一个动作将它加 1，实现顺序控制。复位操作程序如图 4-87 所示。

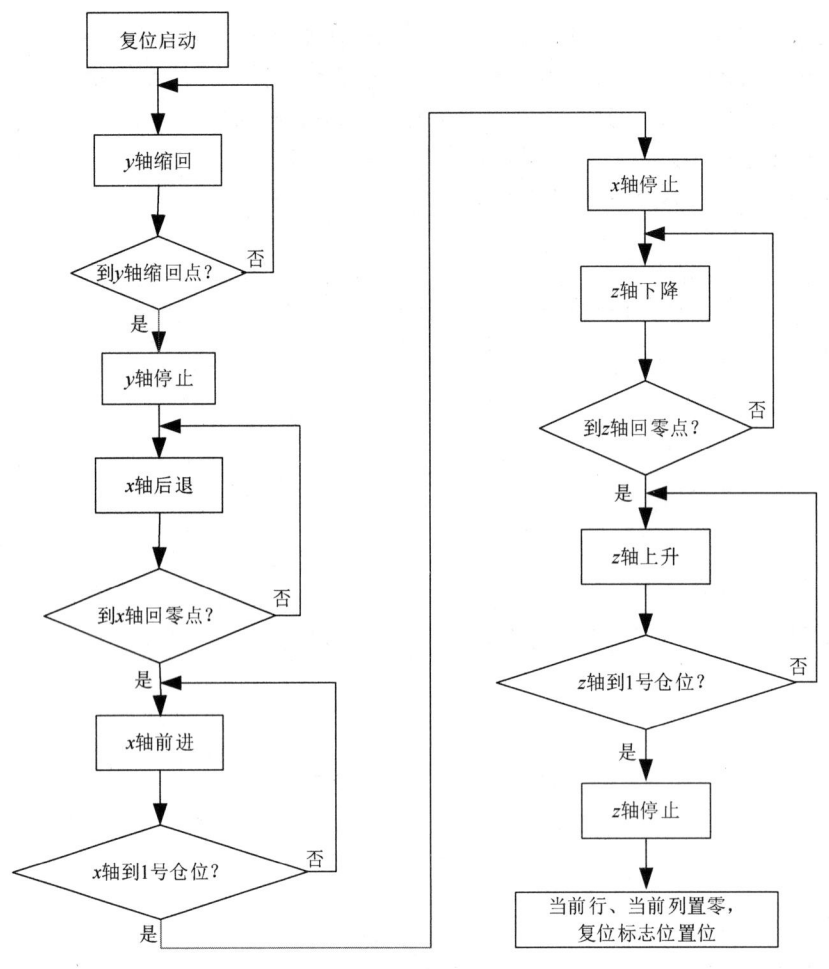

图 4-86 复位操作流程图

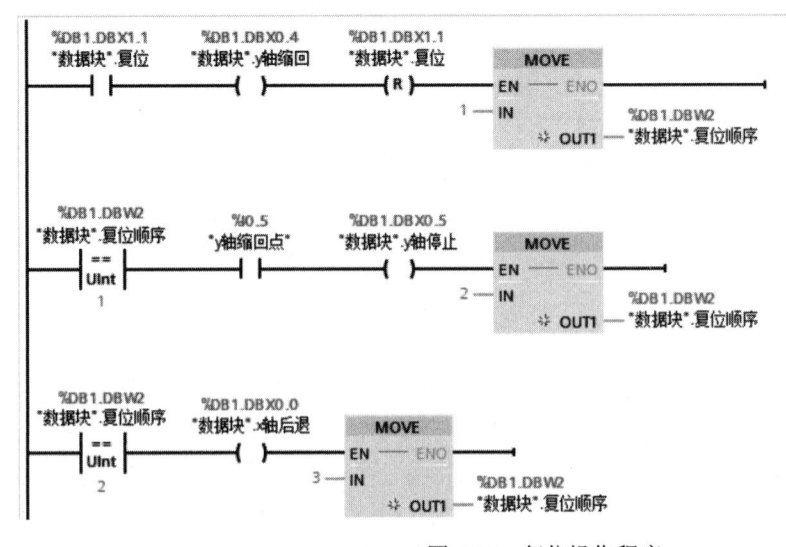

图 4-87 复位操作程序

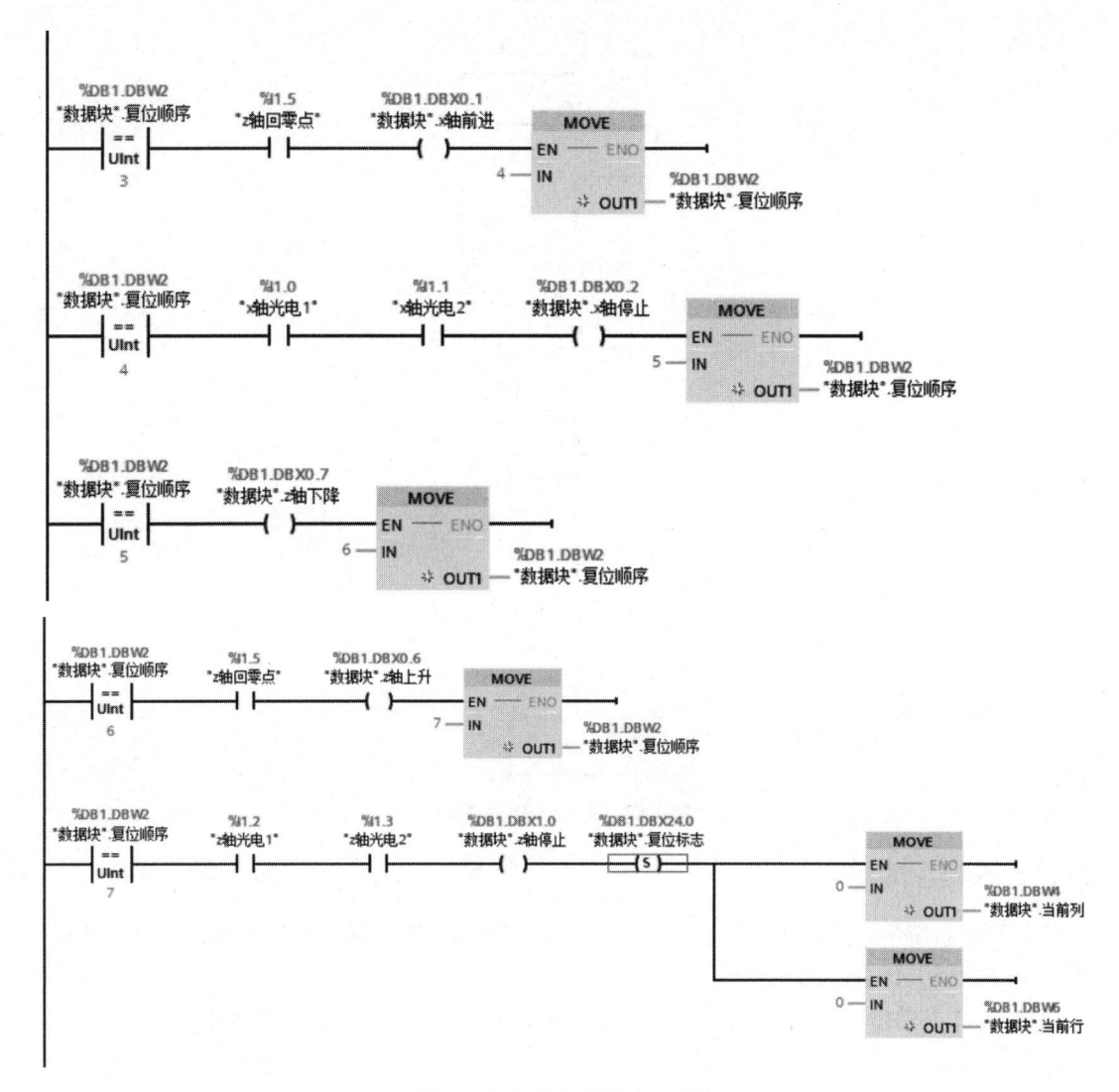

图 4-87 复位操作程序（续）

在左侧"项目树"选区的"设备"选项卡中，展开"PLC_1"中的"程序块"选项，双击"添加新块"选项，在弹出的"添加新块"对话框中选择"函数块"图标，将名称命名为"复位"，语言选择为"LAD"（梯形图），编号可为自动方式，最后单击"确定"按钮。在编辑窗口输入复位操作程序。

## 七、码垛入库控制方案的确定

系统的入库动作：首先在 HMI 界面中按下所选择的目标仓位，然后按下"入库启动"按钮，计算出目标仓位的行列号，驱动 $x$ 轴、$z$ 轴运动到目标仓位后，执行入库动作，动作完成后返回初始位置（1 号仓位）。码垛入库流程图如图 4-88 所示。

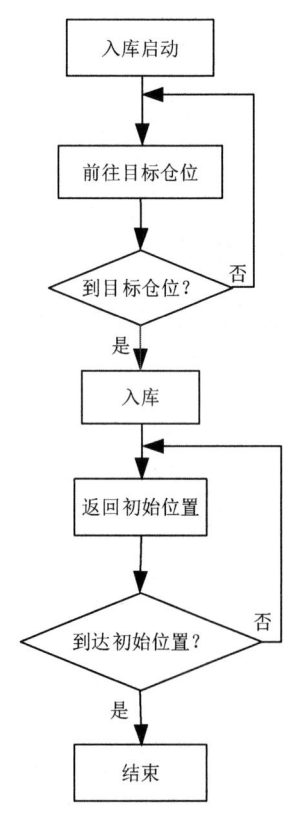

图 4-88 码垛入库流程图

## 八、计算模块编程

在整个系统中，需要计算目标行列号和当前行列号，因此需在程序中添加一个"计算"函数块进行相关计算。

在 HMI 界面中按下"入库启动"按钮，进行目标行计算。在目标行列计算过程中，选中仓位号减 1 后，整除 4，商为目标列号，余数为目标行号。计算目标行列号程序如图 4-89 所示。

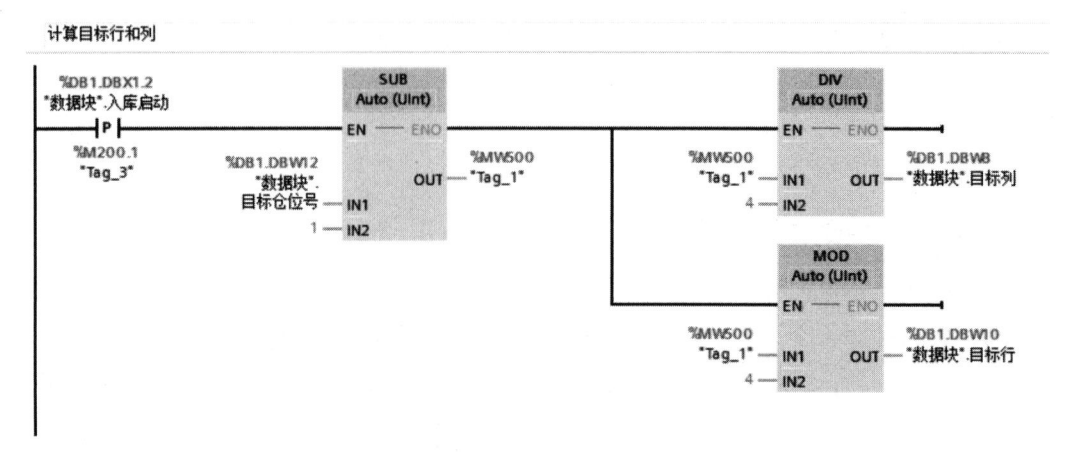

图 4-89 计算目标行列号程序

当 $x$ 轴正向运动，两个传感器同时进入挡块范围（"x 轴光电 1"信号为上升沿）时，当前列号加 1；当 $x$ 轴反向运动，两个传感器同时进入挡块范围（"x 轴光电 2"信号为上升沿）时，当前列号减 1。计算当前列程序如图 4-90 所示。

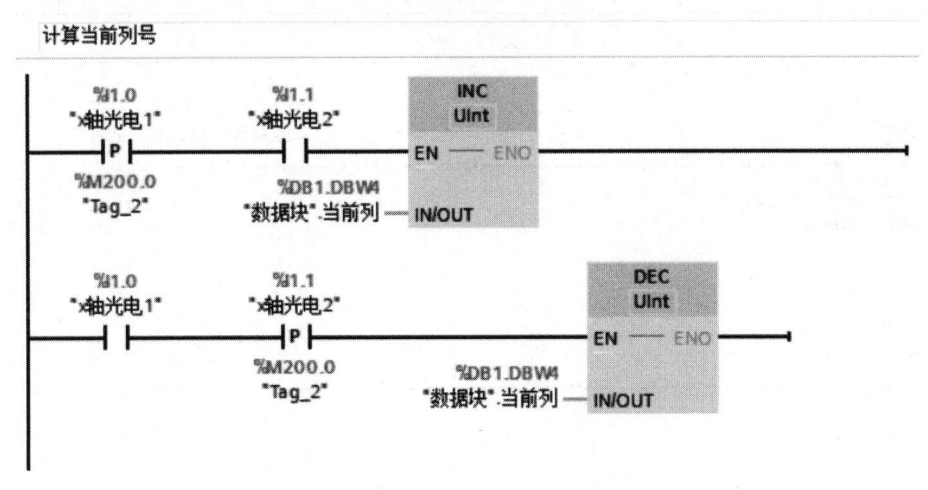

图 4-90　计算当前列程序

当 $z$ 轴上升运动，两个传感器同时进入挡块范围（"z 轴光电 2"信号为上升沿）时，当前行号加 1；当 $z$ 轴下降运动，两个传感器同时进入挡块范围（"z 轴光电 1"信号为上升沿）时，当前行号减 1。并且，由于入库过程对行号计算有影响，因此采用"入库标记"变量阻止入库过程中行号的增减。计算当前行程序如图 4-91 所示。

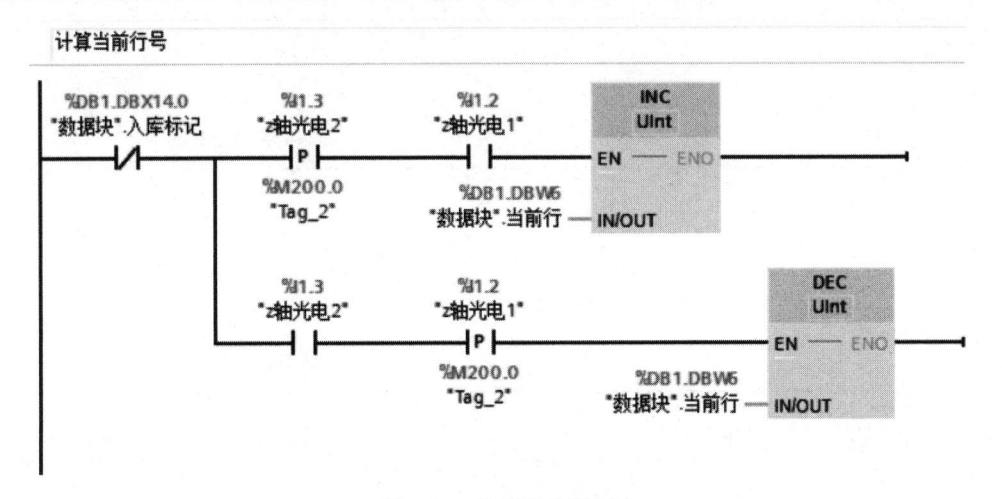

图 4-91　计算当前行程序

## 九、寻库编程设计

新建一个"寻库"函数块，控制码垛机移动到目标仓位、回到初始位置。启动"寻库"函数块后，比较目标行和当前行，若目标行大于当前行，则 $z$ 轴上升；若目标行小于当前行，则 $z$ 轴下降；若两者相等，则 $z$ 轴停止。比较目标列和当前列，若目标列大于当前列，则 $x$ 轴前进；若目标列小于当前列，则 $x$ 轴后退；若两者相等，则 $x$ 轴停止。

到达目标仓位后,若是入库仓位,则将""数据块".入库标记"置位,启动入库动作,同时停止寻库动作;若是入库动作完成返回初始位置,则仅停止寻库动作。变量""数据块".回零位"标识这两种状态。寻库程序如图 4-92 所示。

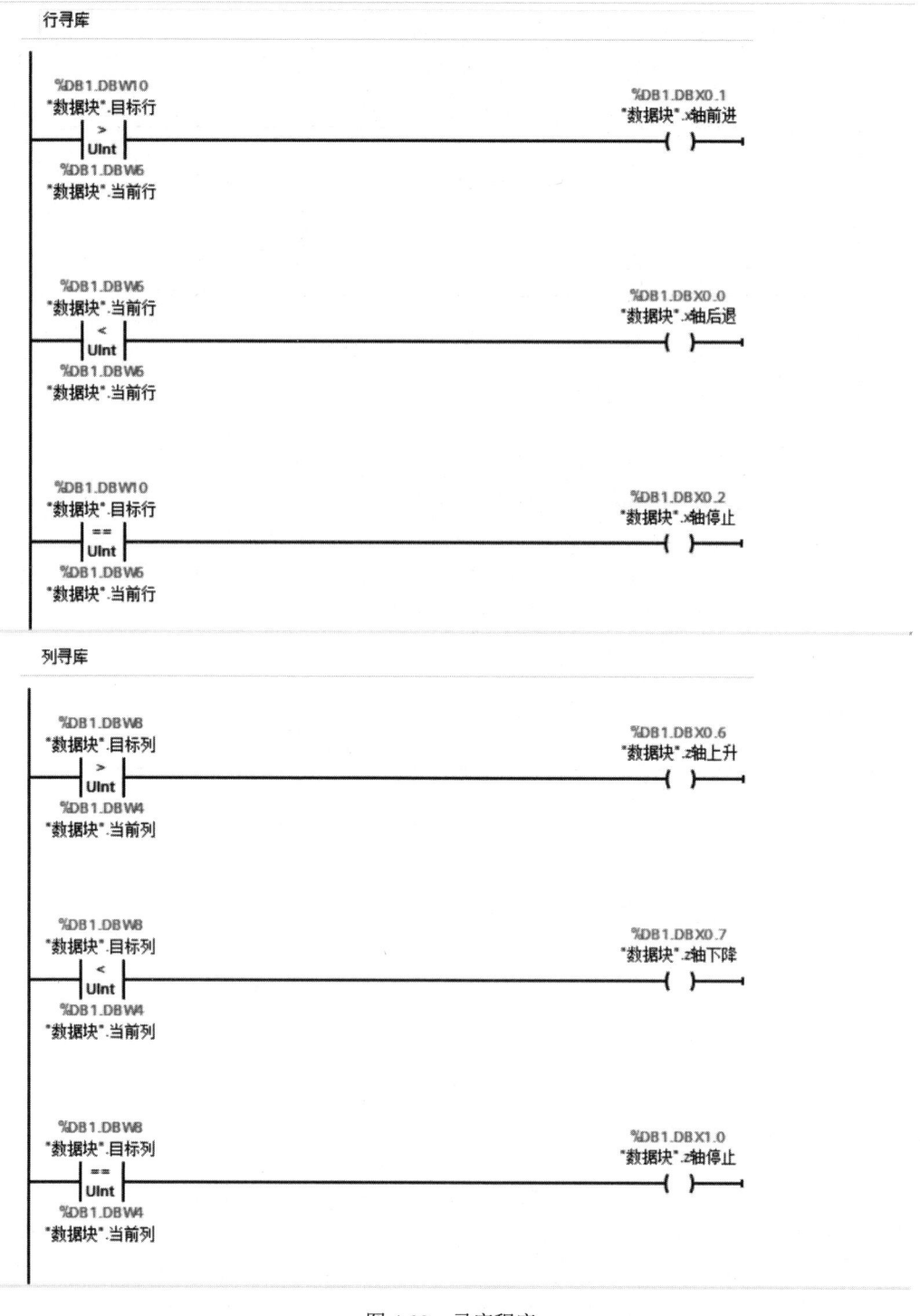

**行寻库**

```
%DB1.DBW10
"数据块".目标行                              %DB1.DBX0.1
    |                                    "数据块".x轴前进
    > 
   UInt                                        ( )
%DB1.DBW6
"数据块".当前行


%DB1.DBW6
"数据块".当前行                              %DB1.DBX0.0
    |                                    "数据块".x轴后退
    <
   UInt                                        ( )
%DB1.DBW6
"数据块".当前行


%DB1.DBW10
"数据块".目标行                              %DB1.DBX0.2
    |                                    "数据块".x轴停止
    ==
   UInt                                        ( )
%DB1.DBW6
"数据块".当前行
```

**列寻库**

```
%DB1.DBW8
"数据块".目标列                              %DB1.DBX0.6
    |                                    "数据块".z轴上升
    >
   UInt                                        ( )
%DB1.DBW4
"数据块".当前列


%DB1.DBW8
"数据块".目标列                              %DB1.DBX0.7
    |                                    "数据块".z轴下降
    <
   UInt                                        ( )
%DB1.DBW4
"数据块".当前列


%DB1.DBW8
"数据块".目标列                              %DB1.DBX1.0
    |                                    "数据块".z轴停止
    ==
   UInt                                        ( )
%DB1.DBW4
"数据块".当前列
```

图 4-92 寻库程序

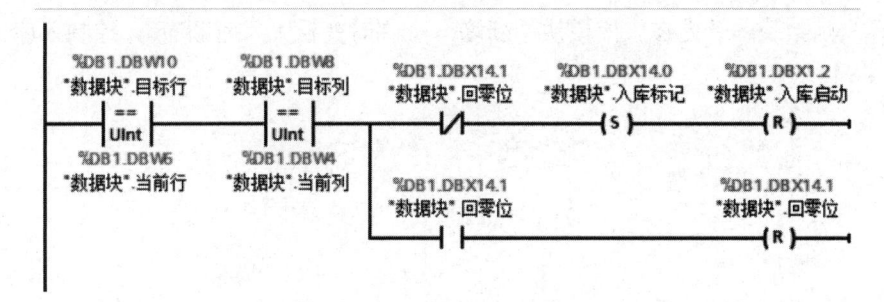

图 4-92　寻库程序（续）

## 十、入库编程

由图 4-93 所示的两个传感器和挡板的相对位置关系可知：寻库到达目标仓位时，$z$ 轴上的两个传感器 "$z$ 轴光电 1" "$z$ 轴光电 2" 正好在对应挡板内，位置如图 4-93（b）所示；入库动作开始后，首先 $z$ 轴上升，使两个传感器离开挡板位置，如图 4-93（c）所示；然后 $y$ 轴伸出，到达伸出点，如图 4-93（d）所示；接着 $z$ 轴下降，使得两个传感器重新到挡板内，将货物留在仓位上，如图 4-93（e）所示；最后 $y$ 轴缩回，回到缩回点，入库动作完成，如图 4-93（f）所示。

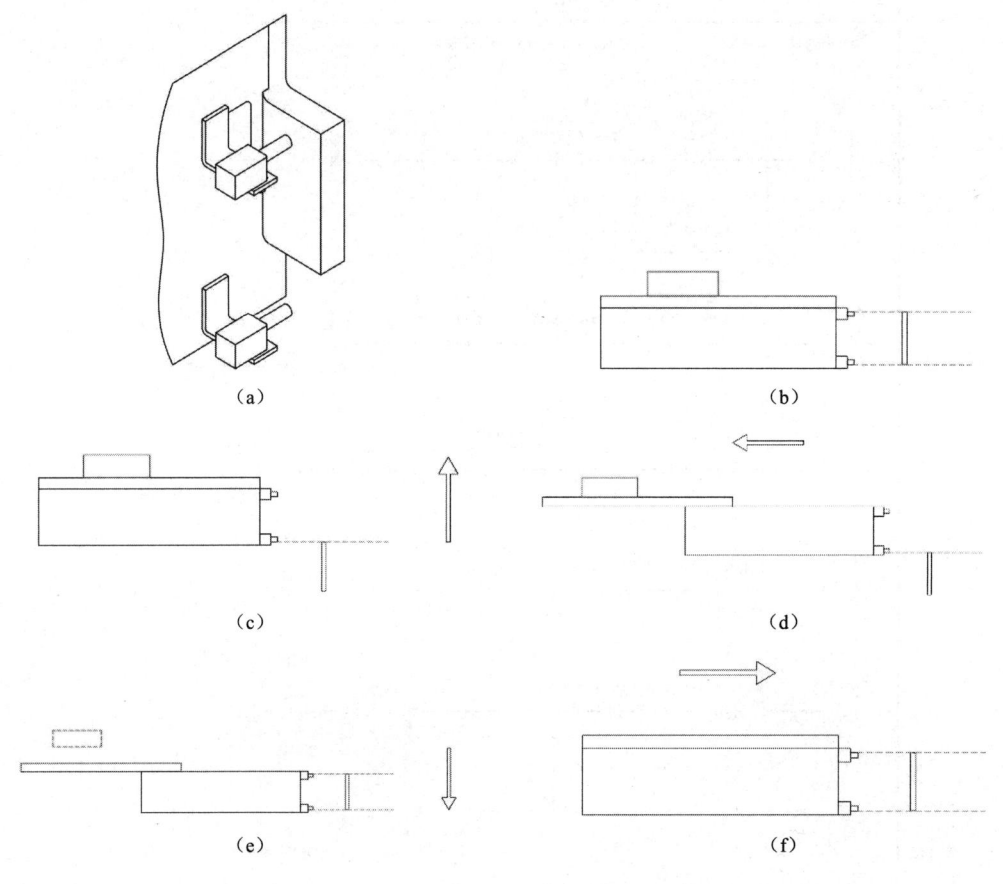

图 4-93　入库动作示意图

添加"入库"函数块,首先在入库模块中新增一个临时变量"入库顺序",控制入库动作步骤,如图 4-94 所示。

图 4-94 增加临时变量

根据入库动作编制入库程序。在入库动作完成后,将""数据块".回零位"置位,启动寻库动作;将""数据块".入库标记"复位,结束入库动作;同时将目标仓位设置为 1 号仓位(0 行,0 列)。入库动作程序如图 4-95 所示。

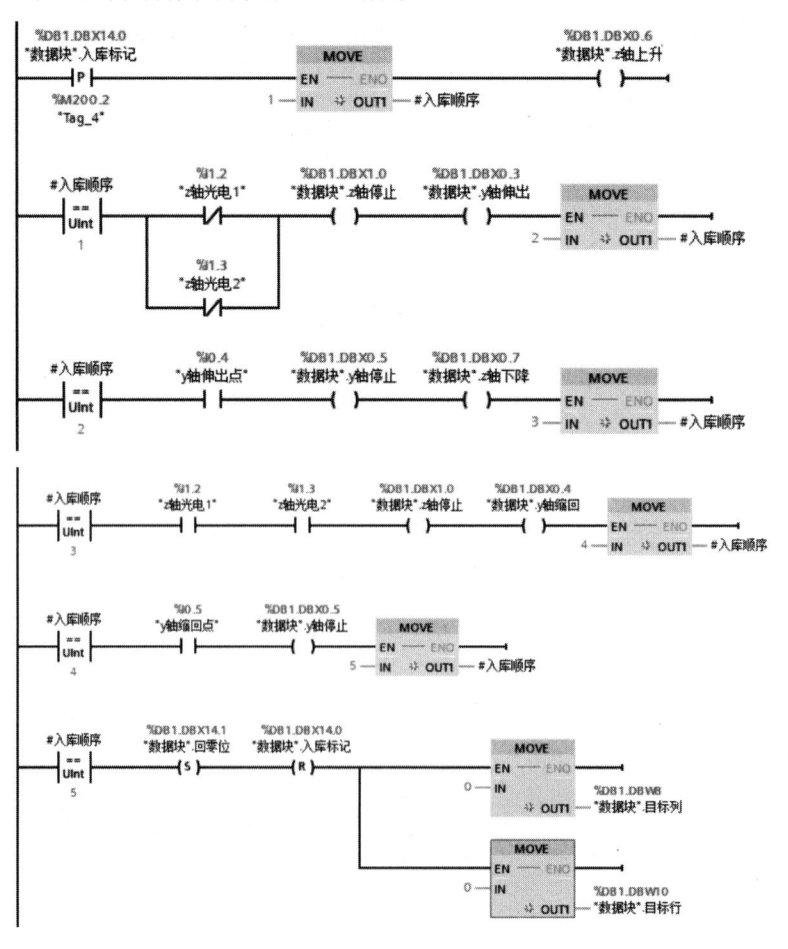

图 4-95 入库动作程序

## 十一、合成主程序

将建立的"手动"、"复位"、"计算"、"寻库"和"入库"函数块拖入"Main（OB1）"组织块中，完成系统。其中，在"寻库"函数块使能处添加两个并联的常开触点""数据块".入库启动"和""数据块".回零位"，实现到达入库目标仓位、完成入库动作后回到复位位置；串联一个常开触点""数据块".复位标志"，确保只有在完成复位动作后才执行入库程序。主程序如图 4-96 所示。

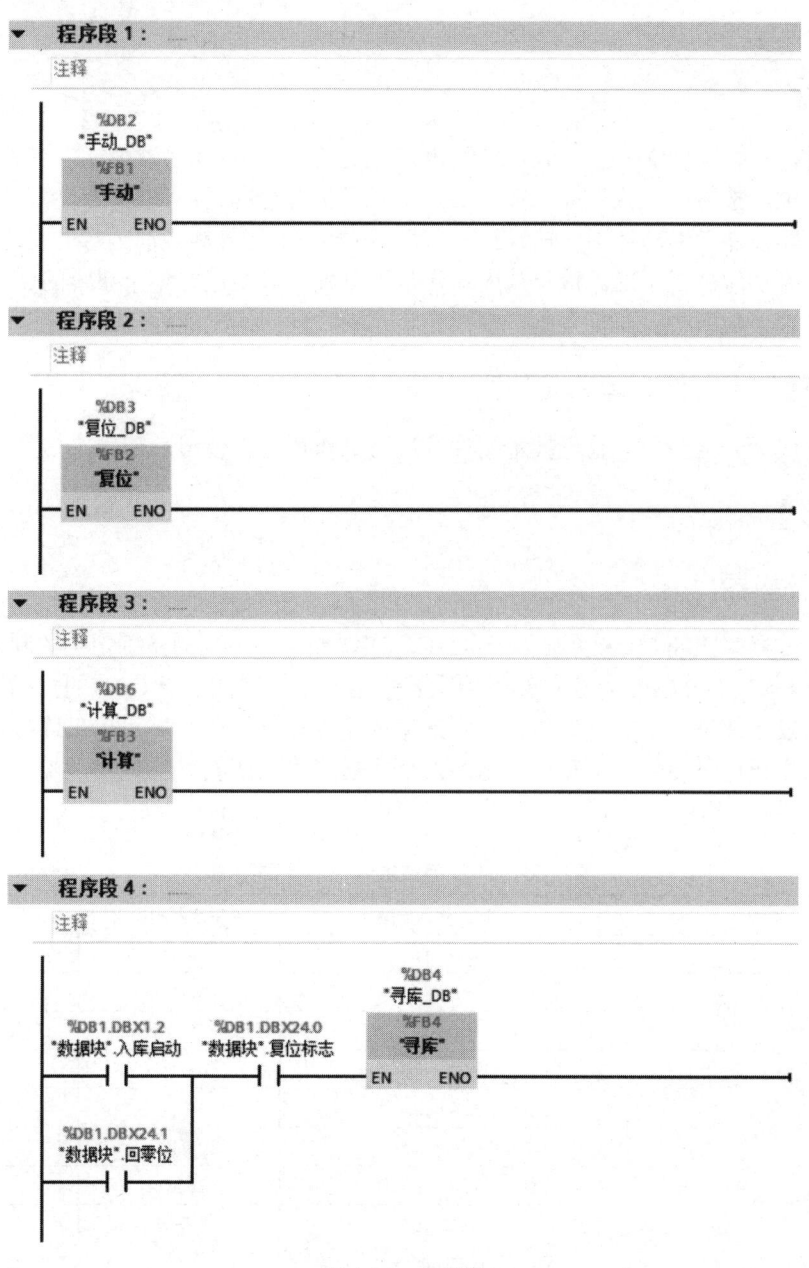

图 4-96　主程序

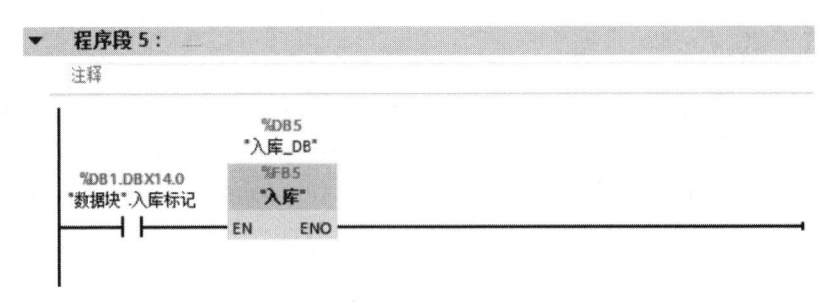

图 4-96 主程序（续）

## 十二、调试

调试时，将编制好的程序下载到控制 PLC 中，暂时关闭变频器使能，首先在 HMI 界面中选中仓位，按下"入库启动"按钮后，检查目标行号和目标列号的计算是否正确；其次打开变频器使能，手动控制 $x$ 轴、$z$ 轴运动，检查当前行号和当前列号的变化是否正确；再次检验寻库功能是否正确，检验入库动作是否正确；最后进行整个系统的完整调试。

若有错误，则修改后反复调试，直至完全正确。最后，试运行。

## 十三、整理技术文件，填写工作页

系统完成后一定要及时整理技术文件并填写工作页，以便日后使用。

## 【知识扩展】

### 一、高速计数器

高速计数器（High Speed Counter，HSC）在现代自动控制的精确定位控制领域有重要的应用价值。S7-1200 CPU 提供的高速计数器多达 6 个，其独立于 CPU 的扫描周期进行计数，能够对发生速率大于循环组织块执行速率的事件进行计数，并可用于连接增量型旋转编码器，用户通过对硬件组态和调用相关指令块来使用此功能。CPU 集成输入点的最高频率如表 4-38 所示。

表 4-38 CPU 集成输入点的最高频率

| CPU | CPU 输入通道 | 单相或两相模式 | A/B 相正交模式 |
|---|---|---|---|
| CPU 1211C | Ia.0—Ia.5 | 100 kHz | 80 kHz |
| CPU 1212(F)C | Ia.0—Ia.5 | 100 kHz | 80 kHz |
| | Ia.6—Ia.7 | 30 kHz | 20 kHz |
| CPU 1214(F)C、CPU 1215(F)C | Ia.0—Ia.5 | 100 kHz | 80 kHz |
| | Ia.6—Ib.5 | 30 kHz | 20 kHz |
| CPU 1217C | Ia.0—Ia.5 | 100 kHz | 80 kHz |
| | Ia.6—Ib.1 | 30 kHz | 20 kHz |
| | Ib.2—Ib.5（Ib.2+,Ib.2-到 Ib.5+,Ib.5-） | 1 MHz | 1 MHz |

所有高速计数器在同种计数器运行模式下的工作方式都相同。在 CPU 设备组态中为

高速计数器功能属性分配计数器模式、方向控制和初始方向。

S7-1200 CPU 的高速计数器共有四种基本类型：①具有内部方向控制的单相计数器；②具有外部方向控制的单相计数器；③具有两个时钟输入的两相计数器；④A/B 相正交计数器。共有四种计数模式：①单相计数；②两相计数；③A/B 计数器；④A/B 计数器四倍频，根据实际需要加以选择，四种计数模式的工作原理分别如图 4-97～图 4-100 所示。

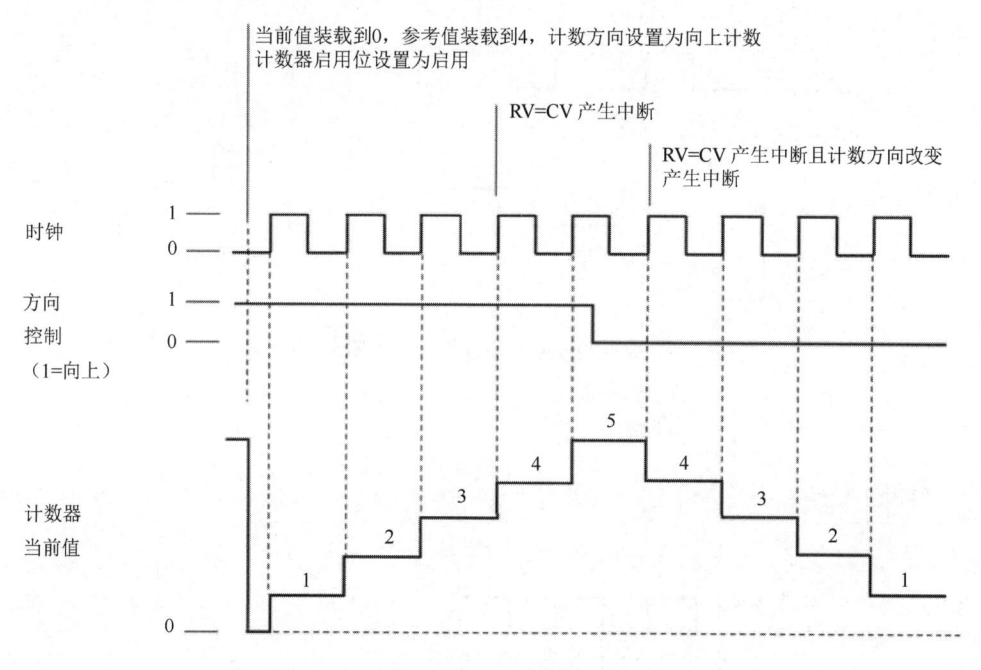

图 4-97　单相计数的工作原理

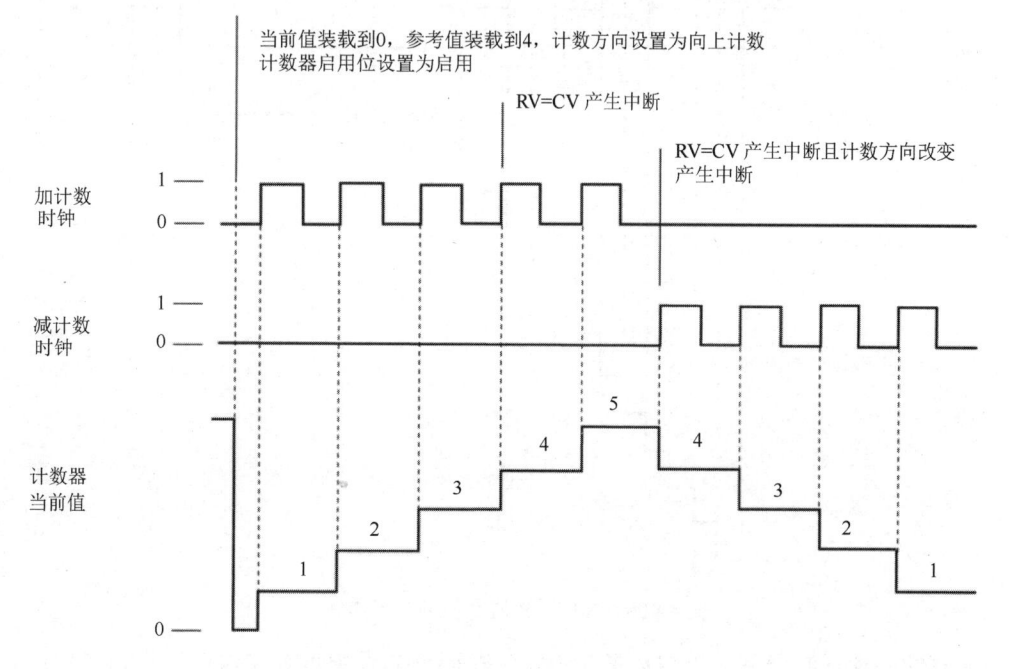

图 4-98　两相计数的工作原理

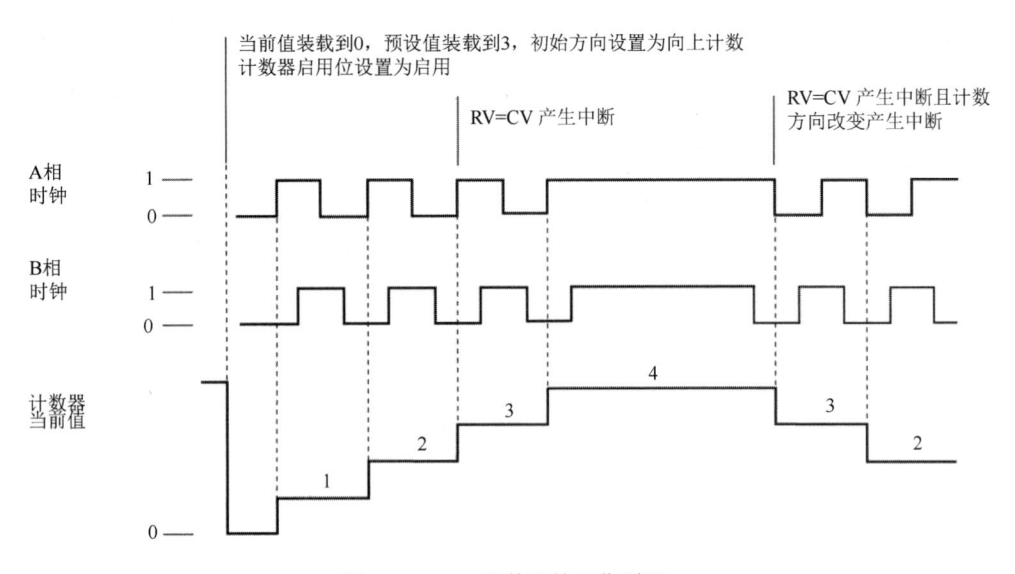

图 4-99 A/B 计数器的工作原理

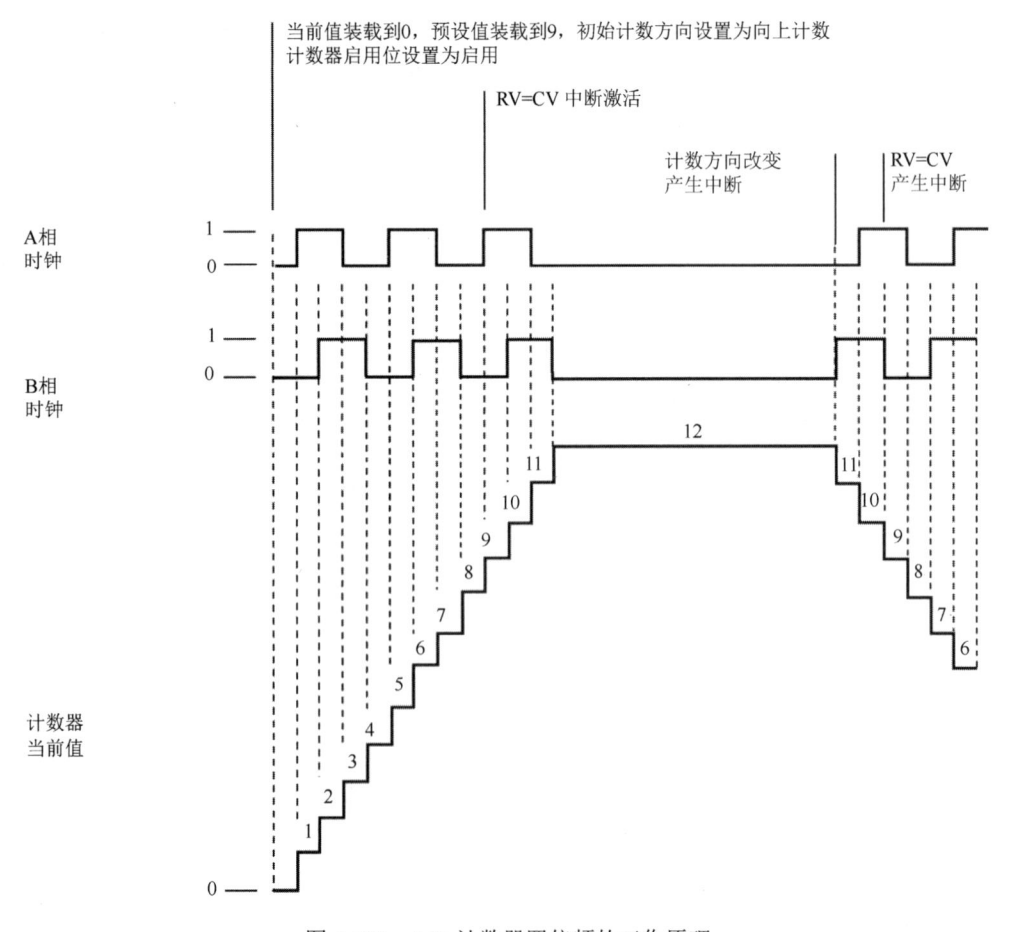

图 4-100 A/B 计数器四倍频的工作原理

所有的高速计数器都无须启动条件设置,在硬件向导中设置完成后下载到 CPU 中即可启动高速计数器。表 4-39 所示为高速计数器的硬件输入定义。

表 4-39　高速计数器的硬件输入定义

| 类型 | 输入点定义 | | | 功能 |
|---|---|---|---|---|
| | 输入 1 | 输入 2 | 输入 3 | |
| 单相计数，内部方向控制 | 时钟 | | | 计数或频率 |
| | | | 复位 | 计数 |
| 单相计数，外部方向控制 | 时钟 | 方向 | | 计数或频率 |
| | | | 复位 | 计数 |
| 两相计数，双路时钟输入 | 加时钟 | 减时钟 | | 计数或频率 |
| | | | 复位 | 计数 |
| A/B 相正交计数 | A 相 | B 相 | | 计数或频率 |
| | | | Z 相 | 计数 |

注：S7-1200 CPU 默认输入端口都可由用户重新进行选择。

由于不同高速计数器在不同的模式下，同一个物理点会有不同的定义，所以在使用多个高速计数器时需要注意不是所有高速计数器都可以同时定义为任意工作模式。

高速计数器的输入使用与普通数字量输入相同的地址，当某个输入点已定义为高速计数器的输入点时，就不能再应用于其他功能。

CPU 将每个高速计数器的测量值存储在输入过程映像区内，数据类型为 32 位双整型有符号数，用户可以在设备组态中修改这些存储地址，在程序中可直接访问这些地址，但由于过程映像区受扫描周期影响，在一个扫描周期内，此数值不会发生变化。高速计数器中的实际值有可能会在一个周期内变化，用户可通过读取外设地址的方式，读取到当前时刻的实际值。

在用作频率测量功能时，有 3 种不同的频率测量周期：1.0s、0.1s 和 0.01s。频率测量周期是这样定义的：计算并返回新的频率值的时间间隔。返回的频率值为上一个测量周期中所有测量值的平均值，无论测量周期如何选择，测量出的频率值总是以赫兹为单位。

高速计数器组态设置方法如下。

首先在 PLC"属性"窗口的"常规"选项卡中的"高速计数器"选项中选中所需要的高速计数器，将其激活，勾选"启用该高速计数器"复选框，如图 4-101 所示。

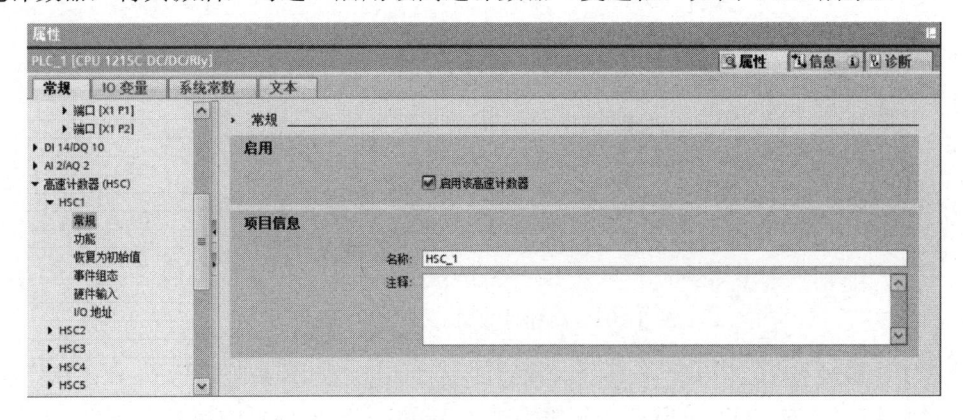

图 4-101　启用 HSC1

然后进行相关设置。关于计数类型，V4.0 版本只提供了计数模式和频率模式，V4.2 版本增加了周期模式和 Motion Control 模式。

如图 4-102 所示，"工作模式"有单相、两相位、A/B 计数器、A/B 计数器四倍频 4 个选择。组态 A/B 计数器四倍频会使得计数值变为组态 A/B 计数器的 4 倍，但频率相比组态 A/B 计数器不会发生变化。

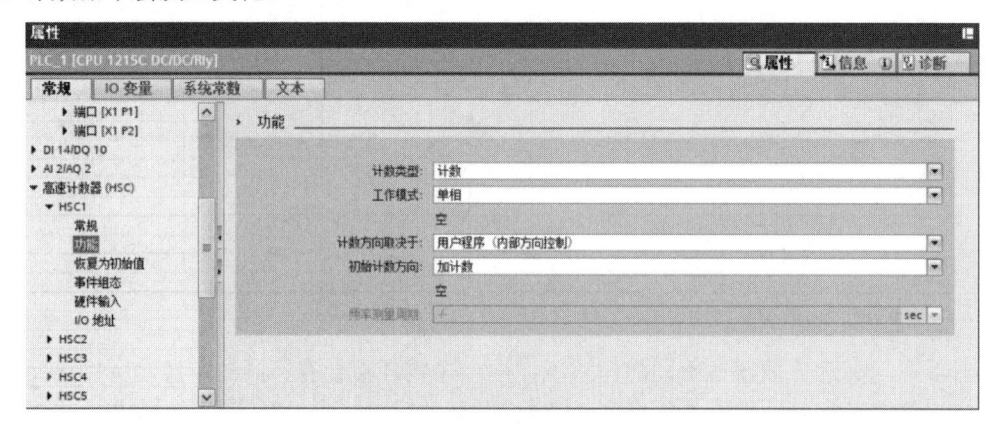

图 4-102　高速计数器功能设置

"计数方向取决于"有用户程序（内部方向控制）、外部输入两个选择，该功能只与单相计数有关。"初始计数方向"可选择正向、反向。

频率测量周期：与频率模式、周期模式有关，只能选择 1s、0.1s、0.01s。一般情况下，当脉冲频率比较大时，选择更小的测量周期可以更新得更加及时；当脉冲频率比较小时，选择更大的测量周期可以测量得更准确。

在"恢复为初始值"选区中可进行"初始计数器值"和"初始参考值"设置。在"事件组态"选区中可添加中断。

在"硬件输入"选区中可设置相关输入端口，与计数类型、工作模式相关的系统自动调整输入端，端口可根据用户需要进行设定，如图 4-103 所示。

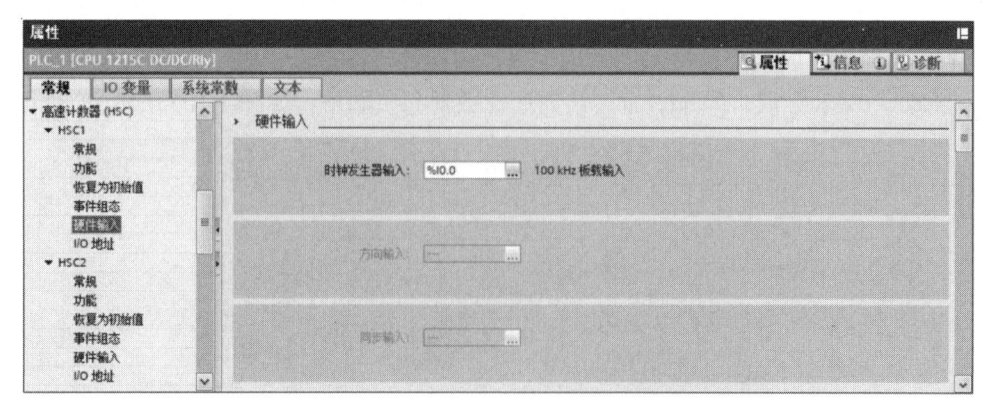

图 4-103　高速计数器的硬件输入设置

在"I/O 地址"选区中可查看高速计数器的起始地址，如图 4-104 所示。在默认情况下，HSC1 的起始地址为 1000，HSC2 的起始地址为 1004，HSC3 的起始地址为 1008，HSC4 的起始地址为 1012，HSC5 的起始地址为 1016，HSC6 的起始地址为 1020。

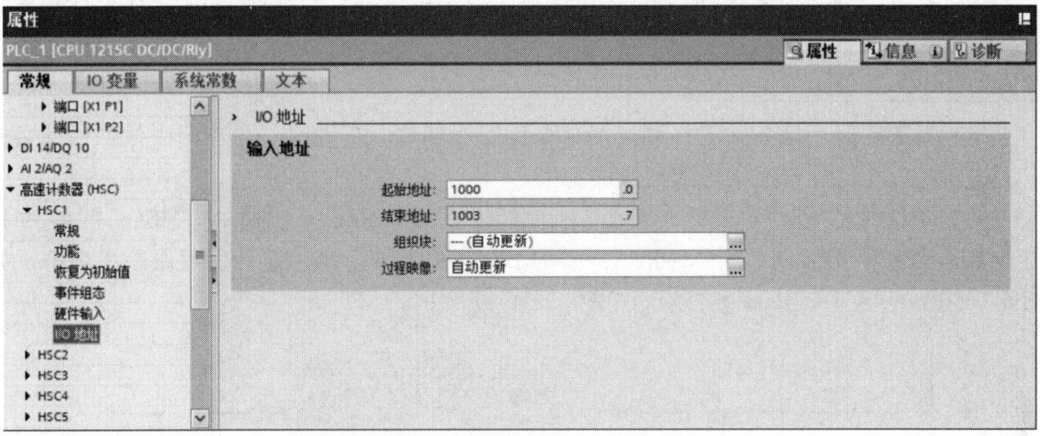

图 4-104　高速计数器的 I/O 地址设置

在程序中可使用"MOVE"命令读取基于起始地址的有符号双整数变量，即计数值或者频率值。图 4-105 所示为 HSC 计数值传送，将 HSC 计数值传送到 MD100 中。

添加高速计数器组态如图 4-106 所示。在右侧展开"工艺"→"计数"选项，将"其它"选项下的"CTRL_HSC"控制高速计数器模块拖入程序中。

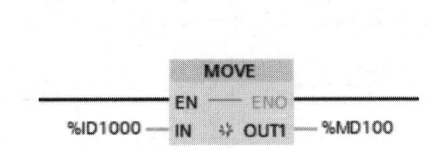

图 4-105　HSC 计数值传送 　　　　　　　　图 4-106　添加高速计数器组态

在弹出的"调用选项"对话框中进行数据块命名，以及数据块类型选择，如图 4-107 所示。数据块类型可分为以下三类。

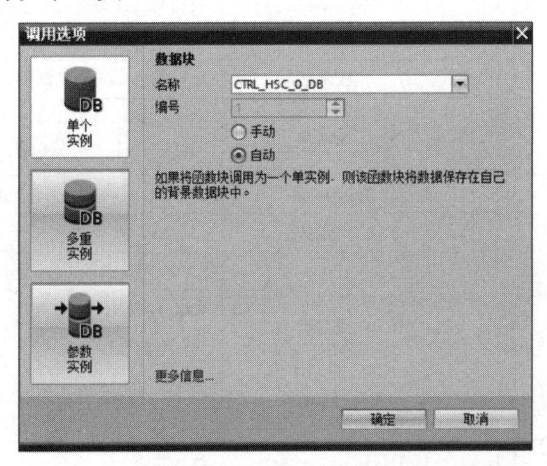

图 4-107　设置调用选项

（1）单个实例：该数据块将数据保存在自己的背景数据块中。

（2）多重实例：该数据块将数据保存在调用数据块的背景数据块中，而非自己的背景数据块中。这样，可将实例数据集中在一个块中，并通过程序中的少数背景数据块进行获取。

（3）参数实例：该数据块将数据保存在指定块参数的实例中，而非调用数据块的实例中。这样，可在运行时定义该数据块的实例。

对 CTRL_HSC 进行相关参数设置，刚才选择启用了 HSC1，因此将"HSC"设置为 1，用 M10.1 控制计数方向，用 M10.2 控制启用新计数值，用 M10.0 控制启用新参考值，如图 4-108 所示。CTRL_HSC 的参数说明如表 4-40 所示。

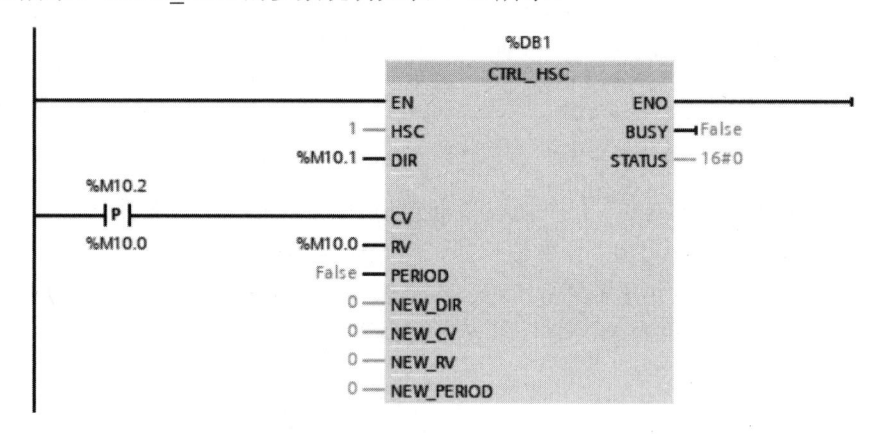

图 4-108　CTRL_HSC 的参数设置

表 4-40　CTRL_HSC 的参数说明

| 参数 | 数据类型 | 存储区 | 说明 |
| --- | --- | --- | --- |
| EN | Bool | I、Q、M、D、L、T、C | 使能输入 |
| ENO | Bool | I、Q、M、D、L | 使能输出 |
| HSC | HW_HSC | I、Q、M 或常数 | 高速计数器的硬件识别号 |
| DIR | Bool | I、Q、M、D、L 或常数 | 启用新的计数方向 |
| CV | Bool | I、Q、M、D、L 或常数 | 启用新的计数值 |
| RV | Bool | I、Q、M、D、L 或常数 | 启用新的参考值 |
| PERIOD | Bool | I、Q、M、D、L 或常数 | 启用新的频率测量周期 |
| NEW_DIR | Int | I、Q、M、D、L 或常数 | NEW_DIR = TRUE 时，装载计数方向<br>1：表示正向；0：表示反向 |
| NEW_CV | DInt | I、Q、M、D、L 或常数 | NEW_CV = TRUE 时，装载计数值 |
| NEW_RV | DInt | I、Q、M、D、L 或常数 | 当 NEW_RV = TRUE 时，装载参考值 |
| NEW_PERIOD | Int | I、Q、M、D、L 或常数 | NEW_PERIOD = TRUE 时，装载频率测量周期<br>1000 代表 1s<br>100 代表 0.1s<br>10 代表 0.01s |
| BUSY | Bool | I、Q、M、D、L | 处理状态 |
| STATUS | Word | I、Q、M、D、L | 运行状态 |

## 二、运动控制

S7-1200 PLC 可以方便地控制各种类型的电动机。例如,本例中 $x$ 轴、$z$ 轴采用步进电动机控制,测量出仓位间的横向距离和纵向距离,便可以采用运动控制方式进行电动机的控制。

选用 110BYG350D 步进电动机,每转为 600 个脉冲,如图 4-109 所示,其规格如表 4-41 所示。

图 4-109  110BYG350D 步进电动机

表 4-41  110BYG350D 步进电动机的规格

| 型号 | 步距角 /(°) | 电压 /V | 电流 /A | 保持转矩 /(N·m) | 定位转矩 /(N·m) | 质量 /kg |
|---|---|---|---|---|---|---|
| 110BYG350D | 0.6/1.2 | 80~325 | 3 | 25 | 0.7 | 15 |

步进电动机驱动器选用 HM380A 等角度恒力矩细分型驱动器,驱动电压为 AC 110～220V,适配电流在 8.0A 以下、外径为 86～130mm 的各种型号的三相混合式步进电动机。HM380A 驱动器具有细分功能,其外形如图 4-110 所示。

所谓细分,就是指电动机运行时的实际步距角为基本步距角的几分之一。HM380A 驱动器有两组细分,每组 16 挡,由 16 位拨码开关 SM1/SM2 组分别设定。当 SM 细分选择信号为低电平时,选定由 SM1 组设定的细分;当 SM 细分选择信号为高电平时,选定由 SM2 组设定的细分,用户可把这两组细分设置成不同的细分数。在高速时,用低细分的一组,在低速时,用高细分的一组。SM1 组设定如表 4-42 所示,SM2 组的设定与 SM1 组的相同。在无细分的情况下,

图 4-110  HM380A 驱动器的外形

驱动器发出 600 个脉冲,电动机转一圈;在有细分的情况下,如在 SM1=5 的模式下,驱动器发出 6000 个脉冲,电动机才转一圈,实际步距角只有原来的 1/10。

表 4-42  SM1 组设定

| SM1 | F | E | D | C | B | A | 9 | 8 |
|---|---|---|---|---|---|---|---|---|
| 脉冲数/圈 | 400 | 500 | 600 | 800 | 1000 | 1200 | 2000 | 3000 |
| SM1 | 7 | 6 | 5 | 4 | 3 | 2 | 1 | 0 |
| 脉冲数/圈 | 4000 | 5000 | 6000 | 10000 | 12000 | 20000 | 30000 | 60000 |

要特别注意的是,驱动器与 PLC 的连接与驱动器上的选择开关设定有关,不同的设定方法意味着输入信号不同。选择开关的设定如表 4-43 所示。

表 4-43 选择开关的设定

| 选择开关 | 开关状态 | 功能描述 |
| --- | --- | --- |
| DP1 | ON | 双脉冲，PU 为正相步进脉冲信号，DR 为反相步进脉冲信号 |
| DP1 | OFF | 单脉冲，PU 为步进脉冲信号，DR 为方向控制信号 |
| DP2 | ON | 驱动器内部，此时细分数需设置为 2000~10000 脉冲数/转 |
| DP2 | OFF | 接收外部脉冲 |

在本系统中，设定 DP1 和 DP2 为 OFF 状态。

步进电动机驱动器端子的含义如表 4-44 所示。

表 4-44 步进电动机驱动器端子的含义

| 端子 | 功能 | 描述 |
| --- | --- | --- |
| PU+ | 输入信号光电隔离正端 | |
| PU- | DP1=ON，PU 为正相步进脉冲信号<br>DP1=OFF，PU 为步进脉冲信号 | 下降沿有效，每当脉冲由高变低时电动机旋转一个单位的角度，输入电阻为 220Ω，要求：低电平为 0~0.5V，高电平为 4~5V，脉冲宽度>2.5μs |
| DR+ | 输入信号光电隔离正端 | |
| DR- | DP1=ON，DR 为反相步进脉冲信号<br>DP1=OFF，DR 为方向控制信号 | 输入电阻为 220Ω，要求：低电平为 0~0.5V，高电平为 4~5V，脉冲宽度>2.5μs |
| SM+ | 输入信号光电隔离正端 | |
| SM- | 细分选择信号 | 低电平时选定由 SM1 组设定的细分数；高电平时选定由 SM2 组设定的细分数，输入电阻为 220Ω |
| MF+ | 输入信号光电隔离正端 | 接+5V 供电电源，+5~+24V 均可驱动，高于+5V 时需接限流电阻 |
| MF- | 电动机释放信号 | 有效（低电平）时关断电动机接线电流，驱动器停止工作，电动机处于自由状态 |
| TM+ | 原点输出信号光电隔离正端 | 电动机线圈通电，位于原点位置时有效；光电隔离输出（高电平），TM+接输出信号限流电阻，TM-接输出地。最大驱动电流为 50mA，最高电压为 50V |
| TM- | 原点输出信号光电隔离负端 | |
| RD+ | 驱动器准备好输出信号光电隔离正端 | 驱动器状态正常，准备就绪接收控制器信号时该信号有效（低电平） |
| RD- | 驱动器准备好输出信号光电隔离负端 | |

在使用运动控制之前，需要启用脉冲发生器。在 PLC"属性"窗口的"常规"选项卡中，在"脉冲发生器（PTO/PWM）"选项下选择"PTO1/PWM1"选项，勾选"启用该脉冲发生器"复选框，信号类型为"PTO（脉冲 A 和方向 B）"。"硬件输出"选区中的"脉冲输出"为 Q0.0，勾选"启用方向输出"复选框，"方向输出"为 Q0.1，如图 4-111 所示。

添加控制 $x$ 轴的运动控制，在博途软件中选择"项目树"→"设备"→"PLC_1"选项，展开"工艺对象"选项，单击"新增对象"选项，弹出图 4-112 所示的对话框，类型选择"TO_PositioningAxis"，单击"确认"按钮。

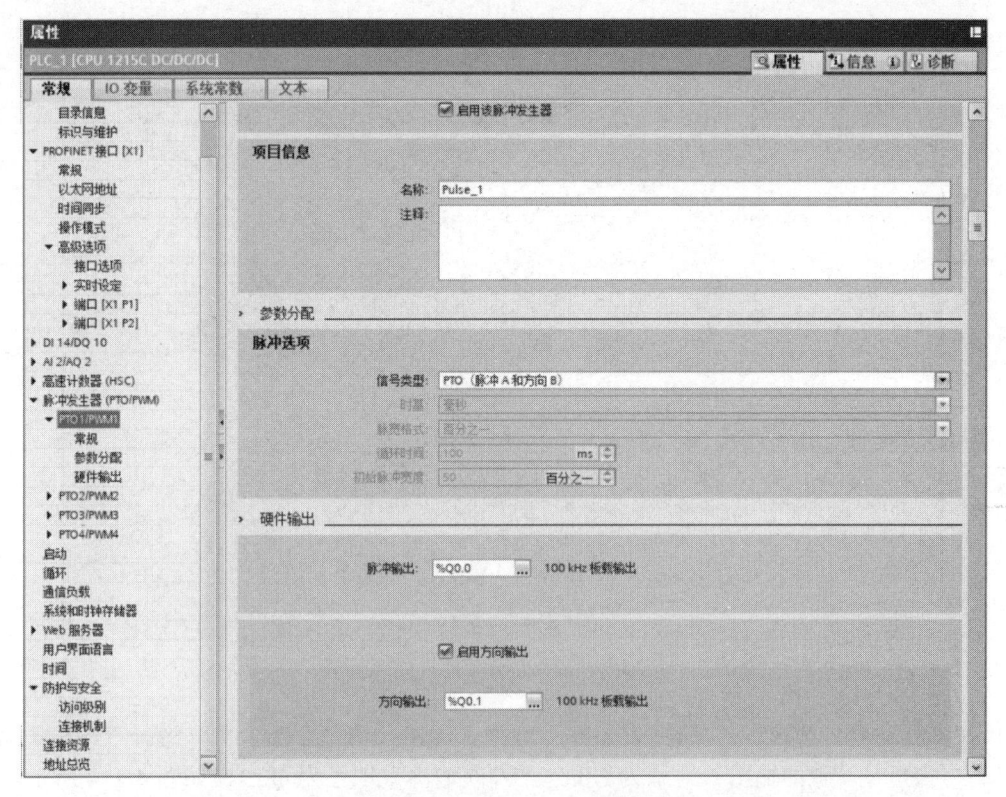

图 4-111 脉冲发生器的设置

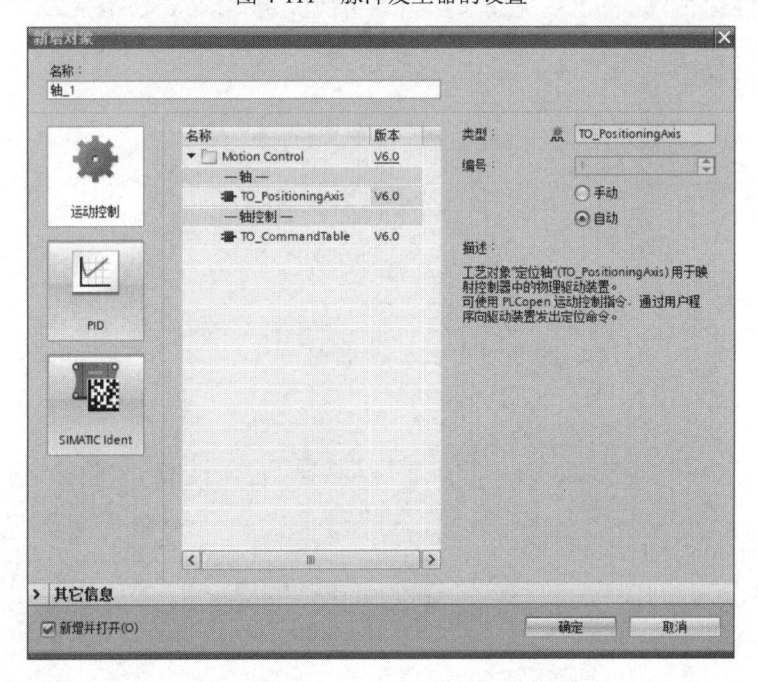

图 4-112 增加工艺轴

弹出工艺轴配置向导窗口,在"常规"选区中,"驱动器"选择"PTO(Pulse Train Output)","位置单位"选择"mm",如图 4-113 所示。

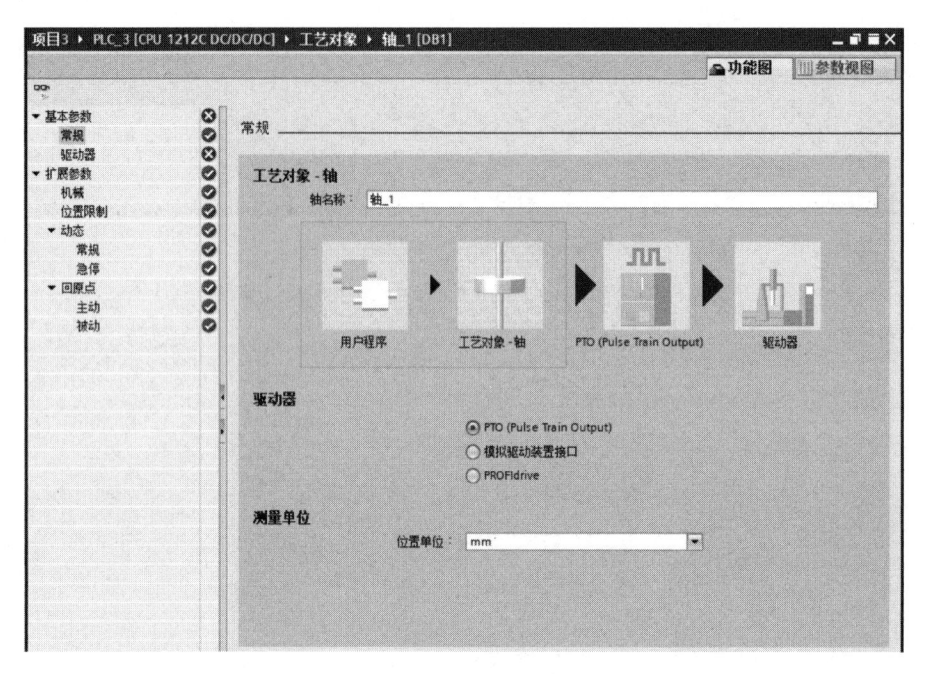

图 4-113 工艺轴常规设置

在"驱动器"选区中,"脉冲发生器"选择"Pulse_1","信号类型"选择"PTO(脉冲 A 和方向 B)","脉冲输出"地址为 Q0.0,"方向输出"地址为 Q0.1,如图 4-114 所示。

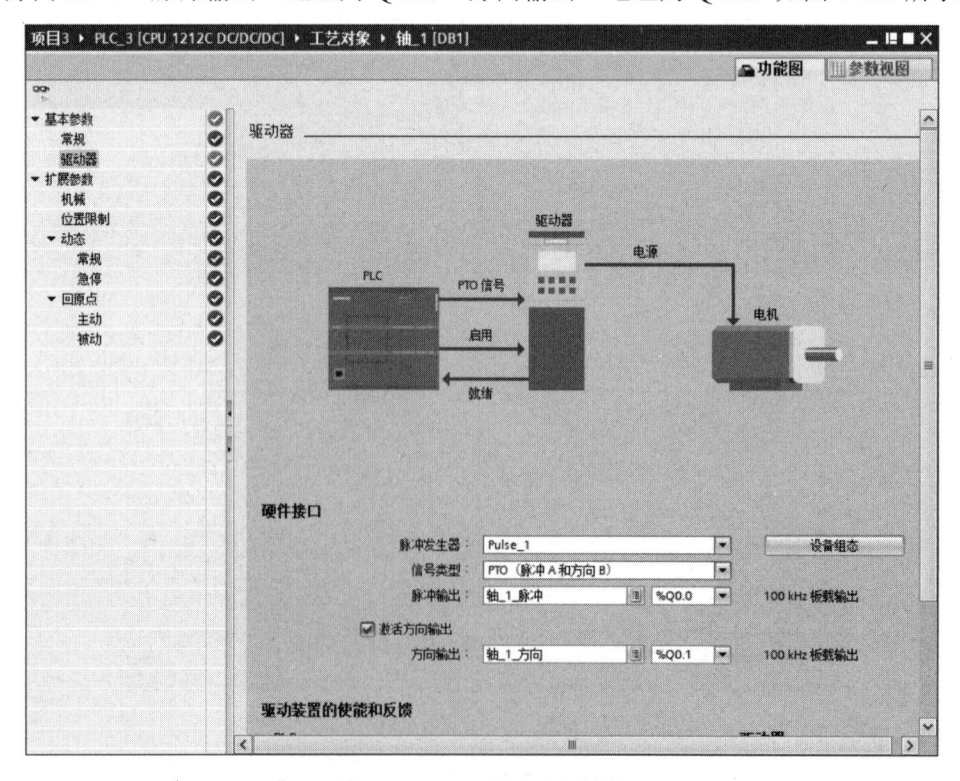

图 4-114 工艺轴驱动器设置

在"机械"选区中,根据 10BYG350D 步进电动机每转为 600 个脉冲,设定"电机每转的脉冲数"为 600,根据实际情况将"电机每转的负载位移"设定为 20mm,如图 4-115 所示。

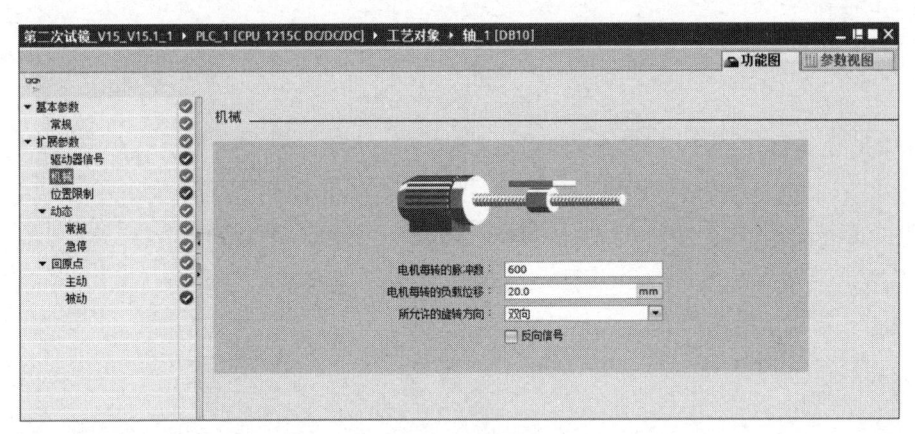

图 4-115 工艺轴机械设置

在"位置限制"选区中,由于本例设有限位开关,所以勾选"启用硬限位开关"复选框,分别将 $x$ 轴左右限位开关的输入 I0.0、I0.1 写入,如图 4-116 所示。动态选项默认即可。

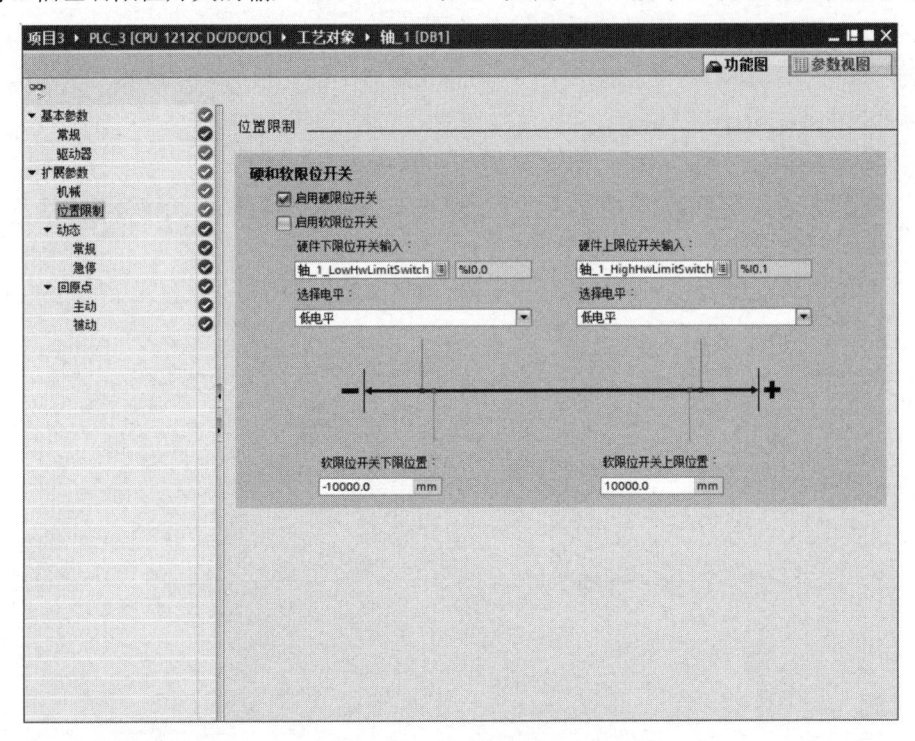

图 4-116 工艺轴位置限制设置

在"主动"选区中,"输入原点开关"地址为 I0.2,在本例中,回零点在负方向侧,所以"逼近/回原点方向"选择"负方向"。同时,因为设置了硬限位,所以勾选"允许硬限位开关处自动反转"复选框,如图 4-117 所示。

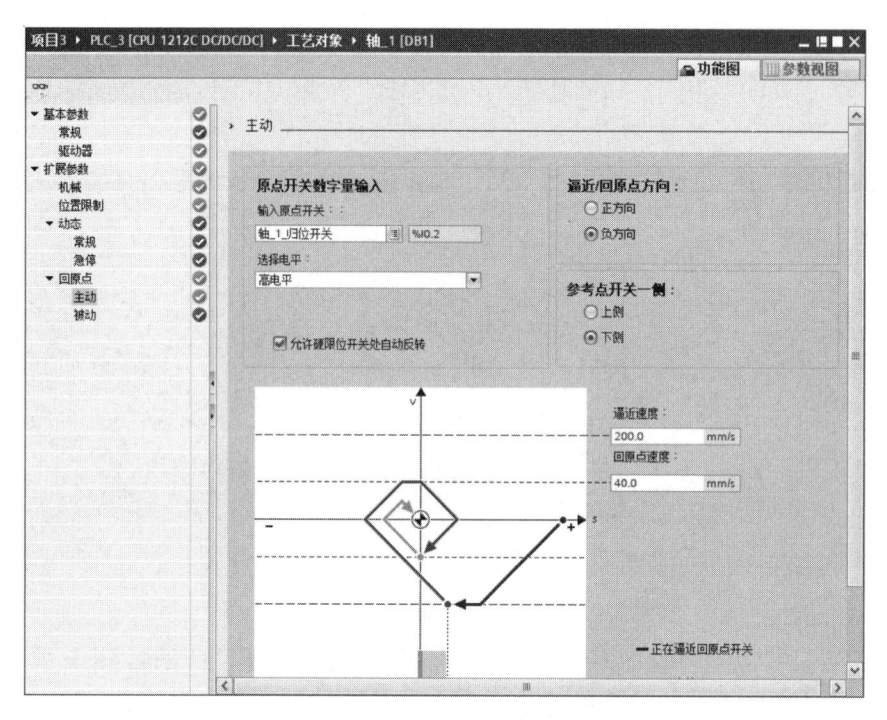

图 4-117 工艺轴回原点设置

这样，x 轴运动控制就设定完成了。z 轴的设定与 x 轴的相似，只是在"驱动器"选区中，"脉冲发生器"选择"Pulse_2"，"信号类型"选择"PTO（脉冲 A 和方向 B）"，"脉冲输出"地址为 Q0.2，"方向输出"地址为 Q0.3，如图 4-118 所示。

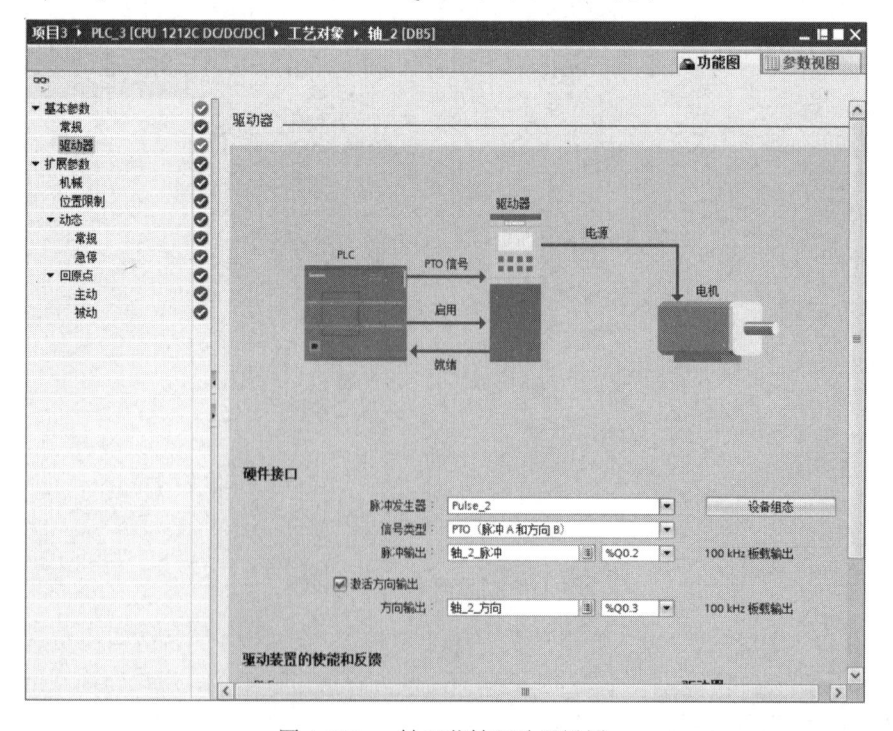

图 4-118  z 轴工艺轴驱动器设置

# 单元 4　典型工业控制系统分析

$x$ 轴控制程序的建立过程如下。

在右侧"工艺"选项下的"Motion Control"选项下选择相关指令，如图 4-119 所示。

图 4-119　Motion Control 指令

回零动作，选择 MC_Home 回零指令，"Axis"选择 $x$ 轴工艺轴数据块，启动回零指令""数控块."复位"接入"Execute"，Mode=3 表示自动回零，如图 4-120 所示。

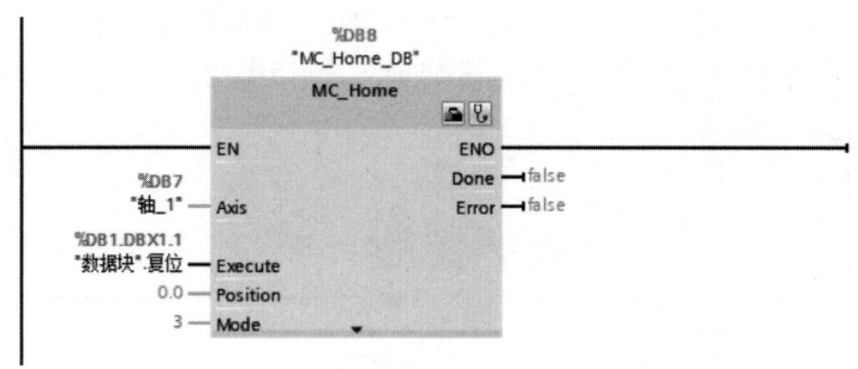

图 4-120　工艺轴回零程序

设仓位横向间距为 800mm，根据步进电动机的性能，需要 24000 个脉冲，通过 HMI 设备输入仓位号，计算得到目标列（偏移倍数），再计算出运动的总脉冲数。公式为 (IN1 − IN2) / IN3 * IN4。计算运动总脉冲数程序如图 4-121 所示。

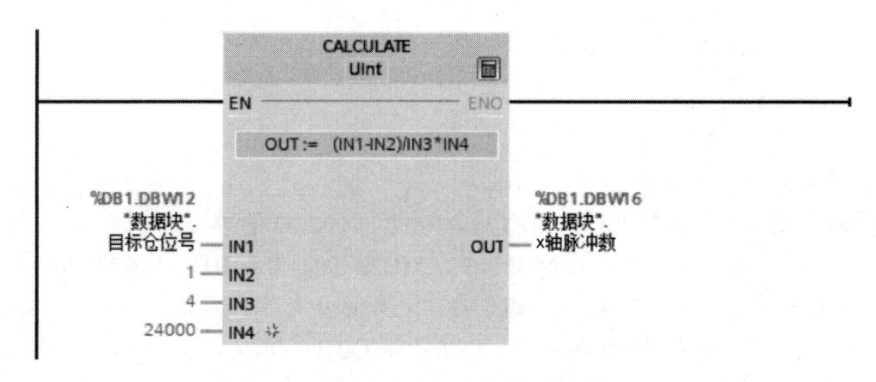

图 4-121　计算运动总脉冲数程序

到达目标列,""数据块".入库启动"的启动通过绝对方式定位轴"MC_MoveAbsolute"指令,脉冲数送入"Position",如图 4-122 所示。

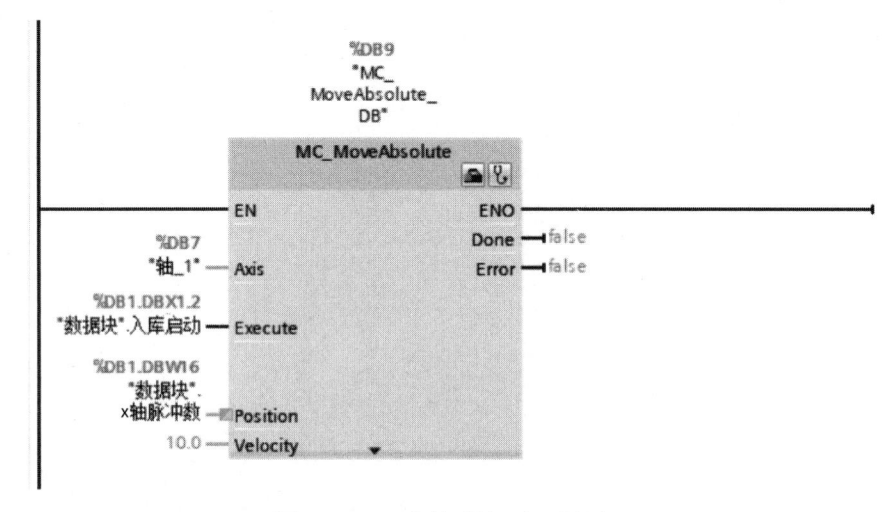

图 4-122　工艺轴到达目标列程序

入库完成后,返回原点,""数据块".回零位"的启动通过绝对方式定位轴"MC_MoveAbsolute"指令,0 脉冲送入"Position",如图 4-123 所示。

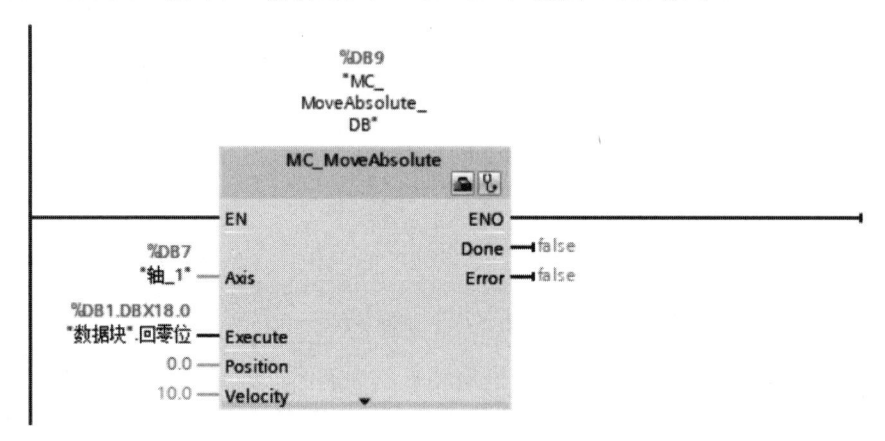

图 4-123　工艺轴回零位程序

$z$ 轴与 $x$ 轴同时运动,程序相似。

## 【思考题与习题】

1. 数据传送指令有哪些?

2. 试编写程序,使得开机时自动将 MW100 到 MW200 的单元清零。

3. 已知 MB10=18、MB20=30、MB21=33、MB22=98,将 MB10、MB20、MB21、MB22 中的数据分别送到 MB200、MB201、MB202、MB203 中,写出梯形图。

4. 用数据传送指令控制输出的变化,要求控制 Q0.0～Q0.7 对应的 8 个指示灯,在 I0.0 接通时,使输出隔位接通;在 I0.1 接通时,输出取反后隔位接通。

5. 编写检测上升沿变化的程序。每当 I0.0 接通一次，存储单元 MW100 的值加 1，如果计数达到 5，输出 Q0.0 接通显示，用 I0.1 使 Q0.0 复位。

6. 用数据转换指令实现将厘米转换为英寸，已知 1in=2.54cm。

7. 编程实现下列控制功能：假设有 8 个指示灯，从右到左以 0.5s 的间隔依次点亮，任意时刻只有一个指示灯亮，到达最左端再从右到左依次点亮。

8. 用算术运算指令求 cos30°。

9. 编写程序完成数据采集任务，要求每 100ms 采集一个数据。

10. 用高速计数器 HSC1 编写一个程序，实现加计数，当计数值=200 时，将当前值清零。

11. 试根据本单元的项目 4.3，编写出库程序。

本单元设置了自测题，可以扫描下面的二维码进行自测及查看答案。

单元 4　自测题　　　　　　　　　　　　单元 4　自测题及答案

# 单元 5　PLC 通信设计与连接

## 【学习要点】

(1) 了解 PLC 通信网络的基础知识。
(2) 掌握计算机与 PLC 编程通信连接及通信参数设置的方法。
(3) 掌握两台 PLC 之间的通信协议及连接方法。
(4) 掌握 PLC 之间以太网的发送数据和接收数据等通信指令。

随着计算机通信网络技术的日益成熟及企业对工业自动化程度要求的提高，自动控制系统从传统的集中式控制向多级分布式控制方向发展，这就要求构成控制系统的 PLC 必须有通信及网络功能，能够相互连接、远程通信，以构成网络。

无论是计算机还是 PLC，它们都是数字设备。它们之间交换的信息主要是由 "0" 和 "1" 表示的数字信号。通常把具有一定编码、格式和位长的数字信号称为数字信息。数字通信是指将数字信息通过适当的传输线路，从一台机器传送给另一台机器。这里的机器可以是计算机、PLC 或是有通信功能的其他数字设备。数字通信系统一般由传输设备、传输控制设备、传输协议及通信软件等组成。

PLC 的通信包括 PLC 与 PLC 之间的通信、PLC 与上位计算机之间的通信以及 PLC 与其他智能设备之间的通信等。PLC 与 PLC 之间的通信本质上仍然是计算机通信，多个控制任务连接起来组成一个控制工程整体，形成了模块化的控制体系。

## 项目 5.1　认识 S7-1200 PLC 常用通信部件

### 【项目目标】

(1) 了解并辨识 S7-1200 PLC 常用的通信部件。
(2) 掌握 S7-1200 PLC 常用通信部件的基本功能。

### 【项目分析】

在计算机控制与网络技术不断推广和普及的今天，对参与控制系统中的设备提出了可相互连接、构成网络及远程通信的要求。因此，对 S7-1200 PLC 常用通信部件的认识对理解 S7-1200 PLC 的通信原理及连接方法有着重要的意义。S7-1200 PLC 常用的通信部件主要包括通信接口、通信模块、通信信号板、网络连接线等。

## 【相关知识】

### 一、通信基本概念

#### 1. 并行传输与串行传输

并行传输是指通信时同时传送构成一个字或字节的多位二进制数据。而串行传输是指通信中构成一个字或字节的多位二进制数据被一位一位地传送。很容易看出两者的特点，与并行传输相比，串行传输的传输速度慢，但传输线的数量少，成本比并行传输低，故常用于远距离传输且速度要求不高的场合，如计算机与PLC之间的通信、计算机与外围设备之间的数据传送。并行传输的速度快，但传输线的数量多，成本较高，故常用于近距离传输的场合，如计算机内部的数据传输、计算机与打印机之间的数据传输。

#### 2. 异步传输和同步传输

在异步传输中，信息以字符为单位进行传输，当发送一个字符代码时，字符前面都具有自己的一位起始位，极性为0，接着发送5～8位的数据位、1位奇偶校验位、1/2位的停止位。数据位的长度视传输数据格式而定，奇偶校验位可有可无，停止位的极性为1，在数据线上不传送数据时全部为1。在异步传输中，一个字符中的各个位是同步的，但字符与字符之间的间隔是不确定的，也就是说线路中一旦开始传送数据就必须按照起始位、数据位、奇偶校验位、停止位这样的格式连续传送，但传输下一个数据的时间不定，不发送数据时线路保持1状态。

异步传输的优点就是收、发双方不需要严格的位同步，所谓"异步"是指字符与字符之间的异步，字符内部仍为同步。异步传输电路比较简单，链路协议易实现，所以得到了广泛的应用。其缺点为通信效率比较低。

在同步传输中，不仅字符内部为同步，字符与字符之间也要保持同步。信息以数据块为单位进行传输，收、发双方必须以同频率连续工作，并且保持一定的相位关系，这就需要通信系统中有专门使发送装置和接收装置同步的时钟脉冲。在一组数据或一个报文之内不需要启停标志，但在传送中要分成组，一组含有多个字符代码或多个独立的码元。在每组开始和结束处需加上规定的码元序列作为标志序列。发送数据前，必须发送标志序列，接收端通过检验该标志序列实现同步。同步传输的特点是可获得较高的传输速度，但实现起来较复杂。

#### 3. 单工、全双工和半双工

单工、全双工和半双工用于描述通信中数据的传输方向。

（1）单工（Simplex）：数据只能单向传输。一般用于数据输出，不能进行数据交互。

（2）全双工（Full Duplex）：简称双工，数据可以双向传输，而且同一时刻既能发送数据，也能接收数据。通常为两对双绞线连接，通信成本较高，RS-422就是全双工通信。

（3）半双工（Half Duplex）：与全双工类似，数据可以双向传输，但是同一时刻，只能发送数据或者接收数据，不能同时进行。通常为一对双绞线连接，与全双工相比通信成本较低。RS-485只用一对双绞线时就是半双工通信。

### 4. 信号的调制和解调

串行通信通常传输的是数字量，这种信号包括从低频到高频极其丰富的谐波信号，要求传输线的频率很高。而远距离传输时，为降低成本，传输线频带不够宽，使信号严重失真、衰减，解决该问题常采用的方法是调制/解调技术。调制就是发送端将数字信号转换成适合传输线传送的模拟信号，完成此任务的设备叫调制器。接收端将收到的模拟信号还原为数字信号的过程称为解调，完成此任务的设备叫解调器。实际上一个设备工作起来既需要调制，又需要解调，调制、解调功能由一个设备完成，称此设备为调制解调器。当进行远程数据传输时，可以将 PLC 的 PC/PPI 电缆与调制解调器进行连接以增加数据传输的距离。

### 5. 传输速率

传输速率是指单位时间内传输的信息量，它是衡量系统传输性能的主要指标，常用波特率（Baud Rate）表示。波特率是指每秒传输二进制数据的位数，单位是 bit/s。常用的波特率有 19200bit/s、9600bit/s、4800bit/s、2400bit/s、1200bit/s 等。例如，1200bit/s 的传输速率，每个字符格式规定包含 10 个数据位（起始位、停止位、数据位），信号每秒传输的数据为 1200/10=120（字符/秒）。

## 二、PLC 通信网络常见术语

PLC 通信网络中的名词和术语较多，常见术语如下。

（1）站（Station）：可以进行数据通信、连接外部输入/输出的硬件设备。例如，每个 PLC 就是一个站。

（2）主站（Master Station）：PLC 通信网络中进行数据连接的系统控制站，主站需要设置整个网络的参数，一般来说，每个通信网络中只有一个主站，站号就是 PLC 在网络中的地址（编号）。

（3）从站（Slave Station）：在 PLC 网络中，除了主站的站都被称为从站。

（4）远程设备站（Remote Device Station）：能同时处理位和字的从站。

（5）网关：不同协议的互联，又称网间连接器、协议转换器。

（6）中继器：用于网络信号放大、延长网络连接长度的网络互联设备。

（7）路由器：用于将信息通过源地点移动到目标地点。

（8）交换机：用于解决通信阻塞，一种基于 MAC 地址识别、能完成封装转发数据包功能的网络设备。

（9）网桥：连接两个局域网的一种存储转发设备。

## 三、传输介质

目前在分散控制系统中普遍使用的传输介质有双绞线、同轴电缆、光纤，而其他介质如无线电、红外线、微波等，在 PLC 网络中应用很少。在使用的传输介质中，双绞线（带屏蔽）成本较低、安装简单；光纤尺寸小、质量小、传输距离远，但成本高、安装维修难。

### 1. 双绞线

两根相互绝缘的线螺旋绞合在一起就构成了双绞线，两根线一起作为一条通信电路使用，两根线螺旋绞合的目的是使各线对之间的电磁干扰减小到最小，双绞线如图 5-1（a）所示。通常人们将几对双绞线包装在一层塑料保护套中，如由两对或四对双绞线构成的称为非屏蔽双绞线，在塑料保护套下增加屏蔽层的称为屏蔽双绞线。

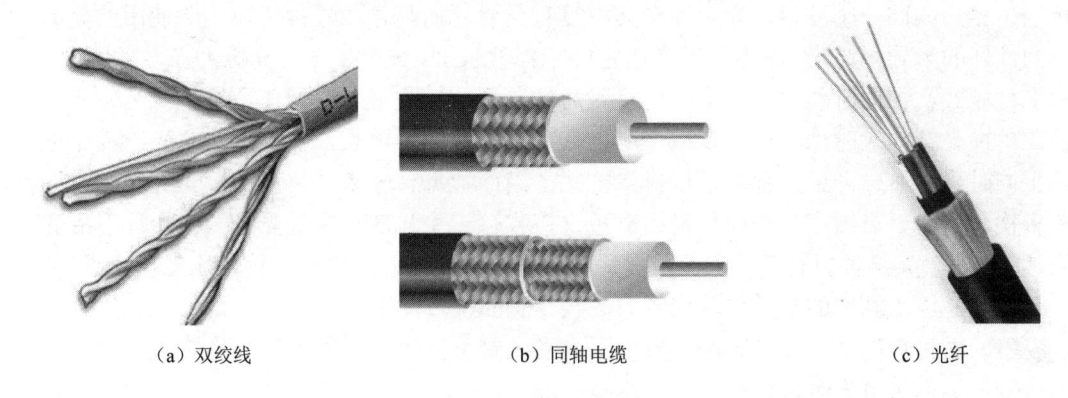

（a）双绞线　　　　　　　　（b）同轴电缆　　　　　　　　（c）光纤

图 5-1　传输介质

双绞线根据传输特性可分为 5 类：1 类双绞线常用于传输电话信号，3、4、5 类或超 5 类双绞线通常用于连接以太网等局域网。3 类和 5 类双绞线的区别在于绞合的程度，3 类双绞线较松，而 5 类双绞线较紧，使用的塑料绝缘性更好。3 类双绞线的带宽为 16MHz，适用于 10Mbit/s 的数据传输；5 类双绞线的带宽为 100MHz，适用于 100Mbit/s 的高速数据传输。超 5 类双绞线单对线传输带宽仍为 100MHz，但对 5 类双绞线的若干技术指标进行了增强，使得 4 对超 5 类双绞线可以传输 1000Mbit/s（1Gbit/s）的数据。现在 6 类、7 类双绞线技术的草案已经被提出，带宽可分别达到 200MHz 和 600MHz。

双绞线的螺旋绞合仅仅解决了相邻绝缘线对之间的电磁干扰，但对外界的电磁干扰还是比较敏感的，同时信号会向外辐射，有被窃取的可能。

**2．同轴电缆**

同轴电缆是由从内到外依次为内导体（芯线）、绝缘线、屏蔽铜丝网及外保护层的结构制造的，如图 5-1（b）所示。由于从横截面看这 4 层构成了 4 个同心圆，故而得名。

同轴电缆外面加了一层屏蔽铜丝网，是为了防止外界的电磁干扰而设计的，因此它比双绞线的抗外界电磁干扰能力强。根据阻抗的不同，同轴电缆可分为基带同轴电缆，特性阻抗为 50Ω，适用于计算机网络的连接，由于是基带传输，数字信号不经调制直接送入电缆，是单路传输，数据传输速率可达 10Mbit/s；宽带同轴电缆，特性阻抗为 75Ω，常用作有线电视（CATV）的传输介质，如有线电视同轴电缆带宽达 750MHz，可同时传输几十路电视信号，并同时通过调制解调器支持 20Mbit/s 的计算机数据传输。

**3．光纤**

光纤常应用在远距离快速地传输大量信息的场合中，它是由石英玻璃经特殊工艺拉成细丝来传输光信号的介质，这种细丝的直径比头发丝的还要小，一般为 8～9μm（单模光纤）及 50/62.5μm（多模光纤，50μm 为欧洲标准，62.5μm 为美国标准），但它能传输的数据量却是巨大的。人们已经实现了在一条光纤上传输几百太位的信息量，而且这还远不是光纤的极限。在光纤中,以内部的全反射来传输一束经过编码的光信号。光纤如图 5-1(c)所示。

光纤根据工艺的不同分为单模光纤和多模光纤两大类。单模光纤直径小,与光波波长相当,光纤如同一个波导,光脉冲在其中没有反射,而沿直线进行传输,所使用的光源为方向性好的半导体激光。多模光纤在给定的工作波长上,光源发出的光脉冲在多条线路(又称多种模式)中同时传输,经多次全反射后先后到达接收端,它所使用的光源为发光二极管。单模光纤传输时由于没有反射,所以衰减小,传输距离长,接收端一个光脉冲中的光几乎同时到达,脉冲窄,脉冲可以排得密些,因而数据传输率高;而多模光纤中的光脉冲有多次全反射,衰减大,因而传输距离短,接收端一个光脉冲中的光经多次全反射后先后到达,脉冲宽,脉冲排得疏,因而数据传输率低。单模光纤的缺点是价格比多模光纤昂贵。

光纤是以光脉冲的形式传输信号的,它具有的优点如下。

(1)所传输的是数字光脉冲信号,不会受电磁干扰,不怕雷击,不易被窃听。

(2)数据传输安全性好。

(3)传输距离长,且带宽大,传输速度快。

光纤的缺点:光纤设备价格昂贵,光纤的连接与连接头的制作需要专门的工具和专门培训的人员。

## 四、串行通信接口标准

RS-232C 是美国电子工业协会(Electronic Industry Association,EIA)于 1962 年公布,并于 1969 年修订的串行接口标准,它已经成为国际上通用的标准。1987 年 1 月,RS-232C 再次被修订,标准被修改得不多。

早期人们为借助电话网进行远距离数据传送设计了调制解调器,需要有关数据终端与调制解调器之间的接口标准,RS-232C 在当时就是为此目的而产生的。目前 RS-232C 已成为数据终端设备(Data Terminal Equipment,DTE),如计算机与数据通信设备(Data Communication Equipment,DCE)、调制解调器的接口标准等,不仅在远距离通信中要经常用到它,就是两台计算机或设备之间的近距离串行连接也普遍采用 RS-232C 接口。PLC 与计算机的通信也是通过此接口的。

### 1. RS-232C

计算机上配有 RS-232C 接口,它使用一个 25 引脚的连接器。在这 25 个引脚中,20 个引脚作为 RS-232C 信号线,其中有 4 个数据线、11 个控制线、3 个定时信号线、2 个地信号线。另外,还保留了 2 个引脚,有 3 个引脚未被定义。PLC 一般使用 9 引脚连接器,距离较近时,3 引脚也可以完成功能。图 5-2 所示为 3 引脚连接器与 PLC 的连接图。

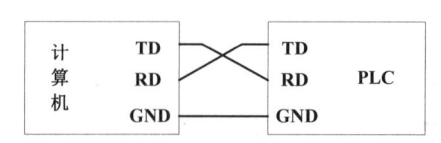

图 5-2  3 引脚连接器与 PLC 的连接图

TD(Transmitted Data):发送数据,串行数据的发送端。

RD（Received Date）：接收数据，串行数据的接收端。

GND（Ground）：信号地，它为所有的信号提供一个公共的参考电平，相对于其他型号，它为 0V 电压。

其他常见的引脚如下。

RTS（Request To Send）：请求发送，当数据终端准备好送出数据时，就发出有效的 RTS 信号，通知调制解调器准备接收数据。

CTS：清除发送，也称允许发送，当调制解调器已准备好接收数据终端传送的数据时，发出 CTS 有效信号来响应 RTS 信号。所以 RTS 和 CTS 是一对用于发送数据的联系信号。

DTR（Data Terminal Ready）：数据终端准备好，通常当数据终端加电时，该信号有效，表明数据终端准备就绪。它可以用作数据终端设备发给数据通信设备调制解调器的联络信号。

DSR（Data Set Ready）：数据装置准备好，通常表示调制解调器已接通电源连接到通信线路上，并处在数据传输状态，而不是处于测试状态或断开状态。它可以用作数据通信设备调制解调器响应数据终端设备 DTR 信号的联络信号。

保护地：机壳地，一个起屏蔽保护作用的接地端。一般应参考设备的使用规定，连接到设备的外壳或机架上，必要时要连接到大地上。

### 2．RS-232C 的不足

RS-232C 既是一种协议标准，又是一种电气标准，它采用单端的、双极性电源电路，RS-232C 串口线的端口如图 5-3 所示，可用于最长距离为 15m、最高速率达 20kbit/s 的串行异步通信。RS-232C 仍有一些不足之处，主要表现如下。

（1）传输速率不够高。RS-232C 标准规定最高速率为 20kbit/s，尽管能满足异步通信要求，但不能适应高速的同步通信。

（2）传输距离不够长。RS-232C 标准规定各装置之间的电缆长度不超过 50 英尺（约 15m）。实际上，RS-232C 能够实现 100 英尺或 200 英尺的传输，但在使用前，一定要先测试信号的质量，以保证数据的正确传输。

（3）RS-232C 接口采用不平衡的发送器和接收器，每个信号只有一根导线，两个传输方向仅有一个信号线地线，因而电气性能不佳，容易在信号间产生干扰。

图 5-3　RS-232C 串口线的端口

### 3．RS-485

由于 RS-232C 存在的不足，美国的 EIA 于 1977 年制定了 RS-499，RS-422A 是 RS-499 的子集，RS-485 是 RS-422 的变形。RS-485 为半双工，不能同时发送和接收信号。目前，工业环境中广泛应用 RS-422、RS-485 接口。S7-1200 PLC 内部集成的 PPI 接口为 RS-485 串行接口，可以用双绞线组成串行通信网络，不仅可以与计算机的 RS-232C 接口互联通信，而且可以构成分布式系统，系统中最多可有 32 个站，新的接口部件允许连接 128 个站。

## 【实施步骤】

### 一、准备需要的 PLC 及通信部件

（1）准备 S7-1200 PLC 基本模块。

（2）准备通信模块、通信信号板、网络连接器、PROFIBUS 网络电缆等。

### 二、观察 PLC 基本单元装置的通信端口

#### 1. PROFINET 接口

S7-1200 PLC 具有集成 PROFINET 接口，位于 PLC 的底端，一般具有 1、2 个端口，该端口主要用于使用用户程序通过以太网与其他通信伙伴交换数据。PROFINET 接口位置和 PROFINET 接口插线如图 5-4 和图 5-5 所示。

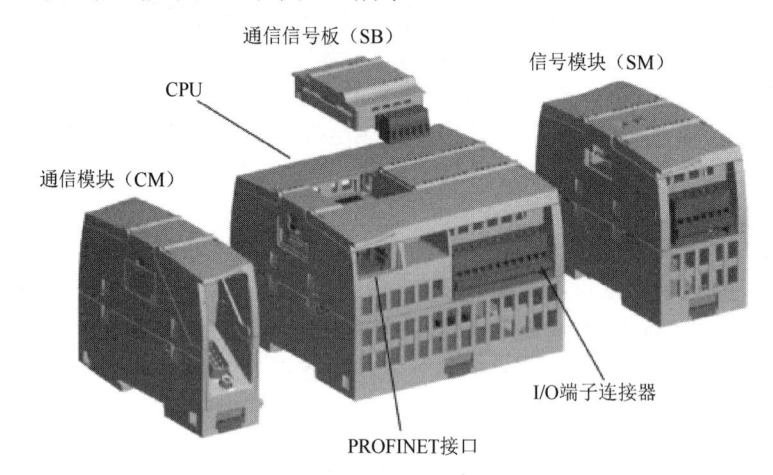

图 5-4  PROFINET 接口位置

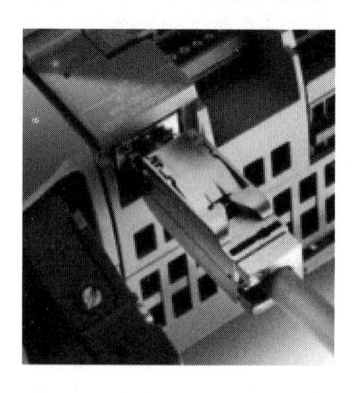

图 5-5  PROFINET 接口插线

#### 2. CB 1241 RS485 通信信号板

通信模块是安装在轨道上的，通信信号板是插在 CPU 的板槽里的，外形不一样。CM 1241 通信模块有 3 种，支持 RS232\422\485 接口；而通信信号板只有一种：CB 1241 RS485 通信信号板，如图 5-6 所示，仅支持 RS485 接口，CB 1241 RS485 通信信号板没有使用标

准的 9 引脚串口，而是使用了接线端子（编号：X20）。

X20 各端子的含义如下。

M：屏蔽接地。

TA：连接终端电阻。

TRA：A（发送/接收）。

TRB：B（发送/接收）。

TB：连接终端电阻。

RTS：请求发送。

CB 1241 RS485 通信信号板内部有终端电阻，可以通过接线实现终端电阻的 ON 和 OFF 状态。当需要打开终端电阻时，把 TRA 连接到 TA，把 TRB 连接到 TB；当不需要使用终端电阻时，不连接 TA 和 TB 即可。

图 5-6　CB 1241 RS485 通信信号板

### 3. CM 1241 RS485 通信模块

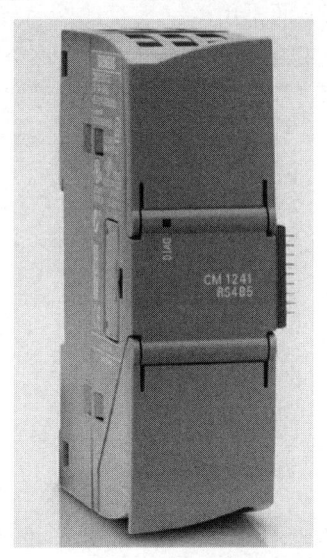

CM 1241 RS485 通信模块如图 5-7 所示，S7-1200 PLC 的 CM 1241 RS485 通信模块底端的接口为 RS485 串行接口，为 9 引脚 D 型，用于执行强大的点对点高速串行通信。RS485 串行接口外形如图 5-8 所示。表 5-1 给出了提供通信端口物理连接的连接器，并描述了通信端口的引脚分配。

图 5-7　CM 1241 RS485 通信模块

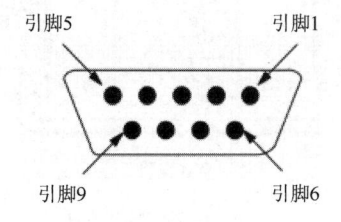

图 5-8　RS485 串行接口外形

表 5-1 通信端口各引脚

| 引脚 | PROFIBUS 名称 | 端口 0/端口 1 |
| --- | --- | --- |
| 1 | 屏蔽 | 机壳地 |
| 2 | 24V 返回 | 逻辑地 |
| 3 | RS485 信号 B | RS485 信号 B |
| 4 | 请求发送 | RTS（TTL） |
| 5 | 5V 返回 | 逻辑地 |
| 6 | +5V | +5V，100Ω 串联电阻 |
| 7 | +24V | +24V |
| 8 | RS485 信号 A | RS485 信号 A |
| 9 | 不用 | 10 位协议选择（输入） |
| 连接器外壳 | 屏蔽 | 机壳接地 |

## 三、观察网络连接器

网络连接器如图 5-9 所示，利用西门子公司提供的两种网络连接器可以很容易地把多个设备连接到网络中。两种网络连接器都有两组螺钉端子，可以连接网络的输入和输出。通过网络连接器上的选择开关可以对网络进行偏置和终端匹配。两个网络连接器中的一个仅提供连接到 CPU 的接口，而另一个增加了一个编程接口。带有编程接口的网络连接器可以把 SIMATIC 编程器或操作面板增加到网络中，而不用改动现有的网络连接。带有编程接口的网络连接器把 CPU 的信号传到编程接口（包括电源引线），这个网络连接器对于连接从 CPU 获取电源的设备（如 TD200 或 OP3）很有用。图 5-10 所示为网络连接器的连接。

（a）标准网络连接器　（b）带有编程接口的网络连接器

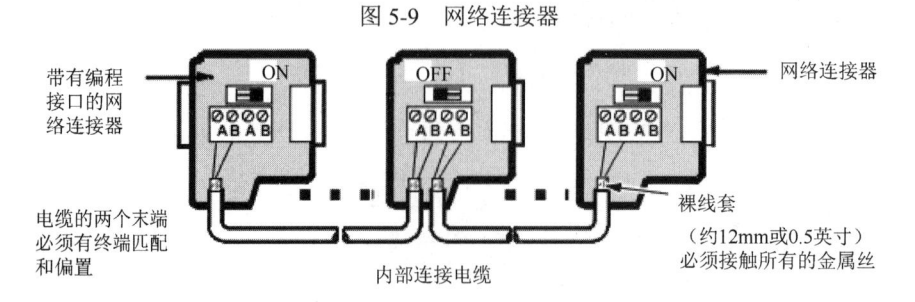

图 5-9　网络连接器

图 5-10　网络连接器的连接

## 四、观察 PROFIBUS 网络电缆

标准 PROFIBUS 网络电缆如图 5-11 所示，两根 PROFIBUS 数据线被指定为数据电缆线 A 和数据电缆线 B。通常标准 PROFIBUS 网络电缆使用以下分配：数据电缆线 A（-）为绿色；数据电缆线 B（+）为红色。当通信设备相距较远时，可使用 PROFIBUS 网络电缆进行连接。表 5-2 列出了 PROFIBUS 网络电缆的性能指标。

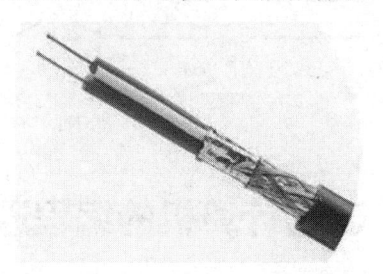

图 5-11 标准 PROFIBUS 网络电缆

表 5-2 PROFIBUS 网络电缆的性能指标

| 通用特性 | 规范 |
| --- | --- |
| 类型 | 屏蔽双绞线 |
| 导体截面积 | 24AWG（0.22mm$^2$）或更粗 |
| 电缆容量 | <60pF/m |
| 阻抗 | 100～200Ω |

PROFIBUS 网络电缆的最大长度有赖于波特率和所用电缆的类型，表 5-3 列出了各种传输速率下的网络段的最大长度。

表 5-3 各种传输速率下的网络段的最大长度

| 传输速率/（bit/s） | 网络段的最大长度/m |
| --- | --- |
| 9.6k～93.75k | 1200 |
| 187.5k | 1000 |
| 500k | 400 |
| 1M～1.5M | 200 |
| 3M～12M | 100 |

## 五、观察网络中继器

网络中继器如图 5-12 所示，西门子公司提供连接到 PROFIBUS 网络环的网络中继器。带有网络中继器的网络如图 5-13 所示。利用网络中继器可以延长网络通信距离，允许在网络中加入设备，并且提供了一个隔离不同网络环的方法。在波特率是 9600bit/s 时，PROFIBUS 最多允许在一个网络环上有 32 个设备，这时通信的最长距离是 1200m。每个网络中继器允许加入另外 32 个设备，而且可以把网络延长 1200m。在网络中最多可以使用 9 个网络中继器，每个网络中继器为网络环提供偏置和终端匹配。

图 5-12 网络中继器

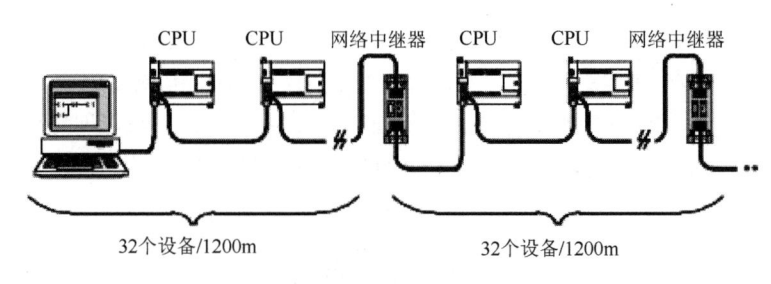

图 5-13 带有网络中继器的网络

## 项目 5.2　PLC 与计算机的编程通信连接与设置

【项目目标】

（1）了解 S7-1200 PLC 集成接口支持的通信协议。
（2）掌握 S7-1200 PLC 与计算机编程通信的连接方式及通信参数的设置方法。

【项目分析】

在 PLC 与计算机之间通过通信进行连接的系统中，PLC 实现工业现场控制，计算机实现编程、监控及过程管理等任务，构成"集中管理，分散控制"的分布式控制系统（Distributed Control System，DCS）。

S7-1200 PLC 本体上集成了一个 PROFINET 通信接口，支持以太网和基于 TCP/IP 的通信标准。使用这个通信接口可以实现 S7-1200 PLC 与编程设备、HMI 触摸屏、其他 CPU 之间的通信。这个 PROFINET 通信接口支持 10/100Mbit/s 的 RJ45 接口，支持电缆交叉自适应。因此，一个标准的或是交叉的以太网线都适用于该接口。图 5-14 所示为编程通信连接，其中计算机已经装有对应编程通信软件 TIA Portal。

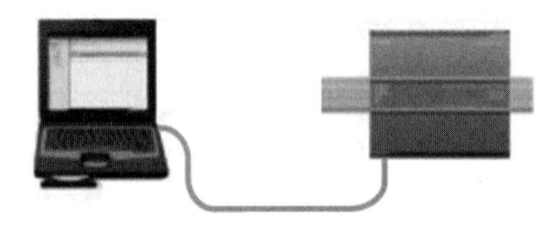

图 5-14 编程通信连接

【相关知识】

一、计算机网络基础模型

计算机网络 OSI 模型（Open Systems Interconnection Model）是一种概念模型，它表征

并标准化电信或计算系统的通信功能,而不考虑其基础内部结构和技术,其目标是多种通信系统与标准协议的互操作性。OSI 模型将通信系统划分为 7 层。

一个层服务于它上面的层,并由它下面的层提供服务。例如,通过网络提供无差错通信的层提供其上方应用程序所需的路径,而它调用下层来发送和接收包含该路径内容的数据包。在同一层中的两个实例通过该层中的水平连接进行可视化连接。

完整的 OSI 模型共含 7 层,如图 5-15 所示,这 7 层协议描述了两台计算机或一台计算机与一台终端之间实现对话的过程。以 OSI 模型为基本框架可以很方便地构造不同厂家的设备在其中通信的网络系统。除 OSI 模型外,还有多种较为流行的数据通信模型。

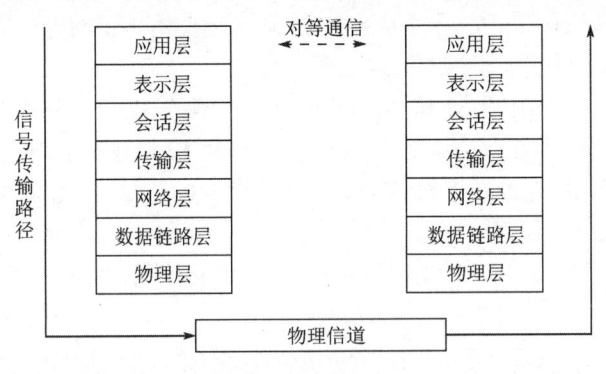

图 5-15 OSI 模型的分层

(1)物理层(Physical Layer):处理物理传输媒介(如电缆、光纤等)上的比特流传输,主要关注数据的物理传输和电信号的编码。

(2)数据链路层(Data Link Layer):负责在相邻节点之间可靠地传输数据帧,通过物理地址(MAC 地址)来识别网络设备,并处理数据帧的传输错误。

(3)网络层(Network Layer):负责在不同网络之间进行数据包的路由和转发,通过 IP 地址来标识和定位主机,实现不同网络之间的通信。

(4)传输层(Transport Layer):提供端到端的数据传输服务,负责分割和重组数据、建立和维护端到端的连接,以及处理数据的可靠性、流量控制和拥塞控制。

(5)会话层(Session Layer):负责建立、管理和终止应用程序之间的会话连接,提供会话控制和同步功能。

(6)表示层(Presentation Layer):负责数据的格式化、编码和加密,确保不同系统之间的数据能正确地解释和处理。

(7)应用层(Application Layer):提供网络服务和应用程序之间的接口,包括电子邮件、文件传输、远程登录等各种网络应用。

每个层都有特定的功能和协议,数据在不同层之间通过封装和解封装来传输。OSI 模型提供了一个通用的框架,使不同厂家开发的计算机网络设备和协议能够互相兼容和交互操作。尽管实际上的网络协议体系结构并不完全符合 OSI 模型,但它仍然是理解计算机网络通信原理的重要参考和基础。

## 二、IP 地址和子网掩码

IP 是英文 Internet Protocol 的缩写,即网络之间互联的协议,正是因为有了 IP 协议,互联网才得以迅速发展成为世界上最大的、开放的计算机通信网络。因此，IP 协议也可以叫作互联网协议。互联网是由许多小型网络构成的，每个网络上都有许多主机，这样便构成了一个有层次的结构。IP 地址在设计时就考虑到了地址分配的层次特点，将每个 IP 地址都分割成网络号和主机号两部分，以便于 IP 地址的寻址操作。

IP 地址是 32 位的二进制数，用于在 TCP/IP 通信协议中标记每台计算机的地址。通常使用点式十进制数来表示 IP 地址，如 192.168.1.5 等。

子网掩码（Subnet Mask）又叫网络掩码、地址掩码、子网络遮罩，它是一种用来指明一个 IP 地址的哪些位标识的是主机所在的子网，以及哪些位标识的是主机的位掩码。

子网掩码不能单独存在，它必须结合 IP 地址一起使用。子网掩码只有一个作用，就是将某个 IP 地址划分成网络地址和主机地址两部分。

子网掩码是标志两个 IP 地址是否同属于一个子网的 32 位二进制数地址，数值为 1 代表该位是网络位，数值为 0 代表该位是主机位。它和 IP 地址一样也是使用点式十进制数来表示的。如果两个 IP 地址在子网掩码按位与的计算下所得的结果相同，那么表明它们属于同一个子网。

子网掩码有数百种，这里只介绍最常用的两种子网掩码，它们分别是 255.255.255.0 和 255.255.0.0。

（1）子网掩码是 255.255.255.0 的网络：最后一个数字可以在 0～255 范围内任意变化，因此可以提供 256 个 IP 地址。但是实际可用的 IP 地址数量是 256-2，即 254 个，因为主机号不能全是 0 或全是 1。

（2）子网掩码是 255.255.0.0 的网络：后面两个数字可以在 0～255 范围内任意变化，可以提供 65536 个 IP 地址。但是实际可用的 IP 地址数量是 65536-2，即 65534 个。

## 三、MAC 地址

MAC 地址是网络设备的唯一识别码，用于在局域网中确定设备的身份。了解 MAC 地址的长度、表示方法，以及如何查看和修改 MAC 地址，可以帮助人们更好地管理和保护网络设备，确保网络的安全性和稳定性。

MAC 地址的长度为 48 位，即 6 字节。其中前 3 字节是 OUI（Organization Unique Identifier），由 IEEE 分配给不同的厂家，后 3 字节由厂家自行分配。MAC 地址通常表示为 12 个十六进制数，每两个数之间用冒号隔开，如 09:2F:20:3A:5C:8D。

## 四、局域网的拓扑结构

网络拓扑结构是指网络中的通信线路和节点间的几何连接结构，表示了网络的整体结构外貌。网络中通过传输线连接的点称为节点或站点。拓扑结构反映了各个站点间的结构关系，对整个网络的设计、功能、可靠性和成本都有影响。常见的有星型网络、环型网络、总线型网络 3 种拓扑结构形式。

### 1. 星型网络

星型网络是以中央节点为中心与各节点连接组成的，网络中任意两个节点要进行通信都必须经过中央节点转发，星型网络如图 5-16（a）所示。星型网络的特点：结构简单，便于管理控制，建网容易，网络延迟时间短，误码率较低，便于程序集中开发和资源共享。但星型网络系统花费大，网络共享能力差，负责通信协调工作的上位计算机负荷大，通信线路利用率不高，且系统可靠性不高，对上位计算机的依赖性也很强，一旦上位计算机发生故障，整个网络通信就停止，在小系统、通信不频繁的场合可以应用。星型网络常用双绞线作为传输介质。上位计算机（也称为主机、监控计算机、中央处理机）通过点到点的方式与各现场处理机（也称为从机）进行通信。各现场处理机之间不能直接通信，若要进行相互间的数据传输，则必须通过中央节点的上位计算机协调。

2．环型网络

环型网络中的各个节点通过环路通信接口或适配器连接在一条首尾相连的闭合环型通信线路上，环路上任意节点均可以请求发送信息，请求一旦被批准，便可以向环路发送信息。环型网络中的数据主要单向传输，也可以双向传输。环线是公用的，一个节点发出的信息可能穿越环中多个节点才能到达目的地址，如果某个节点出现故障，那么信息不能继续传向环路的下一个节点，应设置自动旁路。环型网络如图5-16（b）所示。

环型网络具有容易挂接或摘除节点、安装费用低、结构简单的优点；在环型网络中数据信息是沿固定方向流动的，节点之间仅有一个通路，大大简化了路径选择控制；某个节点发生故障时，可以设置自动旁路，提高了系统的可靠性。工业中的信息处理和自动化系统常采用环型网络。但当节点过多时，会影响传输效率，整个网络响应时间变长。

3．总线型网络

总线型网络利用总线把所有的节点连接起来，这些节点共享总线，对总线有同等的访问权。总线型网络如图5-16（c）所示。

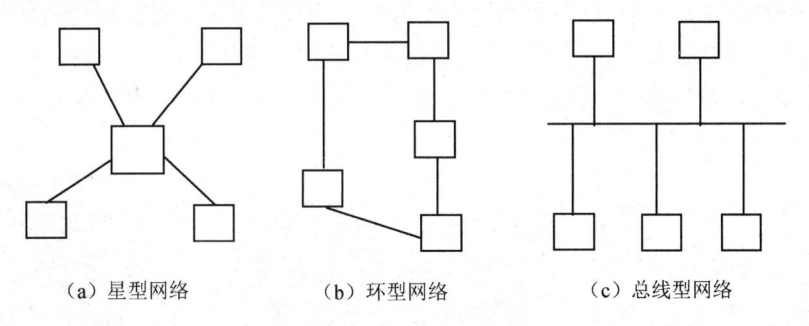

（a）星型网络　　　　（b）环型网络　　　　（c）总线型网络

图5-16　网络拓扑结构

总线型网络由于采用广播方式传输数据，任意一个节点发出的信息经过通信接口（或适配器）后，沿总线向相反的两个方向传输，因此可以使所有节点接收到信息，各个节点将目的地址是本站站号的信息接收下来。这样就无须进行集中控制和路径选择，所有节点共享一条通信传输链路，因此，在同一时刻，网络中只允许一个节点发送信息。一旦两个或两个以上节点同时发送信息就会发生冲突，应采用网络协议控制冲突。这种网络拓扑结构简单灵活，容易挂接或摘除节点，节点间可直接通信，速度快，延时小，可靠性高。

## 五、S7-1200 PLC 的通信

### 1. 通信协议

PLC 网络是由各种数字设备（包括 PLC、计算机等）和终端设备等通过通信线路连接起来的复合系统。在这个系统中，由于数字设备型号、通信线路类型、连接方式、同步方式、通信方式等不同，给网络各节点间的通信带来了不便，甚至影响 PLC 网络的正常运行，因此在网络系统中，为确保数据通信双方能正确而自动地进行通信，应针对通信过程中的各种问题，制定一整套的约定，这就是网络系统的通信协议，又称为网络通信规程。通信协议就是一组约定的集合，是一套语义和语法规则，用来规定有关功能部件在通信过程中的操作。通常通信协议必备的两种功能是通信和信息传输，包括了识别和同步、错误检测和修正等。

### 2. 通信接口连接方式

当只有两个通信设备时，S7-1200 CPU 可使用标准 TCP 通信协议直接与其他 CPU、编程设备、HMI 设备和非西门子设备通信。两个 CPU 相连的方式如图 5-17 所示。

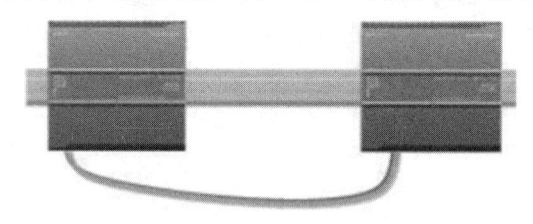

图 5-17　两个 CPU 相连的方式

CPU 1215C 和 CPU 1217C 具有内置的双端口以太网交换机，可使用内置的双端口和另外两个 S7-1200 CPU 连接，也可以使用交换机进行连接。两台以上其他类型的 CPU 或 HMI 设备进行连接时，需要使用 CSM 1277 4 端口以太网交换机来实现。基于交换机的多台设备连接方式如图 5-18 所示。

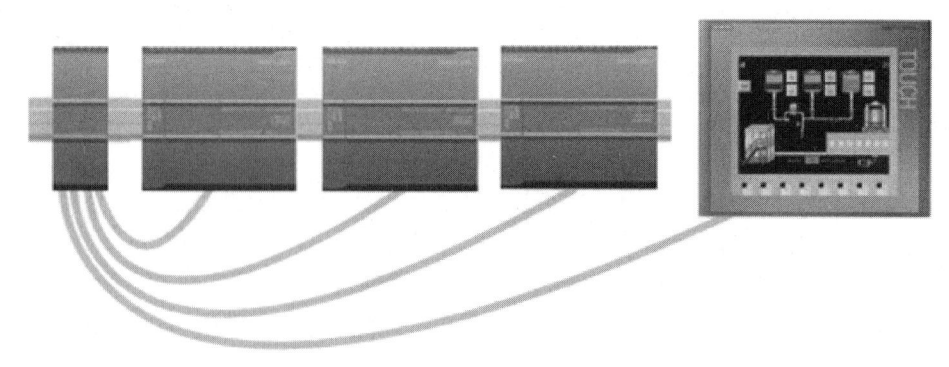

图 5-18　基于交换机的多台设备连接方式

### 3. S7-1200 PLC 支持的通信协议

1）PROFINET 通信

S7-1200 PLC 集成的 PROFINET 接口允许与以下设备进行通信。

（1）编程设备。
（2）HMI 设备。
（3）其他 SIMATIC 控制器。

PROFINET 通信支持的协议：PG 通信、HMI 通信、S7 通信、OUC 通信、PROFINET 通信、MODBUS TCP 通信、Web 服务器通信。

2）PROFIBUS DP 主站

S7-1200 PLC 的 PROFIBUS DP 主站通信模块同时支持下列通信连接。

（1）为 HMI 界面与 CPU 通信提供 3 个连接。
（2）为编程设备与 CPU 通信提供 1 个连接。
（3）为主动通信提供 8 个连接，采用分布式 I/O 指令。
（4）为被动通信提供 3 个连接，采用 S7 通信指令。

3）PROFIBUS DP 从站

S7-1200 PLC 通过使用 PROFIBUS DP 从站通信模块 CM 1242-5，可以作为一个智能 DP 从站设备与任意 PROFIBUS DP 主站设备通信。

4）点对点通信

S7-1200 PLC 具有点对点通信功能，提供了各种各样的应用可能性。

（1）直接发送信息到外部设备，如打印机。
（2）从其他设备接收信息，如条形码阅读器、RFID 读写器和视觉系统。
（3）与 GPS 装置、无线电调制解调器及许多其他类型的设备交换信息。

5）USS 通信

S7-1200 PLC 通过 USS 指令，S7-1200 CPU 可以控制支持 USS 协议的驱动器；通过 CM 1241 RS485 通信模块或者 CB 1241 RS485 通信信号板，使用 USS 指令可与多个驱动器进行通信。

6）Modbus RTU 通信

S7-1200 PLC 通过 Modbus 指令，可以作为 Modbus 主站或从站与支持 Modbus RTU 协议的设备进行通信；通过 CM 1241 RS485 通信模块或 CB 1241 RS485 通信信号板，使用 Modbus 指令可以与多个设备进行通信。

## 【实施步骤】

## 一、准备需要的 PLC 等装置

（1）S7-1200 PLC 一台。
（2）装有博途软件的计算机一台。
（3）网线一根。

## 二、CPU 属性修改

打开博途软件，新建一个项目并组态 S7-1200 CPU，然后修改 CPU 属性。修改的目的是使编程计算机的 IP 地址和目标 PLC 的 IP 地址处于同一个子网中，是完成下载和上传等操作的通信前提。修改以前先找到编程计算机的本地连接属性，查看或设置 IP 地址，如图 5-19 所示。

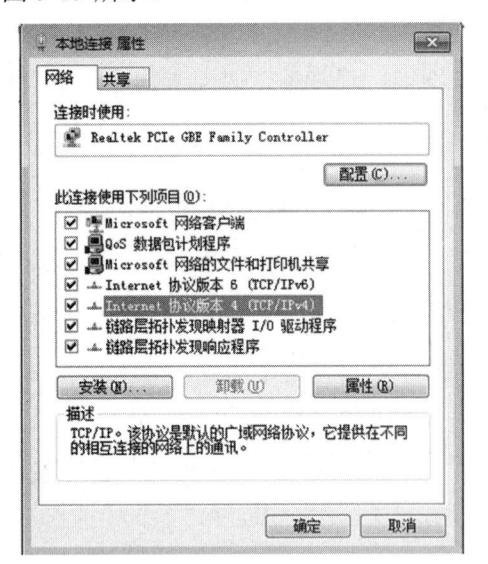

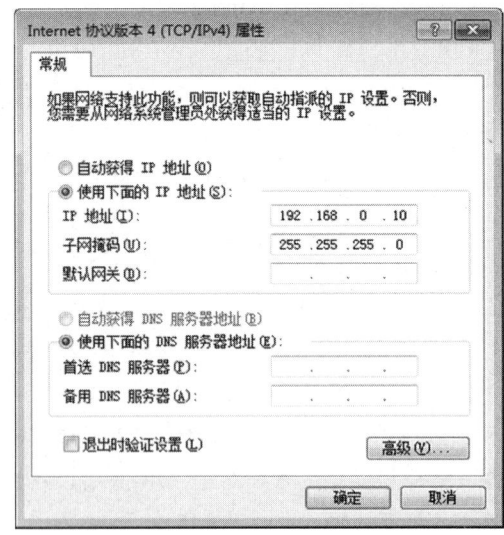

图 5-19　编程计算机的 IP 地址

在窗口中单击要通信的 CPU 的下拉按钮，双击"设备组态"选项，在设备视图窗口中选择 PLC，选择"属性"→"常规"→"以太网地址"选项，修改 IP 地址，确保和编程计算机的 IP 地址处于同一个子网中，如图 5-20 所示。

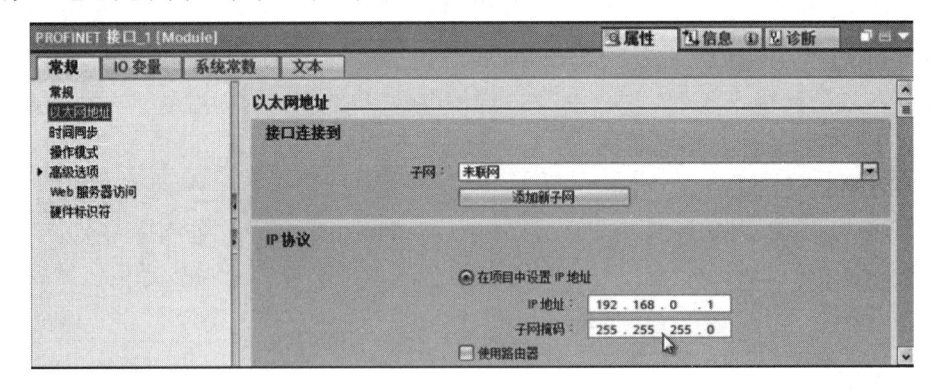

图 5-20　修改目标 PLC 的 IP 地址

## 三、程序的下载

完成程序的编写和编译后，便可进行程序的下载。在菜单栏选择"在线"→"扩展的下载到设备"选项，弹出的对话框如图 5-21 所示。"PG/PC 接口的类型"选择为"PN/IE"，"PG/PC 接口"选择为编程计算机的以太网网卡名称。"选择目标设备"选择为"显示所有兼容的设备"，单击"开始搜索"按钮，列表中便会显示搜索到的 PLC，如果有多台 PLC，可以通过闪烁 LED 方式确定需要通信的 PLC，最后下载程序。如果编程计算机的 IP 地址与目标 PLC 的 IP 地址的网段不统一，下载无法继续完成，那么可以在弹出的对话框中自动分配 IP 地址。

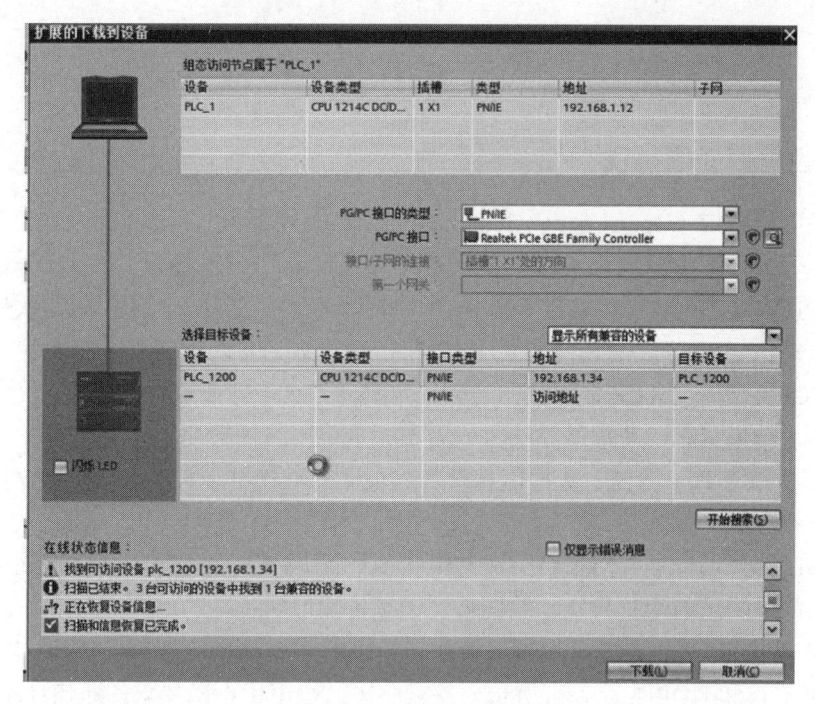

图 5-21　下载对话框

## 项目 5.3　两台 PLC 之间的以太网通信

【项目目标】

（1）掌握两台 S7-1200 PLC 之间的以太网通信连接设置。
（2）掌握数据发送指令和接收指令的功能。
（3）能使用数据发送指令和接收指令完成两台 S7-1200 PLC 之间的通信。

【项目分析】

使用开放式用户通信指令建立两台 S7-1200 PLC 之间的以太网通信，可以通过第 1 台 S7-1200 PLC（发送端）发送若干字节给第 2 台 S7-1200 PLC（接收端）以验证通信建立的正确性。需要先将两台 S7-1200 CPU 及 1 台编程计算机通过网线分别连接到交换机端口，如图 5-22 所示。然后完成硬件和软件的组态即可实现通信。

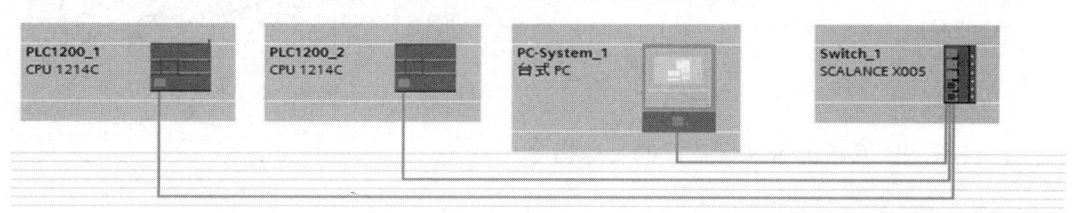

图 5-22　两台 S7-1200 CPU 及 1 台编程计算机之间的通信接线网络

## 【相关知识】

### 一、开放式用户通信协议

开放式用户通信（Open User Communication，OUC）适用于不同品牌的 PLC 之间的通信，也适用于西门子各型号 PLC 之间的通信。具有集成 PN/IE 接口的 S7-1200 CPU，可使用 TCP/IP 方式、UDP 方式和 ISO_ON_TCP 方式进行开放式用户通信。通信伙伴可以是两个 SIMATIC PLC，也可以是 SIMATIC PLC 和相应的第三方设备。

对于 TCP/IP 方式，TCP 提供面向连接的数据通信，传输形式是数据流：没有长度及信息帧的起始、结束信息，使用最广泛，适用于大量数据的传输。

对于 ISO_ON_TCP 方式，数据信息以数据报文的形式出现，发送端和接收端的数据长度可以不一致。

对于 UDP 方式，其可靠性高于 TCP/IP 方式，适用于少量数据的传输，属于无连接的协议，提供简单快速的数据传输，数据报文无须传输层确认。

TCP/IP 方式和 UDP 方式最大的区别：TCP/IP 方式是面向连接的，UDP 方式是无连接的。TCP/IP 协议和 UDP 协议各有所长、各有所短，适用于不同要求的通信环境。

OUC 有 8 个资源，如果再加上 6 个动态资源，那么 TCP、ISO_ON_TCP、UDP、MODBUS TCP 这 4 种通信方式最多可同时连接 14 个资源。OUC 是双边通信，即客户端与服务器端都需要写程序，比如，如果客户端写发送指令和接收指令，那么服务器端也要写接收指令和发送指令，发送指令与接收指令是成对出现的。

### 二、数据发送指令和接收指令

自带连接功能的指令有发送指令 TSEND_C 和接收指令 TRCV_C，可以在博途软件项目视图窗口中的程序块中进行调用，选择"指令"→"通信"→"开放式用户通信"选项进行调用，如图 5-23 所示。调用后自动生成背景数据块，如图 5-24 所示。这些指令适用于 OUC 包含的 3 种通信方式，只是组态不一样。TSEND_C 指令用于发送数据，TRCV_C 指令用于接收数据，必须成对出现。

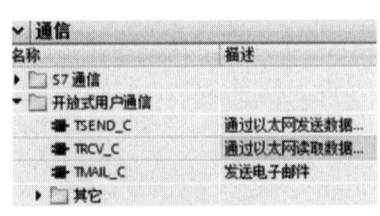

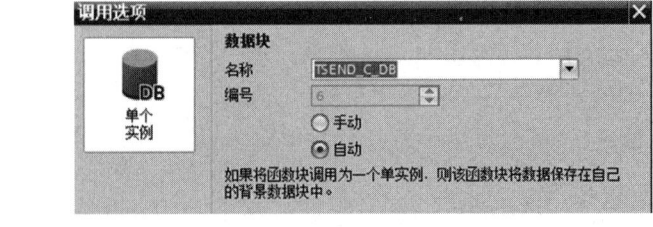

图 5-23 调用指令　　　　图 5-24 调用指令后的背景数据块

**1. TSEND_C：自带连接功能的发送指令**

图 5-25 所示为 TSEND_C 指令。其部分引脚的说明如下。

REQ：激活命令，使用 2Hz 脉冲，上升沿触发。

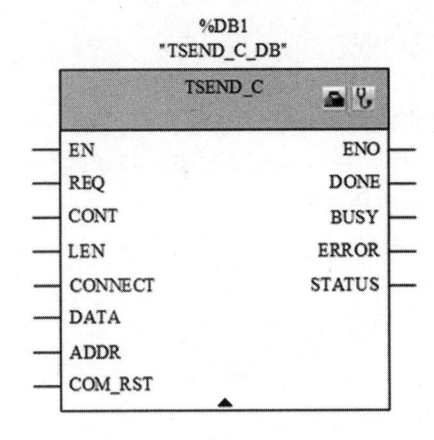

```
                    %DB1
                "TSEND_C_DB"
              ┌─────────────────┐
              │     TSEND_C     │
              ├─────────────────┤
            ──┤ EN          ENO ├──
            ──┤ REQ        DONE ├──
            ──┤ CONT       BUSY ├──
            ──┤ LEN       ERROR ├──
            ──┤ CONNECT  STATUS ├──
            ──┤ DATA            │
            ──┤ ADDR            │
            ──┤ COM_RST         │
              └─────────────────┘
```

图 5-25　TSEND_C 指令

CONT：控制通信连接，为 1 时，表示一直保持连接；为 0 时，表示数据发送完成后断开连接。

LEN：发送长度，如设为 100 字节。

CONNECT：连接通信的 PLC 的数据接收地址。

DATA：本地 PLC 发送的数据的地址，使用指针寻址。

BUSY：状态参数，为 0 时，表示发送作业尚未开始或已经完成；为 1 时，表示发送作业尚未完成，无法启动新的发送作业。

DONE：位，发送完成，保持一个扫描周期的 TRUE。

STATUS：字，状态。

ERROR：位，为 0 时，表示无错误；为 1 时，表示有错误。

### 2．TRCV_C：自带连接功能的接收指令

图 5-26 所示为 TRCV_C 指令。其部分引脚的说明如下。

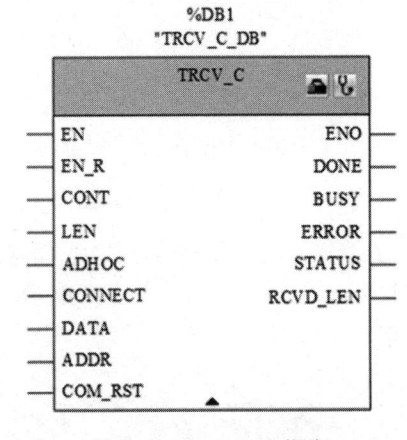

```
                    %DB1
                "TRCV_C_DB"
              ┌─────────────────┐
              │     TRCV_C      │
              ├─────────────────┤
            ──┤ EN          ENO ├──
            ──┤ EN_R       DONE ├──
            ──┤ CONT       BUSY ├──
            ──┤ LEN       ERROR ├──
            ──┤ ADHOC    STATUS ├──
            ──┤ CONNECT RCVD_LEN├──
            ──┤ DATA            │
            ──┤ ADDR            │
            ──┤ COM_RST         │
              └─────────────────┘
```

图 5-26　TRCV_C 指令

EN_R：使能请求，为 1 时，表示启用接收数据功能。

CONT：控制通信连接，为 1 时，表示一直保持连接；为 0 时，表示数据发送完成后断开连接。

LEN：接收长度，如设为 100 字节。
CONNECT：连接通信的 PLC 的数据发送地址。
DATA：本地 PLC 接收的数据的地址，使用指针寻址。
BUSY：状态参数，为 0 时，表示接收作业尚未开始或已经完成；为 1 时，表示接收作业尚未完成，无法启动新的接收作业。
DONE：位，接收完成，保持一个扫描周期的 TRUE。
STATUS：字，状态。
RCVD_LEN：实际接收到的数据量（字节）。
ERROR：位，为 0 时，表示无错误；为 1 时，表示有错误。
COM_RST：可以不用管或随便写个地址。

## 【实施步骤】

### 一、硬件连接组态

打开博途软件，创建一个新项目，在项目视图窗口中，按照前述方法添加两台 PLC，并修改 PLC 的 IP 地址。其中第 1 台 PLC 设置以太网地址为 192.168.0.1，子网掩码为 255.255.255.0；第 2 台 PLC 设置以太网地址为 192.168.0.2，子网掩码为 255.255.255.0。最后，注意在 PLC 属性窗口的"常规"选项卡中的"系统和时钟存储器"选区中勾选"允许使用系统存储器字节"和"允许使用时钟存储器字节"复选框，如图 5-27 所示。

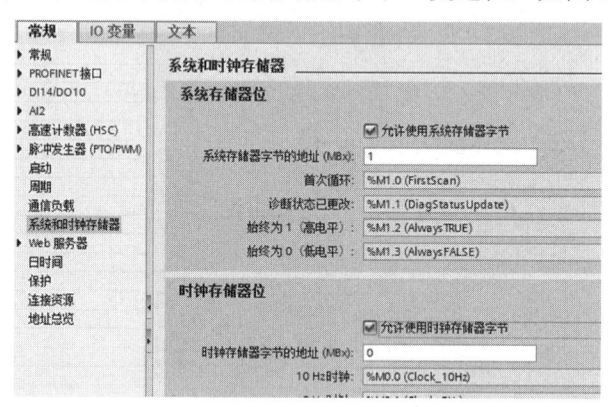

图 5-27　系统和时钟存储器设置

先在左侧"项目树"选区中选择"设备和网络"选项，再选择"网络视图"选项，将第 1 台 PLC 的网口拖动连接至第 2 台 PLC 的网口，自动建立 PN/IE 网络。网络连接的创建如图 5-28 所示。最后编译并保存。

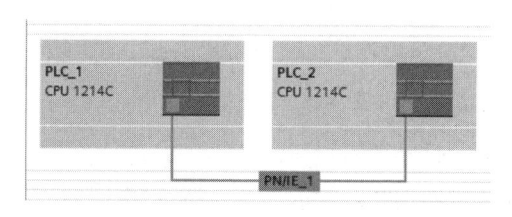

图 5-28　网络连接的创建

## 二、创建发送端数据块

在左侧"项目树"选区中，选择第 1 台 PLC 中的程序块并添加新块，创建名称为"SEND"的全局数据块 DB5，如图 5-29 所示，用于存放第 1 台 PLC 发送的数据。在"项目树"选区中，选择"SEND [DB5]"→"属性"选项，取消勾选"优化的块访问"复选框。如图 5-30 所示，在 SEND [DB5]数据块内部创建一个名为"SEND"的静态字节型变量数组。

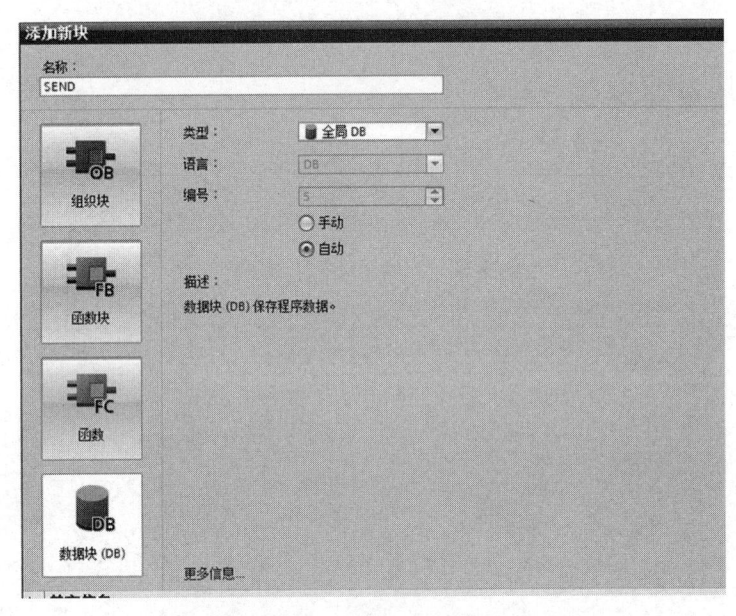

图 5-29　创建发送端数据块

图 5-30　新建变量

## 三、组态发送端功能

在第 1 台 PLC 中，进入主程序块，选择"通信"→"开放式用户通信"选项，拖动 TSEND_C 指令添加到主程序中，弹出"调用选项"对话框，定义名称为"TSEND_C_DB"，如图 5-31 所示。

选择指令功能块，在巡航窗口中先选择"属性"选项卡，再选择"组态"选项卡，进行 TSEND_C 指令的连接参数组态，如图 5-32 所示。将通信"伙伴"选择为第 2 台 PLC，第 1 台 PLC 的"连接数据"选择"PLC_1_Send_DB"，第 2 台 PLC 的"连接数据"选择

"PLC_2_Receive_DB",选中第 1 台 PLC 的"主动建立连接"单选按钮,"连接类型"选为"TCP"。

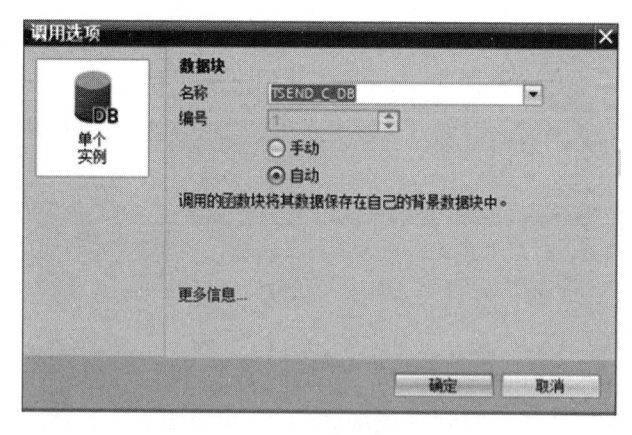

图 5-31 "调用选项"对话框

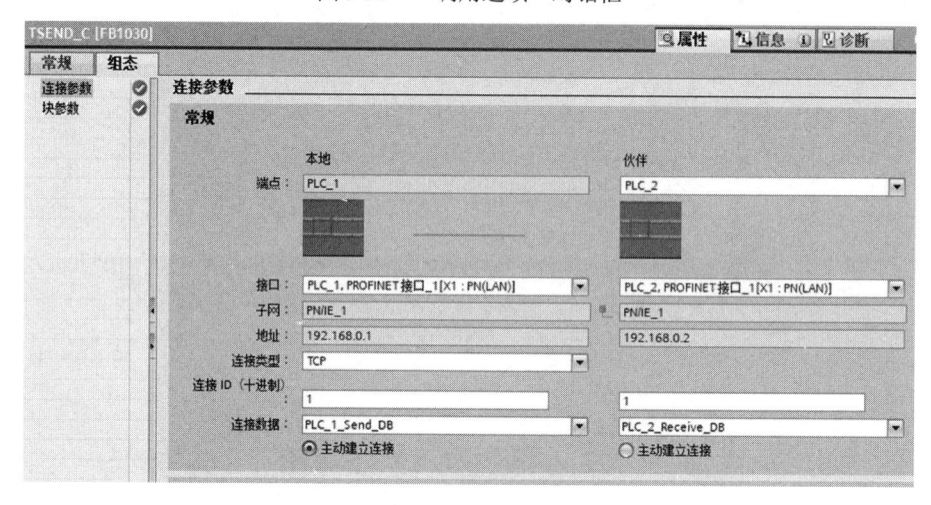

图 5-32 TSEND_C 指令的连接参数组态

回到主程序中,按图 5-33 所示,设置 TSEND_C 指令的引脚参数。

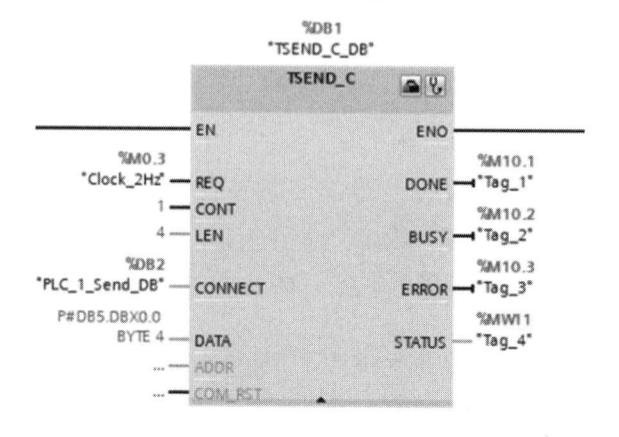

图 5-33 TSEND_C 指令的引脚参数

## 四、创建接收端数据块

和步骤二类似,在左侧"项目树"选区中,选择第 2 台 PLC 中的程序块并添加新块,创建名称为"RECEIVE1"的全局数据块 DB6,用于存放第 2 台 PLC 接收的数据。在"项目树"选区中,选择"RECEIVE 1[DB6]"→"属性"选项,取消勾选"优化的块访问"复选框。在[DB6]内部创建"RECEIVE"变量。

## 五、组态接收端功能

在第 2 台 PLC 中,进入主程序块,选择"通信"→"开放式用户通信"选项,拖动 TRCV_C 指令添加到主程序中,弹出"调用选项"对话框,定义名称为"TRCV_C_DB"。

选择指令功能块,在巡航窗口中先选择"属性"选项卡,再选择"组态"选项卡,进行 TRCV_C 指令的连接参数组态,如图 5-34 所示。将通信"伙伴"选择为第 1 台 PLC,第 1 台 PLC 的"连接数据"选择"PLC_1_Send_DB"(无须新建),第 2 台 PLC 的"连接数据"选择"PLC_2_Receive_DB"(无须新建),选中第 1 台 PLC 的"主动建立连接"单选按钮,"连接类型"选为"TCP"。

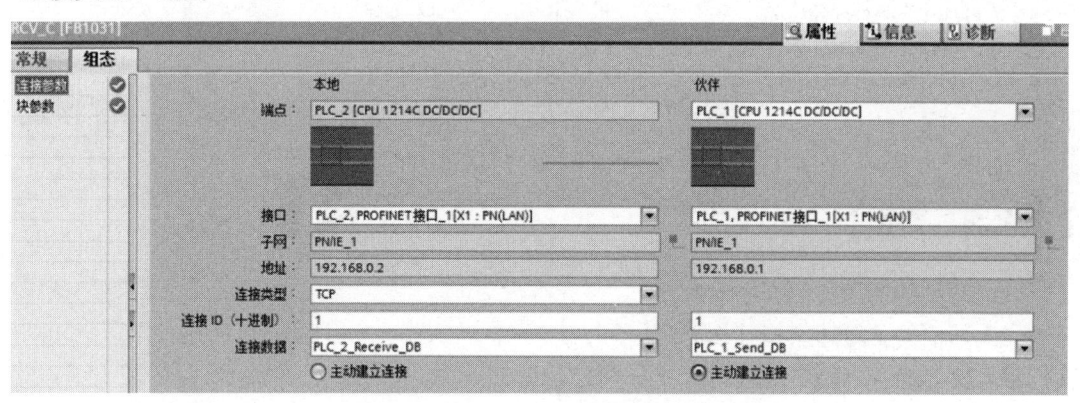

图 5-34 TRCV_C 指令的连接参数组态

回到主程序中,按图 5-35 所示,设置 TRCV_C 指令的引脚参数。

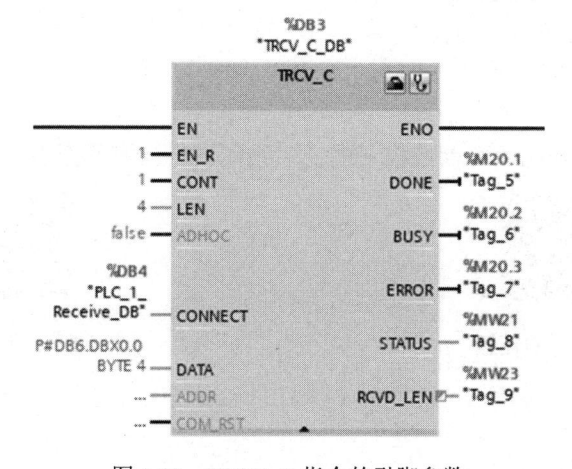

图 5-35 TRCV_C 指令的引脚参数

## 六、通信验证

将两台 PLC 中已组态完成的硬件和软件编译后分别下载到对应的硬件 PLC 中。分别建立两台 PLC 的监控表，并添加相应的监控变量，全部转至在线监控变量。可对第 1 台 PLC 中的数据块变量的 4 字节进行修改，如图 5-36 所示，通过观察第 2 台 PLC 中数据块变量值的变化，可验证通信是否成功，如图 5-37 所示。

| i | 名称 | 地址 | 显示格式 | 监视值 | 修改值 |
|---|---|---|---|---|---|
| 1 | "SEND".SEND[0] | %DB5.DBB0 | 十六进制 | 16#01 | 16#01 |
| 2 | "SEND".SEND[1] | %DB5.DBB1 | 十六进制 | 16#02 | 16#02 |
| 3 | "SEND".SEND[2] | %DB5.DBB2 | 十六进制 | 16#03 | 16#03 |
| 4 | "SEND".SEND[3] | %DB5.DBB3 | 十六进制 | 16#04 | 16#04 |

图 5-36　第 1 台 PLC 的监控表

| i | 名称 | 地址 | 显示格式 | 监视值 | 修改值 |
|---|---|---|---|---|---|
| 1 | "RECEIVE1".RECEIVE[0] | %DB6.DBB0 | 十六进制 | 16#01 | |
| 2 | "RECEIVE1".RECEIVE[1] | %DB6.DBB1 | 十六进制 | 16#02 | |
| 3 | "RECEIVE1".RECEIVE[2] | %DB6.DBB2 | 十六进制 | 16#03 | |
| 4 | "RECEIVE1".RECEIVE[3] | %DB6.DBB3 | 十六进制 | 16#04 | |

图 5-37　第 2 台 PLC 的监控表

## 【思考题与习题】

1. 常见的通信传输介质有哪些？
2. 通信的传输速率指什么？
3. IP 地址和 MAC 地址的含义分别是什么？
4. S7-1200 PLC 支持的通信协议有哪些？
5. S7-1200 PLC 集成接口的通信连接方式有哪些？
6. S7-1200 PLC 编程通信的关键属性设置哪些参数？
7. 开放式用户通信协议是什么？
8. 开放式用户通信协议完成通信主要调用的指令有哪些？

本单元设置了自测题，可以扫描下面的二维码进行自测及查看答案。

单元 5　自测题　　　　　　　　　　　　单元 5　自测题及答案

# 单元 6　SCL 编程初探

【学习要点】

（1）掌握 SCL 的基础知识。
（2）掌握 SCL 的常用指令。
（3）掌握 SCL 的程序结构。
（4）能够应用 SCL 编写简单的控制程序。

现代工业控制正朝着高度自动化、网络化和互联互通、高可靠性和安全性、数据驱动和智能化、柔性化生产等方面发展，愈发强调对数据的采集、分析和利用，以实现对生产过程的优化和预测，这也使得控制程序逻辑变得更加复杂。面对复杂的逻辑关系和程序结构，基于图形方式的 PLC 梯形图编程会导致程序混乱、难以理解、可读性差，特别是处理大型程序时，梯形图可能会变得非常庞大和复杂。具有良好的结构化的高级语言能很好地解决此类复杂的逻辑问题，西门子 S7-1200 PLC 也引入了具有高级语言特点的结构化控制语言（Structured Control Language，SCL）来应对工业控制的发展。

本单元所介绍的内容主要包括 SCL 基础知识和常用指令、SCL 抢答系统设计编程、SCL 霓虹灯系统设计编程。

## 项目 6.1　SCL 基础知识和常用指令

【项目目标】

（1）掌握 SCL 的基础知识。
（2）掌握 SCL 的常用表达式。
（3）掌握 SCL 的运算符及其优先级。
（4）理解 SCL 与梯形图之间的差别。

【项目分析】

SCL 由 Pascal 语言演变而来，符合语言标准 DIN EN-61131 Part3（国际标准 IEC 1131-3），对可编程控制器的编程语言实现了标准化。SCL 的基础是该标准中的 ST 结构化文本部分。

SCL 的出现，使得一些适合使用计算机高级语言描述的算法可以方便地移植到 PLC 中。

在博途软件中，使用 SCL 更为方便，可以直接建立 SCL 的程序块，在统一的软件平台中进行编译、调试和下载。

## 【相关知识】

### 一、SCL 介绍

SCL 是一种用于 S7 自动化系统的高级文本编程语言，借助 SCL，可以简化控制技术领域复杂的计算、算法、数据管理和数据组织等编程工作。SCL 具备高级编程语言的所有优势，除了有清晰的控制结构和丰富的数据概念，还拥有如过程和函数等重要内容。因此，采用 SCL 可以编制结构清晰、易读性好的程序。

SCL 除了包含 PLC 的典型元素（如输入、输出、定时器或存储器位），还包含高级编程语言，如表达式、赋值运算、运算符、程序控制等语句。SCL 提供了简便的指令进行程序控制，如创建程序分支、循环或跳转。

SCL 的特点主要表现如下。

（1）易于掌握。

（2）可在短时间内开发出易读性更好的程序，可间接地描述复杂的算法。

（3）支持 S7 系列 PLC 中的块和数据类型等概念。

（4）与 S7 语言（LAD、FBD、STL）实现系统集成。

（5）基于 SCL 的特性，它的应用领域主要有复杂的数学函数功能（如调节器）、数据管理、配方管理、具有大量分支和循环结构的程序等。

S7-1200 PLC 从 STEP7 V11 SP2 开始支持使用 SCL，在博途软件中，SCL 块的处理与 LAD/FBD/STL 相同（不再有任何源），块自动按正确的顺序编译（不需要生成文件，也不需要组织编译顺序），一个 SCL 程序块可以包含任意个块，如 OB、FB、FC 块、DB 和 UDT 块。在博途软件中，SCL 程序可以任意拖曳 FC 块、FB 在程序中调用，然后给相关引脚赋值。

### 二、SCL 的表达式

在 SCL 中，表达式将在程序运行期间进行运算，返回一个值。一个表达式由操作数（如常数、变量或函数调用）和与之搭配的操作符（如*、/、+或-）组成。通过运算符可以将表达式连接在一起或相互嵌套。

表达式按照相关运算符的优先级、从左到右的顺序和括号等特定顺序进行运算。

表达式类型按运算符可分为如下几种。

- 算术表达式：既可以是一个数字值，也可以由带有算术运算符的两个值或表达式组合而成。
- 关系表达式：对两个操作数的值进行比较，得到一个布尔值。如果比较结果为真，那么结果为 TRUE，否则为 FALSE。
- 逻辑表达式：由两个操作数及逻辑运算符（AND、OR 或 XOR）或取反操作数（NOT）组成。

运用 SCL 书写指令时，指令的末尾必须加一个分号作为结束符，即";"，表示该指令的结束。

在结束符的后面可以添加"行注释"。方法是先输入两个斜杠，即"//"，然后在后面书写注释。这种注释的方法只能将所有注释写在一行中。如果希望写一个段落的注释，那么可以使用"段注释"。方法是先在段注释开始的地方加入左括号和通配符，即"(*"，然后在注释段落的结束处加入通配符和右括号，即"*)"。行注释和段注释如图 6-1 所示。

```
1  (*
2    常用梯形图和SCL语句比较
3    包括点动、起保停、定时器等常用语句
4    注意对比两者的相关性和不同之处
5    *)
6
7   "线圈" := ("启动" OR "线圈") AND "停止";//起保停
```

图 6-1　行注释和段注释

特别注意，在 SCL 程序中所有符号都为英文字符。

**1．算术表达式**

在 SCL 中，数学运算指令如下所述（举例中的"Tag 1""Tag 2""Tag 3"均为整型或实型变量）。

（1）加法：使用符号"+"。

（2）减法：使用符号"-"。

（3）乘法：使用符号"*"。

（4）除法：使用符号"/"。

（5）除法取余数：使用符号"MOD"。

（6）幂运算：使用符号"**"，如"Tag1":="Tag 2"**"Tag 3";，意思是 Tag1 的值为 Tag 2 的 Tag 3 次方。

**2．关系表达式**

（1）等于：使用符号"="，如"Tag 1"="Tag 2";。

（2）小于：使用符号"<"，如"Tag 1"<"Tag 2";。

（3）小于等于：使用符号"<="，如"Tag 1"<="Tag 2";。

（4）大于：使用符号">"，如"Tag 1">"Tag 2";。

（5）大于等于：使用符号">="，如"Tag 1">="Tag 2";。

（6）不等于：使用符号"<>"，如"Tag 1"<>"Tag 2";。

**3．逻辑表达式**

在 SCL 中，逻辑运算指令如下所述（举例中的"Tag1""Tag 2""Tag 3"均为布尔量）。

（1）取反指令：使用"NOT"进行取反操作，如"Tag 1":= NOT "Tag 2";。

（2）与指令：使用"AND"或者"&"进行与操作，如"Tag 1":="Tag 2"AND"Tag 3";或者"Tag 1":="Tag 2"&"Tag_3";。

（3）或指令：使用"OR"进行或操作，如"Tag 1":="Tag 2"OR "Tag 3";。

（4）异或指令：使用"XOR"进行异或操作，如"Tag 1":="Tag 2"XOR "Tag 3";。

### 三、SCL 的赋值运算

赋值运算可以将一个表达式的值分配给一个变量。赋值表达式的左侧为变量，右侧为表达式的值。

函数名称也可以作为表达式。赋值运算将调用该函数，并返回其函数值，赋值给左侧的变量。

赋值运算的数据类型取决于左边变量的数据类型，右边表达式的数据类型必须与该数据类型一致。

赋值语句是 SCL 中常见的指令，其格式是一个冒号加一个等号，即":="。

常见的赋值运算有如下几种。

#### 1. 单赋值运算

执行单赋值运算时，仅将一个表达式或变量分配给单个变量，如

```
a := b;
```

常见的单赋值操作类型如下。

```
"MyTag1" := "MyTag2";           //变量赋值
"MyTag1" := "MyTag2" * "MyTag3";   //表达式赋值
"MyTag" := "MyFC"();            //调用一个函数，并将函数值赋给 "MyTag" 变量
#MyStruct.MyStructElement := "MyTag";  //将一个变量赋值给一个结构元素
#MyArray[2] := "MyTag";         //将一个变量赋值给一个 Array 元素
"MyTag" := #MyArray[1,4];       //将一个 Array 元素赋值给一个变量
#MyString[2] := #MyOtherString[5]; //将一个 String 元素赋值给另一个
//String 元素
```

#### 2. 多赋值运算

执行多赋值运算时，一个指令中可执行多个赋值运算，如

```
a := b := c;
```

此时，将执行以下操作：

```
b := c;
a := b;
```

#### 3. 组合赋值运算

执行组合赋值运算时，可在赋值运算中组合使用操作符"+"、"-"、"*"和"/"，如

```
a += b;
```

此时，将执行以下操作：

```
        a := a + b;
```

也可多次组合赋值运算,如

```
        a += b += c *= d;
```

此时,将按以下顺序执行赋值运算:

```
        c := c * d;
        b := b + c;
        a := a + b;
```

## 四、运算符和运算符的优先级

运算符可以将表达式连接在一起或相互嵌套。表达式的运算顺序取决于运算符的优先级和括号。基本原则如下所示。

(1)算术运算符优先于关系运算符,关系运算符优先于逻辑运算符。
(2)同等优先级运算符的运算顺序按照从左到右的顺序进行。
(3)赋值运算的计算按照从右到左的顺序进行。
(4)括号中运算的优先级最高。

SCL 运算符及其优先级一览表如表 6-1 所示。

表 6-1　SCL 运算符及其优先级一览表

| 类型 | 运算符 | 运算 | 优先级 |
| --- | --- | --- | --- |
| 算术表达式 | + | 一元加 | 2 |
| | - | 一元减 | 2 |
| | ** | 幂运算 | 3 |
| | * | 乘法 | 4 |
| | / | 除法 | 4 |
| | MOD | 模运算 | 4 |
| | + | 加法 | 5 |
| | - | 减法 | 5 |
| | +=、-=、*=、/= | 组合赋值运算 | 11 |
| 关系表达式 | < | 小于 | 6 |
| | > | 大于 | 6 |
| | <= | 小于等于 | 6 |
| | >= | 大于等于 | 6 |
| | = | 等于 | 7 |
| | <> | 不等于 | 7 |
| 逻辑表达式 | NOT | 取反 | 3 |
| | AND 或 & | 与运算 | 8 |
| | XOR | 异或运算 | 9 |
| | OR | 或运算 | 10 |

续表

| 类型 | 运算符 | 运算 | 优先级 |
|---|---|---|---|
| 引用表达式 | REF | 引用 | |
| | ^ | 取消引用 | 1 |
| | ?= | 赋值尝试 | 11 |
| 其他表达式 | ( ) | 括号 | 1 |
| | := | 赋值 | 11 |

## 【实施步骤】

### 一、SCL 的设置

在博途软件的菜单栏选择"选项"选项,再选择"设置"选项,在显示的"设置"窗口中,选择"PLC 编程"组,进行相应设置。SCL 的设置如图 6-2 所示。

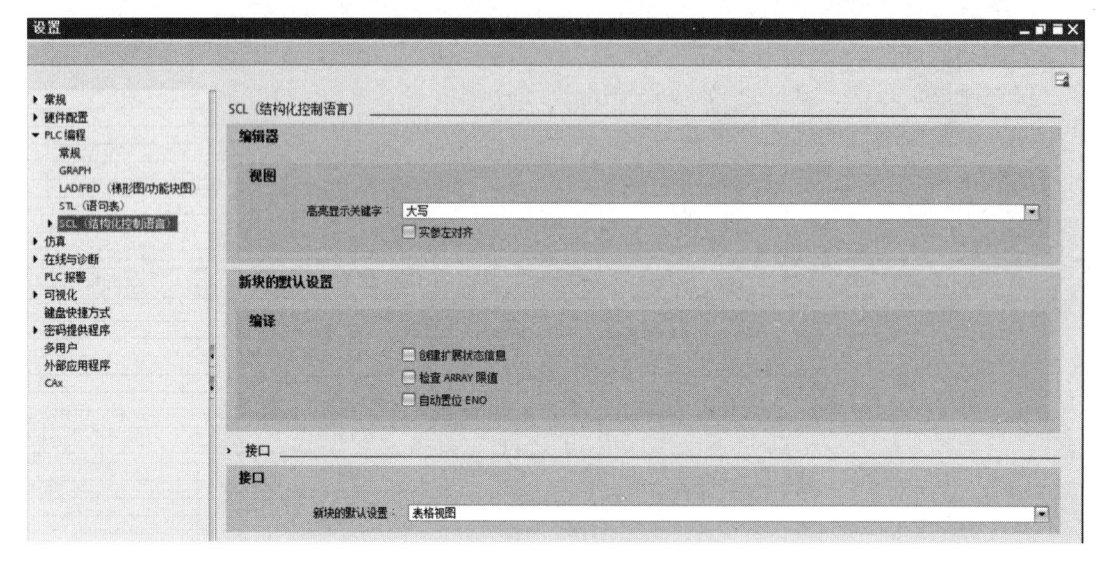

图 6-2 SCL 的设置

SCL 编辑器设置如表 6-2 所示。SCL 新块的默认设置如表 6-3 所示。

表 6-2 SCL 编辑器设置

| 组 | 设置 | 说明 |
|---|---|---|
| 视图 | 高亮显示关键字 | SCL 中表示关键字的标记,可以选择使用大小写字母或者与 Pascal 编程语言规定相应的表示法 |
| | 左对齐实参 | 将块调用中的实参左对齐,仅当选择"常规"→"脚本/文本编辑器"→"缩进"→"智能"选项时,才有效 |

表 6-3 SCL 新块的默认设置

| 组 | 设置 | 说明 |
|---|---|---|
| 编译 | 创建扩展状态信息 | 可以监视块中的所有变量。但是,使用此选项后,对程序存储器的要求及执行时间都会增加 |

续表

| 组 | 设置 | 说明 |
|---|---|---|
| 编译 | 检查 Array 的限值 | 在运行期间检查数组下标是否在 Array 声明的范围之内。如果数组的下标超出了所允许的范围，则将块的使能输出 ENO 置位为 0 |
| | 自动设置 ENO | 在运行期间检查某些指令是否在执行过程中出错。如果发生运行时错误，则块的使能输出 ENO 将置位为 0 |
| 块接口 | 块接口视图 | 定义新创建块的块接口显示为表格形式或文本形式 |
| S7-1200/1500 CPU：超出 Array 限值时，使能输出 ENO 不会置位为 FALSE。有关错误查询选项，请参见"寻址 Array 元素" ||| 

## 二、SCL 编辑窗口简介

图 6-3 所示为 SCL 编辑窗口，图中各区域的说明如下。

①：侧栏，在其中可以设置书签和断点。
②：行号，显示在程序代码的左侧。
③：轮廓视图，将突出显示相应的代码部分。
④：代码区，可对 SCL 程序进行编辑。
⑤：绝对操作数的显示，在此表格中列出了赋值给绝对地址的符号操作数。

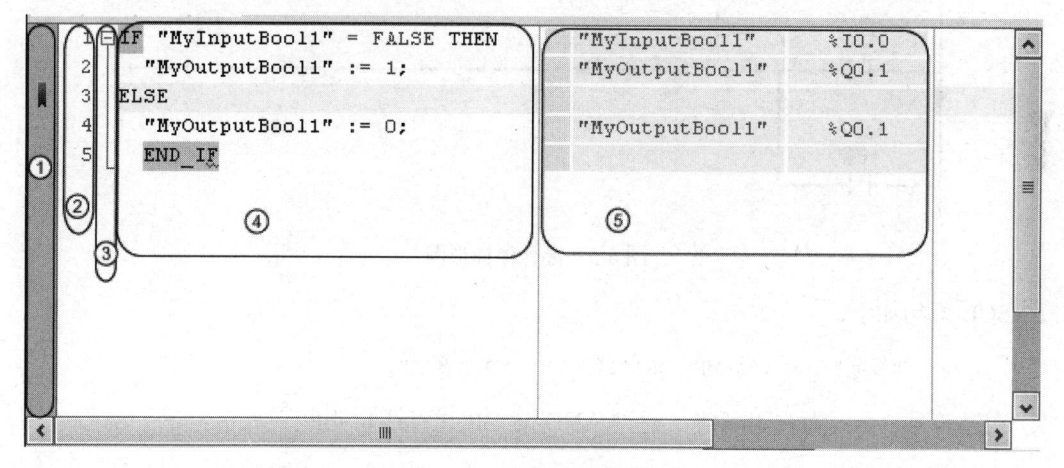

图 6-3　SCL 编辑窗口

在 SCL 中，大部分的指令都可以写成 SCL 形式，FC 块和 FB 的调用也可以写成 SCL 形式。当需要在 SCL 程序中引用指令时，先直接从指令资源卡中找到相应的指令，然后向程序中拖曳便可。需要调用 FB/FC 块时，可以先直接从项目树中找到相应的程序块，然后向程序中拖曳便可。

当一个指令或 FB/FC 块被放置到 SCL 程序中后，显示图 6-4 所示的将"块_1[FB1]"拖入 SCL 编辑窗口的画面。软件已经按照 SCL 格式，将该指令（或程序块）书写在程序中，并在需要添加接口参数的地方进行了提示。在图 6-4 中，接口参数的名称用浅灰字体写出，后方赋值了默认值"false"（对应新建背景数据块中的默认值），该值以粉红色为背景，提示用户此处可以更改为需要连接的变量。双击"false"字样，光标会覆盖整个"false"字样，然后直接写入新的变量便可。

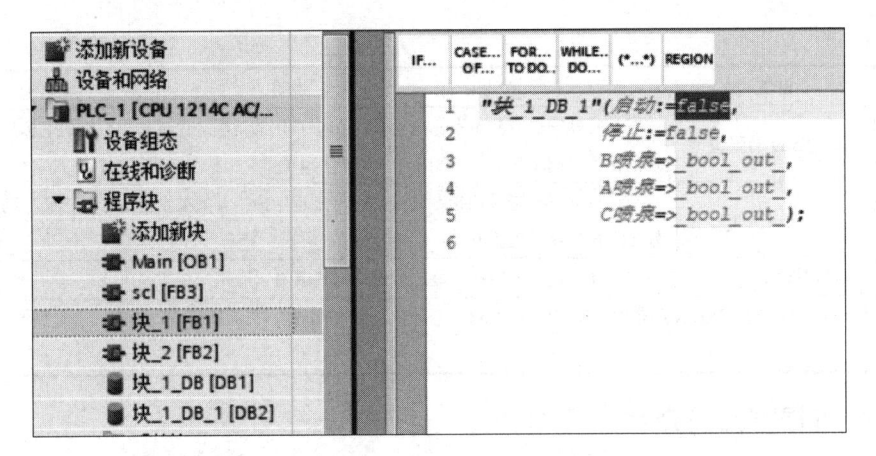

图 6-4 将"块_1[FB1]"拖入 SCL 编辑窗口的画面

## 三、常用指令的梯形图和 SCL 比较

### 1. 起保停

起保停梯形图如图 6-5 所示。

图 6-5 起保停梯形图

SCL 语句如下：

"线圈" := ("启动" OR "线圈") AND "停止";

通过符号":="为线圈赋值，通过 AND 与 OR 进行逻辑判断。

### 2. 置位

置位梯形图如图 6-6 所示。

图 6-6 置位梯形图

SCL 语句如下：

```
IF "启动" THEN
"线圈" := 1;
END_IF;
```

### 3. 点动

点动梯形图如图 6-7 所示。

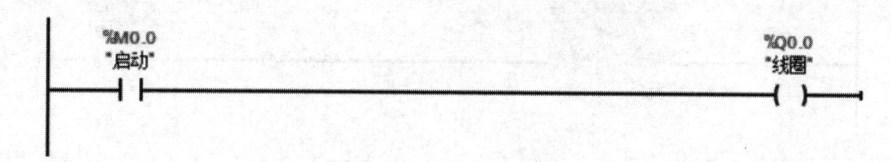

图 6-7 点动梯形图

SCL 语句如下：

```
IF "启动" THEN
  "线圈" := 1;
ELSE
  "线圈" := 0;
END_IF;
```

可以明显看出，在点动控制上梯形图和 SCL 有很大的区别，SCL 条件为 TRUE 时的操作是将变量置位，必须添加 ELSE 对变量执行复位操作，才能完成点动功能。

### 4. 生成脉冲

生成脉冲梯形图如图 6-8 所示。

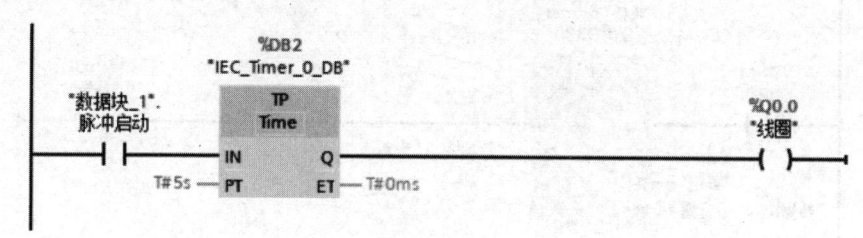

图 6-8 生成脉冲梯形图

SCL 语句如下：

```
"IEC_Timer_0_DB".TP(IN:="数据块_1".脉冲启动,
        PT:=T#5s,
        Q=>"数据块_1".TP_Q
        ET=>"数据块_1".TON_ET);
IF "数据块_1".TP_Q THEN
  "线圈" := 1;
ELSE
  "线圈" := 0;
END_IF;
```

### 5. 通电延时

通电延时梯形图如图 6-9 所示。

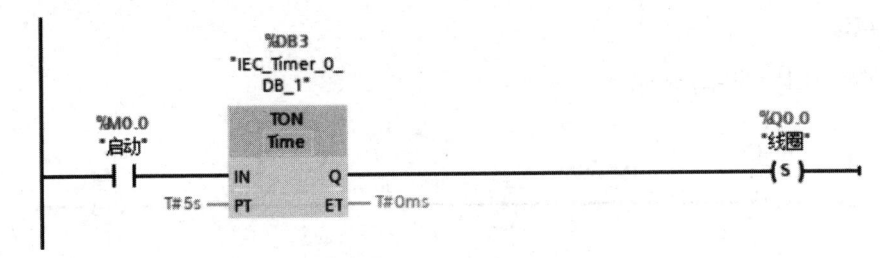

图 6-9　通电延时梯形图

SCL 语句如下：

```
"IEC_Timer_0_DB_1".TON(IN:="启动",
            PT:=T#5s,
            Q=>"数据块_1".TON_Q,
            ET=>"数据块_1".TON_ET);
IF "数据块_1".TON_Q THEN
"线圈" := TRUE;
END_IF;
```

### 6. 加计数

加计数梯形图如图 6-10 所示。

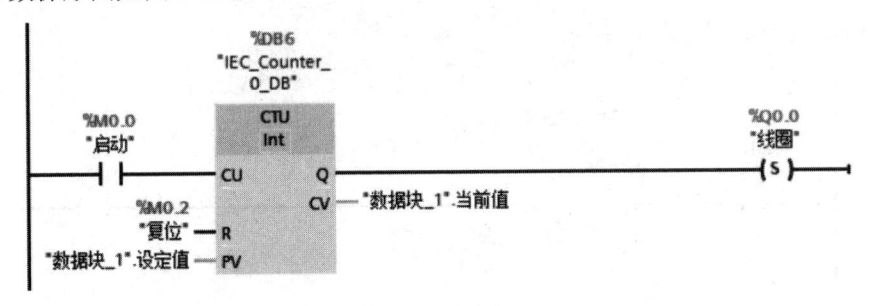

图 6-10　加计数梯形图

SCL 语句如下：

```
"IEC_Counter_0_DB".CTU(CU:="启动",
            R:="复位",
            PV:="数据块_1".设定值,
            Q=>"数据块_1".CTU_Q,
            CV=>"数据块_1".当前值);
IF "数据块_1".CTU_Q THEN
"线圈" := TRUE;
END_IF;
```

### 7. 模拟量缩放与标准化

模拟量缩放与标准化梯形图如图 6-11 所示。

图 6-11 模拟量缩放与标准化梯形图

SCL 语句如下：

"数据块_1".标准化后模拟量 := NORM_X(MIN := 0.0, VALUE := "数据块_1".模拟量输入值, MAX := 27648);  //传感器标准化比例因子

"数据块_1".缩放后值 := SCALE_X(MIN := 0.0, VALUE := "数据块_1".标准化后模拟量, MAX := 100.0);  //传感器实际值

由上面几个例子可以看出，对于简单功能，SCL 对于梯形图并不具有明显优势，甚至在某些情况下更为烦琐，但在程序变得复杂之后，SCL 的优势便明显了。

# 项目 6.2　SCL 抢答系统设计编程

【项目目标】

（1）掌握 SCL 的条件执行指令。
（2）掌握 SCL 的创建多路分支指令。
（3）能使用 SCL 的条件执行指令编写控制程序。

【项目分析】

抢答系统包含 4 组抢答器，各有 1 个抢答按钮和 1 个指示灯；1 个主持人台，含开始按钮、复位按钮、抢答指示灯和警告指示灯。在抢答进行中，如果主持人按下开始按钮，则 4 位选手开始抢答，与此同时，抢答指示灯亮提示抢答，抢先按下抢答按钮的选手的抢答器指示灯亮，其他选手的抢答按钮不起作用；如果主持人未按下开始按钮就有选手抢答，则认为犯规，犯规选手的抢答器指示灯亮，主持人台的警告指示灯闪亮；当主持人按下开始按钮进行倒计时，若在 10s 内仍无人抢答，则警告指示灯常亮，此后不能再有选手抢答；无论何种情况，只要主持人按下复位按钮，系统就会回到初始状态。抢答系统结构示意图如图 6-12 所示。试用 SCL 进行编程。

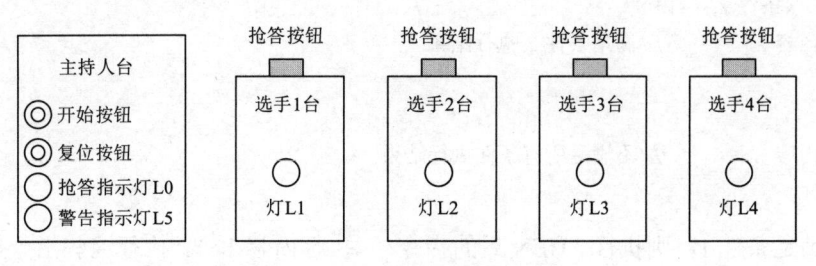

图 6-12　抢答系统结构示意图

## 【相关知识】

### 一、条件执行指令

使用条件执行(IF)指令,可以根据条件控制程序流的分支。条件是结果为布尔值(TRUE 或 FALSE)的表达式,可以将逻辑表达式或比较表达式作为条件。执行该指令时,将对指定的表达式进行运算。如果表达式的值为 TRUE,则表示满足该条件;如果表达式的值为 FALSE,则表示不满足该条件。

#### 1. IF…THEN…END_IF 结构

结构格式如下:

```
IF <条件> THEN
<执行内容>        //满足条件执行结果
END_IF;
```

如果满足 IF 条件,则将执行 THEN 后编写的指令。如果不满足 IF 条件,则程序将从 END_IF 后的下一条指令开始继续执行。

#### 2. IF…THEN…ELSE…END_IF 结构

结构格式如下:

```
IF <条件> THEN
<执行内容 1>      //满足条件执行结果
ELSE
<执行内容 2>      //不满足条件执行结果
END_IF;
```

如果满足 IF 条件,则将执行 THEN 后编写的指令。如果不满足 IF 条件,则将执行 ELSE 后编写的指令。之后程序将从 END_IF 后的下一条指令开始继续执行。

#### 3. IF…THEN…ELSEIF……THEN…ENDIF 结构

结构格式如下:

```
IF <条件 1> THEN
<执行内容 1>      //满足条件 1 执行结果
ELSIF <条件 2> THEN
<执行内容 2>      //满足条件 2 执行结果
……
ELSE
<执行内容 n>      //不满足所有条件执行结果
END_IF;
```

如果满足条件 1,则执行 THEN 后的指令(<执行内容 1>)。执行这些指令后,程序将从 END_IF 后继续执行。

如果不满足条件 1，则将检查是否满足条件 2。如果满足条件 2，则将执行 THEN 后的指令（<执行内容 2>）。执行这些指令后，程序将从 END_IF 后继续执行。

如果不满足任何条件，则先执行 ELSE 后的指令（<执行内容 n>），再执行 END_IF 后的程序部分。

**4．IF 的嵌套结构**

IF 语句也可以嵌套，在使用嵌套时需要注意嵌套逻辑，要求逻辑明确，不然嵌套会适得其反。

**例 6-1**：IF 嵌套结构应用举例。

```
IF #启动1 THEN
    IF #启动2 THEN
        IF #启动3 THEN
            #线圈3 := 1;
        ELSE
            #线圈3 := 0;
        END_IF;
        #线圈2 := 1;
    ELSE
        #线圈2 := #线圈3 := 0;
    END_IF;
    #线圈1:=1;
ELSE
    #线圈1 := #线圈2 := #线圈3 := 0;
END_IF;
```

IF 嵌套对应的梯形图如图 6-13 所示。

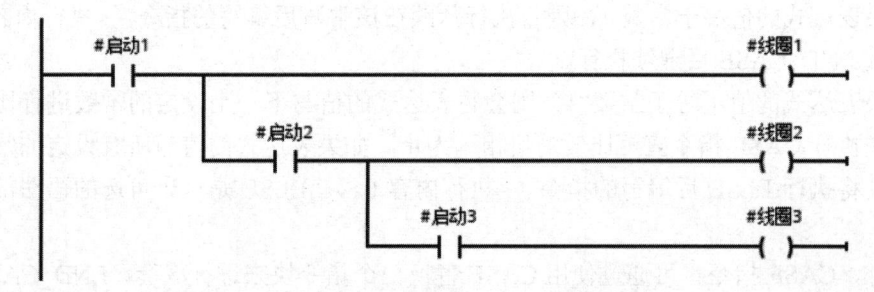

图 6-13 IF 嵌套对应的梯形图

不使用 IF 嵌套结构，上述逻辑可以表述如下。

```
IF #启动1 THEN
        #线圈1 := 1;
    ELSE
        #线圈1 := 0;
```

```
END_IF;
IF #启动1 AND #启动2 THEN
        #线圈2 := 1;
    ELSE
        #线圈2 := 0;
END_IF;
IF #启动1 AND #启动2 AND #启动3 THEN
        #线圈3 := 1;
    ELSE
        #线圈3 := 0;
END_IF;
```

## 二、创建多路分支指令

使用创建多路分支（CASE）指令，可以根据表达式的值执行多个指令序列中的一个。

表达式的值必须为整数。执行该指令时，会将表达式的值与多个常数的值进行比较，如果表达式的值等于某个常数的值，则将执行紧跟在该常数后编写的指令。常数可以为以下值：整数（如5）、整数范围（如15～20）、由整数和范围组成的枚举（如10、11、15～20）。

CASE 指令的结构如下：

```
CASE <表达式> OF
<常数1>: <执行内容1>;
<常数2>: <执行内容2>;
    ……
<常数n>: <执行内容n>;
ELSE <执行内容0>;
END_CASE;
```

如果表达式的值等于常数1，则将执行紧跟在该常数后编写的指令（<执行内容1>）。程序将从 END_CASE 后继续执行。

如果表达式的值不等于常数1，则会将表达式的值与下一个设定的常数进行比较。以这种方式执行 CASE 指令直至比较的值相等为止。如果表达式的值与所有设定的常数均不相等，则将执行 ELSE 后编写的指令（<执行内容0>）。ELSE 是一个可选的语法部分，可以省略。

此外，CASE 指令也可通过使用 CASE 替换一个指令块来进行嵌套。END_CASE 表示 CASE 指令结束。

**例 6-2**：CASE 指令应用举例。

```
CASE "数据块_1".判断值 OF
    1://"数据块_1".判断值等于1，执行之后的指令
        "数据块_1".编号 := 11;
        "数据块_1".信息 := 'aa';
```

```
    2: //"数据块_1".判断值等于 2，执行之后的指令
        "数据块_1".编号 := 22;
        "数据块_1".信息 := 'bb';
    3..6: //"数据块_1".判断值在 3 到 6 之间，执行之后的指令
        "数据块_1".编号 := 33;
        "数据块_1".信息 := 'cc';
    7,8: //"数据块_1".判断值等于 7 或 8，执行之后的指令
        "数据块_1".编号 := 44;
        "数据块_1".信息 := 'dd';
    ELSE//"数据块_1".判断值都不等于以上值，执行之后的指令
        "数据块_1".编号 := 55;
        "数据块_1".信息 := 'ee';
END_CASE;
```

## 【实施步骤】

### 一、控制方案的确定

抢答系统可以分为以下几个流程。

- 正常抢答：主持人按下开始按钮 SF1，抢答指示灯 L0 亮，进行倒计时，在 10s 内，抢先按下抢答按钮的选手的抢答器指示灯亮，其他选手的抢答按钮不起作用。
- 抢答超时：主持人按下开始按钮 SF1，抢答指示灯 L0 亮，进行倒计时，若在 10s 内无人抢答，则警告指示灯 L5 常亮，此后不能再有选手抢答。
- 犯规：主持人未按下开始按钮 SF1 就有选手抢答，该选手的抢答器指示灯亮，并且主持人台的警告指示灯 L5 闪亮。
- 复位：主持人按下复位按钮 SF2，系统回到初始状态。

### 二、PLC 选择和 I/O 点分配

基于上述分析可知，按钮开关输入量有 6 个，输出为 6 个指示灯，可选用 CPU 1214 AC/DC/RLY PLC 组建控制系统。

抢答系统 I/O 点分配如表 6-4 所示，抢答系统 PLC 外围控制电路如图 6-14 所示。

表 6-4 抢答系统 I/O 点分配

| 序号 | 符号 | 功能描述 | 序号 | 符号 | 功能符号 |
|---|---|---|---|---|---|
| 1 | I0.0 | 开始按钮 | 7 | Q0.0 | 抢答指示灯 L0 |
| 2 | I0.1 | 复位按钮 | 8 | Q0.1 | 1 号指示灯 L1 |
| 3 | I0.2 | 1 号抢答按钮 | 9 | Q0.2 | 2 号指示灯 L2 |
| 4 | I0.3 | 2 号抢答按钮 | 10 | Q0.3 | 3 号指示灯 L3 |
| 5 | I0.4 | 3 号抢答按钮 | 11 | Q0.4 | 4 号指示灯 L4 |
| 6 | I0.5 | 4 号抢答按钮 | 12 | Q0.5 | 警告指示灯 L5 |

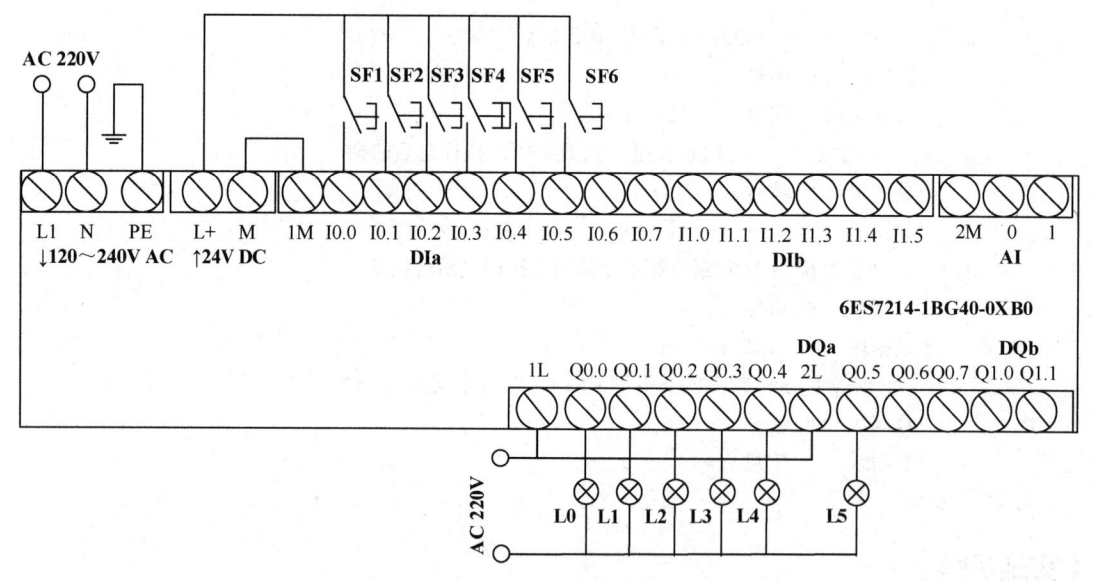

图 6-14 抢答系统 PLC 外围控制电图

## 三、编写 SCL 控制程序

根据抢答系统的控制要求，首先添加 PLC 变量，抢答系统 PLC 变量表如图 6-15 所示。

图 6-15 抢答系统 PLC 变量表

新建函数块（FB1），设定内部数据，抢答系统函数块内部数据如图 6-16 所示。
编写 SCL 程序，如下所示。

```
//复位，将输出点清零
  IF #复位 THEN
    #L1 := 0;
    #L2 := 0;
    #L3 := 0;
    #L4 := 0;
    #L5 := 0;
    #L6 := 0;
```

```
        #开始抢答标志 := 0;
        #抢答完成标志 := 0;
        #无人抢答标志 := 0;
        #提前抢答标志 := 0;
        RESET_TIMER(#T[0]);
    END_IF;
    //启动
    IF #开始 THEN
        #开始抢答标志 := 1;
    END_IF;
    //启动延时 10s
    #T[0].TON(IN := #开始抢答标志 & NOT #抢答完成标志 ,
                        PT := T#10s,
                        ET => #当前时间);
    IF #开始抢答标志 & NOT #提前抢答标志 THEN
        #L5 := 1;
    END_IF;
    //第 1 路抢答器
    IF #开始抢答标志 & #S1 & NOT #抢答完成标志 & NOT #无人抢答标志 & NOT #提前抢答标
志 THEN
        #抢答完成标志 := 1;
        #L1 := 1;
    END_IF;
    //第 2 路抢答器
    IF #开始抢答标志 & #S2 & NOT #抢答完成标志 & NOT #无人抢答标志 & NOT #提前抢答标
志 THEN
        #抢答完成标志 := 1;
        #L2 := 1;
    END_IF;
    //第 3 路抢答器
    IF #开始抢答标志 & #S3 & NOT #抢答完成标志 & NOT #无人抢答标志 & NOT #提前抢答标
志 THEN
        #抢答完成标志 := 1;
        #L3 := 1;
    END_IF;
    //第 4 路抢答器
    IF #开始抢答标志 & #S4 & NOT #抢答完成标志 & NOT #无人抢答标志 & NOT #提前抢答标
志 THEN
        #抢答完成标志 := 1;
        #L4 := 1;
    END_IF;
    //如果超时，无人抢答标志为 1，警告指示灯 L5 常亮
    IF #T[0].Q & NOT #抢答完成标志 THEN
```

```
        #无人抢答标志 := 1;
        #L6 := 1;
    END_IF;
//提前抢答,选手指示灯亮,警告指示灯 L5 闪亮
IF NOT #开始抢答标志 & #S1  THEN
    #L1 := 1;
    #提前抢答标志 := 1;
END_IF;
IF  NOT #开始抢答标志 & #S2 THEN
    #L2 := 1;
    #提前抢答标志 := 1;
END_IF;
IF  NOT #开始抢答标志 & #S3  THEN
    #L3 := 1;
    #提前抢答标志 := 1;
END_IF;
IF  NOT #开始抢答标志 & #S4 THEN
    #L4 := 1;
    #提前抢答标志 := 1;
END_IF;
IF #提前抢答标志 THEN
    #L6 := "Clock_1Hz";
END_IF;
```

| | 名称 | 数据类型 | 默认值 | 保持 | 可从 HMI/... | 从 H... | 在 HMI ... | 设定值 |
|---|---|---|---|---|---|---|---|---|
| 1 | ▼ Input | | | | | | | |
| 2 | 开始 | Bool | false | 非保持 | ☑ | ☑ | ☑ | ☐ |
| 3 | 复位 | Bool | false | 非保持 | ☑ | ☑ | ☑ | ☐ |
| 4 | S1 | Bool | false | 非保持 | ☑ | ☑ | ☑ | ☐ |
| 5 | S2 | Bool | false | 非保持 | ☑ | ☑ | ☑ | ☐ |
| 6 | S3 | Bool | false | 非保持 | ☑ | ☑ | ☑ | ☐ |
| 7 | S4 | Bool | false | 非保持 | ☑ | ☑ | ☑ | ☐ |
| 8 | ▼ Output | | | | | | | |
| 9 | L1 | Bool | false | 非保持 | ☑ | ☑ | ☑ | ☐ |
| 10 | L2 | Bool | false | 非保持 | ☑ | ☑ | ☑ | ☐ |
| 11 | L3 | Bool | false | 非保持 | ☑ | ☑ | ☑ | ☐ |
| 12 | L4 | Bool | false | 非保持 | ☑ | ☑ | ☑ | ☐ |
| 13 | L5 | Bool | false | 非保持 | ☑ | ☑ | ☑ | ☐ |
| 14 | L6 | Bool | false | 非保持 | ☑ | ☑ | ☑ | ☐ |
| 15 | 当前时间 | Time | T#0ms | 非保持 | ☑ | ☑ | ☑ | ☐ |
| 16 | ▼ InOut | | | | | | | |
| 17 | <新增> | | | | | | | |
| 18 | ▼ Static | | | | | | | |
| 19 | 开始抢答标志 | Bool | false | 非保持 | ☑ | ☑ | ☑ | ☐ |
| 20 | ▶ T | Array[0..1] of TON_... | | 非保持 | ☑ | ☑ | ☑ | ☐ |
| 21 | 抢答完成标志 | Bool | false | 非保持 | ☑ | ☑ | ☑ | ☑ |
| 22 | 抢答时间到 | Bool | false | 非保持 | ☑ | ☑ | ☑ | ☐ |
| 23 | 无人抢答标志 | Bool | false | 非保持 | ☑ | ☑ | ☑ | ☐ |
| 24 | 提前抢答标志 | Bool | false | 非保持 | ☑ | ☑ | ☑ | ☐ |
| 25 | ▼ Temp | | | | | | | |
| 26 | <新增> | | | | | | | |
| 27 | ▼ Constant | | | | | | | |
| 28 | <新增> | | | | | | | |

图 6-16  抢答系统函数块内部数据

将函数块 FB1 拖入 OB1，将 I/O 变量分配给 FB1，抢答系统 OB1 组织块如图 6-17 所示。

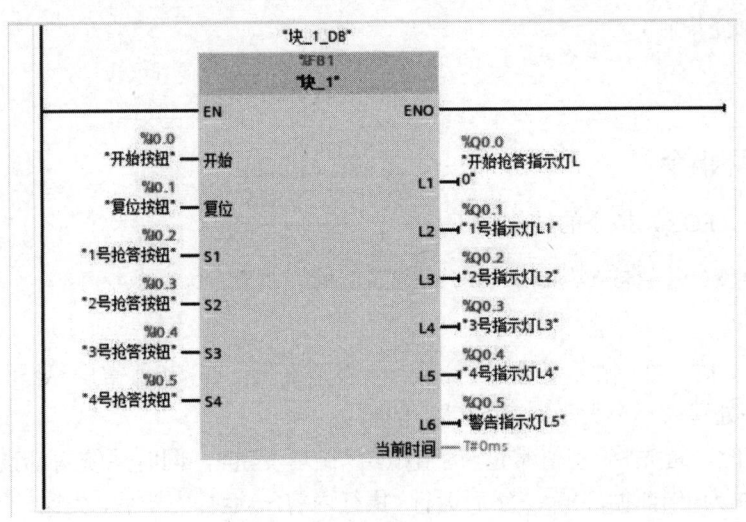

图 6-17 抢答系统 OB1 组织块

## 四、调试

调试时，断开主电路，只对控制电路进行调试。将编制好的程序下载到控制 PLC 中，借助于 PLC 输入口、输出口的指示灯，观察 PLC 的输出逻辑是否正确，如果有错误，则修改后反复调试，直至完全正确。最后，接通主电路，试运行。

## 五、整理技术文件，填写工作页

系统完成后一定要及时整理技术文件并填写工作页，以便日后使用。

# 项目 6.3　SCL 霓虹灯系统设计编程

【项目目标】

（1）掌握 SCL 的计数循环指令。
（2）掌握 SCL 的满足条件执行指令。
（3）掌握 SCL 常用的程序控制指令。
（4）能使用 SCL 的循环指令编写控制程序。

【项目分析】

霓虹灯系统有 3 个灯，分别为 A 灯、B 灯、C 灯，有启动按钮和停止按钮各一个。启动按钮被按下后，按照预定程序顺序控制各个灯的亮灭，完成整个控制动作后，循环之前的动作。直到按下停止按钮，待整个动作结束后才停止。

很明显，这是一个典型的顺序控制过程。博途软件中的 S7-Graph 语言是一种针对顺序控制的图形程序设计法，但仅支持 S7-300/400/1500 PLC，不支持 S7-1200 PLC，在此将采用 SCL 实现顺序控制。

# 【相关知识】

## 一、计数循环指令

计数循环（FOR）指令的结构如下：

FOR <循环变量>:=<初值常量> TO <终值常量> BY <增量> DO <执行内容>
END_FOR;

使用该指令时，在<循环变量>处写入一个整型变量，在<初值常量>处写入一个整数，在<终值常量>处写入一个大于<初值常量>的整数。

程序运行时，首先将<初值常量>的值赋给<循环变量>，同时系统内部也会记录下<初值常量>的值作为<当前循环值>，然后运行<执行内容>。运行完毕后，先比较<当前循环值>和<终值常量>，如果<当前循环值>大于等于<终值常量>，就退出循环，该指令运行完毕，否则将<当前循环值>加上<增量>的结果同时赋值给<当前循环值>和<循环变量>，然后重新运行指令组，运行完后继续判断，如此反复直至达到"大于等于"的条件而退出循环。整个结构运行规则可总结为：先判断，大于等于则结束，否则累加再运行。

**注意**：BY<增量>可以不写，若不写则默认<增量>为 1。如果<初值常量>大于<终值常量>，则<增量>为负数，终止条件也相应变为"小于等于"。

例 6-3：FOR 循环应用举例。

```
#A:=0;
FOR #i:=0 to 3 DO
    #A+=2;
END_FOR;
```

首先 i 赋值为 0，<当前循环值>也赋值为 0，运行 A+=2（第一次运行），结果 A=2。然后判断，此时<当前循环值>为 0，小于 3，所以将<当前循环值>加 1，<当前循环值>变为 1，同时将此值赋给 i，则 i 也为 1，重新运行 A+=2（第二次运行），结果 A=4。

然后判断，此时<当前循环值>为 1，小于 3，所以将<当前循环值>加 1，<当前循环值>变为 2，同时将此值赋给 i，则 i 也为 2，重新运行 A+=2（第三次运行），结果 A=6。然后判断，此时<当前循环值>为 2，小于 3，所以将<当前循环值>加 1，<当前循环值>变为 3，同时将此值赋给 i，则 i 也为 3，重新运行 A+=2（第四次运行），结果 A=8。然后判断，此时<当前循环值>为 3，等于 3，结束循环结构。整个循环结束后，A 的值为 8。

这样指令组共运行了 4 次，次数与"Tag1"（循环变量）中值的关系如下。

第一次运行时，i 的值为 0。
第二次运行时，i 的值为 1。

第三次运行时，i 的值为 2。
第四次运行时，i 的值为 3。
i 值的变化正好与 FOR 语句中的 "0 to 3" 对应一致。

另外，在整个循环过程中，循环的判断和循环值的递增使用的是系统内部变量，也就是说<执行内容>中如果改写了循环变量的值（本例中的 i），并不影响整个循环的次数和运行。

## 二、满足条件执行指令

满足条件执行（WHILE）指令的结构如下：

```
WHILE <条件表达式> DO
    <执行内容>
END_WHILE;
```

先进行判断，如果<条件表达式>不满足条件，则立刻结束这个结构。如果<条件表达式>满足条件，则执行<执行内容>。执行完成后，继续判断<条件表达式>，如果<条件表达式>满足条件，则再次执行<执行内容>。如此往复，直至<条件表达式>不满足条件（结束这个结构）。

WHILE 指令与 FOR 指令相比，没有明确的循环次数，是否循环取决于条件是否满足，满足则继续循环，不满足则退出。

## 三、不满足条件执行指令

不满足条件执行（REPEAT）指令的结构如下：

```
REPEAT <执行内容>;
UNTIL <条件表达式> END_REPEAT;
```

REPEAT 指令可以重复执行程序循环，直至不满足<条件表达式>为止。执行该指令时，将对<条件表达式>进行运算，如果表达式的值为 TRUE，则表示满足该条件；如果表达式的值为 FALSE，则表示不满足该条件。即使满足终止条件，此指令也执行一次。

REPEAT 指令可以嵌套程序循环。在程序循环内，可以编写包含其他运行变量的其他程序循环。

## 四、其他程序控制指令

### 1. 复查循环条件指令

可以在循环体内部使用复查循环条件（CONTINUE）指令，其功能是立刻结束本次循环的运行，直接进入下一个循环。

例 6-4：CONTINUE 指令应用举例。

```
FOR #i := 1 TO 15 BY 2 DO
    IF (#i < 5) THEN
        CONTINUE;
```

```
    END_IF;
"DB10".Test[#i] := 1;
END_FOR;
```

在此程序中，如果满足条件 i < 5，则不执行后续值分配（即"DB10".Test[#i] := 1;）。运行变量 i 以增量 2 递增，检查其当前值是否在设定的取值范围内，如果当前值在取值范围内，则将再次计算 IF 的条件。

如果不满足条件 i < 5，则将执行后续值分配（"DB10".Test[#i] := 1;），并开始一个新循环。在这种情况下，执行变量也会以增量 2 进行递增并接受检查。

### 2．立即退出循环指令

可以在循环体内部使用立即退出循环（EXIT）指令，其功能是立刻结束整个循环结构。

**例 6-5**：EXIT 指令应用举例。

```
FOR #i := 15 TO 1 BY -2 DO
    IF (#i < 5)
        THEN EXIT;
    END_IF;
    "DB10".Test[#i] := 1;
END_FOR;
```

在此程序中，如果满足条件 i < 5，则将取消循环执行。程序将从 END_FOR 后继续执行。

如果不满足条件 i < 5，则将执行后续值分配（"DB10".Test[#i] :=1;）并开始一个新循环。将运行变量 i 以-2 进行递减，并检查该变量的当前值是否在程序设定的取值范围内，如果当前值在取值范围内，则将再次计算 IF 的条件。

### 3．跳转指令

在程序中可以添加标签，添加的方法是先在指令前写一个标签名称，然后打上"："，即冒号。使用跳转（GOTO）指令时，后面添加一个标签名称（已在本程序块中定义）。执行该指令时，程序将直接跳转至标签所在行执行（标签所在行的指令）。

在一个程序块中，可以定义多个标签，但是标签名称不能重复。一个标签可以被不同位置的 GOTO 指令多次指向。GOTO 指令不能将程序从循环体外跳转至循环体内，但可以在循环体内跳转，也可以从循环体内向循环体外跳转。因此，在编程过程中要慎用 GOTO 指令。

### 4．退出块指令

运行退出块（RETURN）指令后，将立刻结束该程序块，返回至其上一层的程序块中（调用它的那个 OB/FB/FC 块）。

## 【实施步骤】

### 一、控制方案的确定

霓虹灯系统的控制要求：按下启动按钮，A 灯亮 5s 后灭；接着 B 灯、C 灯同时亮 5s，后 B 灯灭；接着 C 灯灭 1s 亮 1s，持续 5 次；接着 A 灯、B 灯开始亮 5s 后灭 1s；接着 A 灯亮 2s 后灭，再 B 灯亮 2s 后灭，之后 C 灯亮 2s 后灭，如此重复 3 次；最后全体灭 5s。循环上述全部动作。按下停止按钮：待整个动作结束后才停止。

### 二、PLC 选择和 I/O 点分配

基于上述分析可知，按钮开关输入量有 2 个，输出为 3 个灯。可选用 CPU 1214 AC/DC/RLY PLC 组建控制系统。

霓虹灯系统 I/O 点分配如表 6-5 所示，霓虹灯系统 PLC 外围控制电路如图 6-18 所示。

表 6-5 霓虹灯系统 I/O 点分配

| 序号 | 符号 | 功能描述 | 序号 | 符号 | 功能描述 |
| --- | --- | --- | --- | --- | --- |
| 1 | I0.0 | 启动按钮 | 4 | Q0.1 | B 灯 |
| 2 | I0.1 | 停止按钮 | 5 | Q0.2 | C 灯 |
| 3 | Q0.0 | A 灯 | | | |

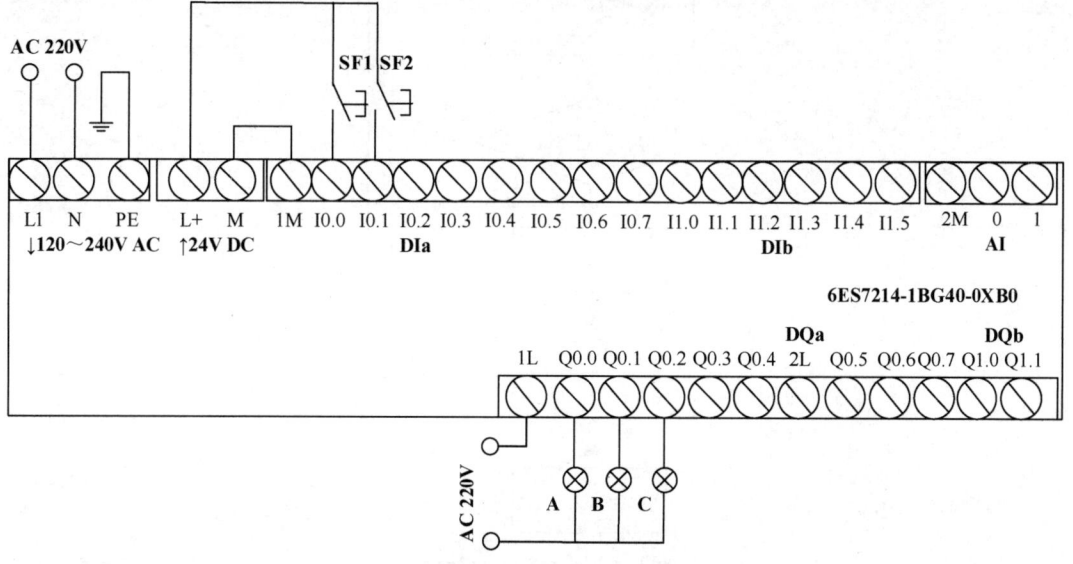

图 6-18 霓虹灯系统 PLC 外围控制电路

### 三、设计流程图

根据霓虹灯系统的控制要求，设计其流程图，如图 6-19 所示。

```
        ┌─────────┐
        │  启动   │
        └────┬────┘
             ▼
      ┌──────────────┐
      │ A灯亮5s后灭  │
      └──────┬───────┘
             ▼
   ┌────────────────────┐
   │ B灯、C灯亮5s后B灯灭│
   └──────┬─────────────┘
          ▼
     ┌──────────────┐
     │ C灯灭1s亮1s  │
     └──────┬───────┘
            ▼
         ◇是否持续5次◇──N──┐
            │Y            │
            ▼             │
   ┌──────────────────┐   │
   │ A灯、B灯亮5s灭1s │   │
   └──────┬───────────┘   │
          ▼               │
   ┌──────────────────┐   │
   │ A灯亮2s后灭，再  │   │
   │ B灯亮2s后灭，之  │   │
   │ 后C灯亮2s后灭    │   │
   └──────┬───────────┘   │
          ▼               │
       ◇是否重复3次◇──N──┘
          │Y
          ▼
     ┌──────────┐
     │ 全体灭5s │
     └────┬─────┘
          ▼
       ◇是否停止◇──N──→(回到启动)
          │Y
          ▼
     ┌──────────┐
     │ 全体灭5s │
     └──────────┘
```

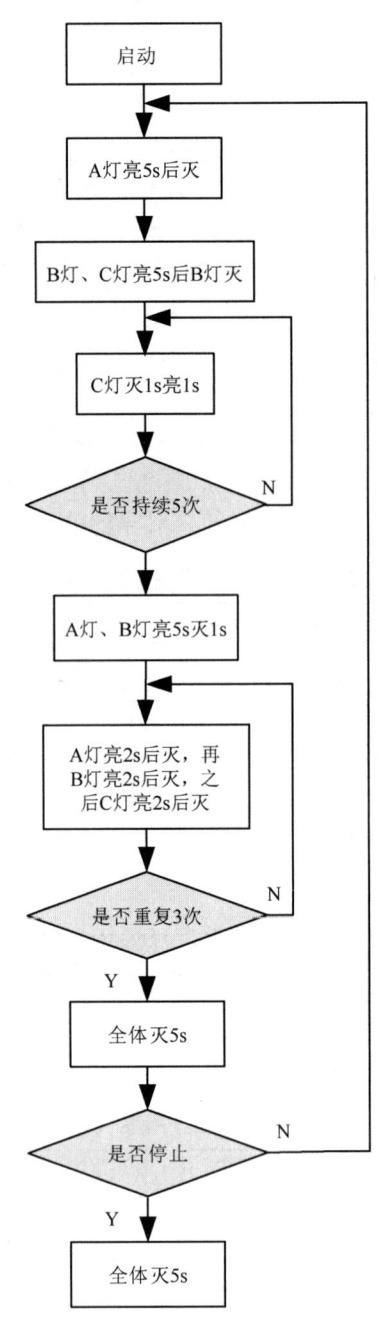

图 6-19 霓虹灯系统流程图

## 四、编写梯形图

新建函数块，其内部数据如图 6-20 所示。

霓虹灯系统梯形图如图 6-21 所示。

| | | 名称 | 数据类型 | 默认值 | 保持 | 可从 HMI/... | 从 H... | 在 HMI ... | 设定值 |
|---|---|---|---|---|---|---|---|---|---|
| 2 | ⬛ | 启动 | Bool | false | 非保持 | ☑ | ☑ | ☑ | ☐ |
| 3 | ⬛ | 停止 | Bool | false | 非保持 | ☑ | ☑ | ☑ | ☐ |
| 4 | ⬛ ▼ | Output | | | | ☐ | ☐ | ☐ | |
| 5 | ⬛ | A灯 | Bool | false | 非保持 | ☑ | ☑ | ☑ | ☐ |
| 6 | ⬛ | B灯 | Bool | false | 非保持 | ☑ | ☑ | ☑ | ☐ |
| 7 | ⬛ | C灯 | Bool | false | 非保持 | ☑ | ☑ | ☑ | ☐ |
| 8 | ⬛ ▼ | InOut | | | | ☐ | ☐ | ☐ | |
| 9 | ⬛ | <新增> | | | | | | | |
| 10 | ⬛ ▼ | Static | | | | | | | |
| 11 | ⬛ | 停止标志 | Bool | false | 非保持 | ☑ | ☑ | ☑ | ☐ |
| 12 | ⬛ | 流程 | Int | 0 | 非保持 | ☑ | ☑ | ☑ | ☐ |
| 13 | ⬛ ▶ | 启动上升沿 | R_TRIG | | | ☑ | ☑ | ☑ | ☐ |
| 14 | ⬛ ▶ | 停止上升沿 | R_TRIG | | | ☑ | ☑ | ☑ | ☑ |
| 15 | ⬛ ▶ | TA亮5s | TON_TIME | | 非保持 | ☑ | ☑ | ☑ | ☑ |
| 16 | ⬛ ▶ | TB亮5s | TON_TIME | | 非保持 | ☑ | ☑ | ☑ | ☑ |
| 17 | ⬛ ▶ | TC灭1s | TON_TIME | | 非保持 | ☑ | ☑ | ☑ | ☐ |
| 18 | ⬛ ▶ | TC亮1s | TON_TIME | | 非保持 | ☑ | ☑ | ☑ | ☐ |
| 19 | ⬛ ▶ | TAB亮5s | TON_TIME | | 非保持 | ☑ | ☑ | ☑ | ☐ |
| 20 | ⬛ ▶ | TAB灭1s | TON_TIME | | 非保持 | ☑ | ☑ | ☑ | ☐ |
| 21 | ⬛ ▶ | TA2s | TON_TIME | | 非保持 | ☑ | ☑ | ☑ | ☐ |
| 22 | ⬛ ▶ | TB2s | TON_TIME | | 非保持 | ☑ | ☑ | ☑ | ☐ |
| 23 | ⬛ ▶ | TC2s | TON_TIME | | 非保持 | ☑ | ☑ | ☑ | ☐ |
| 24 | ⬛ | 计数值1 | Int | 0 | 非保持 | ☑ | ☑ | ☑ | ☐ |
| 25 | ⬛ | 计数值2 | Int | 0 | 非保持 | ☑ | ☑ | ☑ | ☐ |
| 26 | ⬛ ▶ | 灭5s | TON_TIME | | 非保持 | ☑ | ☑ | ☑ | ☐ |
| 27 | ⬛ ▼ | Temp | | | | ☐ | ☐ | ☐ | |
| 28 | ⬛ | <新增> | | | | | | | |

图 6-20  函数块内部数据（1）

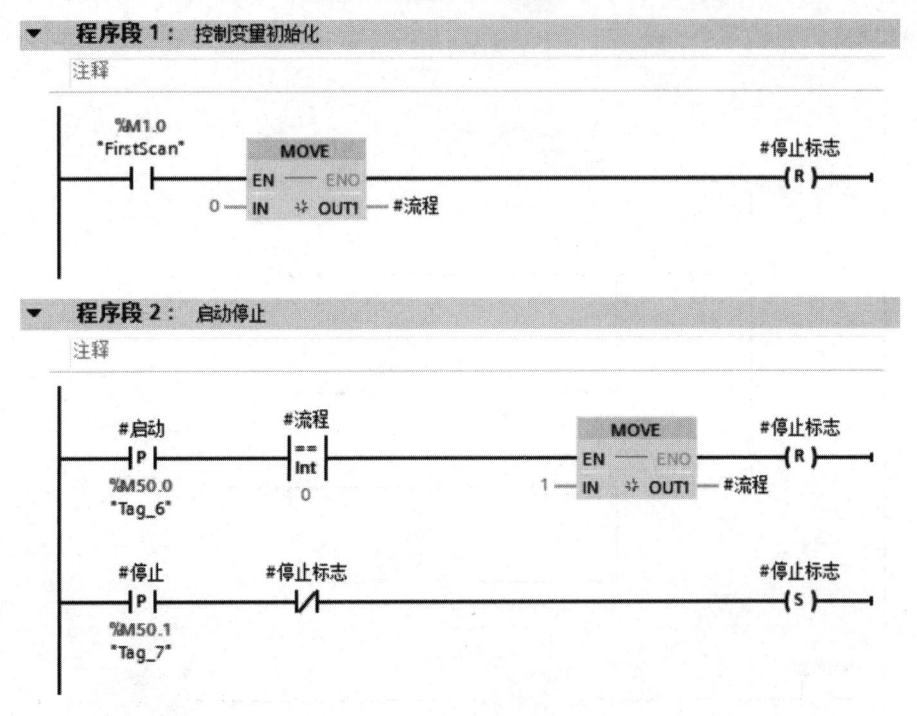

图 6-21  霓虹灯系统梯形图

图 6-21 霓虹灯系统梯形图（续）

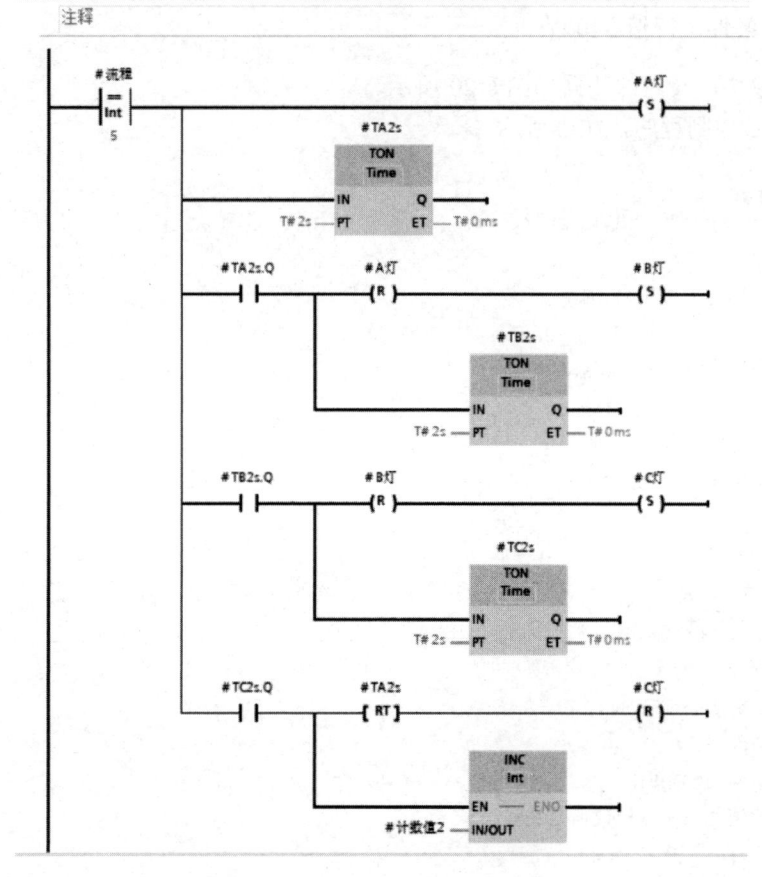

图 6-21 霓虹灯系统梯形图（续）

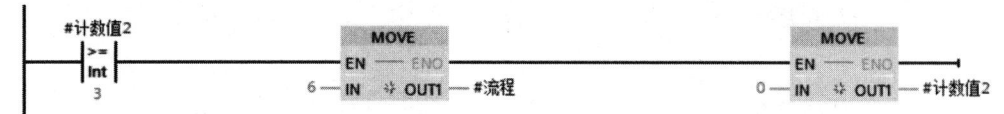

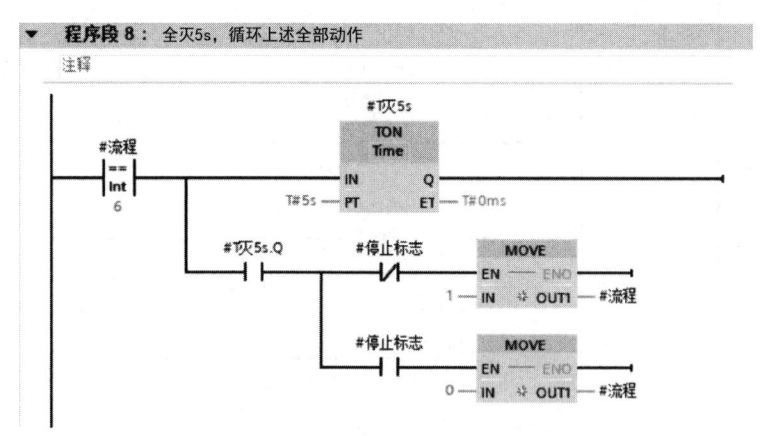

图 6-21 霓虹灯系统梯形图（续）

## 五、编写 SCL 控制程序

### 1. 使用条件执行指令编程

建立函数块，其内部数据如图 6-20 所示。

编写 SCL 控制程序，如下所示。

```
//初始化
IF "FirstScan" THEN
    #流程 := 0;
    #停止标志 := FALSE;
END_IF;
#启动上升沿(CLK := #启动);
#停止上升沿(CLK := #停止);
IF #停止上升沿.Q THEN
    #停止标志 := TRUE;
END_IF;

//A 灯亮 5s 后灭
IF #启动上升沿.Q AND #流程=0 THEN
    #流程 := 1;
    #停止标志:=FALSE;
END_IF;
IF #流程 = 1 THEN
    #计数值1 := #计数值2 := 0;
    #A 灯 := 1;
END_IF;
#TAB 亮 5s(IN:=#流程=1,
```

```
            PT:=T#5s);
IF #TAB亮5s.Q THEN
    #A灯 := 0;
    #流程 := 2;
END_IF;

//B灯、C灯同时亮5s后灭
IF #流程=2 THEN
    #B灯 := #C灯 := 1;
END_IF;
#TBC亮5s(IN:=#流程=2,
         PT:=T#5s);
IF #TBC亮5s.Q THEN
    #B灯 := #C灯 := 0;
    #流程 := 3;
END_IF;

//C灯灭1s亮1s，持续5次
#TC灭1s(IN := #流程 = 3,
        PT := T#1s);
IF #TC灭1s.Q THEN
    #C灯 := 1;
    #流程 := 4;
END_IF;
#TC亮1s(IN := #流程 = 4,
        PT := T#1s);
IF #TC亮1s.Q THEN
    #C灯 := 0;
    #计数值1 += 1;
END_IF;
IF #TC亮1s.Q AND #计数值1 < 5 THEN
    #流程 := 3;
ELSIF #TC亮1s.Q AND #计数值1 >= 5 THEN
    #流程 := 5;
END_IF;

//A灯、B灯亮5s灭1s
IF #流程 = 5 THEN
    #A灯 := #B灯 := 1;
END_IF;
#TAB亮5s(IN := #流程 = 5,
         PT := T#5s);
IF #TAB亮5s.Q THEN
```

```
        #A灯 := #B灯 := 0;
END_IF;
#TAB灭1s(IN := #TAB亮5s.Q,
        PT := T#1s);
IF #TAB灭1s.Q THEN
    #流程 := 6;
END_IF;

//A灯亮2s后灭,再B灯亮2s后灭,之后C灯亮2s后灭,重复3次
IF #流程 = 6 THEN
    #A灯 := 1;
END_IF;
#TA2s(IN := #流程 = 6,
      PT := T#2s);
IF #TA2s.Q THEN
    #A灯 := 0;
    #流程 := 7;
END_IF;
IF #流程=7 THEN
    #B灯 := 1;
END_IF;
#TB2s(IN := #流程 = 7,
      PT := T#2s);
IF #TB2s.Q THEN
    #B灯 := 0;
    #流程 := 8;
END_IF;
IF #流程 = 8 THEN
    #C灯 := 1;
END_IF;
#TC2s(IN := #流程 = 8,
      PT := T#2s);
IF #TC2s.Q THEN
    #C灯 := 0;
    #计数值2 += 1;
END_IF;
IF #TC2s.Q AND #计数值2 < 3 THEN
    #流程 := 6;
ELSIF #TC2s.Q AND #计数值2>=3 THEN
    #流程 := 9;
END_IF;

//全灭5s
```

```
    #T灭5s(IN := #流程 = 9,
         PT := T#5s);
IF #T灭5s.Q THEN
    #流程 := 10;
END_IF;

//循环
IF #流程=10 AND NOT #停止标志 THEN
    #流程 := 1;
ELSIF #流程=10 AND #停止标志 THEN
    #流程 := 0;
END_IF;
```

### 2. 使用满足条件执行指令和多路分支指令编程

新建函数块，其内部数据如图 6-22 所示。

| 名称 | 数据类型 | 默认值 | 保持 | 可从 HMI/... | 从 H... | 在 HMI ... | 设定值 |
|---|---|---|---|---|---|---|---|
| ▼ Input | | | | | | | |
| ■ 启动 | Bool | false | 非保持 | ☑ | ☑ | ☑ | ☐ |
| ■ 停止 | Bool | false | 非保持 | ☑ | ☑ | ☑ | ☐ |
| ▼ Output | | | | | | | |
| ■ B灯 | Bool | false | 非保持 | ☑ | ☑ | ☑ | ☐ |
| ■ A灯 | Bool | false | 非保持 | ☑ | ☑ | ☑ | ☐ |
| ■ C灯 | Bool | false | 非保持 | ☑ | ☑ | ☑ | ☐ |
| ▼ InOut | | | | | | | |
| ■ <新增> | | | | | | | |
| ▼ Static | | | | | | | |
| ■ 停止标志 | Bool | false | 非保持 | ☑ | ☑ | ☑ | ☐ |
| ■ 流程 | Int | 0 | 非保持 | ☑ | ☑ | ☑ | ☐ |
| ■ ▶ 启动上升沿 | R_TRIG | | | ☑ | ☑ | ☑ | ☐ |
| ■ ▶ 停止上升沿 | R_TRIG | | | ☑ | ☑ | ☑ | ☑ |
| ■ ▶ TA亮5s | TON_TIME | | 非保持 | ☑ | ☑ | ☑ | ☐ |
| ■ ▶ TBC亮5s | TON_TIME | | 非保持 | ☑ | ☑ | ☑ | ☐ |
| ■ ▶ TC灭1s | TON_TIME | | 非保持 | ☑ | ☑ | ☑ | ☐ |
| ■ ▶ TC亮1s | TON_TIME | | 非保持 | ☑ | ☑ | ☑ | ☐ |
| ■ ▶ TAB亮5s | TON_TIME | | 非保持 | ☑ | ☑ | ☑ | ☐ |
| ■ ▶ TAB灭1s | TON_TIME | | 非保持 | ☑ | ☑ | ☑ | ☐ |
| ■ ▶ TA2s | TON_TIME | | 非保持 | ☑ | ☑ | ☑ | ☐ |
| ■ ▶ TB2s | TON_TIME | | 非保持 | ☑ | ☑ | ☑ | ☐ |
| ■ ▶ TC2s | TON_TIME | | 非保持 | ☑ | ☑ | ☑ | ☐ |
| ■ 计数值1 | Int | 0 | 非保持 | ☑ | ☑ | ☑ | ☑ |
| ■ 计数值2 | Int | 0 | 非保持 | ☑ | ☑ | ☑ | ☐ |
| ■ ▶ 灭5s | TON_TIME | | 非保持 | ☑ | ☑ | ☑ | ☐ |
| ■ 运行标志 | Bool | false | 非保持 | ☑ | ☑ | ☑ | ☑ |
| ■ i | Int | 0 | 非保持 ▼ | ☑ | ☑ | ☑ | ☐ |
| ■ j | Int | 0 | 非保持 | ☑ | ☑ | ☑ | ☐ |
| ■ <新增> | | | | | | | |

图 6-22　函数块内部数据（2）

编写 SCL 控制程序，如下所示。

```
//初始化
IF "FirstScan" THEN
```

```
        #流程 :=#i:= 0;
        #运行标志 := #停止标志 :=  FALSE;
END_IF;

#启动上升沿(CLK := #启动);
#停止上升沿(CLK := #停止);
IF #停止上升沿.Q THEN
    #停止标志 := 1;
END_IF;
IF #启动上升沿.Q  AND  #流程=0 THEN
    #运行标志:=TRUE;
    #停止标志 := FALSE;
    #流程 := 1;
END_IF;

WHILE #运行标志 DO
    CASE #流程 OF
        1: //A灯亮5s后灭
            #A灯 := 1;
            #TAB亮5s(IN := #流程 = 1,
                PT := T#5s);
            IF #TAB亮5s.Q THEN
                #A灯 := 0;
                #流程 := 2;
            END_IF;
        2: //B灯、C灯同时亮5s后B灯灭
            #B灯 := #C灯 := 1;
            #TBC亮5s(IN := #流程 = 2,
                PT := T#5s);
            IF #TBC亮5s.Q THEN
                #B灯 := #C灯 := 0;
                #流程 := 3;
            END_IF;
        3: //C灯灭1s亮1s,持续5次
            #j := 1;
            WHILE #i<5 DO
                #TC灭1s(IN := #j = 1,
                    PT := T#1s);
                IF #TC灭1s.Q THEN
                    #C灯 := 1;
                    #j := 2;
                END_IF;
                #TC亮1s(IN := #j = 2,
```

```
                    PT := T#1s);
            IF #TC亮1s.Q THEN
                    #C灯 := 0;
                    #j := 1;
                    #i += 1;
            END_IF;
        END_WHILE;
        #i := 0;
        #流程 := 4;
4:  //A灯、B灯亮5s灭1s
        #A灯 := #B灯 := 1;
        #TAB亮5s(IN := #流程=4,
                PT := T#5s);
        IF #TAB亮5s.Q THEN
            #A灯 := #B灯 := 0;
        END_IF;
        #TAB灭1s(IN := #TAB亮5s.Q,
                PT := T#1s);
        IF #TAB灭1s.Q THEN
            #流程 := 5;
        END_IF;
5:  //A灯亮2s后灭，再B灯亮2s后灭，之后C灯亮2s后灭，重复3次
        #j := 1;
        WHILE #i<3 DO
            IF #j=1 THEN
                #A灯 := 1;
            END_IF;
            #TA2s(IN := #j = 1,
                    PT := T#2s);
            IF #TA2s.Q THEN
                #A灯 := 0;
                #j := 2;
                #B灯 := 1;
            END_IF;
            #TB2s(IN := #j = 2,
                    PT := T#2s);
            IF #TB2s.Q THEN
                #B灯 := 0;
                #j := 3;
                #C灯 := 1;
            END_IF;
            #TC2s(IN := #j = 3,
                    PT := T#2s);
```

```
            IF #TC2s.Q THEN
                #C灯 := 0;
                #j := 1;
                #i += 1;
            END_IF;
        END_WHILE;
        #i := 0;
        #流程 := 6;
    6: //全灭 5s
        #T灭5s(IN := #流程 = 6,
              PT := T#5s);
        IF #T灭5s.Q THEN
            #流程 := 7;
        END_IF;
    7: //循环判断
        IF #停止标志 THEN
            #运行标志 := FALSE;
            #流程 := 0;
        ELSE
            #流程 := 1;
        END_IF;
    END_CASE;
END_WHILE;
```

将函数块 FB 拖入 OB1 中，将 I/O 变量分配给 FB1，霓虹灯系统 OB1 组织块如图 6-23 所示。

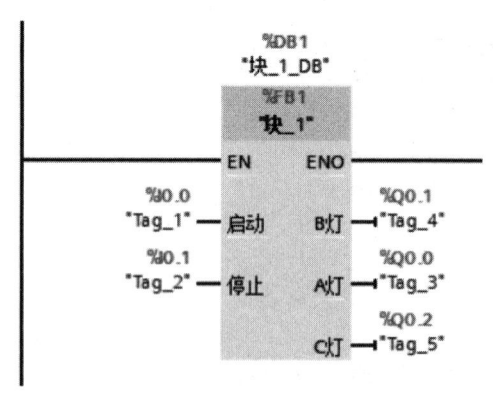

图 6-23 霓虹灯系统 OB1 组织块

## 六、调试

调试时，断开主电路，只对控制电路进行调试。将编制好的程序下载到控制 PLC 中，借助于 PLC 输入口、输出口的指示灯，观察 PLC 的输出逻辑是否正确，如果有错误，则修改后反复调试，直至完全正确。最后，接通主电路，试运行。

## 七、整理技术文件，填写工作页

系统完成后一定要及时整理技术文件并填写工作页，以便日后使用。

## 【思考题与习题】

1. 用 SCL 编写通电后延时 3s 的程序。
2. 用 SCL 编写断电后延时 3s 的程序。
3. 用 SCL 编写三相异步电动机正反转程序。
4. 设计 SCL 程序控制三台电动机 M1、M2、M3 顺序启动。当 I0.0 接通后，M1 立即启动，3s 后 M2 启动，再过 5s 后 M3 启动。当 I0.1 接通后，三台电动机都立即停止。
5. 设计 SCL 程序：当 I0.0 接通后，计数器每隔 1s 计数，当计数值小于 10 时，Q0.0 为 1；当计数值大于 10 时，Q0.1 为 1；当计数值等于 10 时，Q0.2 为 1。当 I0.0 断开时，计数器和 Q0.0～Q0.2 复位。
6. 设计 SCL 程序：完成计算 $y = \dfrac{x^2-5}{2z} + 10$。
7. 设计 SCL 程序：当 I0.0 接通后，8 盏灯 L0～L7（对应 Q0.0～0.7）按顺序每隔 1s 亮 1s，重复此过程。当 I0.1 接通后，停止工作。

本单元设置了自测题，可以扫描下面的二维码进行自测及查看答案。

单元 6　自测题

单元 6　自测题及答案

# 附录 A  常用电气图形符号和文字符号新旧对照表

常用电气图形符号和文字符号新旧对照表如表 A-1 所示。

表 A-1  常用电气图形符号和文字符号新旧对照表

| 名称 | | 图形符号 | 文字符号 | |
|---|---|---|---|---|
| | | | 新国标<br>(GB/T 5094.2—2018<br>GB/T 20939—2007) | 旧国标<br>(GB/T 7159—1987) |
| 刀开关 | | | QB | Q |
| 低压断路器 | | | QA | QF |
| 熔断器 | | | FA | FU |
| 按钮 | 启动按钮 | | SF | SB |
| | 停止按钮 | | | |
| | 复合按钮 | | | |
| 位置开关 | 常开触点 | | BG | SQ |
| | 常闭触点 | | | |

续表

| 名称 | | 图形符号 | 文字符号 | |
|---|---|---|---|---|
| | | | 新国标<br>(GB/T 5094.2—2018<br>GB/T 20939—2007) | 旧国标<br>(GB/T 7159—1987) |
| 位置开关 | 复合触点 | | BG | SQ |
| 接触器 | 线圈 | | QA | KM |
| | 主触点 | | | |
| | 常开辅助触点 | | | |
| | 常闭辅助触点 | | | |
| 时间继电器 | 通电延时线圈 | | KF | KT |
| | 断电延时线圈 | | | |
| | 通电延时闭合常开触点 | | | |
| | 通电延时断开常闭触点 | | | |
| | 断电延时闭合常闭触点 | | | |
| 时间继电器 | 断电延时断开常开触点 | | KF | KT |

续表

| 名称 | | 图形符号 | 文字符号 | |
|---|---|---|---|---|
| | | | 新国标<br>（GB/T 5094.2—2018<br>GB/T 20939—2007） | 旧国标<br>（GB/T 7159—1987） |
| 电磁式继电器 | 过电压继电器线圈 | $U>$ | KF | KV、KI、KA 等 |
| | 欠电压继电器线圈 | $U<$ | | |
| | 过电流继电器线圈 | $I>$ | | |
| | 欠电流继电器线圈 | $I<$ | | |
| | 中间继电器线圈 | | | |
| | 常开触点 | | | |
| | 常闭触点 | | | |
| 速度继电器 | 常开触点 | $n$ | BS | KS |
| | 常闭触点 | $n$ | | |
| 热继电器 | 热元件 | | BB | FR |
| | 常闭触点 | | | |

附录 A　常用电气图形符号和文字符号新旧对照表

续表

| 名称 | | 图形符号 | 文字符号 | |
|---|---|---|---|---|
| | | | 新国标<br>（GB/T 5094.2—2018<br>GB/T 20939—2007） | 旧国标<br>（GB/T 7159—1987） |
| 信号灯<br>器件 | 照明灯 | ⊗ | EA | EL |
| | 信号灯 | | PG | HL |
| | 电铃 | | PB | HA |
| | 蜂鸣器 | | | HZ |
| 指示<br>仪表 | 电压表 | Ⓥ | PG | PV |
| | 检流计 | | | PA |

· 327 ·

# 附录 B  斯沃数控机床仿真软件电气项目仿真方法

打开斯沃数控机床仿真软件，其主界面如图 B-1 所示。

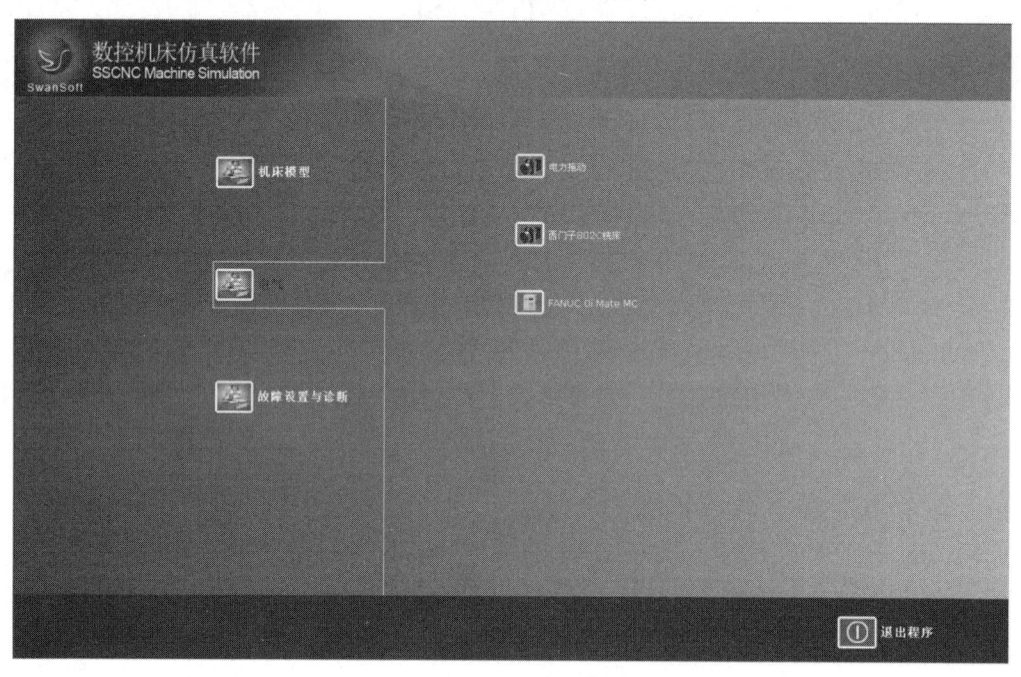

图 B-1  斯沃数控机床仿真软件主界面

将光标放置到左侧 电气 图标上，在右侧项目栏中单击 电力拖动 图标，进入普通电气实验界面，如图 B-2 所示。使用者可以在此界面中进行普通电气的连接和仿真。

斯沃数控机床仿真软件中还内置了一些常用的电气实验，操作者可以在普通电气实验界面常用电气仿真工具条 中选取，从左到右分别是车床仿真、点动、点动自锁、星三角降压启动、行程开关自动往复及正反转实验。在选择了实验项目后，软件还提供了相关的电路图和操作步骤，操作者只需将光标移至图 B-2 所示界面的右边框，系统会自动弹出常用普通电气实验原理图及所需电气元件，如图 B-3 所示。

操作者根据图 B-3 所示电气元件或者按自己的构思进行电气元件的选择。方法是在图 B-2 所示界面中的工具栏中单击 图标，会出现放置电气元件的对话框，如图 B-4 所示。操作者在放置电气元件的对话框中选择合适的电气元件，这些电气元件就会出现在普通电气实现界面中。

图 B-2　普通电气实验界面

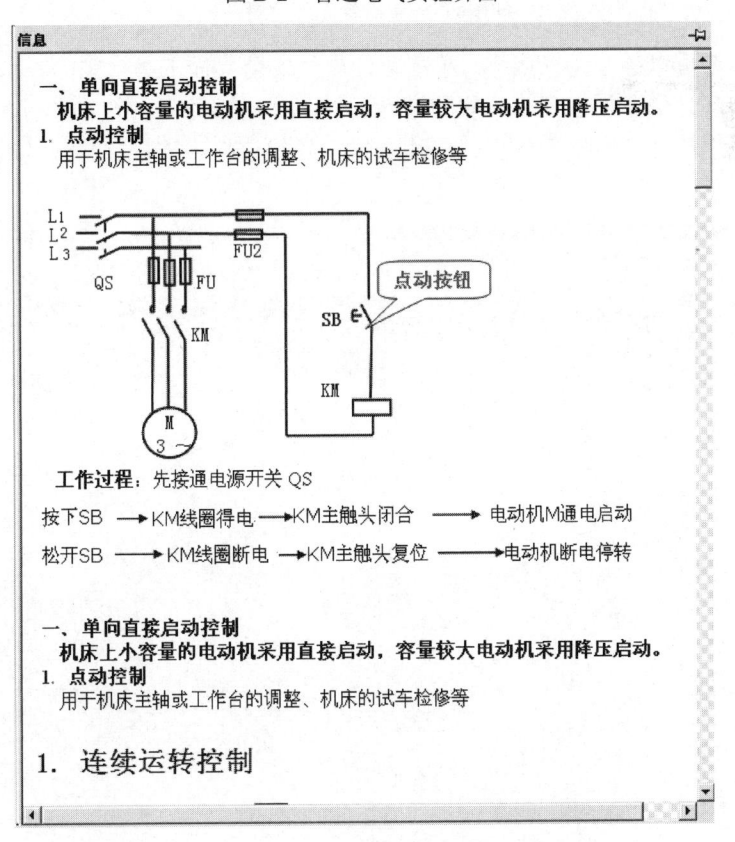

图 B-3　常用普通电气实验原理图及所需电气元件

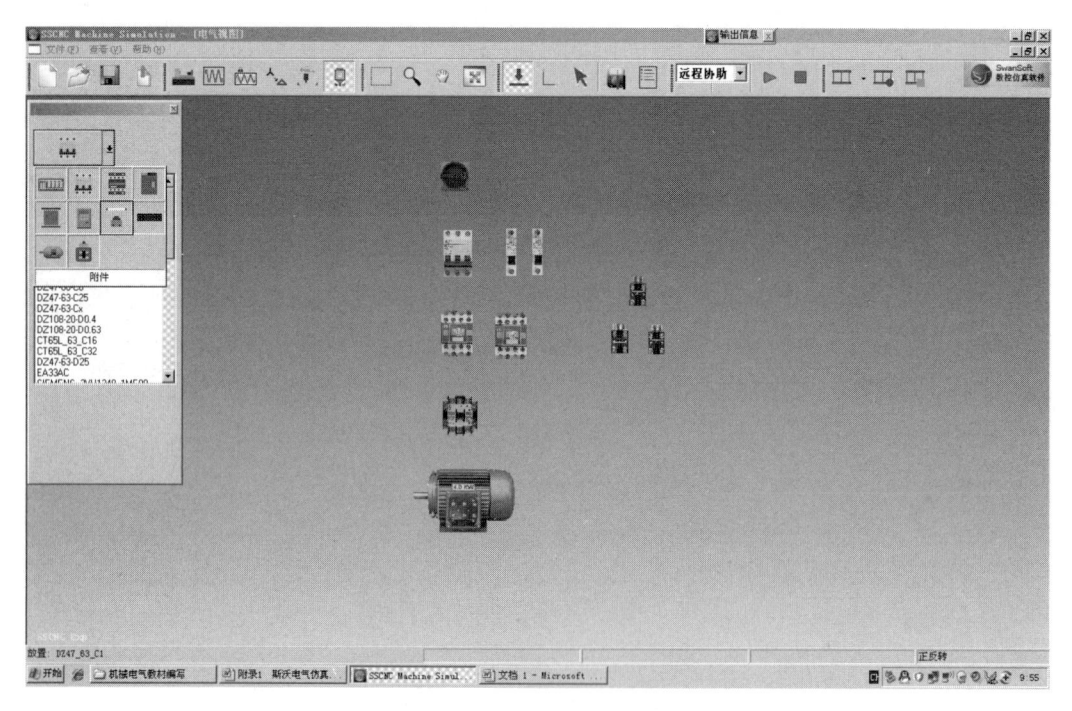

图 B-4 放置电气元件的对话框

此时操作者可以进行电气接线,单击普通电气实验界面工具栏中的 图标,会出现设置导线的对话框,如图 B-5 所示,操作者可以在其中选择导线的粗细和颜色,然后在普通电气实验界面中单击各电气元件上的接线点进行导线连接。连接完导线的普通电气实验界面如图 B-6 所示。

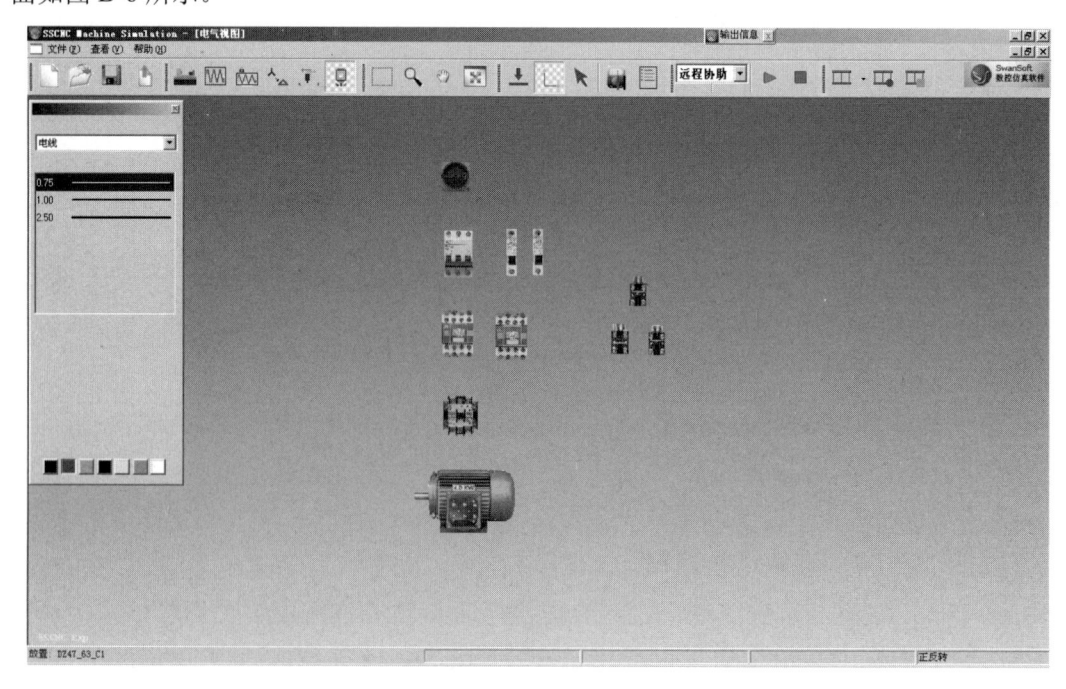

图 B-5 设置导线的对话框

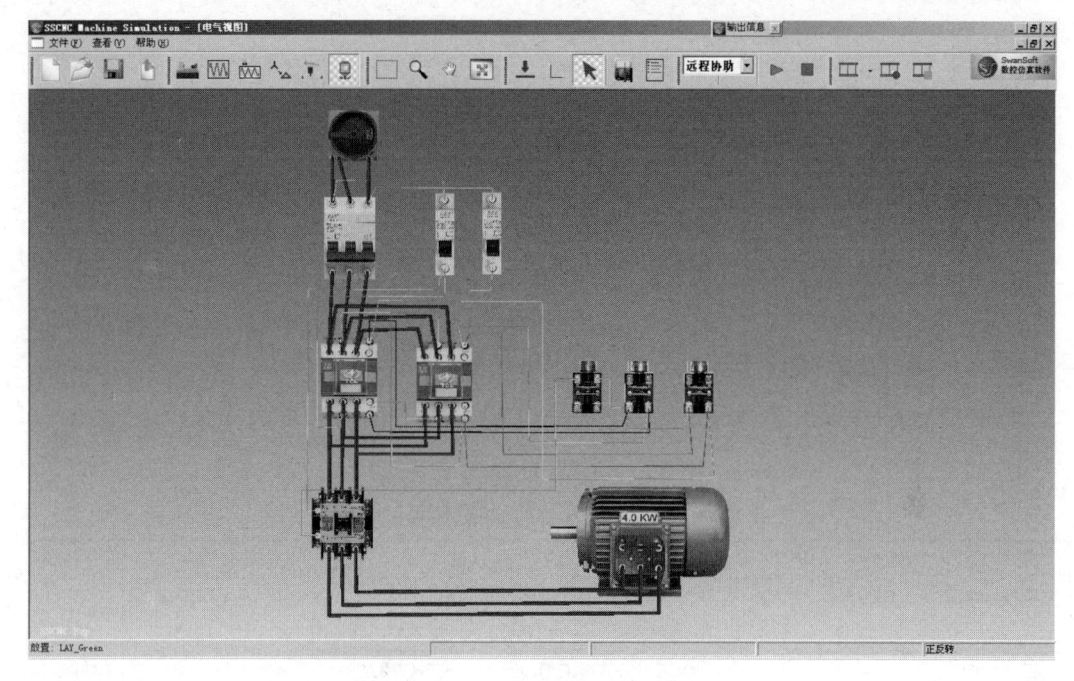

图 B-6　连接完导线的普通电气实验界面

操作者在完成了电路设计和导线连接后,可以先单击工具栏中的 图标,保存所设计的项目。然后,可以打开总电源开关,合上低压断路器,单击启动按钮进行电气项目仿真。如果电路设计正确,导线连接合理,那么电动机按控制要求进行转动,电气项目仿真中的界面如图 B-7 所示。

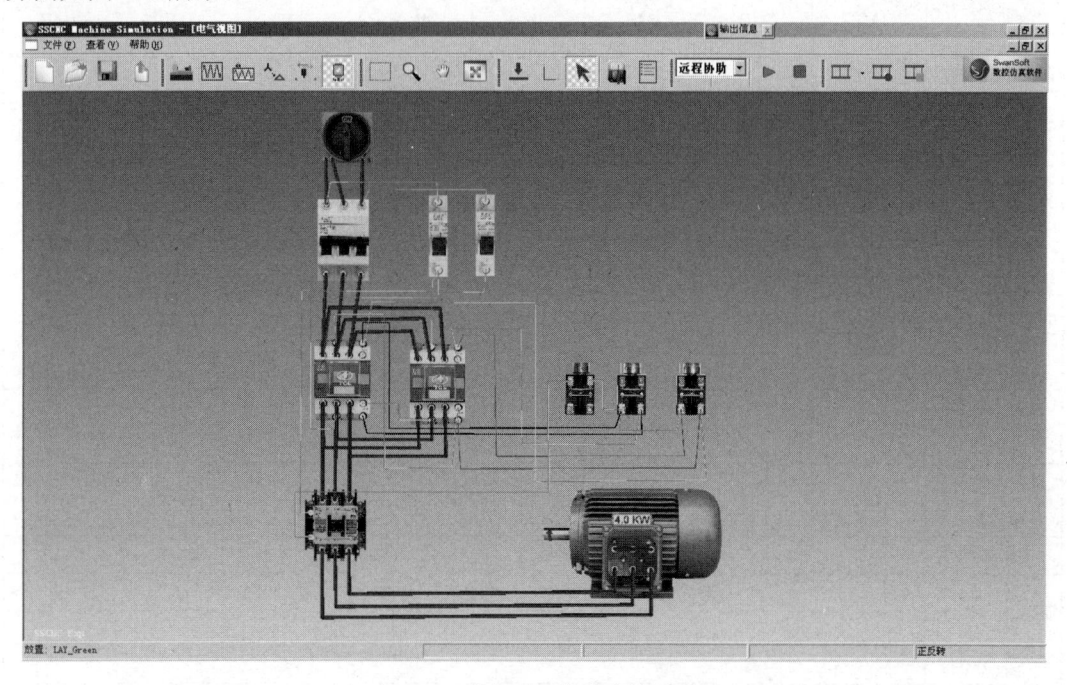

图 B-7　电气项目仿真中的界面

# 附录 C  S7-1200 PLC 的 CPU 主要技术指标

PLC 的 CPU 主要技术指标是选用 PLC 的主要依据，S7-1200 PLC 的 CPU 主要技术指标如表 C-1 所示。

表 C-1  S7-1200 PLC 的 CPU 主要技术指标

| 主要技术数据 | | CPU 1211C | CPU 1212C | CPU 1212FC | CPU 1214C | CPU 1214FC | CPU 1215C | CPU 1215FC | CPU 1217C |
|---|---|---|---|---|---|---|---|---|---|
| 标准 CPU | | \— | \— | \— | DC/DC/DC，AC/DC/RLY，DC/DC/RLY | | | | DC/DC/DC |
| 故障安全 CPU | | — | \— | DC/DC/DC，DC/DC/RLY | | | | | — |
| 物理尺寸 | | 90cm×100cm×75cm | | | 110cm×100cm×75cm | | 130cm×100cm×75cm | | 150cm×100cm×75cm |
| 用户存储器 | 工作存储器 | 50KB | 75KB | 100KB | 100KB | 125KB | 125KB | 150KB | 150KB |
| | 装载存储器 | 1MB | 2MB | 2MB | 4MB | 4MB | 4MB | 4MB | 4MB |
| | 保持性存储器 | 10KB | 10KB | 10KB | 10KB | 10KB | 10KB | 10KB | 10KB |
| 本体集成 I/O | 数字量 | 6 点输入/4 点输出 | 8 点输入/6 点输出 | | 14 点输入/10 点输出 | | 14 点输入/10 点输出 | | |
| | 模拟量 | 2 路输入 | 2 路输入 | | 2 路输入 | | 2 路输入/2 路输出 | | |
| 过程映像大小 | | 1024B 输入（I）和 1024B 输出（Q） | | | | | | | |
| 位存储器 | | 4096B | | | 8192B | | | | |
| 信号模块扩展 | | 无 | 2 个 | | 8 个 | | | | |
| 信号板 | | 1 个 | | | | | | | |
| 最大本地 I/O（数字量） | | 14 个 | 82 个 | | | | 284 个 | | |
| 最大本地 I/O（模拟量） | | 3 个 | 19 个 | | 67 个 | | 69 个 | | |
| 通信模块 | | 3（左侧扩展） | | | | | | | |
| 高速计数器 | 总计 | 最多可组态 6 个使用任意内置输入或 SB 输入的高速计数器 | | | | | | | |
| | 差分 1MHz | — | | | | | | | Ib.2～Ib.5 |
| | 100kHz | Ia.0～Ia.5 | | | | | | | |

续表

| 主要技术数据 | | CPU 型号 | | | | | | | |
|---|---|---|---|---|---|---|---|---|---|
| | | CPU 1211C | CPU 1212C | CPU 1212FC | CPU 1214C | CPU 1214FC | CPU 1215C | CPU 1215FC | CPU 1217C |
| 高速计数器 | 30kHz | — | | | Ia.6～Ia.7 | | Ia.6～Ib.5 | | Ia.6～Ib.1 |
| | | 使用 SB 1223 DI 2×24V DC，DQ 2×24V DC 时可达 30kHz | | | | | | | |
| | 200kHz | 使用 SB 1221 DI 4×24V DC，200kHz，SB 1221 DI 4×5V DC，200kHz，SB 1223 DI 2×24V DC/DQ 2×24V DC、200kHz，SB 1223 DI 2×5V DC/DQ 2×5V DC、200kHz 时最高可达 200kHz | | | | | | | |
| 脉冲输出 | 总计 | 最多可组态 4 个使用 DC/DC/DC CPU 任意内置输出或 SB 输出的脉冲输出 | | | | | | | |
| | 差分 1MHz | — | | | | | | | Qa.0～Qa.3 |
| | 100kHz | | | | Qa.0～Qa.3 | | | | Qa.4～Qb.1 |
| | 20kHz | — | | | Qa.4～Qa.5 | | Qa.4～Qb.1 | | — |
| | | SB 1223 DI 2×24V DC/DQ 2×24V DC 时最高可达 20kHz | | | | | | | |
| 脉冲输出 | 200kHz | 使用 SB 1222 DQ 4×24V DC，200kHz，SB 1222 DQ 4×5V DC，200kHz，SB 1223 DI 2×24V DC/DQ 2×24V DC、200kHz，SB 1223 DI 2×5V DC/DQ 2×5V DC、200kHz 时最高可达 200kHz | | | | | | | |
| 存储卡 | | SIMATIC 存储卡（选件） | | | | | | | |
| 实时时钟保持时间 | | 通常为 20 天，40℃时最少 12 天 | | | | | | | |
| PROFINET 接口 | | 1 个以太网通信端口，支持 PROFINET 通信 | | | | | 2 个以太网通信端口，支持 PROFINET 通信 | | |
| 实数数学运算执行速度 | | 2.3μs/指令 | | | | | | | |
| 布尔运算执行速度 | | 0.08μs/指令 | | | | | | | |

# 附录 D  S7-1200 PLC 常用扩展模块的技术规格

S7-1200 PLC 常用扩展模块的技术规格如表 D-1 所示。

表 D-1  S7-1200 PLC 常用扩展模块的技术规格

| 分类 | 型号/功能 | I/O 规格 |
|---|---|---|
| 数字信号和模拟信号模块 | SM 1221 数字量输入 | DI 8×24 V DC |
| | | DI 16×24 V DC |
| | SM 1222 数字量输出 | DQ 8×继电器 |
| | | DQ 8×继电器常开/常闭触点 |
| | | DQ 8×24 V DC |
| | | DQ 16×继电器 |
| | | DQ 16×24 V DC |
| | SM 1223 数字量输入/输出 | DI 8×24 V DC/DQ 8×继电器 |
| | | DI 16×24 V DC/DQ 16×继电器 |
| | | DI 8×24 V DC/DQ 8×24 V DC |
| | | DI 16×24 V DC/DQ 16×24 V DC |
| | | DI 8×120/230 V AC/DQ 8×继电器 |
| | SM 1231 模拟量输入 | AI 4×13 位,AI 8×13 位,AI 4×16 位 |
| | SM 1232 模拟量输出 | AQ 2×14 位,AQ 4×14 位 |
| | SM 1234 模拟量输入/输出 | AI 4×13 位/AQ 2×14 位 |
| 热电偶和 RTD 信号模块 | SM 1231 热电偶输入 | AI 4×16 位 TC,AI 8×16 位 TC |
| | SM 1231 RTD | AI 4×RTD×16 位,AI 8×RTD×16 位 |
| 数字信号板 | SB 1221 数字量输入 | DI 4×24 V DC,200 kHz |
| | | DI 4×5 V DC,200 kHz |
| | SB 1222 数字量输出 | DQ 4×24 V DC,200 kHz |
| | | DQ 4×5 V DC,200 kHz |
| | SB 1223 数字量输入/输出 | DI 2×24 V DC/DQ 2×24 V DC,200kHz |
| | | DI 2×5 V DC/DQ 2×5 V DC,200kHz |
| 模拟信号板 | SB 1231 模拟量输入 | AI 1×12 位 |
| | SB 1231 模拟量输出 | AQ 1×12 位 |

续表

| 分类 | 型号/功能 | I/O 规格 |
| --- | --- | --- |
| 热电偶和 RTD 信号模块 | SB 1231 热电偶输入 | AI 1×16 位 TC |
| | SB 1231 RTD 输入 | AI 1×16 位 RTD |
| O-Link 技术 | SM 1278 4xIO-Link 主站 | DI 4×24 V DC 或 DQ 4×24 V DC |
| 称重技术 | SIWAREX | WP231、WP241 |

# 参考文献

[1] 王永华. 现代电气控制及 PLC 应用技术[M]. 6 版. 北京：北京航空航天大学出版社，2020.

[2] 廖常初. S7-1200 PLC 编程及应用[M]. 3 版. 北京：机械工业出版社，2017.

[3] 吴繁红，雷宁，陈岭，等. 西门子 S7-1200 PLC 应用技术[M]. 2 版. 北京：电子工业出版社，2021.

[4] 侍寿永. 西门子 S7-1200 PLC 编程及应用教程[M]. 北京：机械工业出版社，2018.

[5] 陈建明，白磊. 电气控制与 PLC 原理及应用：西门子 S7-1200 PLC[M]. 北京：机械工业出版社，2020.

[6] 姚晓宁. S7-1200 PLC 技术及应用[M]. 北京：电子工业出版社，2018.

[7] 芮庆忠，黄诚. 西门子 S7-1200 PLC 编程及应用[M]. 北京：电子工业出版社，2020.

[8] 王春峰，段向军，贺道坤，等. 可编程控制器应用技术项目式教程（西门子 S7-1200）[M]. 北京：电子工业出版社，2019.

[9] 奚茂龙，向晓汉. S7-1200 PLC 编程及应用技术[M]. 北京：机械工业出版社，2023.

[10] 周文军，胡宁峪，伍贤洪. 西门子 S7-1200/1500 PLC 项目式教程：基于 SCL 和 LAD 编程[M]. 北京：电子工业出版社，2023.

[11] 陈丽，程德芳. PLC 应用技术（S7-1200）[M]. 北京：机械工业出版社，2020.

[12] 侍寿永，王玲. 西门子 PLC、变频器与触摸屏技术及综合应用（S7-1200、G120、KTP 系列 HMI）[M]. 北京：机械工业出版社，2024.

[13] 廖常初，陈晓东. 西门子人机界面（触摸屏）组态与应用技术[M]. 3 版. 北京：机械工业出版社，2019.

[14] 张硕. TIA 博途软件与 S7-1200/1500 PLC 应用详解[M]. 北京：电子工业出版社，2017.

# 反侵权盗版声明

　　电子工业出版社依法对本作品享有专有出版权。任何未经权利人书面许可，复制、销售或通过信息网络传播本作品的行为；歪曲、篡改、剽窃本作品的行为，均违反《中华人民共和国著作权法》，其行为人应承担相应的民事责任和行政责任，构成犯罪的，将被依法追究刑事责任。

　　为了维护市场秩序，保护权利人的合法权益，我社将依法查处和打击侵权盗版的单位和个人。欢迎社会各界人士积极举报侵权盗版行为，本社将奖励举报有功人员，并保证举报人的信息不被泄露。

举报电话：（010）88254396；（010）88258888
传　　真：（010）88254397
E-mail：　dbqq@phei.com.cn
通信地址：北京市万寿路 173 信箱
　　　　　电子工业出版社总编办公室
邮　　编：100036